1+X 药物制剂生产职业技能等级证书配套教材

药物制剂生产
（初级）

主编　丁立　王峰　魏增余

中国教育出版传媒集团
高等教育出版社·北京

内容提要

《药物制剂生产（初级）》是 1+X 药物制剂生产职业技能等级证书配套教材，涵盖了药物制剂生产职业技能等级标准（初级）所要求掌握的基本理论、基本知识和基本技能。全书遵循模块化教学要求，教材结构按学习目标、知识导图、任务描述、知识准备、任务实施、知识总结、在线测试 7 个节点循序编写，共设有 22 个项目，分为“基础篇”5 个项目、“制剂篇”13 个项目和“设备篇”4 个项目。

本书配套建设有一体化的教学资源，包括知识导图、PPT、视频、动画、知识拓展、实例分析、在线测试习题等，可通过扫描二维码进行在线学习，在提升学习兴趣的同时，也为学习者提供自主学习的空间。此外，本书还配套建设有数字课程，可登录智慧职教（www.icve.com.cn），在“1+X 药物制剂生产（初级）”课程页面在线观看、学习。教师也可利用职教云（user.icve.com.cn）一键导入该数字课程，开展线上线下混合式教学（具体步骤详见“智慧职教”服务指南）。

本书可供职业院校学生及社会从业人员报考药物制剂生产职业技能等级证书（初级）培训使用，也可作为职业院校药剂、药学、中药学、药品生产技术、药品经营与管理、制药技术应用、生物制药技术、药物制剂技术等大药学相关专业教材，还可作为药物制剂生产从业人员的自学用书。

图书在版编目（CIP）数据

药物制剂生产 ：初级 / 丁立，王峰，魏增余主编
. -- 北京 ：高等教育出版社，2023.2
ISBN 978-7-04-059155-2

Ⅰ. ①药… Ⅱ. ①丁… ②王… ③魏… Ⅲ. ①药物-制剂-生产工艺-高等职业教育-教材 Ⅳ. ①TQ460.6

中国版本图书馆CIP数据核字(2022)第142430号

YAOWU ZHIJI SHENGCHAN（CHUJI）

策划编辑 吴 静　　责任编辑 吴 静　　封面设计 张志奇　　版式设计 张 杰
责任绘图 黄云燕　　责任校对 窦丽娜　　责任印制 赵 振

出版发行 高等教育出版社
社　　址 北京市西城区德外大街 4 号
邮政编码 100120
印　　刷 高教社（天津）印务有限公司
开　　本 787 mm×1092 mm 1/16
印　　张 24.25
字　　数 510千字
购书热线 010-58581118
咨询电话 400-810-0598

网　　址 http://www.hep.edu.cn
http://www.hep.com.cn
网上订购 http://www.hepmall.com.cn
http://www.hepmall.com
http://www.hepmall.cn

版　　次 2023 年 2 月第 1 版
印　　次 2023 年 2 月第 1 次印刷
定　　价 68.00元

本书如有缺页、倒页、脱页等质量问题，请到所购图书销售部门联系调换

物 料 号 59155-00

《药物制剂生产(初级)》编写人员

主　编　丁　立　王　峰　魏增余

副主编　邱妍川　杨　静　易润青

编　委（以姓氏汉语拼音为序）

丁　立（广东食品药品职业学院）
黄之英（重庆药友制药有限责任公司）
蒋蔡滨（成都铁路卫生学校）
罗辉妙（汕头中医药技工学校）
邱妍川（重庆医药高等专科学校）
田　洋（本溪市化学工业学校）
汪　曲（广东省食品药品职业技术学校）
王　峰（辽宁医药职业学院）
魏增余（江苏省连云港中医药高等职业技术学校）
徐志华（淮南市职业教育中心）
杨　静（天津渤海职业技术学院）
易润青（广州市医药职业学校）
朱汉帅（江苏恒瑞医药股份有限公司）

“智慧职教”服务指南

“智慧职教”（www.icve.com.cn）是由高等教育出版社建设和运营的职业教育数字教学资源共建共享平台和在线课程教学服务平台，与教材配套课程相关的部分包括资源库平台、职教云平台和App等。用户通过平台注册，登录即可使用该平台。

- **资源库平台：为学习者提供本教材配套课程及资源的浏览服务。**

登录“智慧职教”平台，在首页搜索框中搜索“1+X药物制剂生产（初级）”，找到对应作者主持的课程，加入课程参加学习，即可浏览课程资源。

- **职教云平台：帮助任课教师对本教材配套课程进行引用、修改，再发布为个性化课程（SPOC）。**

1. 登录职教云平台，在首页单击“新增课程”按钮，根据提示设置要构建的个性化课程的基本信息。

2. 进入课程编辑页面设置教学班级后，在“教学管理”的“教学设计”中“导入”教材配套课程，可根据教学需要进行修改，再发布为个性化课程。

- **App：帮助任课教师和学生基于新构建的个性化课程开展线上线下混合式、智能化教与学。**

1. 在应用市场搜索“智慧职教 icve”App，下载安装。

2. 登录App，任课教师指导学生加入个性化课程，并利用App提供的各类功能，开展课前、课中、课后的教学互动，构建智慧课堂。

“智慧职教”使用帮助及常见问题解答请访问 help.icve.com.cn。

总序

药物制剂生产职业技能等级证书是由江苏恒瑞医药股份有限公司牵头，联合重庆医药高等专科学校、太极集团西南药业股份有限公司、重庆药友制药有限责任公司和重庆华森制药股份有限公司等高水平院校和大型医药企业，贯彻落实《国家职业教育改革实施方案》《职业技能等级标准开发指南（试行）》要求，在全面调研医药行业发展与全国各区域药品生产企业生产核心岗位现状基础上，组织全国知名行业企业专家、职业院校专业教授共同开发制定的。该证书于2021年4月正式公布，填补了制药领域1+X证书的空白。为进一步推进各试点院校积极开展"书证融通"课程体系建设，提高证书的获取率和通过率，江苏恒瑞医药股份有限公司联合国内40家职业院校、医药企业、行业学会、信息平台的优质教学资源和培训资源，设计并组织了证书配套教材的编写工作。

配套教材的开发以《药品生产质量管理规范》（GMP）为原则，以药物制剂生产职业技能等级证书规定的职业技能要求为基础，参考江苏恒瑞医药股份有限公司等先进制药企业标准，紧密结合企业用人实际，融合全流程智能化药品生产线中的新技术、新工艺、新规范，从"人、机、料、法、环"全过程规范化培养学生的药物制剂生产职业技能，对接口服固体制剂、口服液体制剂和无菌制剂生产等核心工作领域中的典型工作岗位，力求知识储备、技能训练、综合素质与行业发展、企业能力需求"零距离"对接。

配套教材的编写采用"互联网+教育"理念，除传统纸质教材外，还包含丰富的知识导图、PPT、视频、动画、知识拓展、实例分析、在线测试习题等素材，基于物联网、5G等技术，对接智慧职教等资源平台，打造纸质教材、在线课程和日常教学三位一体的新形态一体化教材体系，构建"以学生为中心"的双线环绕式学习空间，推进多元交互智慧教学。

配套教材基于真实工作场景编写，适配岗位需求，具有企业参与度深、内容贴近岗位职业能力、编写队伍强大、"三教"改革基础深厚、示范效应显著、配套资源丰富、纸质教材与在线资源一体化设计等鲜明的特点，学生可在课堂内外、线上线下享受不受时空限制的个性化学习环境。希望本系列教材的出版能够推动"书证融通"改革进程，促进教师教学和学生学习方式变革，更好地发挥学校、企业优质资源的辐射作用，服务于药学类人才培养质量与水平的不断提升。

江苏恒瑞医药股份有限公司

2023年1月

前言

2019年1月，国务院印发的《国家职业教育改革实施方案》提出，“从2019年开始，在职业院校、应用型本科高校启动‘学历证书+若干职业技能等级证书’制度试点（以下简称1+X证书制度试点）工作”。2020年9月，教育部等九部门印发的《职业教育提质培优行动计划（2020—2023年）》则明确要求“深入推进1+X证书制度试点，及时总结试点工作经验做法，提高职业技能等级证书的行业企业认可度”“推动更多职业学校参与1+X证书制度实施，服务学生成长和高质量就业”。2021年，江苏恒瑞医药股份有限公司成功申报了1+X药物制剂生产职业技能等级证书制度试点，列入教育部第四批试点名单，相关技能标准、培训大纲、培训和认证资源建设已如火如荼地展开，本书即是1+X药物制剂生产职业技能等级证书的配套教材之一。

本教材面向全国制药类专业相关院校和制药企业征集编写人员，最终遴选了来自2家制药企业、5家高职院校、4家中职学校、1家技工学校、1家职业教育中心的13名编者参与编写。2021年8月启动，历经8次线上研讨和反复雕琢打磨，最终定稿。

教材内容涵盖了药物制剂生产职业技能等级标准（初级）所要求掌握的基本理论知识和技能。全书遵循模块化教学要求，教材结构按学习目标、知识导图、任务描述、知识准备、任务实施、知识总结、在线测试7个节点循序编写，共设有22个项目，分为“基础篇”5个项目、“制剂篇”13个项目和“设备篇”4个项目。相关配套资源和题库也一并完成了建设。本书可供职业院校学生及社会从业人员报考药物制剂生产职业技能等级证书（初级）培训使用，也可作为职业院校药剂、药学、中药学、药品生产技术、药品经营与管理、制药技术应用、生物制药技术、药物制剂技术等大药学相关专业教材，还可作为药物制剂生产从业人员的自学用书。

编写分工：丁立主编负责全书设计、统筹、编写进程管理和稿件终审；王峰主编负责编写项目11、项目18；魏增余主编负责编写项目20、项目22；邱妍川副主编负责编写项目8、项目9，并作为编写秘书负责教学资源整合；杨静副主编负责编写项目17、项目19；易润青副主编负责编写项目10、项目16，并作为编写秘书协助丁立主编管理编写进程；田洋负责编写项目1、项目3和项目4；罗辉妙负责编写项目2、项目5和项目14；汪曲负责编写项目6、项目7和项目21；蒋蔡滨负责编写项目12、项目15；徐志华负责编写项目13；朱汉帅、黄之英负责收集、提供和审核相关企业案例。

教材编写过程是编写团队切磋共进、砥砺前行、协同成长的美妙旅程。感谢每一位参与者奉献的汗水和智慧！真心感谢吴静编辑给予的灵感和赤诚相助！愿本教材能真正有效服务于1+X药物制剂生产职业技能等级证书培训和认证事业。限于编者的精力、视野和角度，教材难免会有错漏、偏差或粗疏之处，恳请使用者不吝赐教。

丁立

2022年7月15日于广州

目录

基 础 篇

制 剂 篇

设 备 篇

配套数字资源目录

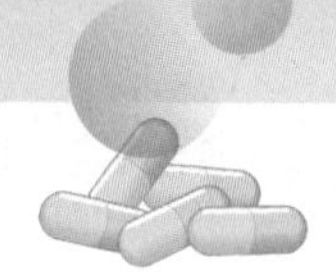

续表

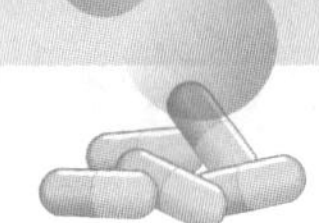

续表

资源标题	页码	资源标题	页码
视频:空心胶囊的生产	126	在线测试:包衣	160
动画:空心胶囊定向排列	127	PPT:片剂质量检查	160
动画:囊体填充物料	127	授课视频:片剂质量检查	160
动画:胶囊剔废	127	视频:片剂的脆碎度检查	162
动画:帽体套合	127	视频:片剂重量差异检查	162
动画:成品排出	128	视频:片剂崩解时限检查	163
知识拓展:硬胶囊剂定量填充方式	128	知识拓展:发泡量检查	164
实例分析:速效感冒胶囊	128	在线测试:片剂质量检查	164
在线测试:硬胶囊剂制备	129	知识导图:丸剂和滴丸剂生产	165
PPT:软胶囊剂制备	129	PPT:中药丸剂制备	166
授课视频:软胶囊剂制备	129	授课视频:中药丸剂制备	166
动画:滴制法制备软胶囊剂	131	知识拓展:认识微丸剂	167
动画:压制法制备软胶囊剂	131	视频:认识微丸剂	167
动画:软胶囊化胶岗位	132	知识拓展:蜂蜜的炼制	168
知识拓展:中药软胶囊剂	133	视频:泛制法制备水丸	170
动画:软胶囊压制岗位	133	视频:全自动制丸机制备蜜丸	172
在线测试:软胶囊剂制备	134	实例分析:六味地黄丸	173
PPT:胶囊剂质量检查	135	在线测试:中药丸剂制备	173
授课视频:胶囊剂质量检查	135	PPT:滴丸剂制备	173
知识拓展:胶囊剂的包装	135	授课视频:滴丸剂制备	173
视频:胶囊剂的质量检查与包装	137	知识拓展:复方丹参滴丸走出国门	174
在线测试:胶囊剂质量检查	137	视频:板蓝根滴丸的手工制备	177
知识导图:片剂生产	138	视频:滴丸的生产	177
PPT:片剂制备	139	实例分析:复方丹参滴丸	177
授课视频:片剂制备	139	在线测试:滴丸剂制备	178
知识拓展:双层片	141	PPT:丸剂和滴丸剂质量检查	178
动画:固体制剂领料称量	148	授课视频:丸剂和滴丸剂质量检查	178
动画:沸腾干燥岗位	150	知识拓展:滴丸剂常见的圆整度问题及其解决方法	179
动画:整粒岗位	150	视频:丸剂重量差异检查法	181
动画:二维运动混合机混合操作	150	知识拓展:复方丹参滴丸质量检查	182
动画:压片操作	152	在线测试:丸剂和滴丸剂质量检查	182
视频:片剂颗粒的制备	152	知识导图:膜剂和涂膜剂生产	183
实例分析:维生素C片	153	PPT:膜剂和涂膜剂认知	184
在线测试:片剂制备	153	授课视频:膜剂和涂膜剂认知	184
PPT:包衣	154	实例分析:硝酸甘油膜	187
授课视频:包衣	154	在线测试:膜剂和涂膜剂认知	187
知识拓展:薄膜包衣预混剂	155	知识导图:栓剂生产	188
视频:片剂的包衣	158	PPT:栓剂制备	189
视频:片剂包衣——薄膜衣	158	授课视频:栓剂制备	189

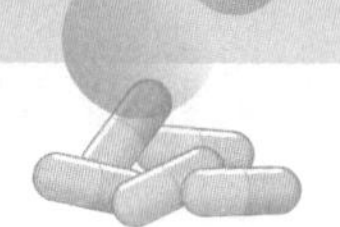

续表

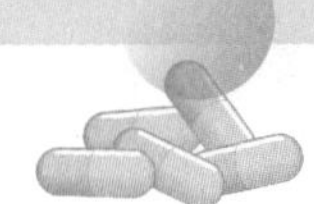

续表

续表

基础篇

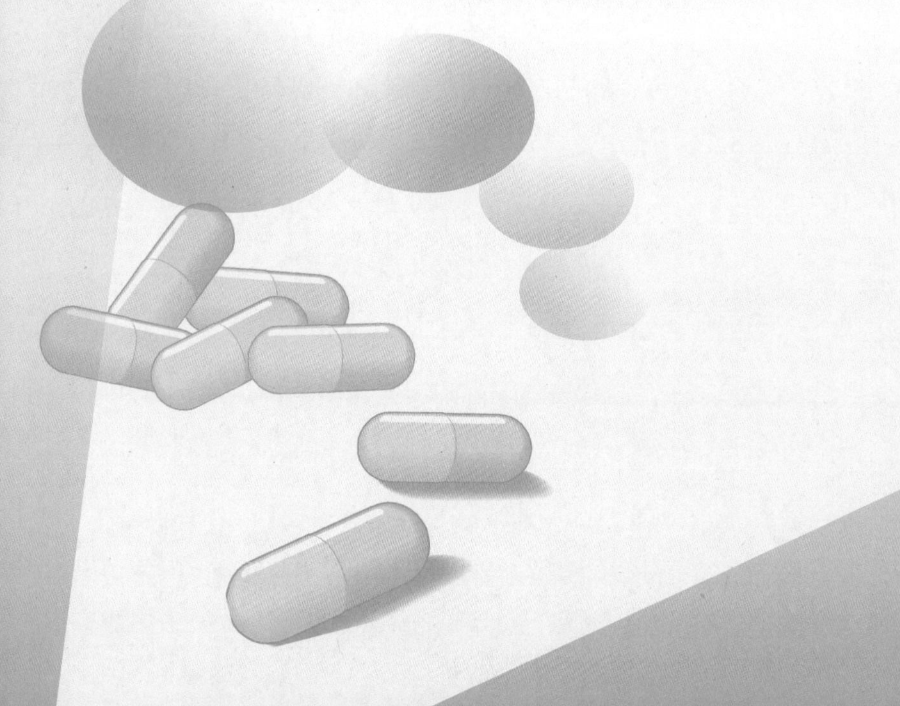

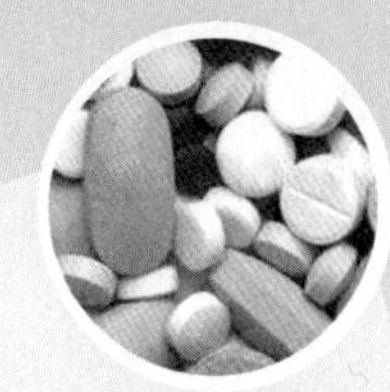

项目 1
职业道德培养

学习目标

1. 掌握药学职业道德的定义、内涵，药学职业道德规范的定义，药物制剂生产中的职业道德要求。
2. 熟悉药学职业道德规范的具体内容，药物制剂生产中职业道德的含义。
3. 了解药学职业道德的特点。

知识导图

请扫描二维码了解本项目主要内容。

知识导图：职业道德培养

任务 1.1　药学人员基本职业道德培养

PPT：
药学人员基本职业道德培养

授课视频：
药学人员基本职业道德培养

任务描述

药学职业道德是整个社会对药学从业人员的职业观念、职业态度、职业技能、职业纪律和职业作风等方面的行为规范和基本要求。本任务主要是学习药学职业道德的内涵、药学职业道德规范及其具体内容，为后续在药物制剂生产过程中培养职业道德奠定基础。

知识准备

一、药学职业道德内涵

药学职业道德系指药品研究、生产、经营、使用、检验和监督管理等药学领域中与职业内容和职业活动相联系的职业道德，是社会主义道德体系的重要组成部分，是人们在药学职业活动中形成的行为规范。

药学职业道德是整个社会对药学从业人员的职业观念、职业态度、职业技能、职业纪律和职业作风等方面的行为规范和基本要求。药学从业人员的道德水平和技术水平直接关系到人民的身体健康和生命安危，影响着千家万户的悲欢离合。药学职业道德高尚，如同良药；药学职业道德败坏，甚于疾病本身。

药学职业道德主要调节在药学实践活动中，药学从业人员同患者、社会及药学从业人员之间的关系。首先，要调节药学从业人员同患者之间的关系，因为患者是药学从业人员最主要的工作对象；其次，要调节药学从业人员同社会之间的关系，不能违背社会的公序良俗和一般道德约束；最后，药学职业道德还要调节药学从业人员之间的关系，形成良好的行业传统和日常规范。

药学职业是众多职业中的一种，药学职业道德具有职业道德的一般共性。同时，药品是一种特殊的商品，根据药学职业道德要求的行为准则和规范，药学职业道德具有很强的专属性、广泛的适用性、鲜明的时代性等特点。

二、药学职业道德规范

药学职业道德规范是指药学从业人员在药学工作中应遵守的道德规则和道德标

准，是在医药研制、生产、经营、管理和使用等药学实践过程中形成的道德行为和道德关系规律的反映，是社会对药学从业人员道德行为基本要求的概括，是衡量药学从业人员道德水平高低的标准和进行道德评价的尺度。

药学职业道德规范具体内容包括遵纪守法、爱岗敬业、诚实守信、服务群众、奉献社会。

1. 遵纪守法　制药行业是关系到人民生命健康的重要行业，国家制定了一系列的法律规范，以保障制药行业的合法发展。在药品生产职业活动中，作为一名药学从业人员，要严格遵守现行的法律法规，这是制药行业稳定发展的根本保证，也是药学从业人员必须牢记和自觉遵守的职业道德规范。

在药品生产领域，需要有严格的生产经营秩序和劳动纪律。随着医药产业的发展，各种新工艺越来越精细，生产流程也越来越规范，因此遵守《药品生产质量管理规范》(GMP)、按照生产工艺进行生产是维护生产秩序，确保安全生产、产品质量、患者安全的前提。遵守规章、安全生产不仅关系到人民生命财产安全，也关系到企业、行业乃至社会的稳定和谐。一些药品的生产涉及化学反应、发酵、易爆和有害气体，如果不严格执行操作规程，不注意安全生产，就可能出现事故。因此，在药品生产的全过程必须自觉遵守和执行GMP，这既是法律责任，也是药学职业道德的根本要求。

2. 爱岗敬业　爱岗系指热爱自己的工作岗位，热爱本职工作。敬业系指用严肃认真的态度对待自己的工作，勤勤恳恳、忠于职守。爱岗敬业是职业道德最基本的要求。药物制剂生产从业人员要爱岗敬业，首先要对自己的职业有一个正确的认识，应该树立职业自豪感和光荣感，热爱自己的工作是做好本职工作的前提。药学事业是社会主义现代化事业的重要组成部分，随着经济的发展和人民生活水平的提高，人民对健康的需求也日益增加，药学事业也越来越受到重视。

知识拓展：中药静脉乳剂的创始者——李大鹏

药物制剂生产从业人员是制药企业一切工作的核心，是一个企业生命力的主宰体，只有严格要求自己，热爱岗位，并树立生产全过程质量第一的理念，从细节和操作的点点滴滴做起，才能体现其价值，发挥其潜能。无论在哪个岗位，都应该坚持一切以患者为中心，把对工作负责的态度置于首位。

3. 诚实守信　系指药学从业人员在工作实践中要真心诚意、不虚假、不欺诈、遵守承诺、讲究信用、注重质量和信誉。而信誉正是人们在履行对他人、对社会的责任和义务过程中形成的实事求是、诚实无欺的道德感，以及由此获得的社会肯定性的评价。信誉是一定的道德观念、道德情感、道德意志和道德行为在个人意识中的统一。

诚信是市场经济的内在要求，没有诚信，就没有秩序，市场经济就不能健康发展。近几年发生的“毒胶囊”“长春长生疫苗造假”等药品安全事件，对人民的生命健康造成了严重影响，破坏了市场经济秩序。对于药品生产企业来说，最重要的竞争就是质量和信誉的竞争。药品生产企业一旦失去了消费者的信任，就失去了最根本的竞争力；一

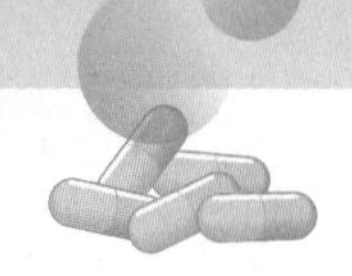

知识拓展：九芝堂的企业文化与经营理念

且获得消费者的信赖，将会有不可估量的社会效益和可观的经济效益，使企业更好地立足于市场。对于药物制剂生产从业人员来说，要坚持诚信为本、依法生产、依法经营、实事求是，时刻牢记“人民至上、生命至上”。

4. 服务群众　系指为人民群众服务。服务群众是对所有药学从业人员的要求。自古以来，药学从业人员服务群众的精神在古代名医名家身上体现得淋漓尽致，如神农尝百草，孙思邈的大医精诚之心，李时珍历尽千辛万苦编写《本草纲目》等。现代药学从业人员更应该全心全意保障人民身体健康，把患者的利益放在首位，急患者之所急，竭尽全力为患者服务。作为药物制剂生产从业人员，要有精湛的制剂技术，这样才能提高药品生产质量，才能真正做到为人民群众服务。

知识拓展：连花清瘟保供应

5. 奉献社会　系指全心全意为社会做贡献，是为人民服务精神的最高体现。奉献社会是职业道德中的最高境界。药物制剂生产从业人员肩负着保障人民身体健康的特殊使命，要坚定理想信念，立志奉献；立足岗位职责，践行奉献精神。

任务实施

药学职业道德典型案例分析

屠呦呦和青蒿素

2015 年 10 月，屠呦呦获得诺贝尔生理学或医学奖。多年从事中药和中西药结合研究的屠呦呦，研制出抗疟新药——青蒿素和双氢青蒿素，这一被誉为“拯救 2 亿人口”的发明，为中医药走向世界指明了方向。然而，青蒿素的提取是一个世界公认的难题，屠呦呦和她的同事们熬过了无数个不眠之夜，经历了无数次的挫折，终于在 190 次失败之后，成功地用低沸点的乙醚制取青蒿素提取物。为了验证青蒿素的疗效，确保安全，屠呦呦及其同事们在自己身上试验药物毒性，又通过动物模型和疟疾患者的临床观察，证实了青蒿乙醚中性提取物的抗疟作用，尤其是治疗恶性疟疾的效果，为青蒿素的深入研究提供了重要的依据。

案例分析：屠呦呦和青蒿素

请查阅相关事件报道和文献，分析：屠呦呦发现青蒿素的这个案例体现了科学家的哪种道德品质？

胶囊里的秘密

2012 年，中央电视台曝光了河北一些企业用生石灰处理皮革废料，熬制成工业明胶，卖给浙江一些企业制成药用胶囊，最终流入制药企业，进入患者腹中的事件。皮革在工业加工时要使用含铬的制剂，因此这样制成的胶囊，往往重金属铬超标。经检测，有 9 家药厂 13 种药品所用胶囊重金属铬含量超标。事件一经报道，引起广泛关注。有关部门召开联席会议，全面清理整顿明胶生产和药用胶囊生产使用情况。

案例分析：胶囊里的秘密

请查阅相关事件报道和文献，分析：发生问题胶囊事件的根本原因是什么？

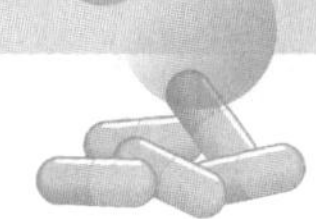

知识总结

1. 药学职业道德系指药品研究、生产、经营、使用、检验和监督管理等药学领域中与职业内容和职业活动相联系的职业道德，是社会主义道德体系的重要组成部分，是人们在药学职业活动中形成的行为规范。

2. 药学职业道德是整个社会对药学从业人员的职业观念、职业态度、职业技能、职业纪律和职业作风等方面的行为规范和基本要求。

3. 药学职业道德具有很强的专属性、广泛的适用性、鲜明的时代性等特点。

4. 药学职业道德规范是指药学从业人员在药学工作中应遵守的道德规则和道德标准，是社会对药学从业人员道德行为基本要求的概括。

5. 药学职业道德规范具体内容包括遵纪守法、爱岗敬业、诚实守信、服务群众、奉献社会。

在线测试

在线测试：药学人员基本职业道德培养

请扫描二维码完成在线测试。

任务1.2 药物制剂生产职业道德培养

PPT：药物制剂生产职业道德培养

任务描述

药品是特殊的商品，关系到人民群众的生命健康。因此，药物制剂生产从业人员不仅要具备扎实的药学知识和技能，还应具备较高的药物制剂职业道德水平。本任务主要是学习药物制剂生产中的职业道德要求，即质量第一、用户至上，爱岗敬业、勇于奉献，明确目的、端正思想，保护环境、文明生产，以此来提高药物制剂生产从业人员的药学职业道德。

授课视频：药物制剂生产职业道德培养

知识准备

一、药物制剂生产中的职业道德概述

为确保持续稳定地生产出符合质量标准和注册要求的药品，应该最大限度地减少

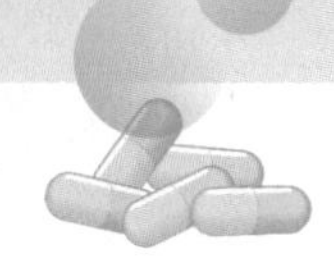

药品生产过程中的污染、交叉污染及混淆、差错等风险。药品生产企业在强化管理意识的同时，还应严格按照GMP管理体系组织生产，不断提高规范程度和管理水平，使GMP切实发挥药品生产管理和质量控制的作用。在药品生产过程中，应以基层为重点、以监督为中心，坚持诚实守信，禁止任何虚假、欺骗行为，加强药品生产人员的使命感和责任感，以保证药品生产全过程坚守职业道德底线。

二、药物制剂生产中的职业道德要求

1. GMP——药物制剂生产职业道德的体现　GMP是《药品生产质量管理规范》的缩写，它对药品生产企业生产过程的合理性、生产设备的适用性和生产操作的精确性、规范性等提出强制性要求，是药品生产企业必须遵循的强制性规范。GMP是药品生产管理和质量控制的基本要求。GMP的实施是对药品生产全过程实施有效控制，对各种对象、各个环节采用系统的方法，建立标准化、规范化的书面管理办法和操作方法，形成标准化的文件管理。将产品质量与可能的风险在文件编制中得到充分、适宜的考虑，将产品质量设计表达为文件形式，然后严格按照文件的规定开展每一项工作，贯彻和执行文件的规定和思想，留下真实、完整的记录，并能实现过程追溯的要求。

2. GMP意识——药物制剂生产职业道德的基础　GMP的实施，其目的是保证药品生产稳定、可靠，所以在药品生产中要牢固树立GMP意识。在生产相关的任何环节，任何人员的任何行为，都要符合GMP要求，具备良好的GMP意识。从事药品生产的各级人员均应按GMP要求进行培训和考核，形成良好的意识习惯；牢固树立法规意识、质量意识、规范操作意识、质量保证意识和持续改进意识；严格遵守GMP要求，做到一切行为有规范，一切操作要依法，一切操作有记录，一切记录可追溯。

3. 质量意识——药物制剂生产职业道德的核心　药品生产过程是药品质量形成过程的重要组成部分，是药品质量能否符合预期标准的关键。在生产过程中，药品质量受到人员、机器设备、原辅料及包装材料、工艺方法、生产环境、管理等多方面因素的影响。人员是影响药品质量诸因素中最活跃、最积极的因素。作为关键因素，人员是各项因素的保证者和执行者，一系列的管理规范、操作规程只有严格去遵守和执行才能得以实现。药物制剂生产从业人员的一举一动都影响着产品的质量，关系着人民生命安全和身体健康。药物制剂生产从业人员除了要具备基础理论知识和实践操作技能外，更应具备良好的职业道德。在药品生产工作中，应坚持质量第一的最基本原则，遵守药品生产行业规范，提高药品质量，保证药品安全有效，全心全意为人民健康服务。

4. 制药企业的职业道德要求

(1) 质量第一，用户至上。药品是特殊商品，确保药品质量安全，是药品生产企业最基本的底线，同时也是药品生产企业的安身立命之本。在药品生产过程中，药品生产企业应树立质量第一的观念，严格按照生产工艺规程操作，按处方要求投料，按国家标准检验产品，否则会导致生产出来的药品不合格。只有一贯保持高质量要求的企业，才会被市场所接受，为患者所信任。企业应本着“用户至上，以患者为中心”的理念，进行药品

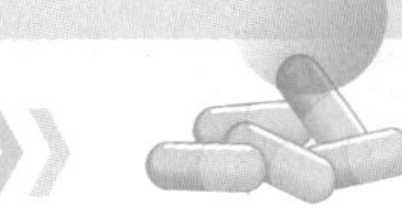

生产加工，及时为临床和社会提供优质药品，不断提高药品质量，保证药品安全有效。

(2) 保护环境，保护药品生产者的健康。由于原料来源和生产工艺的特殊性，药品生产过程中的“三废”极易造成环境污染。在药品生产过程中，企业要运用药品生产绿色管理手段，从源头预防污染，有效消除药品给环境带来的污染隐患。尤其是某些特殊药品的生产，往往会对药品生产者的健康造成危害，需采取必要的防护措施，保证药品生产者的健康。

(3) 规范包装，如实宣传。药品包装应具有保护药品、便于贮存和运输、便于使用等功能。药品包装所附的药品说明书应实事求是，并印制相应的警示语或忠告语。

5. 从业人员的职业道德要求

(1) 规范操作，确保安全。所有的生产活动必须保证安全。药品生产过程中要严格遵守生产管理规范，严格执行各种标准操作规程，不得私自改变物料的管理和使用流程，不得私自修改工艺路线；保证生产厂房、设备、设施的合格状态，保证生产过程的高效运转，保证各种物料的规范管理和使用，真正做到安全生产、防患于未然。

(2) 爱岗敬业，勇于奉献。药品是一种特殊商品，制药行业也是一个特殊行业，药物制剂生产从业人员都要具备基本的药学职业道德，立足本职工作服务于企业，奉献于社会。

(3) 诚实守信，保证质量。在生产过程中，要坚持质量第一的观念，严格执行《中华人民共和国药品管理法》，遵守 GMP 的各项规定，保证生产出来的药品安全、有效、均一、稳定。

(4) 谦虚谨慎，团结协作。要勇于钻研业务，树立终身学习的理念，同时保持谦虚谨慎的态度，善于团结协作。生产过程涉及与仓库管理、中间产品转运和处置、质量管理和检验等部门多岗位的配合，离不开相关岗位之间的精诚合作，以确保药品生产的顺利进行，高效、高质量地解决可能出现的问题。

(5) 忠于职守，勇于担责。积极认真对待所从事的岗位，爱岗敬业，维护企业利益。具有担当精神，勇于承担工作责任，不推诿、不扯皮；勇于承担不良后果，敢于面对出现的问题，及时报告，不逃避，不掩盖。

任务实施

药物制剂生产职业道德典型案例分析

从“欣弗药害事件”和“违法违规生产疫苗事件”看药学职业道德基本要求

欣弗药害事件：2006 年 7 月，国家食品药品监督管理局接到报告称，有患者在使用了安徽某公司生产的克林霉素磷酸酯葡萄糖注射液（商品名为“欣弗”）后，出现胸闷、心悸、寒战、过敏性休克、肝肾功能损害等严重不良反应。随后，全国多地药品监督管理部门也先后报告该药品

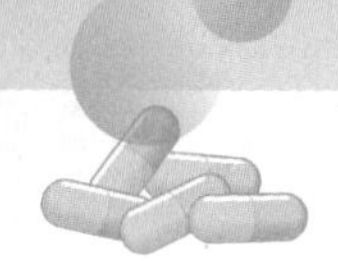

的相关病例 93 例,死亡 11 人。经查,该公司未按批准的工艺参数灭菌,擅自增加灭菌柜装载量,影响了灭菌效果,导致产品质量出现问题。经检验,该药品的无菌检查和热原检查项不符合规定。

案例分析:从"欣弗药害事件"和"违法违规生产疫苗事件"看药学职业道德基本要求

违法违规生产疫苗事件:2018 年 7 月 15 日,国家药品监督管理局组织对长春某公司开展飞行检查,发现该公司冻干人用狂犬病疫苗生产存在记录造假、随意变更工艺参数和设备等行为,严重违反《中华人民共和国药品管理法》和《药品生产质量管理规范》的有关规定。7 月 17 日,该公司官网发布声明,要求立即停止使用、就地封存该公司冻干人用狂犬病疫苗,并启动召回程序。随后,该公司又因"吸附无细胞百白破联合疫苗"检验不符合规定,这批药品也被按劣药论处,该公司被吉林省食品药品监督管理局合计罚款 344 万余元。

请查阅相关事件报道和文献,分析:

(1) 两起药害事件发生的根本原因是什么?

(2) 可以通过采取哪些措施避免药害事件的发生?

知识总结

1. 在药物制剂生产过程中最重要的标尺就是从业人员的职业道德行为。

2. 在药物制剂生产过程中,应以基层为重点、以监督为中心,坚持诚实守信,禁止任何虚假、欺骗行为,加强药物制剂生产人员的使命感和责任感,以保证在药物制剂生产全过程中坚守职业道德底线。

3. GMP 是职业道德在药物制剂生产中的体现,要养成良好的 GMP 意识,培养高尚的职业道德。

4. 药物制剂生产中对企业的职业道德要求:质量第一,用户至上;保护环境,保护药品生产者的健康;规范包装,如实宣传。

5. 药物制剂生产中对从业人员的职业道德要求:规范操作,确保安全;爱岗敬业,勇于奉献;诚实守信,保证质量;谦虚谨慎,团结协作;忠于职守,勇于担责。

在线测试

请扫描二维码完成在线测试。

在线测试:药物制剂生产职业道德培养

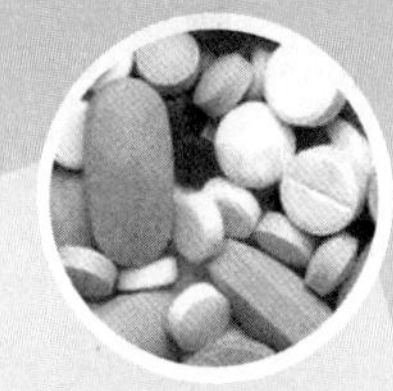

项目 2 药物制剂安全生产

学习目标

1. 掌握安全生产知识和内涵，确保安全生产顺利进行。
2. 熟悉药物制剂安全生产自我防护和急救处理措施。
3. 了解安全生产相关法律法规及环境保护知识。

知识导图

请扫描二维码了解本项目主要内容。

知识导图：药物制剂安全生产

任务 2.1　安全生产意识培养

PPT：
安全生产意识培养

授课视频：
安全生产意识培养

任务描述

制药企业的生产离不开危险化学品，由于洁净区的封闭性要求高，一旦发生火灾事故就可能造成巨大财产损失和重大人员伤亡。本任务主要通过安全生产知识学习和安全生产意识培养，使一线制药岗位上的生产操作人员"时时刻刻想安全，事事处处讲安全"，从而减少制药安全事故的发生，保证从业人员的人身安全，保证生产经营活动得以顺利进行。

知识准备

一、安全生产内涵

2021 年颁布实施的《中华人民共和国安全生产法》规定，生产经营单位应当对从业人员进行安全生产教育和培训，保证从业人员具备必要的安全生产知识，熟悉有关的安全生产规章制度和安全操作规程，掌握本岗位的安全操作技能，了解事故应急处理措施，知悉自身在安全生产方面的权利和义务。未经安全生产教育和培训合格的从业人员，不得上岗作业。从业人员应当接受安全生产教育和培训，掌握本职工作所需的安全生产知识，提高安全生产技能，增强事故预防和应急处理能力。以上条款强调了安全生产意识培养的重要性。

1. 相关概念　安全生产意识是指生产过程中在脑海里时刻要有安全意识，以确保人身安全、设备和产品安全等。安全生产是指从事生产经营活动过程中，为避免发生造成人员伤害和财产损失的事故而采取相应的事故预防和控制措施，以保证从业人员的人身安全，保证生产经营活动得以顺利进行的相关活动。

2. 根本目的　安全生产的根本目的是保护劳动者在生产过程中的安全与健康，维护企业的生产和发展秩序。

3. 工作方针　《中华人民共和国安全生产法》规定，安全生产工作应当以人为本，坚持人民至上、生命至上，把保护人民生命安全摆在首位，树牢安全发展理念，坚持安全第一、预防为主、综合治理的方针，从源头上防范化解重大安全风险。

4. 管理原则　安全生产应遵循管生产必须管安全、谁主管谁负责、安全生产人人

有责(安全生产责任制)的原则。安全生产责任制,是根据安全生产法律法规和企业生产实际,将各级领导、职能部门、工程技术人员和岗位操作人员在安全生产方面应该做的工作及应负的责任加以明确规定的一种制度。

5. 从业人员的权利和义务

(1) 权利:从业人员具有获得劳动保护的权利,有危险因素和应急措施的知情权、安全管理的批评检控权,有拒绝违章指挥、强令冒险作业权,以及紧急情况下的停止作业和紧急撤离权,并享受工伤保险和伤亡求偿权。

(2) 义务:从业人员应履行遵章守规、服从管理的义务,有佩戴和使用劳动防护用品的义务,有接受安全生产培训教育和掌握安全生产技能的义务,有发现事故隐患及时报告的义务。

二、相关法律法规

与安全生产相关的法律法规有《中华人民共和国安全生产法》《中华人民共和国劳动法》《中华人民共和国消防法》《中华人民共和国职业病防治法》《生产安全事故报告和调查处理条例》《工伤保险条例》《生产安全事故应急预案管理办法》《生产经营单位安全培训规定》《安全生产事故隐患排查治理暂行规定》《工作场所职业卫生监督管理规定》《特种作业人员安全技术培训考核管理规定》等,以下简单介绍《中华人民共和国安全生产法》和《中华人民共和国劳动法》。

1.《中华人民共和国安全生产法》 为了加强安全生产工作,防止和减少生产安全事故,保障人民群众生命和财产安全,促进经济社会持续健康发展,制定了《中华人民共和国安全生产法》。

《中华人民共和国安全生产法》的修正历程:2002 年 6 月 29 日第九届全国人民代表大会常务委员会第二十八次会议通过;根据 2009 年 8 月 27 日第十一届全国人民代表大会常务委员会第十次会议《关于修改部分法律的决定》第一次修正;根据 2014 年 8 月 31 日第十二届全国人民代表大会常务委员会第十次会议《关于修改〈中华人民共和国安全生产法〉的决定》第二次修正;根据 2021 年 6 月 10 日第十三届全国人民代表大会常务委员会第二十九次会议《关于修改〈中华人民共和国安全生产法〉的决定》第三次修正,自 2021 年 9 月 1 日起实施。

知识拓展:《中华人民共和国安全生产法》(2021 年修正)的特点

2.《中华人民共和国劳动法》 为了保护劳动者的合法权益,调整劳动关系,建立和维护适应社会主义市场经济的劳动制度,促进经济发展和社会进步,根据宪法,制定了《中华人民共和国劳动法》。《中华人民共和国劳动法》调整了我国境内企业、个体经济组织(统称用人单位)、国家机关、事业组织、社会团体与劳动者之间的劳动关系。当前,我国处理劳动争议的机构主要包括劳动争议调解委员会、地方劳动争议仲裁委员会和地方人民法院。

1994 年 7 月 5 日,第八届全国人民代表大会常务委员会第八次会议审议通过《中华人民共和国劳动法》,这是我国第一部劳动法典;根据 2009 年 8 月 27 日第十一届

全国人民代表大会常务委员会第十次会议《关于修改部分法律的决定》第一次修正；根据 2018 年 12 月 29 日第十三届全国人民代表大会常务委员会第七次会议《关于修改〈中华人民共和国劳动法〉等七部法律的决定》第二次修正，于 2018 年 12 月 29 日执行。

三、安全生产管理

视频：安全生产教育

安全生产管理是指对安全生产工作进行的管理和控制。安全生产管理方针是安全第一、预防为主。在各类生产经营和社会活动中，要把安全放在第一位；在各项安全措施的落实上，要把预防放在第一位；在各种安全检查的监督下，要把治理隐患放在第一位；在安全生产抢险救灾中，要把人民的生命安全放在第一位。

1. 安全生产管理要做到“四全”管理　“四全”即“全员、全面、全过程、全天候”。“四全”的基本精神：人人注意安全，不但要注意自己的安全，还要注意别人的安全和其他各种安全隐患；事事注意安全，做任何事情都要注意安全，不要因为熟练而忽视安全；时时注意安全，如不要因为即将下班或为了完工而盲目加快速度，违章操作，忽视安全；处处注意安全，在任何地方都要注意安全。

2. 安全生产要做到“四不伤害”　一是不伤害自己，首先要保护自己的安全和健康；二是不伤害他人，时刻关心工作伙伴和他人的安全与健康；三是不被他人伤害，纵容他人的不安全行为也许受伤害的就是自己；四是保护他人不被伤害，两人以上共同作业时注意协作和相互联系，立体交叉作业时要注意安全。

3. 生产事故　生产事故是指在生产过程中突然发生的与人们的愿望和意志相反的情况，使生产进程停止或受到干扰的事件。根据《中华人民共和国安全生产法》要求，我国对于安全生产事故的处理，一律遵循“四不放过”原则，即事故原因未查清不放过，事故责任者和群众没有受到教育不放过，没有制定出防范措施不放过，事故责任者没有受到严肃处理不放过。

4. 造成生产事故的直接原因

案例分析：旋转式压片机安全事故

(1) 人员的不安全行为：包括人员缺乏安全知识，疏忽大意或采取不安全的操作方式等而引起事故，如违反规章制度、违章操作和违章指挥。影响安全生产常见的心理状态为自我表现心理、“经验”心理、侥幸心理、从众心理、反常心理和逆反心理。《中华人民共和国安全生产法》强调生产经营单位应当关注从业人员的身体、心理状况和行为习惯，加强对从业人员的心理疏导、精神慰藉，严格落实岗位安全生产责任，防范从业人员行为异常导致事故发生。

(2) 物的不安全状态：因机械设备、工具等有缺陷或环境条件差而引起事故。

(3) 人与物的综合因素：上述两种因素综合引发。

5. 做好安全防范，确保生产安全

(1) 安全生产的“安全三原则”：整理整顿工作地点，创造一个整洁有序的作业环境；经常维护保养设备；按照规范标准进行操作。

(2) 安全生产中的“三点控制”：控制危险点、危害点和事故多发点。

(3) 安全防护设施要做到“四有四必有”：有洞必有盖、有台必有栏、有轮必有罩、有轴必有套。

(4) 安全生产教育：①“三级安全教育”，即公司级、车间级、班组级；②特种作业安全教育培训，如电工作业、锅炉司炉、压力容器操作和管道操作、金属焊接作业、企业内机动车辆驾驶、制冷与空调作业等。

(5) 海恩法则与安全生产：安全生产工作有一个著名法则——海恩法则，该法则是德国人帕布斯·海恩提出的。他指出：每一起严重事故的背后，必然有 29 次轻微事故和 300 次未遂先兆，以及 1 000 个事故隐患。要想消除一起严重事故，就必须把这 1 000 个事故隐患控制住。海恩法则强调两点：一是事故的发生是量的积累的结果；二是再好的技术、再完美的规章，在实际操作层面，也无法取代人自身的素质和责任心。海恩法则对企业来说是一种警示，它说明任何一起事故都是有原因的，并且是有征兆的；它同时说明安全生产是可以控制的，安全事故是可以避免的；它也给企业管理者提供了一种安全生产管理的方法——发现并控制征兆。

6. 安全生产管理要求

(1) 任何生产过程都要进行标准化，严格按标准操作规程进行操作。

(2) 根据生产程序的可能性，列出每一个程序可能发生的事故，以及发生事故的征兆，培养员工对事故征兆的敏感性。

(3) 认识到安全生产的重要性，以及安全事故带来的巨大危害。

(4) 在任何程序上一旦发现安全事故的隐患，要及时报告，及时排除。即使有一些小事故，可能避免不了或者经常发生，也应引起足够重视，要及时排除。当事人即使不能排除，也应该向安全负责人报告，以便找出这些小事故的隐患，并及时排除，避免安全事故的发生。

四、安全生产标志与劳动防护

1. 安全生产标志　安全生产标志包括红、黄、蓝、绿四种安全色，以及禁止标志、警告标志、指令标志和提示标志四种安全标志，其意义及图标见表 2-1。

2. 劳动防护　劳动防护是指根据国家法律法规，依靠技术进步和科学管理，采取组织措施和技术措施，消除危及人身安全健康的不良条件和行为，防止事故和职业病，保护劳动者在劳动过程中的安全与健康。制药企业常用安全防护用具的用途和防护指令如表 2-2 所示。

彩图：安全色和安全标志

表 2-1　安全色和安全标志

安全生产标志	种类	意义	图标*
安全色	红	表示禁止、停止的意思	禁止吸烟 NOSMOKING 禁止吸烟标志 （■红 ■黑 □白）
	黄	表示注意、警告的意思	当心机械伤人 当心机械伤人标志 （■黄 ■黑）
	蓝	表示指令、必须遵守的意思	必须戴防尘口罩 Must wear protective mask 必须戴防尘口罩标志 （■蓝 □白）
	绿	表示通行、安全和提供信息的意思	安全出口 EXIT 安全出口标志 （■绿 □白）
安全标志	禁止标志	禁止人们不安全行为的图形标志。其基本形式为带斜杠的圆形框，圆环和斜杠为红色，图形符号为黑色，衬底为白色	禁止合闸 禁止合闸标志 （■红 ■黑 □白）

续表

安全生产标志	种类	意义	图标*
安全标志	警告标志	提醒人们对周围环境引起注意，以避免可能发生危险的图形标志。其基本形式是正三角形边框，三角形边框及图形为黑色，衬底为黄色	当心触电 Caution shock 当心触电标志 （ 黄 ■黑）
	指令标志	强制人们必须做出某种动作或采用防范措施的图形标志。其基本形式是圆形边框，图形符号为白色，衬底为蓝色	必须穿防护服 必须穿防护服标志 （■蓝 □白）
	提示标志	向人们提供某种信息的图形标志。其基本形式是正方形边框，图形符号为白色，衬底为绿色	消防警铃 消防警铃标志 （■绿 □白）

* 图标颜色以二维码资源“彩图：安全色和安全标志”中的为准。

表 2-2　制药企业常用安全防护用具的用途和防护指令

安全防护用具	用途	防护指令*
安全帽	抵御突如其来的打击和飞来的碎片、颗粒，防止低压电击	必须戴安全帽 MUST WEAR SAFETY HELMET 必须戴安全帽标志 （■蓝 □白）

彩图：常用安全防护用具的防护指令

续表

安全防护用具	用途	防护指令*
防护眼罩	防止异物进入眼睛，防止化学性物品、强光、紫外线和红外线、微波、激光和电离辐射对眼睛的伤害，也可阻隔物质颗粒和碎屑、火花和热流、烟雾	必须佩戴防护眼镜 必须佩戴防护眼镜标志 （■蓝 □白）
耳塞	防止机械噪声、空气动力噪声及电磁噪声的危害	必须佩戴防护耳塞 必须佩戴防护耳塞标志 （■蓝 □白）
防护手套	防止火与高温、低温、电磁与电离辐射、电、化学物质、撞击、切割、擦伤、微生物侵害及感染等伤害	必须戴防护手套 必须戴防护手套标志 （■蓝 □白）
防尘口罩 防毒面具	防止生产性粉尘和生产过程中有害化学物质的伤害	必须戴防尘口罩 Must wear protective mask 必须戴防尘口罩标志 必须带防毒面具 必须戴防毒面具标志 （■蓝 □白）

续表

安全防护用具	用途	防护指令*
防护鞋	防止物体砸伤或刺割、高低温伤、酸碱性化学品、触电等伤害	必须穿防护鞋 必须穿防护鞋标志 （■蓝 □白）

* 防护指令颜色以二维码资源“彩图：常用安全防护用具的防护指令”中的为准。

任务实施

一、安全用电意识培养

1. 防止电气设备伤害　电气设备伤害包括电气设备及线路、电流及电击、电磁等引起的伤害事故，以及雷电、静电、爆炸、火灾危险场所电气等引发的爆炸火灾事故。

2. 遵守用电安全基本要求

(1) 电气作业人员必须持有国家劳动部门颁发的有效电工证上岗作业，非电工人员严禁进行电气作业。

(2) 车间内的电气设备不要随便乱动，发生故障不能带“病”运转，应立即请电工检修，不得自行修理。

(3) 经常接触使用的配电箱、闸刀开关、按钮开关、插座及导线等，必须保持完好。

(4) 需要移动电气设备时，必须先切断电源，导线不得在地面上拖来拖去，以免磨损，导线被压时不要硬拉，防止拉断。

(5) 打扫卫生、擦拭电气设备时，要关闭电源。严禁用水冲洗或用湿抹布擦拭，以防发生触电事故。

(6) 工作场所应做到人走灯灭，并关闭好其他电气设备或拔掉电源插头。

二、防火防爆安全意识培养

1. 防火　防火的措施：①易燃物质不宜大量存放于实验室中，应贮存在密闭容器内及置于阴凉处。②加热低沸点或中沸点等易燃液体，如乙醚、二硫化碳、丙酮、苯、乙

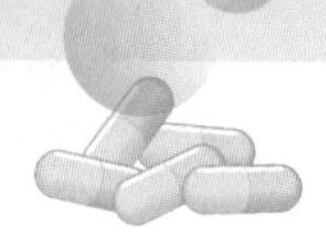

醇等，最好是用水蒸气加热，至少用水浴加热，并应时时查看，不得离开操作岗位。切记不能用直火或油浴加热，因为其蒸气极易着火。③在工作中使用或倾倒易燃物质时，注意要远离灯火。④磷与空气接触，易自发着火，宜贮存在水中；金属钠暴露于空气中能自发着火，与水能起猛烈反应并着火，应贮存于煤油中。⑤定期检查电路是否正常。⑥所有相关工作人员应熟悉灭火器的使用。

2. 防爆炸　防爆炸的措施：①乙醚在室温时的蒸气压很高，乙醚和空气或氧气混合时能产生爆炸性极强的过氧化物，在蒸馏乙醚时应特别小心。②无水过氯酸与还原剂和有机化合物（如纸、炭、木屑等）接触能引起爆炸，无水过氯酸也能自发爆炸，使用时应注意，但常用浓度为 60%~70% 的过氯酸水溶液则没有危险。③以下物质混合可能引起爆炸，应避免混合：过氯酸与乙醇，金属钠或钾与水，高锰酸钾与浓硫酸、硫黄或甘油，硝酸钾与醋酸钠，过氯酸盐或氯酸盐与浓硫酸，磷与硝酸、硝酸盐、氯酸盐，氧化汞与硫黄等。④进行抽滤或真空操作时，所用抽滤瓶的瓶壁应较厚，以免抽滤瓶受压过大而炸碎伤人。

三、危险化学品安全管理

1. 常见的危险化学品　制药企业的生产检验离不开危险化学品，制药企业常见的危险化学品如表 2–3 所示。

视频：危险化学品定义与分类

彩图：常见危险化学品标志

表 2–3　制药企业常见的危险化学品

主要类型	化学品名称	标志*
爆炸性物品	炸药	爆炸品 1 爆炸品标志 （■橙　■黑）
压缩气体和液化气体	液化石油气、氢气、氨气、氯气	2 压缩气体和液化气体 压缩气体和液化气体标志 （■红　■黑）

续表

主要类型	化学品名称	标志*
易燃液体	乙醇、汽油、煤油	易燃液体 3 易燃液体标志 （■红 ■黑）
易燃固体、自燃物品和遇湿易燃物品	镁、黄磷	4 易燃固体、自燃物品和遇湿易燃物品 易燃固体、自燃物品和遇湿易燃物品标志 （□白 ■红 ■黑）
氧化剂和有机过氧化物	氯酸钾、过氧化钠	5.2 氧化剂和有机过氧化物 氧化剂和有机过氧化物标志 （□白 ■红 ■黄）
有毒品	氰化物、砷及含砷化合物、硒及含硒化合物，以及汞、铅、氟及其化合物	6 毒害品和感染性物品 毒害品和感染性物品标志

续表

主要类型	化学品名称	标志*
腐蚀品	强酸(盐酸、硫酸、硝酸、磷酸等)、强碱(氢氧化钠、氢氧化钾)	8 腐蚀品 腐蚀品标志

*标志颜色以二维码资源“彩图:常见危险化学品标志”中的为准。

2. 危险化学品贮存和使用安全要求

(1) 危险化学品应当存放在条件完备的专用仓库、专用贮柜内。存放场所应有通风、防爆、防火、防雷、防潮、报警等安全设施,仓库内严禁烟火,仓库需配备洗眼器。洗眼器如图 2-1、图 2-2 所示。

图 2-1 洗眼器 1

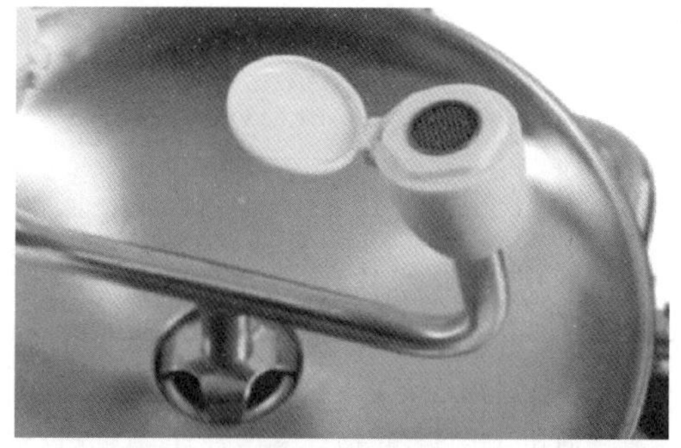

图 2-2 洗眼器 2

(2) 危险化学品应当分类存放,遇火和遇潮容易燃烧、爆炸或产生有毒气体的危险化学品,不得在露天、潮湿、漏雨和容易积水地点存放。化学性质或灭火方法相互抵触的危险化学品,不得在同一贮存地点存放。

(3) 发放和使用危险化学品的人员必须进行过有关化学品使用的安全知识培训,熟悉化学品性能、安全要求和紧急状态时的处理方法。爆炸、剧毒化学品必须严格遵守“双人保管”“双人双锁”“双人收发”“双人领退”“双人使用”的原则,定期对危险化学品的包装、标签、状态进行检查,务必使账物一致。

(4) 盛装危险化学品的容器必须有化学品危险性标志,标示其名称、危险性和安全要求。

(5) 按有关指引正确贮存、使用危险化学品,使用完毕应立即将容器盖紧。

(6) 危险化学品废液不得倒在下水道、水池内,必须用专用容器回收,按有关规定处置。

四、工业腐蚀性、毒性物品的安全管理

1. 腐蚀性物品的贮存　腐蚀性物品与其他物品之间，腐蚀性物品中的有机与无机腐蚀品之间，酸性与碱性物品之间，可燃固体之间，都应在单独仓房存放，不可混放。

2. 毒性物品的贮存　无机毒害品与无机氧化剂应隔离存放。无机毒害品与氧化（助燃）气体应隔离存放，与不燃气体可同库存放。有机毒害品与不燃气体应隔离存放。液体有机毒害品与可燃液体可隔离存放。有机毒害品的固体与液体之间，以及与无机毒害品之间，均应隔离存放。制药企业常见腐蚀性、毒性物品的安全管理见表 2-4。

表 2-4　制药企业常见腐蚀性、毒性物品的安全管理

类别		名称	危害	安全管理措施
腐蚀性物品	酸类	硫酸、盐酸、硝酸、冰醋酸、氢氟酸等	有很强的腐蚀力，能烫伤皮肤甚至使皮肤发炎腐烂，特别注意勿使酸溅入眼中，严重的能使眼睛失明；酸能损坏衣物；盐酸、硝酸、氢氟酸的蒸气对呼吸道黏膜及眼睛有强烈的刺激作用，可使其发炎、产生溃疡	倾倒酸类时应在通风橱中进行，戴上防护手套及经水或苏打溶液浸湿的口罩、防护眼镜。稀释硫酸时，应谨慎地将浓酸渐渐倾注于水中，切不可将水倾注于浓酸中
	碱类	氢氧化钠、氢氧化钾、浓氨水	氢氧化钠、氢氧化钾均能腐蚀皮肤及衣服；浓氨水的蒸气能严重刺激黏膜及伤害眼睛，使流泪并可能引发各种眼疾	戴上防护手套，倾倒氨水时应在通风橱中进行，并戴上口罩及防护眼镜
	其他类	苯酚	有腐蚀性，使皮肤呈白色烫伤状，应立即将毒物除去，否则可引起局部糜烂，治愈极慢	应在通风橱中进行，戴上防护手套
		溴	能严重刺激呼吸道、眼睛及烧伤皮肤	应在通风橱中进行，并戴上口罩及防护眼镜
毒性物品		氰化钾、三氧化二砷、升汞、黄磷或白磷	皆有剧毒，应由专人专柜保管	切勿误入口中，使用后应洗手，盛放器皿也要洗净。毒物及其废液应倒入废液罐中，经过安全处理符合排放标准后倒入下水道，并用水冲洗水槽
		苯、汞、乙醚、三氯甲烷、二硫化碳等有机溶媒	长期吸入其蒸气会导致慢性中毒	应在通风橱中使用，并戴上口罩及防护眼镜。应贮存在密闭容器中，放于低温处
		硫化氢气体	具有恶臭及毒性	应在通风橱中进行，并戴上口罩及防护眼镜

五、消防安全管理

消防安全管理要做到消防“四懂四会”。

1. 四懂 “四懂”系指懂得本岗位的不安全因素和火灾隐患，懂得火灾的预防措施，懂得初起火灾的扑救方法，懂得逃生的方法。

2. 四会 “四会”系指会正确报警，会使用各种消防器材，会扑救初起之火，会组织人员逃生。

六、机械安全管理

由于机器运转速度快，故一旦发生机械伤害往往相当严重，可能会导致身体残疾，甚至危及生命。但若掌握了机器的基本操作方法及遵循安全操作规程，便可避免事故的发生。机械伤害的形式有：①挤压伤害，如搬运物料砸伤。②切（割）断伤害，如玻璃锋利的边缘、缠绕伤害，机器的传动部分、旋转部分引起的伤害。③引（卷）入伤害，如传动吻合处、设备的进料口所致伤害。④飞出、飞起伤害，如废料飞出或零件脱落所致伤害。

1. 机械操作的安全要求

(1) 操作人员上岗前应培训，掌握设备的操作方法和要领后才能上岗作业。

(2) 作业前应穿戴好劳保用品，如工作服、防护手套等，领口、衣袖、下摆扎紧。

(3) 作业前对设备进行检查、加油和试运行，确认设备各部位完全正常才能作业。

(4) 作业前应清理好设备工作台面，不得将工具、材料等置于设备运动部位和区域。

(5) 在操作过程中应严格按照设备安全操作规程作业，全神贯注，不得分心或与人交谈。

(6) 在设备运转时严禁对设备进行修理和进行零件测试，这些工作必须停机进行。

(7) 机械设备的安全装置必须保证完好，不得私自拆除或弃置不用。

(8) 设备的旋转、往复运动等部位要加装内防护装置，操作者和他人不得在转动时进入禁入区域内工作。

(9) 发现故障时，应立即停机，由专业维修人员进行处理，不得自行维修、拆卸。

(10) 作业结束后，应对设备进行清洁和保养，确保设备停止和电源断开后方可离开岗位。

2. 设备调试维修 维修工作只能由合格的人员实施。接触机械设备前，必须确认其已完全停止运作，电源已经关掉。确保不会意外接通电源。如有必要，锁上主控制器，拔出钥匙，在总开关上挂上警示牌。当两人或多人操作同一机器时，必须确保良好的沟通。应使用工具，而非用手取出夹在机器中的东西。在机器设备下面或看不到控制器的地方进行工作时，应将电源关掉并上锁。当维修或拆卸设备部件时，如驱动装置、阀门等，必须遵守相关操作说明书所列的安全要求。

3. 使用压缩气体　禁止玩耍压缩气体；未经允许，不得使用压缩气体；将空气用作清洁目的时必须特别小心，不得将压缩气体对着任何人，禁止用压缩气枪清洁身体；在供气管道上卸下气动工具前，必须先将其气体压力泄放掉。

七、洁净区安全疏散

1. 洁净厂房的特点　空间密闭，如有火灾发生，对疏散和扑救极为不利；平面布置曲折，会增加疏散路线上的障碍，延长安全疏散的距离和时间；若干洁净室通过风管彼此串通，当火灾发生，特别是火势初起未被发现而又持续通风的情况下，风管成为烟火迅速外窜、殃及其余房间的通道。洁净区及洁净区安全门如图 2-3、图 2-4 所示。

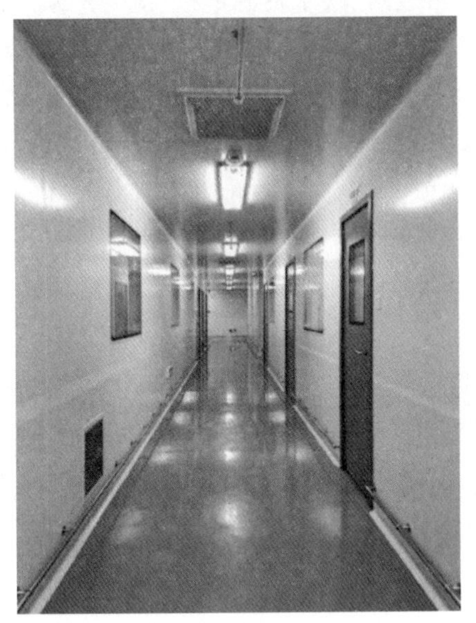

图 2-3　洁净区

图 2-4　洁净区安全门

2. 防火分区　按《建筑设计防火规范》(GB 50016—2014)和《洁净厂房设计规范》(GB 50073—2013)规定，洁净厂房的耐火等级不应低于二级，一般钢筋混凝土框架结构均满足二级耐火等级的要求。根据火灾危险性，生产厂房分为甲、乙、丙、丁四类，制药行业的原料药生产中大量使用汽油、乙醇等有机溶媒的厂房都属于甲类。

3. 安全出口及消防口

(1) 安全出口：建筑面积超过 50 m^2，同时人数超过 5 人时，洁净厂房每一生产层、每一防火分区或每一洁净区的安全出口数量，均不应少于 2 个。安全门多为固定玻璃门，边上置有斧锤之类工具，以供紧急情况破门而出，使用过程中容易伤人；有一种安全门在洁净区内插上插销，只能从里面开，但其密封性较差；还有一种安全门是最外面有一不插不锁的门，里面有两层塑料膜，平时可阻止他人进入洁净区内，火灾时破膜而出，这种做法比较简便，但尚未被广泛采用。

(2) 消防口：洁净区等无窗厂房在适当位置均设有门或窗，作为供消防人员进入的消防口。当门窗间距大于 80 m 时，在这段外墙的适当位置也设有消防口，消防口均有明显标志。

4. 紧急疏散　洁净区生产操作人员应熟悉工作场所，熟悉疏散路线，熟悉本生产区域的安全出口，一旦发生火灾，应听从指挥，冷静应对。若从浓烟中逃生，要用湿毛巾捂住口鼻，以低姿态，按洁净区安全引导标志和紧急照明，从就近的安全出口迅速疏散，确保人身安全。

八、环境保护知识学习

从工业革命到 1984 年发现南极臭氧空洞为止，全球出现了大规模环境污染，当前世界的主要环境问题为全球变暖、臭氧层破坏、酸雨、淡水资源危机、能源短缺、森林面积锐减、土地荒漠化、物种加速灭绝、垃圾成灾、有毒化学品污染等。按现行化学品分类体系中的危害分类，环境危害包括两类，即危害水生环境和危害臭氧层。因此，制药企业应采用无污染或少污染的新工艺、新设备，尽可能采用无毒无害或低毒低害的原辅料及实验材料，最大限度地减少危险废物的产生，提高环境保护意识，使用危险化学品过程中产生的废气、废水、废渣、粉尘应回收综合利用。必须排放的，应经过净化处理，其有害物质浓度不得超过国家规定的排放标准。

1. 制药废水的处理

(1) 含悬浮物或胶体的废水：废水中所含的悬浮物一般可通过沉淀、过滤或气浮等方法除去。气浮法的原理是利用高度分散的微小气泡作为载体去黏附废水中的悬浮物，使其密度小于水而上浮到水面，从而实现固液分离。

(2) 酸碱性废水：对于浓度较高的酸性或碱性废水应尽量回收和综合利用。回收后的剩余废水或浓度较低、不易回收的酸性或碱性废水必须中和至中性。

(3) 含无机物废水：制药废水中所含无机物通常为卤化物、氰化物、硫酸盐及重金属离子等。常用的处理方法有稀释法、浓缩结晶法和各种化学处理法。对于不含毒物又不易回收利用的无机物废水可用稀释法处理，例如用高压水解法处理高浓度含氰废水，去除率可达 99.99%。

(4) 含有机物废水：常用的回收和综合利用方法有蒸馏法、萃取法和化学处理法等。回收后符合排放标准的废水，可直接排入下水道；对于低浓度、不易被氧化分解的有机物废水，可用沉淀、萃取、吸附等物理、化学或物理化学手段进行处理；对于浓度高、热值高、又难以用其他方法处理的有机物废水，可用焚烧法进行处理。

2. 废气的处理　按所含主要污染物的性质不同，化学制药厂排出的废气可分为三类，即含尘(固体悬浮物)废气、含无机污染物废气和含有机污染物废气。根据所含污染物的物理性质和化学性质，通过冷凝吸收、吸附、燃烧、催化等方法进行无害化处理。

3. 废渣的处理

(1) 化学法：利用废渣中所含污染物的化学性质，通过化学反应将其转化为稳定、安全的物质，是一种常用的无害化处理技术。

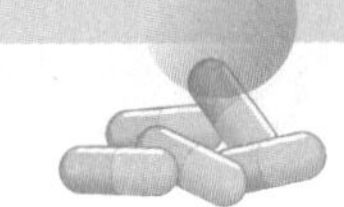

(2) 焚烧法：是高温分解和深度氧化的综合过程。通过焚烧可以使可燃性的废渣氧化分解，达到减少容积、去除毒性、回收能量及副产品的目的。

(3) 热解法：将废渣置于完全密封的炉膛内，将炉内温度加热至 450~750 ℃。在高温及缺氧情况下，废渣中的有机物将分解成固体垃圾和热气两部分。

(4) 填埋法：是将一时无法利用又无特殊危害的废渣埋入土中，利用微生物的长期分解作用而使其中的有害物质降解的方法。

(5) 其他方法：生物法、湿式氧化法和抛海法等。

4. 无法净化处理的危险化学品的废液、废渣和残液、残渣的处置　应严格按照规定进行处理，严禁乱倒、乱放、随意抛弃。销毁处理失效变质的危险化学品，应履行审批手续，采取严密措施，并征得公安、环保等有关部门同意。

5. 废弃剧毒化学品的处置

(1) 废弃剧毒化学品的处置，应依照国家有关规定执行。剧毒化学品使用后所产生的废渣、废液等不得私自乱倒，应严格按环保规定处理。

(2) 剧毒化学品的原包装容器必须退回剧毒化学品库，不得随意丢弃和擅自处理。不得将装有剧毒气体的废旧钢瓶作为废钢铁卖给废品回收部门。

(3) 需要废弃的剧毒化学品，由剧毒化学品仓库提交清单，由有关部门向当地公安部门报告，由公安部门与有关部门联系集中销毁。

(4) 废弃剧毒化学品处理时须完备有关手续，制药企业要有详细清单，处理部门要有回执，处理清单要一式三份（制药企业、处理部门和当地公安部门各存一份），并有制药企业和处理部门的签字、盖章。

知识总结

1. 安全生产意识是指生产过程中时刻要有安全意识，以确保人身安全、设备和产品安全为首要职责，坚持以人为本，预先采取必要的措施。

2. 安全生产意识培养包括内涵培养、法律法规意识培养，以及安全生产管理、安全生产标志与劳动防护等方面知识和技能的学习。

3. 安全生产意识培养的任务实施从安全用电意识培养、防火防爆安全意识培养、危险品管理、工业腐蚀性和毒性物品的安全管理、消防安全管理、机械安全管理、洁净区安全疏散、环境保护知识学习等方面展开。

在线测试

请扫描二维码完成在线测试。

在线测试：安全生产意识培养

任务 2.2　药物制剂生产自我防护

PPT：药物制剂生产自我防护

授课视频：药物制剂生产自我防护

任务描述

药物制剂生产自我防护是每一位药物制剂生产从业人员必备的自我防护技能，是从业人员人身安全的基本保障。本任务主要使从业人员掌握制药企业作业场所和工作岗位存在的危险因素、防范措施及急救知识，使从业人员树立安全防护意识，实现"要我安全"到"我要安全、我会安全"的意识转变，以保证药物制剂生产从业人员的人身安全，保证生产经营活动得以顺利进行。

知识准备

1.《中华人民共和国安全生产法》规定　生产经营单位应当教育和督促从业人员严格执行本单位的安全生产规章制度和安全操作规程，并向从业人员如实告知作业场所和工作岗位存在的危险因素、防范措施以及事故应急措施。生产经营单位的从业人员有权了解其作业场所和工作岗位存在的危险因素、防范措施及事故应急措施，有权对本单位的安全生产工作提出建议。

2. 药物制剂生产自我防护的目的　药物制剂生产自我防护的目的包括两个方面：一方面提高药物制剂生产操作人员的自我安全防护意识，提升安全素养，实现从业人员从"要我安全"到"我要安全、我会安全"的意识转变；另一方面体现以人为本的安全生产管理理念，以保证从业人员的人身安全，保证生产经营活动得以顺利进行。

任务实施

一、安全防护意识培养

药物制剂生产从业人员必须掌握作业场所和工作岗位存在的危险因素及防范措施，应对事故采取应急措施，确保人身财产安全，保证企业生产得以顺利进行。制药企业常存在的危险因素、作业场所及防范措施见表 2–5。

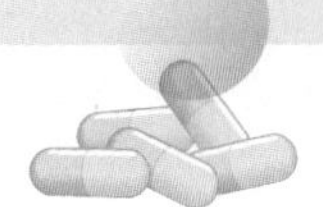

表 2-5　制药企业常存在的危险因素、作业场所及防范措施

危险因素	作业场所	防范措施
噪声	机器设备运转场合	使用耳塞
酸碱	使用化学品的场合	戴手套、穿工作服
电	电工作业场合	穿绝缘鞋、戴绝缘手套
辐射	焊接作业场合	戴防护眼镜、面罩

二、急救知识学习

1. 创伤的急救

(1) 小创伤可用肥皂水进行局部清洗，然后用碘伏消毒、无菌敷料包扎，或者用创可贴局部包扎，避免出现感染。若伤口较深，应及时到当地医院就诊，由医生进行局部清创处理，必要时进行缝合，视患者身体及伤口情况，决定是否需要注射破伤风抗毒素等。

(2) 较大的创伤或者动、静脉出血，甚至骨折时，应立即用急救绷带在伤口出血部位上方扎紧止血，用消毒纱布盖住伤口，立即送医院救治，但止血时间过长时，应注意每隔 1 h 适当放松一次，以免肢体缺血坏死。

(3) 生产操作过程中，万一发生断肢（指）等严重安全事故，现场人员不要害怕和慌乱，要保持冷静，首先对伤口进行包扎止血、镇痛，然后对断肢（指）进行清洁或用无菌敷料包裹，放入密闭的塑料袋中，再将塑料袋置于加盖的盛放冰块的容器内[断肢（指）不能与冰块直接接触，以防冻伤。也不得将断肢（指）浸泡在乙醇等液体中，以防细胞变质]，速随伤者送往医院救治。

2. 烫伤/烧伤的急救　烫伤/烧伤后，首先将伤口上的衣物除去。然后用冷水冲泡15~30 min，再涂烫伤膏。较重的烫伤/烧伤，不要弄破水疱，以防感染，应及时到医院治疗。

3. 化学灼伤的急救　发生化学灼伤时，应迅速解脱衣服，清除皮肤上的化学药品，然后再根据化学药品的性质进行相应的处理，必要时送医院治疗。常见的化学药品灼伤急救方法见表 2-6。

表 2-6　常见的化学药品灼伤急救方法

灼伤药品	急救方法
酸类：硫酸、盐酸、硝酸等	先用大量水冲洗，然后用 20% 苏打溶液洗拭
碱类：氢氧化钠、氢氧化钾、浓氨水等	立即用大量水冲洗，然后用 2% 硼酸或醋酸溶液冲洗
氢氟酸	先用大量冷水冲洗，然后用 5% 苏打溶液洗拭，再用浸甘油与氧化镁糊（2 : 1）的湿纱布包扎
浓过氧化氢	用热水或硫代硫酸钠溶液敷治
苯酚	用大量水冲洗，然后用 4 体积乙醇（70%）与 1 体积氯化铁（1 mol/L）混合液冲洗
溴	用 1 体积氨溶液（25%）、1 体积松节油和 10 体积乙醇（95%）的混合液处理

4. 触电的急救 发现有人触电后，首先要在保证救护者自身安全的前提下，使触电者迅速脱离电源，然后进行现场紧急救护。

(1) 使触电者脱离电源：电流对人体的作用时间越长，对生命的威胁越大。触电急救的关键是首先要使触电者迅速脱离电源。①脱离低压电源的方法：脱离低压电源的方法可用“拉”“切”“挑”“拽”“垫”来概括。“拉”就是迅速拉断电源开关、拔出插头；“切”就是用带有绝缘柄的利器切断电源线；“挑”就是利用干燥的木棒、竹竿等挑开触电者身上的导线；“拽”就是救护者戴上手套或在手上包干燥的衣服、围巾等绝缘物品后拖拽触电者，使之脱离电源；“垫”就是将干的木板塞到触电者身下，使其与地隔绝来隔断电源。②脱离高压电源的方法：一般高压电源开关距离现场较远，不便拉闸。因此，使触电者脱离高压电源的方法与脱离低压电源的方法有所不同。可以立即电话通知供电部门拉闸停电，如电源开关离触电现场不甚远，则可戴上绝缘手套，穿上绝缘靴，拉开高压断路器，往架空线路抛挂裸金属软导线，人为造成线路短路，迫使继电保护装置动作。③使触电者脱离电源时应注意的事项：救护者不得采用金属和其他潮湿的物品作为救护工具。未采取绝缘措施前，救护者不得直接触及触电者的皮肤和潮湿的衣服。在拉拽触电者脱离电源的过程中，救护者应用单手操作。当触电者位于高位时，应采取措施预防触电者在脱离电源后坠地摔伤。

(2) 现场救护：触电者脱离电源后，应立即就地进行抢救。根据触电者受伤害的轻重程度，现场救护有以下几种抢救措施。①触电后未失去知觉者的救护：如果触电者所受的伤害不太严重，神志清醒，则应让触电者在通风暖和的地方静卧休息。②触电后已失去知觉（心肺正常）者的抢救：如果触电者已失去知觉，但呼吸和心搏尚正常，则应使其取舒适平卧位，解开衣服以利呼吸，保持空气流通，冷天应注意保暖。若发现触电者呼吸困难或心搏异常，应立即施行人工呼吸或胸外心脏按压。③触电后呼吸和心搏停止者的急救：如果触电者呼吸和心搏停止，应首先畅通气道，使触电者仰卧于平硬的地方，迅速解开其领扣、围巾、紧身衣和裤带，确保气道畅通，然后对触电者施行人工呼吸和胸外心脏按压，尽快使触电者恢复心脏搏动。④现场救护中的注意事项：抢救过程中应密切关注触电者呼吸和脉搏情况，在医务人员到达之前，不中断现场抢救。心肺复苏应在现场进行，不要随意移动触电者，确需移动时，抢救中断时间不应超过 30 s，移动触电者时应使用担架并在其背部垫以木板，不可让触电者身体蜷曲，移送途中应将冰袋敷于触电者头部，露出眼睛，使脑部降温，争取触电者心、肺、脑功能得以复苏。慎用药物，人工呼吸和胸外心脏按压是对触电后心搏骤停者的主要急救措施，任何药物都不可替代，对触电者用药或注射应由有经验的医生确定，慎重使用。禁止采取冷水浇淋、猛烈摇晃、大声呼唤等办法刺激触电者，因人体触电后，心脏会发生颤动，脉搏微弱，血流紊乱，如果在这种险象下用上述办法强烈刺激心脏，会使触电者因急性心力衰竭而死亡。

知识拓展：几种常见中毒的急救

5. 中毒的急救 对中毒者的急救首先是尽快将中毒者从中毒物质区域移开，并尽快弄清中毒物质，以便协助医生排出中毒者体内毒物。如遇中毒者呼吸、心搏停止，应

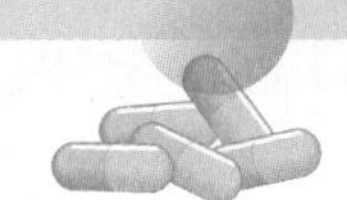

立即施行人工呼吸和胸外心脏按压。

知识总结

1. 药物制剂生产自我防护是每一位药物制剂生产从业人员必备的自我防护技能，是从业人员人身安全的基本保障。

2. 药物制剂生产自我防护的内涵是为了提高药物制剂生产从业人员的自我安全防护意识，提升安全素养，体现以人为本的安全生产管理理念，以保证从业人员的人身安全，保证生产经营活动得以顺利进行。

3. 药物制剂生产从业人员必须掌握工作岗位和作业场所存在的危险因素及防范措施，应对事故采取应急措施，确保人身财产安全，将损失降到最低，保证企业生产得以顺利进行。

4. 药物制剂生产自我防护的任务实施主要从安全防护意识培养、急救知识学习等方面开展。

在线测试

请扫描二维码完成在线测试。

在线测试：药物制剂生产自我防护

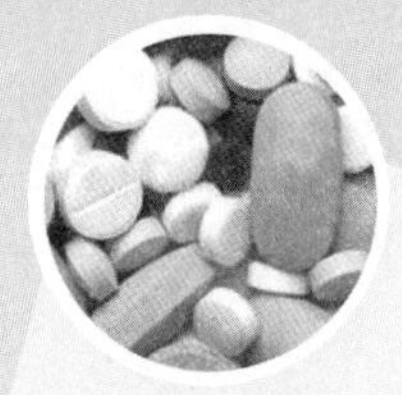

项目 3
相关法律法规学习

学习目标

1. 掌握药品相关法律法规中与药物制剂生产相关的主要内容，违反相关法律法规应承担的法律责任。
2. 熟悉药品相关法律法规的实施时间及目的。
3. 了解药品相关法律法规的其他内容。

知识导图

请扫描二维码了解本项目主要内容。

知识导图：相关法律法规学习

任务 3.1　相关法律学习

PPT：相关法律学习

本任务主要学习药品相关法律法规的主要内容，尤其是与药物制剂生产相关的主要内容及违反相关法律法规应承担的法律责任。通过学习，使学生能够自觉遵守《中华人民共和国药品管理法》《药品生产质量管理规范》等相关法律法规，能正确运用药品相关法律法规的知识分析案例，具备运用法律法规分析解决工作中问题的能力。

授课视频：相关法律学习（药品管理法学习）

知识准备

授课视频：相关法律学习（疫苗管理法和中医药法学习）

一、药品管理法

1.《中华人民共和国药品管理法》概述　国家为了加强药品管理，保证药品质量，保障公众用药安全和合法权益，保护和促进公众健康，制定了此项法律。此法于 1985 年 7 月 1 日起施行。2019 年 8 月 26 日，新修订的《中华人民共和国药品管理法》经第十三届全国人民代表大会常务委员会第十二次会议表决通过，于 2019 年 12 月 1 日起施行。《中华人民共和国药品管理法》是我国药品监督管理方面的基本法律，也是制定其他药品管理法律法规的基本依据。

《中华人民共和国药品管理法》共 12 章 155 条，其主要内容见表 3–1。

表 3–1　《中华人民共和国药品管理法》主要内容

序号	名称	具体条款
第一章	总则	第一条至第十五条
第二章	药品研制和注册	第十六条至第二十九条
第三章	药品上市许可持有人	第三十条至第四十条
第四章	药品生产	第四十一条至第五十条
第五章	药品经营	第五十一条至第六十八条
第六章	医疗机构药事管理	第六十九条至第七十六条
第七章	药品上市后管理	第七十七条至第八十三条
第八章	药品价格和广告	第八十四条至第九十一条

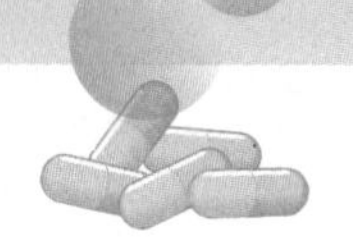

续表

序号	名称	具体条款
第九章	药品储备和供应	第九十二条至第九十七条
第十章	监督管理	第九十八条至第一百一十三条
第十一章	法律责任	第一百一十四条至第一百五十一条
第十二章	附则	第一百五十二条至第一百五十五条

2.《中华人民共和国药品管理法》对药品生产的要求

(1) 从事药品生产活动的审批：从事药品生产活动，应当经所在地省、自治区、直辖市人民政府药品监督管理部门批准，取得药品生产许可证。无药品生产许可证的，不得生产药品。药品生产许可证应当标明有效期和生产范围，到期重新审查发证。

(2) 从事药品生产活动应具备的条件：①有依法经过资格认定的药学技术人员、工程技术人员及相应的技术工人；②有与药品生产相适应的厂房、设施和卫生环境；③有能对所生产药品进行质量管理和质量检验的机构、人员及必要的仪器设备；④有保证药品质量的规章制度，并符合国务院药品监督管理部门依据本法制定的药品生产质量管理规范要求。

(3) 从事药品生产活动的要求：①从事药品生产活动，应当遵守药品生产质量管理规范，建立健全药品生产质量管理体系，保证药品生产全过程持续符合法定要求。②应当按照国家药品标准和经药品监督管理部门核准的生产工艺进行药品生产，生产和检验记录应当完整准确，不得编造。③中药饮片应当按照国家药品标准炮制。国家药品标准没有规定的，应当按照省、自治区、直辖市人民政府药品监督管理部门制定的炮制规范炮制。省、自治区、直辖市人民政府药品监督管理部门制定的炮制规范应当报国务院药品监督管理部门备案。不符合国家药品标准或者不按照省、自治区、直辖市人民政府药品监督管理部门制定的炮制规范炮制的，不得出厂、销售。④生产药品所需的原料、辅料，应当符合药用要求、药品生产质量管理规范的有关要求。生产药品，应当按照规定对供应原料、辅料等的供应商进行审核，保证购进、使用的原料、辅料等符合规定要求。⑤直接接触药品的包装材料和容器，应当符合药用要求，符合保障人体健康、安全的标准。对不合格的直接接触药品的包装材料和容器，由药品监督管理部门责令停止使用。

(4) 药品的放行要求：药品生产企业应当对药品进行质量检验。不符合国家药品标准的，不得出厂。药品生产企业应当建立药品出厂放行规程，明确出厂放行的标准、条件。符合标准、条件的，经质量受权人签字后方可放行。

(5) 药品包装的要求：①药品包装应当适合药品质量的要求，方便贮存、运输和医疗使用。发运中药材应当有包装。在每件包装上，应当注明品名、产地、日期、供货单位，并附有质量合格的标志。②药品包装应当按照规定印有或者贴有标签并附有说明书。标签或者说明书应当注明药品的通用名称、成分、规格、上市许可持有人及其地址、

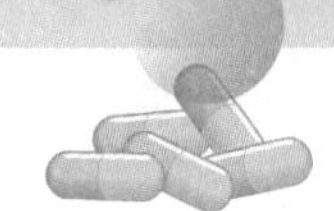

生产企业及其地址、批准文号、产品批号、生产日期、有效期、适应证或者功能主治、用法、用量、禁忌、不良反应和注意事项。标签、说明书中的文字应当清晰，生产日期、有效期等事项应当显著标注，容易辨识。③麻醉药品、精神药品、医疗用毒性药品、放射性药品、外用药品和非处方药的标签、说明书，应当印有规定的标志。

3.《中华人民共和国药品管理法》的监督管理

(1) 禁止生产(包括配制，下同)、销售、使用假药、劣药。有下列情形之一的，为假药：①药品所含成分与国家药品标准规定的成分不符；②以非药品冒充药品或者以他种药品冒充此种药品；③变质的药品；④药品所标明的适应证或者功能主治超出规定范围。有下列情形之一的，为劣药：①药品成分的含量不符合国家药品标准；②被污染的药品；③未标明或者更改有效期的药品；④未注明或者更改产品批号的药品；⑤超过有效期的药品；⑥擅自添加防腐剂、辅料的药品；⑦其他不符合药品标准的药品。

(2) 禁止未取得药品批准证明文件生产、进口药品；禁止使用未按照规定审评、审批的原料药、包装材料和容器生产药品。

4. 违反《中华人民共和国药品管理法》应承担的法律责任

(1) 违反《中华人民共和国药品管理法》规定，构成犯罪的，依法追究刑事责任。

(2) 未取得药品生产许可证、药品经营许可证或者医疗机构制剂许可证生产、销售药品的，责令关闭，没收违法生产、销售的药品和违法所得，并处违法生产、销售的药品(包括已售出和未售出的药品，下同)货值金额十五倍以上三十倍以下的罚款；货值金额不足十万元的，按十万元计算。

(3) 生产、销售假药的，没收违法生产、销售的药品和违法所得，责令停产停业整顿，吊销药品批准证明文件，并处违法生产、销售的药品货值金额十五倍以上三十倍以下的罚款；货值金额不足十万元的，按十万元计算；情节严重的，吊销药品生产许可证、药品经营许可证或者医疗机构制剂许可证，十年内不受理其相应申请；药品上市许可持有人为境外企业的，十年内禁止其药品进口。

(4) 生产、销售劣药的，没收违法生产、销售的药品和违法所得，并处违法生产、销售的药品货值金额十倍以上二十倍以下的罚款；违法生产、批发的药品货值金额不足十万元的，按十万元计算，违法零售的药品货值金额不足一万元的，按一万元计算；情节严重的，责令停产停业整顿直至吊销药品批准证明文件、药品生产许可证、药品经营许可证或者医疗机构制剂许可证。生产、销售的中药饮片不符合药品标准，尚不影响安全性、有效性的，责令限期改正，给予警告；可以处十万元以上五十万元以下的罚款。

(5) 生产、销售假药，或者生产、销售劣药且情节严重的，对法定代表人、主要负责人、直接负责的主管人员和其他责任人员，没收违法行为发生期间自本单位所获收入，并处所获收入百分之三十以上三倍以下的罚款，终身禁止从事药品生产经营活动，并可以由公安机关处五日以上十五日以下的拘留。对生产者专门用于生产假药、劣药的原料、辅料、包装材料、生产设备予以没收。

(6) 违反本法规定，有下列行为之一的，没收违法生产、进口、销售的药品和违法所得以及专门用于违法生产的原料、辅料、包装材料和生产设备，责令停产停业整顿，并处违法生产、进口、销售的药品货值金额十五倍以上三十倍以下的罚款；货值金额不足十万元的，按十万元计算；情节严重的，吊销药品批准证明文件直至吊销药品生产许可证、药品经营许可证或者医疗机构制剂许可证，对法定代表人、主要负责人、直接负责的主管人员和其他责任人员，没收违法行为发生期间自本单位所获收入，并处所获收入百分之三十以上三倍以下的罚款，十年直至终身禁止从事药品生产经营活动，并可以由公安机关处五日以上十五日以下的拘留：①未取得药品批准证明文件生产、进口药品；②使用采取欺骗手段取得的药品批准证明文件生产、进口药品；③使用未经审评审批的原料药生产药品；④应当检验而未经检验即销售药品；⑤生产、销售国务院药品监督管理部门禁止使用的药品；⑥编造生产、检验记录；⑦未经批准在药品生产过程中进行重大变更。

二、疫苗管理法

1.《中华人民共和国疫苗管理法》概述　此法于 2019 年 6 月 29 日第十三届全国人民代表大会常务委员会第十一次会议表决通过，自 2019 年 12 月 1 日起施行。

《中华人民共和国疫苗管理法》是全球首部综合性疫苗管理法律，充分体现了以立法促改革、以立法强监管、以立法保权益的改革思路，促进了疫苗产业创新和行业健康发展，确保了疫苗安全、有效。

《中华人民共和国疫苗管理法》共 11 章 100 条，其主要内容见表 3-2。

表 3-2 《中华人民共和国疫苗管理法》主要内容

序号	名称	具体条款
第一章	总则	第一条至第十三条
第二章	疫苗研制和注册	第十四条至第二十一条
第三章	疫苗生产和批签发	第二十二条至第三十一条
第四章	疫苗流通	第三十二条至第四十条
第五章	预防接种	第四十一条至第五十一条
第六章	异常反应监测和处理	第五十二条至第五十六条
第七章	疫苗上市后管理	第五十七条至第六十二条
第八章	保障措施	第六十三条至第六十九条
第九章	监督管理	第七十条至第七十八条
第十章	法律责任	第七十九条至第九十六条
第十一章	附则	第九十七条至第一百条

2.《中华人民共和国疫苗管理法》对疫苗生产和批签发的要求

(1) 疫苗生产实行严格准入制度：①从事疫苗生产活动，应当经省级以上人民政府药品监督管理部门批准，取得药品生产许可证。②从事疫苗生产活动的条件：具备《中

华人民共和国药品管理法》规定的从事药品生产活动的条件;具备适度规模和足够的产能储备;具有保证生物安全的制度和设施、设备;符合疾病预防、控制需要。③经国务院药品监督管理部门批准,疫苗可委托生产。

(2) 疫苗上市许可持有人相关人员要求:疫苗上市许可持有人的法定代表人、主要负责人应当具有良好的信用记录,生产管理负责人、质量管理负责人、质量受权人等关键岗位人员应当具有相关专业背景和从业经历,疫苗上市许可持有人应当加强对上述人员的培训和考核,及时将其任职和变更情况向省、自治区、直辖市人民政府药品监督管理部门报告。

(3) 疫苗生产质量控制:①疫苗应当按照经核准的生产工艺和质量控制标准进行生产和检验,生产全过程应当符合药品生产质量管理规范的要求;疫苗上市许可持有人应当按照规定对疫苗生产全过程和疫苗质量进行审核、检验。②疫苗上市许可持有人应当建立完整的生产质量管理体系,持续加强偏差管理,采用信息化手段如实记录生产、检验过程中形成的所有数据,确保生产全过程持续符合法定要求。

(4) 国家实行疫苗批签发制度:①每批疫苗销售前或者进口时,应当经国务院药品监督管理部门指定的批签发机构按照相关技术要求进行审核、检验。符合要求的,发给批签发证明;不符合要求的,发给不予批签发通知书。②国务院药品监督管理部门、批签发机构应当及时公布上市疫苗批签发结果,供公众查询。③申请疫苗批签发应当按照规定向批签发机构提供批生产及检验记录摘要等资料和同批号产品等样品。

(5) 疫苗质量检验:①疫苗批签发应当逐批进行资料审核和抽样检验。疫苗批签发检验项目和检验频次应当根据疫苗质量风险评估情况进行动态调整。②对疫苗批签发申请资料或者样品的真实性有疑问,或者存在其他需要进一步核实的情况的,批签发机构应当予以核实,必要时应当采用现场抽样检验等方式组织开展现场核实。

(6) 疫苗质量风险报告:①批签发机构在批签发过程中发现疫苗存在重大质量风险的,应当及时向国务院药品监督管理部门和省、自治区、直辖市人民政府药品监督管理部门报告。②接到报告的部门应当立即对疫苗上市许可持有人进行现场检查,根据检查结果通知批签发机构对疫苗上市许可持有人的相关产品或者所有产品不予批签发或者暂停批签发,并责令疫苗上市许可持有人整改。疫苗上市许可持有人应当立即整改,并及时将整改情况向责令其整改的部门报告。③对生产工艺偏差、质量差异、生产过程中的故障和事故以及采取的措施,疫苗上市许可持有人应当如实记录,并在相应批产品申请批签发的文件中载明;可能影响疫苗质量的,疫苗上市许可持有人应当立即采取措施,并向省、自治区、直辖市人民政府药品监督管理部门报告。

3. 违反《中华人民共和国疫苗管理法》应承担的法律责任

(1) 违反本法规定,构成犯罪的,依法从重追究刑事责任。

(2) 生产、销售的疫苗属于假药的,由省级以上人民政府药品监督管理部门没收违法所得和违法生产、销售的疫苗以及专门用于违法生产疫苗的原料、辅料、包装材料、设备等物品,责令停产停业整顿,吊销药品注册证书,直至吊销药品生产许可证等,并处

违法生产、销售疫苗货值金额十五倍以上五十倍以下的罚款，货值金额不足五十万元的，按五十万元计算。

生产、销售的疫苗属于劣药的，由省级以上人民政府药品监督管理部门没收违法所得和违法生产、销售的疫苗以及专门用于违法生产疫苗的原料、辅料、包装材料、设备等物品，责令停产停业整顿，并处违法生产、销售疫苗货值金额十倍以上三十倍以下的罚款，货值金额不足五十万元的，按五十万元计算；情节严重的，吊销药品注册证书，直至吊销药品生产许可证等。

生产、销售的疫苗属于假药，或者生产、销售的疫苗属于劣药且情节严重的，由省级以上人民政府药品监督管理部门对法定代表人、主要负责人、直接负责的主管人员和关键岗位人员以及其他责任人员，没收违法行为发生期间自本单位所获收入，并处所获收入一倍以上十倍以下的罚款，终身禁止从事药品生产经营活动，由公安机关处五日以上十五日以下拘留。

(3) 有下列情形之一的，由省级以上人民政府药品监督管理部门没收违法所得和违法生产、销售的疫苗以及专门用于违法生产疫苗的原料、辅料、包装材料、设备等物品，责令停产停业整顿，并处违法生产、销售疫苗货值金额十五倍以上五十倍以下的罚款，货值金额不足五十万元的，按五十万元计算；情节严重的，吊销药品相关批准证明文件，直至吊销药品生产许可证等，对法定代表人、主要负责人、直接负责的主管人员和关键岗位人员以及其他责任人员，没收违法行为发生期间自本单位所获收入，并处所获收入百分之五十以上十倍以下的罚款，十年内直至终身禁止从事药品生产经营活动，由公安机关处五日以上十五日以下拘留：①申请疫苗临床试验、注册、批签发提供虚假数据、资料、样品或者有其他欺骗行为；②编造生产、检验记录或者更改产品批号；③疾病预防控制机构以外的单位或者个人向接种单位供应疫苗；④委托生产疫苗未经批准；⑤生产工艺、生产场地、关键设备等发生变更按照规定应当经批准而未经批准；⑥更新疫苗说明书、标签按照规定应当经核准而未经核准。

(4) 除本法另有规定的情形外，疫苗上市许可持有人或者其他单位违反药品相关质量管理规范的，由县级以上人民政府药品监督管理部门责令改正，给予警告；拒不改正的，处二十万元以上五十万元以下的罚款；情节严重的，处五十万元以上三百万元以下的罚款，责令停产停业整顿，直至吊销药品相关批准证明文件、药品生产许可证等，对法定代表人、主要负责人、直接负责的主管人员和关键岗位人员以及其他责任人员，没收违法行为发生期间自本单位所获收入，并处所获收入百分之五十以上五倍以下的罚款，十年内直至终身禁止从事药品生产经营活动。

(5) 违反本法规定，疫苗上市许可持有人有下列情形之一的，由省级以上人民政府药品监督管理部门责令改正，给予警告；拒不改正的，处二十万元以上五十万元以下的罚款；情节严重的，责令停产停业整顿，并处五十万元以上二百万元以下的罚款：①未按照规定建立疫苗电子追溯系统；②法定代表人、主要负责人和生产管理负责人、质量管理负责人、质量受权人等关键岗位人员不符合规定条件或者未按照规定对其进行培

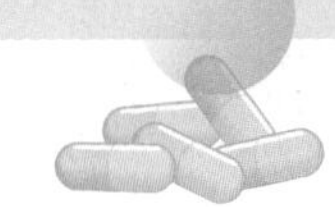

训、考核；③未按照规定报告或者备案；④未按照规定开展上市后研究，或者未按照规定设立机构、配备人员主动收集、跟踪分析疑似预防接种异常反应；⑤未按照规定投保疫苗责任强制保险；⑥未按照规定建立信息公开制度。

三、中医药法

1.《中华人民共和国中医药法》概述　此法由第十二届全国人民代表大会常务委员会第二十五次会议于 2016 年 12 月 25 日通过，自 2017 年 7 月 1 日起施行。《中华人民共和国中医药法》是为继承和弘扬中医药，保障和促进中医药事业发展，保护人民健康而制定的法律。

《中华人民共和国中医药法》共 9 章 63 条，其主要内容见表 3-3。

表 3-3 《中华人民共和国中医药法》主要内容

序号	名称	具体条款
第一章	总则	第一条至第十条
第二章	中医药服务	第十一条至第二十条
第三章	中药保护与发展	第二十一条至第三十二条
第四章	中医药人才培养	第三十三条至第三十七条
第五章	中医药科学研究	第三十八条至第四十一条
第六章	中医药传承与文化传播	第四十二条至第四十六条
第七章	保障措施	第四十七条至第五十二条
第八章	法律责任	第五十三条至第五十九条
第九章	附则	第六十条至第六十三条

知识拓展：中医药法的五大亮点

2.《中华人民共和国中医药法》对中药保护与发展的要求

(1) 国家制定了中药材种植养殖、采集、贮存和初加工的技术规范、标准，加强对中药材生产流通全过程的质量监督管理，保障中药材质量安全。

(2) 国家建立了道地中药材评价体系，支持道地中药材品种选育，扶持道地中药材生产基地建设，加强道地中药材生产基地生态环境保护，鼓励采取地理标志产品保护等措施保护道地中药材。道地中药材是指经过中医临床长期应用优选出来的，产在特定地域，与其他地区所产同种中药材相比，品质和疗效更好，且质量稳定，具有较高知名度的中药材。

(3) 国务院药品监督管理部门应当组织并加强对中药材质量的监测，定期向社会公布监测结果。采集、贮存中药材以及对中药材进行初加工，应当符合国家有关技术规范、标准和管理规定。国家鼓励发展中药材现代流通体系，提高中药材包装、仓储等技术水平，建立中药材流通追溯体系。药品生产企业购进中药材应当建立进货查验记录制度。中药材经营者应当建立进货查验和购销记录制度，并标明中药材产地。

(4) 国家鼓励和支持中药新药的研制和生产。国家保护传统中药加工技术和工艺，

支持传统剂型中成药的生产，鼓励运用现代科学技术研究开发传统中成药。

(5) 生产符合国家规定条件的来源于古代经典名方的中药复方制剂，在申请药品批准文号时，可以仅提供非临床安全性研究资料。具体管理办法由国务院药品监督管理部门会同中医药主管部门制定。

(6) 国家鼓励医疗机构根据本医疗机构临床用药需要配制和使用中药制剂，支持应用传统工艺配制中药制剂，支持以中药制剂为基础研制中药新药。医疗机构配制中药制剂，应当依照《中华人民共和国药品管理法》的规定取得医疗机构制剂许可证，或者委托取得药品生产许可证的药品生产企业、取得医疗机构制剂许可证的其他医疗机构配制中药制剂。委托配制中药制剂，应当向委托方所在地省、自治区、直辖市人民政府药品监督管理部门备案，医疗机构对其配制的中药制剂的质量负责。委托配制中药制剂的，委托方和受托方对所配制的中药制剂的质量分别承担相应责任。

3. 违反《中华人民共和国中医药法》应承担的法律责任　《中华人民共和国中医药法》第五十六条：违反本法规定，举办中医诊所、炮制中药饮片、委托配制中药制剂应当备案而未备案，或者备案时提供虚假材料的，由中医药主管部门和药品监督管理部门按照各自职责分工责令改正，没收违法所得，并处三万元以下罚款，向社会公告相关信息；拒不改正的，责令停止执业活动或者责令停止炮制中药饮片、委托配制中药制剂活动，其直接责任人员五年内不得从事中医药相关活动。

医疗机构应用传统工艺配制中药制剂未依照本法规定备案，或者未按照备案材料载明的要求配制中药制剂的，按生产假药给予处罚。

任务实施

一、药品管理法相关案例分析

亮菌甲素注射液药害事件

2006 年 4 月 22 日、23 日，广州某医院传染科两例重症肝炎患者先后突然出现急性肾衰竭症状；4月 29 日、30 日，又有患者连续出现该症状。院方通过排查，将目光锁定齐齐哈尔某制药公司生产的亮菌甲素注射液上，这是患者当天唯一都使用过的一种药品。5 月 2 日，院方基本认定这起事件确实是由亮菌甲素注射液引起的。此事件最终导致 13 人死亡、部分人肾毒害的惨剧。

国家食品药品监督管理局、国家药品不良反应监测中心、黑龙江省食品药品监督管理局、广东省食品药品监督管理局、广东省药品检验所等单位迅速展开调查。5 月 4 日，广东省药品检验所的检验结果显示：按国家药品标准检验，该疑问产品符合规定。但在与云南某药业公司生产的亮菌甲素注射液做对比的试验中，齐齐哈尔该制药公司生产的亮菌甲素注射液的紫外光谱在 235 nm 处多出一个吸收峰；在急性毒性预试验中，齐齐哈尔该制药公司生产的亮菌甲素注

射液毒性明显高于云南某药业公司生产的产品。经液质联用、气相色谱和红外光谱等仪器检测和反复验证，确证齐齐哈尔该制药公司生产的亮菌甲素注射液含有高达30%的二甘醇。二甘醇在体内会被氧化成草酸而引起肾损害，导致患者出现急性肾衰竭。正常药品不应含有该成分。

案例分析：亮菌甲素注射液药害事件

请查阅相关事件报道和文献，分析：

(1) 高浓度的二甘醇为何会出现在该制药公司生产的亮菌甲素注射液中？

(2) 关于生产、销售假药的处罚，《中华人民共和国药品管理法》是如何规定的？

(3) 针对该事件，对相关责任单位和责任人做何处理？

二、疫苗管理法相关案例分析

案例分析：违法违规生产疫苗事件

请阅读任务1.2中“违法违规生产疫苗事件”，并查阅相关事件报道和文献，分析：

(1) 该公司疫苗生产过程造假，根据《中华人民共和国疫苗管理法》该做何处罚？

(2) 针对该事件，对相关责任单位和责任人做何处理？

三、中医药法相关案例分析

中医诊所违规配制中药胶囊

某省药品监督管理局接到投诉举报，举报人称其在某中医诊所购买的强肾益精胶囊、羊藿三七胶囊、生精胶囊没有经过审批，可能存在质量问题，怀疑添加了西地那非类成分。接到举报后，执法人员对该诊所进行现场检查，上述产品均配有说明书，说明书上载有药品名称、成分、功能与主治及用法与用量等内容，但未标明药品批准证明文件相关信息。同时发现粉碎机、灌装胶囊设备、3种规格的空白包装瓶等。当事人辩称制作胶囊是按照“一人一方”原则，凭坐诊医生开具的处方对患者购买的中药饮片进行再加工，没有改变处方药品的物理属性，与配制制剂行为有明显区别；制成胶囊、分类包装、注明用量是方便患者分辨、携带和服用，收取的费用是中药饮片购买及加工服务费。执法人员依法对上述产品、设备及包装材料进行查扣，要求立即进行药品召回，对涉案产品进行执法抽样。后经所在市药品检验所检验，未检出西地那非类和激素类成分。

案例分析：中医诊所违规配制中药胶囊

经查，该诊所未取得医疗机构制剂许可证、医疗机构制剂注册证或经药品监督管理部门备案，其按照某中医中药研究所提供的处方，将采购的中药饮片按照组方配比，经粉碎后灌装胶囊，装瓶加贴标签说明书后提供给患者使用。

请查阅相关事件报道和文献，分析：中医诊所违规配制中药胶囊，根据《中华人民共和国中医药法》该做何处罚？

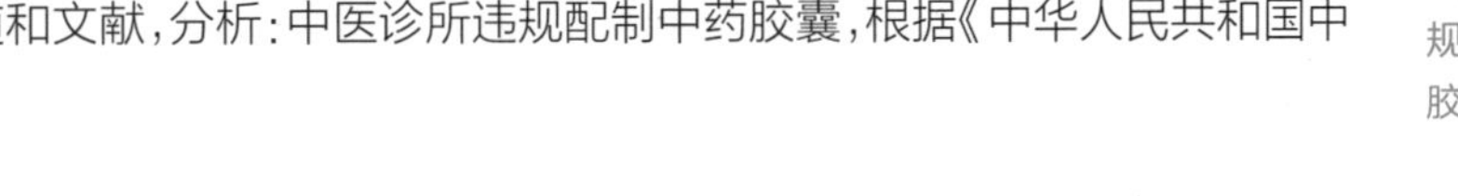

知识总结

1.《中华人民共和国药品管理法》于1985年7月1日起施行，2019年第二次修订，共12章155条。其中，第四章是对药品生产的要求，具体包括对从事药品生产活动的

审批、从事药品生产活动应具备的条件、从事药品生产活动的要求、药品的放行要求、药品包装的要求等；第九十八条为假药与劣药的定义；第十一章是违反《中华人民共和国药品管理法》应承担的法律责任。

2.《中华人民共和国疫苗管理法》于 2019 年 12 月 1 日起施行，共 11 章 100 条。其中，第三章为疫苗生产和批签发，具体包括疫苗生产实行严格准入制度，疫苗上市许可持有人相关人员要求、疫苗生产质量控制、国家实行疫苗批签发制度、疫苗质量检验、疫苗质量风险报告等；第十章是违反《中华人民共和国疫苗管理法》应承担的法律责任。

3.《中华人民共和国中医药法》于 2017 年 7 月 1 日起施行，共 9 章 63 条。其中，第三章为中医药保护与发展，包括国家鼓励和支持中药新药的研制和生产。

在线测试

在线测试：相关法律学习

请扫描二维码完成在线测试。

任务 3.2　相关行政法规学习

PPT：相关行政法规学习

授课视频：相关行政法规学习

任务描述

本任务主要学习《中华人民共和国药品管理法实施条例》的概况、对药品生产企业管理的要求、药品包装管理的要求及违反条例应承担的法律责任。通过学习，使学生能够自觉遵守《中华人民共和国药品管理法实施条例》，能正确运用《中华人民共和国药品管理法实施条例》的知识分析案例，具备运用法律法规分析解决工作中实际问题的能力。

知识准备

药品管理法实施条例

1.《中华人民共和国药品管理法实施条例》概述　该条例自 2002 年 9 月 15 日起施行，2019 年 3 月 2 日第二次修订。

《中华人民共和国药品管理法实施条例》共 10 章 80 条，其主要内容见表 3-4。

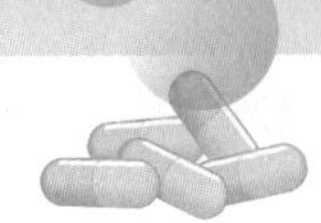

表3-4 《中华人民共和国药品管理法实施条例》主要内容

序号	名称	具体条款
第一章	总则	第一条至第二条
第二章	药品生产企业管理	第三条至第十条
第三章	药品经营企业管理	第十一条至第十九条
第四章	医疗机构的药剂管理	第二十条至第二十七条
第五章	药品管理	第二十八条至第四十二条
第六章	药品包装的管理	第四十三条至第四十六条
第七章	药品价格和广告的管理	第四十七条至第五十条
第八章	药品监督	第五十一条至第五十七条
第九章	法律责任	第五十八条至第七十六条
第十章	附则	第七十七条至第八十条

2.《中华人民共和国药品管理法实施条例》对药品生产企业管理的要求

(1) 从事药品生产活动的审批：开办药品生产企业，经所在省、自治区、直辖市人民政府药品监督管理部门验收合格后，发给药品生产许可证。药品生产企业变更药品生产许可证许可事项的，应当在许可事项发生变更30日前，向原发证机关申请药品生产许可证变更登记；未经批准，不得变更许可事项。

(2)《药品生产质量管理规范》认证：新开办药品生产企业、药品生产企业新建药品生产车间或者新增生产剂型的，应当自取得药品生产证明文件或者经批准正式生产之日起30日内，按照规定向药品监督管理部门申请《药品生产质量管理规范》认证。受理申请的药品监督管理部门应当自收到企业申请之日起6个月内，组织对申请企业是否符合《药品生产质量管理规范》进行认证；认证合格的，发给认证证书。

(3) 药品生产许可证有效期及换发：药品生产许可证有效期为5年。有效期届满，需要继续生产药品的，持证企业应当在许可证有效期届满前6个月，按照国务院药品监督管理部门的规定申请换发药品生产许可证。药品生产企业终止生产药品或者关闭的，药品生产许可证由原发证部门缴销。

(4) 生产药品所使用的原料药要求：药品生产企业生产药品所使用的原料药，必须具有国务院药品监督管理部门核发的药品批准文号或者进口药品注册证书、医药产品注册证书；但未实施批准文号管理的中药材、中药饮片除外。

(5) 委托生产的要求：依据《中华人民共和国药品管理法实施条例》第十条规定，接受委托生产药品的，受托方必须是持有与其受托生产的药品相适应的《药品生产质量管理规范》认证证书的药品生产企业。疫苗、血液制品和国务院药品监督管理部门规定的其他药品，不得委托生产。

3.《中华人民共和国药品管理法实施条例》对药品包装管理的要求

(1) 药品生产企业使用的直接接触药品的包装材料和容器，必须符合药用要求和保障人体健康、安全的标准。

(2) 药品包装、标签、说明书必须依照《中华人民共和国药品管理法》和国务院药品监督管理部门的规定印制。药品商品名称应当符合国务院药品监督管理部门的规定。

4. 违反《中华人民共和国药品管理法实施条例》应承担的法律责任

(1) 开办药品生产企业，药品生产企业新建药品生产车间、新增生产剂型，在国务院药品监督管理部门规定的时间内未通过《药品生产质量管理规范》认证，仍进行药品生产的，由药品监督管理部门依照《中华人民共和国药品管理法》的规定给予处罚。

(2) 违反《中华人民共和国药品管理法》的规定，擅自委托或者接受委托生产药品的，对委托方和受托方均依照《中华人民共和国药品管理法》的规定给予处罚。

(3) 药品生产企业、药品经营企业生产、经营的药品及医疗机构配制的制剂，其包装、标签、说明书违反《中华人民共和国药品管理法》及本条例规定的，依照《中华人民共和国药品管理法》的规定给予处罚。

(4) 药品生产企业变更药品生产许可事项，应当办理变更登记手续而未办理的，由原发证部门给予警告，责令限期补办变更登记手续；逾期不补办的，宣布其药品生产许可证无效；仍从事药品生产活动的，依照《中华人民共和国药品管理法》的规定给予处罚。

(5) 违反《中华人民共和国药品管理法》和本条例的规定，有下列行为之一的，由药品监督管理部门在《中华人民共和国药品管理法》和本条例规定的处罚幅度内从重处罚：①以麻醉药品、精神药品、医疗用毒性药品、放射性药品冒充其他药品，或者以其他药品冒充上述药品的；②生产、销售以孕产妇、婴幼儿及儿童为主要使用对象的假药、劣药的；③生产、销售的生物制品、血液制品属于假药、劣药的；④生产、销售、使用假药、劣药，造成人员伤害后果的；⑤生产、销售、使用假药、劣药，经处理后重犯的；⑥拒绝、逃避监督检查，或者伪造、销毁、隐匿有关证据材料的，或者擅自动用查封、扣押物品的。

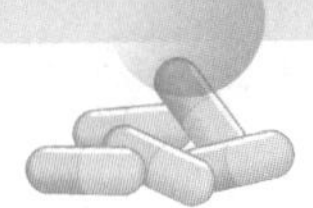

任务实施

药品管理法实施条例相关案例分析

刺五加注射液药害事件

2008 年 10 月 6 日，国家食品药品监督管理局接到云南省食品药品监督管理局报告，云南省 6 名患者使用了标示为黑龙江某制药厂生产的两批刺五加注射液（批号：200712272、200712151；规格：100 ml/ 瓶）后出现严重不良反应，其中有 3 例死亡。2008 年 10 月 7 日，国家食品药品监督管理局同卫生部组成联合调查组，在云南、黑龙江两省地方政府及相关部门的配合下，对事件原因展开调查。经查，2008 年 7 月 1 日，昆明特大暴雨造成该制药厂库存的刺五加注射液被雨水浸泡，使药品受到细菌污染。中国药品生物制品检定所、云南省食品药品检验所在被雨水浸泡药品的部分样品中检出多种细菌。该制药厂云南销售人员张某从制药厂调来包装标签，更换包装标签并销售。该制药厂包装标签管理存在严重缺陷，管理人员质量意识淡薄，包装标签管理不严，提供包装标签给销售人员在厂外重新贴签包装。

请查阅相关事件报道和文献，分析：

(1) 刺五加注射液药害事件，根据《中华人民共和国药品管理法实施条例》该做何处罚？

(2) 对该事件的相关责任单位和责任人应做何处理？

案例分析：刺五加注射液药害事件

知识总结

1.《中华人民共和国药品管理法实施条例》自 2002 年 9 月 15 日起施行，2019 年 3 月 2 日第二次修订，共 10 章 80 条。

2.《中华人民共和国药品管理法实施条例》第二章是药品生产企业管理，包括从事药品生产活动的审批，《药品生产质量管理规范》认证，药品生产许可证有效期及换发，生产药品所使用的原料药要求，委托生产的要求等。

3.《中华人民共和国药品管理法实施条例》第六章为药品包装的管理，药品生产企业使用的直接接触药品的包装材料和容器必须符合药用要求，药品包装、标签、说明书应符合《中华人民共和国药品管理法》的规定。

4.《中华人民共和国药品管理法实施条例》第九章为法律责任，涉及《药品生产质量管理规范》认证，委托生产，药品包装、标签、说明书，变更药品生产许可事项，生产假、劣药等方面违反《中华人民共和国药品管理法》应承担的法律责任。

在线测试

请扫描二维码完成在线测试。

在线测试：
相关行政法规学习

任务 3.3　相关部门规章学习

PPT：
相关部门规章学习

授课视频：
相关部门规章学习

任务描述

本任务主要学习《药品生产质量管理规范》和《药品生产监督管理办法》。通过学习，学生应掌握《药品生产质量管理规范》《药品生产监督管理办法》的相关知识，能够自觉遵守相关要求，能正确运用相关知识分析案例，具备运用法律法规分析解决工作中实际问题的能力。

知识准备

一、药品生产质量管理规范

1.《药品生产质量管理规范》概述　《药品生产质量管理规范》简称 GMP，现行版于 2010 年修订，2011 年 3 月 1 日起施行。GMP 是药品生产和质量管理的基本准则，适用于药品生产的全过程和原料药生产中影响成品质量的关键工序。实行 GMP，是为了最大限度地避免药品生产过程中的污染和交叉污染，降低各种差错的发生，是提高药品质量的重要措施。

《药品生产质量管理规范》共 14 章 313 条，其主要内容见表 3–5。

表 3–5 《药品生产质量管理规范》主要内容

序号	名称	具体内容
第一章	总则	
第二章	质量管理	原则、质量保证、质量控制、质量风险管理
第三章	机构与人员	原则、关键人员、培训、人员卫生
第四章	厂房与设施	原则、生产区、仓储区
第五章	设备	原则、设计和安装、维护和维修、使用和清洁、校准

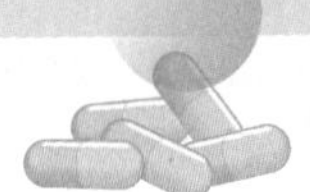

续表

序号	名称	具体内容
第六章	物料与产品	原则、原辅料、中间产品和待包装产品、包装材料、成品、特殊管理的物料和产品
第七章	确认与验证	
第八章	文件管理	原则、质量标准、工艺规程、批生产记录、批包装记录
第九章	生产管理	原则、防止生产过程中的污染和交叉污染、生产操作、包装操作
第十章	质量控制与质量保证	质量控制实验室管理、物料和产品放行、持续稳定性考察、变更控制、偏差处理、纠正措施和预防措施、供应商的评估和批准、产品质量回顾分析
第十一章	委托生产与委托检验	原则、委托方
第十二章	产品发运与召回	原则、发运、召回
第十三章	自检	原则、自检
第十四章	附则	

2. GMP 对生产过程的管理 GMP 对生产过程管理的要求如下。

(1) 生产前准备:包括准备文件、准备物料、准备生产岗位。所有的准备工作都要依据生产管理部门下发的生产计划和批生产指令。批生产指令、批包装指令由生产管理部门填写,经药品质量管理人员(QA)审核,由生产管理部门提前1~3天下发至生产车间。①准备文件:包括准备需要填写的空白文件和需要执行的标准操作规程(SOP)文件。需要填写的空白文件包括各岗位的批生产记录、批包装记录、清场记录、设备运行记录、物料标签、物料交接单、产品请验单等。生产车间工艺员依据批生产指令,填写批生产/批包装记录中第一道工序的批量、批号等项后,将批生产/批包装记录下发。需要执行的SOP文件包括岗位标准操作规程、清场标准操作规程、设备标准操作规程、设备清洁标准操作规程、设备维护保养标准操作规程、物料管理文件、卫生管理文件、生产管理文件等。生产操作人员必须严格执行质量管理部门下发的各种SOP文件。②准备物料:车间领料人员从仓库保管员处领料。物料按物料进入生产区标准操作规程送入车间原辅料、包装材料暂存室。暂存室要有专人管理。岗位操作工按要求到暂存室领取需要的物料。③准备生产岗位(操作间):要有QA发给生产岗位的清场合格证,并在有效期内,设备要有“停止运行”“设备完好”“已清洁”的状态标志。计量器具与称量范围相符,有检定合格证,并在检定有效期内。所有物料、中间产品均有检验合格报告单。经QA核对无误,发生产证准许生产。

(2) 开始生产:生产全过程必须严格执行以下各项要求。①对原辅料的要求:称量配料的各种物料与批生产指令一致无误。装物料的容器外挂物料标签,内容完整,准确无误。②生产过程要求:不同品种、规格的制剂生产或包装不得同时在同一室内进行。

品种、规格相同而批号不同的产品，在同一室内进行生产或包装操作时，必须采取有效的隔离措施。标签在使用时，只要有可能均要打印“生产日期、批号、有效期至”，只能打印一项时应打印批号。③岗位产品的质量控制：生产车间的产品需按内控质量标准或现行版《中华人民共和国药典》（以下简称《中国药典》）相关内容进行质量检验，并由班组长或操作工填写产品请验单。必须随时进行在线检测的产品，操作工要及时在线检测，QA也要随时进行检测，防止出现不合格产品。④产品暂存的管理：暂存室贮存的产品要严格管理，防止混淆、差错。⑤生产记录填写：生产过程中操作工要真实、详细、准确、及时填写批生产记录，字迹要清晰、易读，不易擦除。批记录应用蓝色或黑色钢笔或水性笔书写，字迹端正；空格无内容填写时应划横线；错误的用横线划去，并能辨认原来的内容，然后写上正确的内容，并签名和写上日期，必要时应当说明更改的理由；内容重复的不得用“……”或“同上”表示；不得前后矛盾；保持页面整洁，签名时应写全名，日期要具体至年月日，不得简写。

（3）生产结束：生产结束，操作工要按照清场标准操作规程对生产现场进行全面的清理，即进行清场。清场主要包括四个方面的内容：清物料、清文件、清卫生、更换状态标志。①清物料：生产结束要严格执行结料和退料程序，认真核对无误，并详细记录。所有物料的盛装容器外面都要有物料标签。外包装用的标签要清点数量，使用数、残损数、剩余数和领用数相符，填写记录。标签不得他用或涂改后他用。未用未印批号的标签退回仓库。已印批号剩余的标签及肮脏的、废弃不用的标签要销毁，填写销毁记录。各工序移交产品应填写物料交接单，交接双方签字。物料清理要达到操作室无前次产品的遗留物，无生产无关的杂品，各物品按规定位置摆放整齐。②清文件：生产结束后，操作工要将生产现场的SOP文件放在车间指定位置，将填写好的记录交工艺员初审。③清卫生：主要包括操作间、设备、容器具的清洁。操作间清洁顺序为：天花板→墙面→门窗→室内用具、设备及设施（由内向外）→地面→地漏。设备清洁按各设备的清洁标准操作规程进行清洁。容器具清洁按容器具清洁标准操作规程进行清洁。一般生产区容器具用饮用水（必要时用清洁剂）清洁。洁净区容器具先用饮用水和清洁剂清洗，用饮用水冲净清洁剂，再用纯化水淋洗3次，倒置于容器具存放室桶架上，晾干备用。急用容器具时，可用纯化水淋洗后，再用75%乙醇荡洗或擦拭，最后用压缩气吹干即可。④更换状态标志：停产后清场前更换停产未清洁的状态标志，清洗后挂“已清洁”标志。操作间应填写“操作间状态标志卡”，并标明“停产，已清洁”。设备在清洁并检查合格后，挂上“停止运行”“设备完好”“已清洁”的状态标志。

清场使用的清洁工具要在洁具室清洗，清洗干净后放在洁具室的已清洁区。清洁工作结束后，通知班长检查确认，若检查不合格，则操作工根据实际情况选择清洁方法进行再清洁，直至检查合格。最后通知QA检查，合格后发放清场合格证。操作工填写清场记录、设备清洁记录、操作间卫生清洁记录等。清场记录归入批记录中。

（4）产品回收和重新加工：不合格的制剂中间产品、待包装产品和成品一般不得进行返工。只有不影响产品质量、符合相应质量标准，且根据预定、经批准的操作规程以

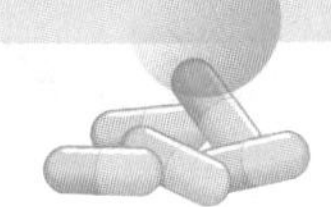

及对相关风险充分评估后，才允许返工处理。返工应当有相应记录。对返工或重新加工或回收合并后生产的成品，质量管理部门应当考虑是否需要进行额外相关项目的检验和稳定性考察。

3. GMP 对药品生产的质量控制和质量保证的管理　企业质量管理部门负责质量管理工作，其主要工作内容如下。

(1) 质量控制实验室管理：质量控制实验室就是企业的中心化验室。①检验人员至少应当具有相关专业中专或高中以上学历，并经过与所从事的检验操作相关的实践培训且通过考核。②文件质量控制是指实验室必须准备以下文件：质量标准，取样 SOP 和记录，所有需要检验项目的检验 SOP 及检验记录和检验报告，必要的检验方法验证报告和记录，仪器校准，设备使用和清洁维护 SOP 及记录等。③取样应当按照经批准的操作规程取样。取样量应是标准检验量的 3 倍，并保证所取样品有代表性。④检验物料和产品的检验都要有经确认或验证的检验操作规程文件。检验应当有可追溯的记录并经过复核。GMP 对检验记录也做了详细的规定，检验结束要给请验部门出具检验报告单。⑤留样：企业按规定保存的，用于药品质量追溯或调查的物料、产品样品为留样。留样应当能够代表被取样批次的物料或产品。用于产品稳定性考察的样品不属于留样。

(2) 物料和产品放行：包括原辅料、包装材料、中间产品和成品放行。①原辅料、包装材料放行：经仓库保管员初检合格的原辅料和包装材料，由保管员填写请验单交给 QA 取样。需要化验室检验的，由 QA 将样品交给质量检验人员（QC）检测，QC 在检验报告单上签字，以示准予放行。QA 依据原辅料的件数签批合格证，并将合格证随报告单一起发给 QA，由 QA 转发给仓库保管员，作为每件物料发放时的证明。②中间产品放行：中间产品由岗位生产人员填写请验单，产品检验报告单一式两份，一份附在批检验记录中，一份交 QA 作为填写质量监控记录依据，然后转交车间工艺员附在批记录中，作为物料转交下一工序的凭证。③成品放行：成品检验合格后，由 QC 在合格成品检验报告单上签字盖章。批生产记录、批检验记录、批质量监控记录等的层层审核结束后，生产技术主管、QC 主管、QA 主管、总工程师要分别在"成品审核放行单"上签字，并对签字审核的内容负责。

二、药品生产监督管理办法

《药品生产监督管理办法》自 2004 年 8 月 5 日起施行，2017 年 11 月 7 日修正，新修订的《药品生产监督管理办法》于 2020 年 1 月 15 日经国家市场监督管理总局 2020 年第 1 次局务会议审议通过，自 2020 年 7 月 1 日起施行。为加强药品生产监督管理，规范药品生产活动，根据《中华人民共和国药品管理法》《中华人民共和国中医药法》《中华人民共和国疫苗管理法》《中华人民共和国行政许可法》《中华人民共和国药品管理法实施条例》等法律、行政法规，制定此管理办法。

《药品生产监督管理办法》共 6 章 81 条，其主要内容见表 3-6。

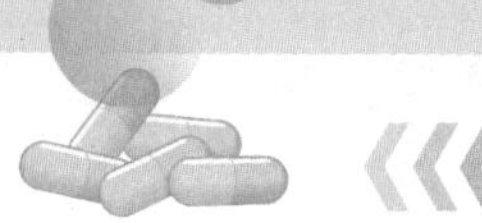

表 3-6 《药品生产监督管理办法》主要内容

序号	名称	具体条款
第一章	总则	第一条至第五条
第二章	生产许可	第六条至第二十三条
第三章	生产管理	第二十四条至第四十八条
第四章	监督检查	第四十九条至第六十七条
第五章	法律责任	第六十八条至第七十二条
第六章	附则	第七十三条至第八十一条

任务实施

一、药品生产质量管理相关案例分析

××集团硫酸庆大霉素注射液 GMP 证书被收回事件

2018 年 4 月 13 日,云南省食品药品监督管理局发布《云南省收回药品 GMP 证书公告》(2018 第 2 号):××集团股份有限公司严重违反《药品生产质量管理规范》规定,依法收回其编号为 CN20130501 的药品 GMP 证书,该证书认证范围为小容量注射剂。经查,该公司产品硫酸庆大霉素注射液擅自变更灭菌工艺参数,按规定应 100 ℃灭菌的工艺于 2014 年 9 月起将灭菌温度调整为 121 ℃,2015 年 12 月起又将灭菌温度调整为 115 ℃。更换原料供应商未进行变更控制,直接作为新增供应商。

案例分析:××集团硫酸庆大霉素注射液 GMP 证书被收回事件

请查阅相关事件报道和文献,分析:

(1) 根据《药品生产质量管理规范》,硫酸庆大霉素注射液事件中存在哪些违法行为?

(2) 对该企业应做何处罚?

二、药品生产监督管理相关案例分析

案例分析:欣弗药害事件

请阅读任务 1.2 中“欣弗药害事件”,并查阅相关事件报道和文献,分析:

(1) 根据《药品生产监督管理办法》的规定,该批次产品的生产违反了哪条规定?

(2) 根据《中华人民共和国药品管理法》,该批次的“欣弗”是假药还是劣药?对企业应做何处罚?

知识总结

1.《药品生产质量管理规范》简称 GMP, 2010 年修订,共 14 章 313 条,具体包括:

总则、质量管理、机构与人员、厂房与设施、设备、物料与产品、确认与验证、文件管理、生产管理、质量控制与质量保证、委托生产与委托检验、产品发运与召回、自检和附则。

2.《药品生产监督管理办法》自 2004 年 8 月 5 日起施行，2017 年 11 月 7 日修正，现行版自 2020 年 7 月 1 日起施行，共 6 章 81 条，具体包括：总则、生产许可、生产管理、监督检查、法律责任和附则。

在线测试

在线测试：相关部门规章学习

请扫描二维码完成在线测试。

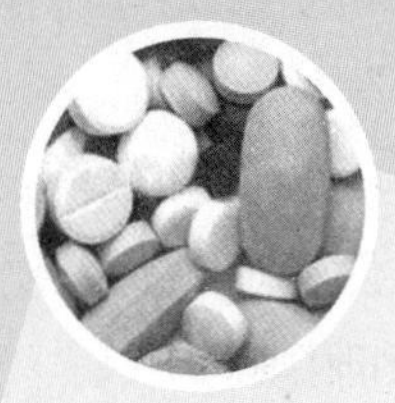

项目 4
专业基础知识学习

学习目标

1. 掌握药物剂型的作用和重要性，药用辅料的概念，药物制剂稳定性的概念，药物制剂稳定性的影响因素，药物制剂的稳定化方法，药品质量标准的内容，制剂安全性检查要求。
2. 熟悉药物剂型的分类，药用辅料的功能，药物制剂的化学降解途径，药物制剂有效期的概念和表达形式，GMP 对制剂生产环境、制剂生产人员卫生的要求；熟悉制剂通则的概况、适用制剂应遵循的原则和主要内容。
3. 了解药用辅料的分类，药物稳定性的试验方法，药品标准体系的概念。

知识导图

请扫描二维码了解本项目主要内容。

知识导图：专业基础知识学习

任务 4.1　制剂基础知识学习

任务描述

制剂基础知识是制剂生产的常用知识，是制剂各个岗位生产的基础。本任务主要学习药物剂型与药物制剂、药品标准与药品规范、理化性质、药用辅料、药物制剂包装材料和药物制剂稳定性及有效期，为后续药物制剂的生产奠定理论基础。

PPT：制剂基础知识学习

授课视频：制剂基础知识学习

知识准备

一、药物剂型与药物制剂

1. 药物剂型与药物制剂的区别与联系　药物剂型系指将原料药与其他物质（如辅料和附加剂）加工制成适合于医疗和预防应用的形式，简称剂型，如注射剂、片剂、胶囊剂、颗粒剂、软膏剂等。

药物制剂系指根据《中国药典》或国家药品标准，为满足临床治疗、诊断或预防疾病需要而制备的药物剂型的具体品种，简称制剂。

剂型因素对药物的临床效应具有重要的影响，主要体现在改变药物的作用速度、降低或消除药物的毒副作用、改变药物的作用性质、提高药物的生物利用度和疗效、改变药物体内分布、提高药物的稳定性和提高患者的用药依从性七个方面。

关于剂型与制剂的概念，有如下几个要点：①所有药物要施用于人体，必须是以某种剂型的形式，无一例外。②剂型是药物制剂、制药技术和药剂学的基本元素。③可近似认为：药物制剂 = 药品。④通常情况下，制剂 = 主药成分 + 剂型。

2. 药物剂型的种类　药物剂型的种类有很多，可以按以下几种方式进行分类。

(1) 药物剂型按物质形态分类：具体见表 4-1。

表 4-1　按物质形态分类的药物剂型

类型	常用剂型
液体剂型	芳香水剂、溶液剂、注射剂、合剂、洗剂、搽剂等
气体剂型	气雾剂、喷雾剂等
固体剂型	散剂、丸剂、片剂、颗粒剂、胶囊剂、膜剂、栓剂等
半固体剂型	软膏剂、乳膏剂、糊剂、凝胶剂等

(2) 药物剂型按给药途径分类:具体见表 4–2。

表 4–2　按给药途径分类的药物剂型

给药途径	类型	常用剂型
经胃肠道给药	口腔给药剂型	散剂、颗粒剂、胶囊剂、片剂、口服液体剂等
不经胃肠道给药	注射给药剂型	水针剂、输液剂、粉针剂、缓释注射剂
	呼吸道给药剂型	气雾剂、粉雾剂、喷雾剂等
	皮肤给药剂型	外用溶液剂、搽剂、洗剂、软膏剂、硬膏剂、糊剂、贴剂等
	黏膜给药剂型	滴眼剂、滴耳剂、滴鼻剂、眼用软膏剂、含漱剂、舌下片剂等
	腔道给药剂型	栓剂、气雾剂、泡腾片、滴剂及滴丸等

(3) 药物剂型按分散系统分类:具体见表 4–3。

表 4–3　按分散系统分类的药物剂型

类型	常用剂型
溶液型	溶液剂、注射剂
胶体溶液型	胶浆剂、涂膜剂
乳剂型	口服乳剂、静脉注射乳剂、部分滴剂
混悬型	混悬剂、混悬型洗剂、部分软膏剂
固体分散型	片剂、散剂、颗粒剂、胶囊剂及丸剂
气体分散型	气雾剂、喷雾剂
微粒分散型	微球剂、微囊剂、纳米囊

(4) 药物剂型按制备方法分类:具体见表 4–4。

表 4–4　按制备方法分类的药物剂型

类型	常用剂型
浸出制剂	汤剂、酒剂、酊剂等
灭菌制剂	注射剂、滴眼剂、植入剂

二、药品标准与药品规范

1. 药品标准　《中华人民共和国药品管理法》第二十八条规定,药品应当符合国家药品标准。经国务院药品监督管理部门核准的药品质量标准高于国家药品标准的,按照经核准的药品质量标准执行;没有国家药品标准的,应当符合经核准的药品质量标准。国务院药品监督管理部门颁布的《中国药典》和药品标准为国家药品标准。国务院药品监督管理部门会同国务院卫生健康主管部门组织药典委员会,负责国家药品标准的制定和修订。

2. 药品规范　为了保证药品的质量,应针对药品研发、注册、生产、流通、贮存、使

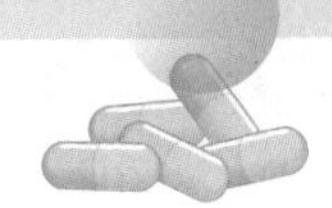

用等各个环节加强管理，即实施药品的全面质量控制，我国对药品质量控制的全过程制定的规范有《中药材生产质量管理规范》(GAP)、《药品非临床研究质量管理规范》(GLP)、《药物临床试验质量管理规范》(GCP)、GMP、《药品经营质量管理规范》(GSP)等。其中，药品生产要符合 GMP，药品销售要符合 GSP，中药材种植要符合 GAP，药品非临床研究要符合 GLP，药品临床研究要符合 GCP。

三、理化性质

1. 溶剂　溶剂是一种可以溶化固体、液体或气体溶质的液体。在日常生活中最普遍的溶剂是水。而有机溶剂通常具有比较低的沸点和容易挥发的特性。溶剂通常是透明、无色的液体，不可与溶质发生化学反应，须有一定惰性。

2. 溶解度　溶解度是溶质的一种物理性质，药品的近似溶解度可以下列术语表示。

极易溶解	系指溶质 1 g(ml) 能在溶剂不到 1 ml 中溶解；
易溶	系指溶质 1 g(ml) 能在溶剂 1~ 不到 10 ml 中溶解；
溶解	系指溶质 1 g(ml) 能在溶剂 10~ 不到 30 ml 中溶解；
略溶	系指溶质 1 g(ml) 能在溶剂 30~ 不到 100 ml 中溶解；
微溶	系指溶质 1 g(ml) 能在溶剂 100~ 不到 1 000 ml 中溶解；
极微溶解	系指溶质 1 g(ml) 能在溶剂 1 000~ 不到 10 000 ml 中溶解；
几乎不溶或不溶	系指溶质 1 g(ml) 在溶剂 10 000 ml 中不能完全溶解。

溶解度试验法：除另有规定外，称取研成细粉的供试品或量取液体供试品，置于 25 ℃ ±2 ℃一定容量的溶剂中，每隔 5 min 强力振摇 30 s；观察 30 min 内的溶解情况，如看不见溶质颗粒或液滴，即视为完全溶解。

3. 表面活性剂　表面活性剂系指具有很强的表面活性，能够显著降低液体表面张力的物质。此外，表面活性剂还应具有增溶、乳化、润湿、杀菌、去污、起泡和消泡等应用性质，而无机盐和低级醇等物质不具备这些性质。

表面活性剂分子由亲水(极性)基团和亲油(非极性)基团两部分组成，亲水和亲油基团分别处于分子的两端，故表面活性剂具有两亲性。

表面活性剂根据其极性基团的解离性质，可分为离子型和非离子型两大类。离子型根据其解离后所带电荷，又分为阴离子型、阳离子型和两性离子型三类(图 4–1)。

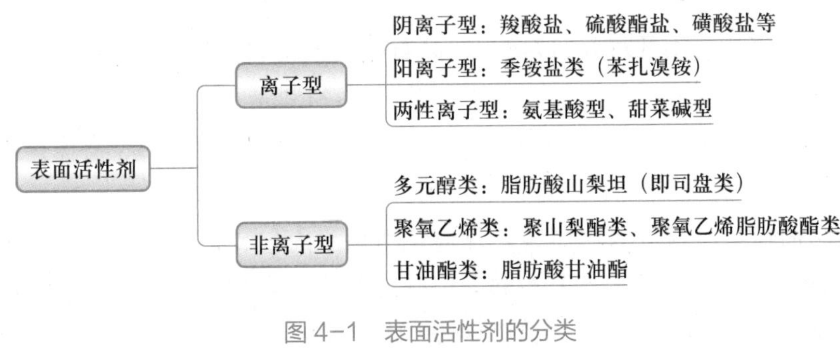

图 4–1　表面活性剂的分类

四、药用辅料

1. 药用辅料的概念　药用辅料系指生产药品和调配处方时使用的赋形剂和附加剂，是除活性成分或前体以外，在安全性方面已进行合理的评估，一般包含在药物制剂中的物质。在作为非活性物质时，药用辅料除了赋形、充当载体、提高稳定性外，还具有增溶、助溶、调节释放等重要功能，是可能会影响制剂的质量、安全性和有效性的重要成分。其质量的可靠性和品种的多样性是药物剂型和制剂先进性的根本保证。因此，可把药用辅料的属性归结为“无活性，有标准”。

2. 药用辅料的分类　药用辅料在制剂中的作用分为 66 类，可按来源、制备的剂型、用途和给药途径进行分类，具体见表 4-5。

表 4-5　药用辅料的分类

分类依据	举例
按来源分类	天然产物、半合成产物、全合成产物
按制备的剂型分类	片剂、注射剂、胶囊剂、颗粒剂、眼用制剂、鼻用制剂、栓剂、丸剂、软膏剂、乳膏剂、吸入制剂、喷雾剂、气雾剂、凝胶剂、散剂、糖浆剂、搽剂、涂剂、涂膜剂、酊剂、贴剂、贴膏剂、口服溶液剂、口服混悬剂、口服乳剂、植入剂、膜剂、耳用制剂、冲洗剂、灌肠剂、合剂等
按用途分类	溶剂、抛射剂、增溶剂、助溶剂、乳化剂、着色剂、黏合剂、崩解剂、填充剂、润滑剂、润湿剂、渗透压调节剂、稳定剂、助流剂、抗结块剂、矫味剂、抑菌剂、助悬剂、包衣剂、成膜剂、芳香剂、增黏剂、抗黏着剂、抗氧剂、抗氧增效剂、螯合剂、皮肤渗透促进剂、空气置换剂、pH 调节剂、吸附剂、增塑剂、表面活性剂、发泡剂、消泡剂、增稠剂、包合剂、保护剂、保湿剂、柔软剂、吸收剂、稀释剂、絮凝剂与反絮凝剂、助滤剂、冷凝剂、络合剂、释放调节剂、压敏胶黏剂、硬化剂、空心胶囊、基质、载体材料（如干粉吸入载体）等
按给药途径分类	口服、注射、黏膜、经皮或局部给药、经鼻或口腔吸入给药和眼部给药辅料等

3. 药用辅料的功能　药用辅料功能广泛，主要表现在赋予剂型特定形态，确保制备过程顺利进行，提高药物的稳定性，调节药物的作用部位、时间和满足患者需求等方面。

五、药物制剂包装材料

药物制剂包装所用的材料，包括与药品直接接触的包装材料和容器、印刷包装材料，但不包括发运用的外包装材料。其中，印刷包装材料是指具有特定式样和印刷内容的包装材料，如印字铝箔、标签、说明书、纸盒等。药物制剂包装材料具有保护、标识、便于使用和携带、促销、影响药物稳定性等作用。

药物制剂包装材料分为内包装和外包装两种。内包装系指直接与药品接触的包装（如输液瓶、泡罩等），外包装系指内包装以外的包装。常用的药物制剂包装材料有纸、塑料、复合膜、金属、玻璃和橡胶等，具体见表 4-6。

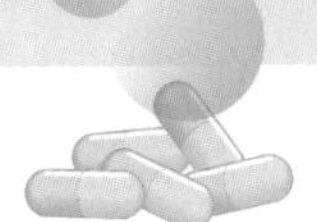

表 4-6　药物制剂包装材料分类及常用材料

药物制剂包装材料分类	常用材料
纸类包装材料	普通食品包装纸、蜡纸、玻璃纸（PT）、白纸板、箱纸板、瓦楞纸板
塑料类包装材料	聚乙烯（PE）、聚丙烯（PP）、聚氯乙烯（PVC）、聚碳酸酯（PC）、聚偏二氯乙烯（PVDC）等
复合膜类包装材料	纸 – 塑复合材料、铝箔 – 聚乙烯复合材料、铝箔 – 聚酯乙烯、铝塑泡罩
金属类包装材料	铝箔、马口铁、黑铁皮、镀锌铁皮
玻璃类包装材料	硼硅玻璃、国际中性玻璃、低硼硅玻璃、钠钙玻璃
橡胶类包装材料	各种瓶塞

六、药物制剂稳定性及有效期

1. 药物制剂稳定性　药物制剂稳定性系指药物制剂从制备到使用期间保持稳定的程度，不仅指制剂内有效成分的化学降解，而且包括导致药物疗效下降、毒副作用增加的任何改变。药物制剂稳定性贯穿于药物制剂的研制、生产、贮藏、运输和使用全过程，制备稳定的药物制剂是使药物更好地发挥疗效、降低副作用的保证。药物制剂的稳定性一般包括化学、物理和生物学稳定性三个方面。

药物制剂的化学降解主要与药物的化学结构（官能团）有关，主要降解途径是水解和氧化，其他如异构化、聚合、脱羧等反应在某些药物中也有发生。有时一种药物还可能同时产生两种或两种以上的降解。通过水解途径降解的药物主要包括酯类、内酯类、酰胺类、内酰胺类药物等。通过氧化降解的药物主要包括酚类、烯醇类、芳胺类、吡唑酮类、噻嗪类药物等。药物氧化后，不仅含量降低，而且可能发生颜色变化或析出沉淀，使澄明度不合格，甚至产生有毒物质。

影响药物制剂化学稳定性的因素主要分为处方因素与外界因素。影响药物制剂稳定性的处方因素包括 pH、缓冲盐浓度、溶剂、离子强度、表面活性剂、处方中基质和其他辅料等，这些处方因素均可影响易氧化和易水解药物的稳定性。影响药物制剂稳定性的外界因素包括温度、光线、空气（氧）、金属离子、湿度与水分、包装材料等，这些非处方因素也是药物制剂研制、生产、贮存中用于考察药品稳定性的主要条件。因此，要提高药物制剂的稳定性，可以从药物制剂稳定性的影响因素出发，有针对性地解决。

开展稳定性试验的目的是考察原料药或药物制剂在温度、湿度、光线的影响下随时间变化的规律，为药品的生产、包装、贮存、运输提供科学依据，同时通过试验建立药品的有效期。目前，国内测定药物制剂稳定性的试验主要包括影响因素试验、加速试验与长期试验。

2. 药物制剂有效期　药物制剂有效期系指保证药物制剂的质量在规定指标内的贮存时间或允许使用的期限。根据药物降解反应动力学可以计算出药物制剂的有效期，有效期一般是指制剂中的药物降解 10% 所需的时间，常用 $t_{0.9}$ 表示。半衰期为药物

降解 50% 所需的时间，即 $t_{1/2}$，半衰期长，则药物降解速度慢。

(1) 药品的贮存期：实际工作中，药品的贮存期需要根据主药的标示量限度和其他的相关质量因素来确定，贮存过程中制剂的吸潮、结块、溶出度降低、霉变、产生降解物质或相关物质等均是重要参考因素。中药制剂的质量难以用 1~2 种成分的含量来控制，更应综合考虑影响质量的相关因素来确定药物的有效期。

(2) 有效期的表达形式：国内药品有效期标注的方式有三种，具体见表 4-7。预防用生物制品有效期的标注按照国家批准的注册标准执行，治疗用生物制品有效期自分装日期计算，其他药品有效期自生产日期计算。《中华人民共和国药品管理法》规定，未标明或者更改有效期的药品，未注明或者更改产品批号的药品、超过有效期的药品，都按劣药论处。这就明确了一种合格的药品必须标明其有效期，否则即为不合格药品。

表 4-7　国内药品有效期标注的方式

药品有效期标注的方式	释义	举例
直接标明失效期年、月	该药在 × 年 × 月的 1 日起失效	标示“失效期：2019 年 12 月”的药，该药能用到 2019 年 11 月 30 日
直接标明有效期年、月、日	有效期至 ×××× 年 ×× 月或者有效期至 ×××× 年 ×× 月 ×× 日	标示“有效期至 2021 年 08 月”的药，该药可用到 2021 年 8 月 31 日
	有效期至 ××××.××.或者有效期至 ××××/××/××	标示“有效期至 2021.08”的药，该药可用到 2021 年 8 月 31 日
		标示“有效期至 2021/08/31”的药，该药可用到 2021 年 8 月 31 日
	标明有效期至 × 年 × 月的药品，是指该药品可用至有效期 × 月的月底	标示“有效期至 2021 年 11 月”的药，该药可用到 2021 年 11 月 30 日
仅标明有效期年数或月数	一般规定生产日期(即批号)用 6 位数字表示，前两位表示年份，中间两位表示月份，末尾两位表示日期	批号 210821，有效期 2 年的药，其有效期应到 2023 年 08 月 20 日

(3) 药品的贮存：药品的有效期不是绝对的，而是有条件限制的，必须按药品的标签及说明书中所指明的贮存方法保存药品。如果贮存方法发生了改变，尤其是药品打开了包装，药品的有效期就只能作为参考，而不是一个确定的保质时间了。

《中国药典》凡例中贮藏项下的规定，系为避免污染和降解而对药品贮存与保管的基本要求，以下列名词术语表示。

遮光　　系指用不透光的容器包装，例如棕色容器或黑纸包裹的无色透明、半透明容器；

避光　　系指避免日光直射；

密闭　　系指将容器密闭，以防止尘土及异物进入；

密封　　系指将容器密封，以防止风化、吸潮、挥发或异物进入；

熔封或严封　　系指将容器熔封或用适宜的材料严封，以防止空气与水分的侵入

	并防止污染；
阴凉处	系指不超过20 ℃；
凉暗处	系指避光并不超过20 ℃；
冷处	系指2~10 ℃；
常温	系指10~30 ℃。

除另有规定外，贮藏项下未规定贮存温度的一般系指常温。

任务实施

一、剂型相关案例分析

药物醋酸地塞米松的各种剂型

案例分析：药物醋酸地塞米松的各种剂型

患者1，女，65岁。脂溢性皮炎，医生开具醋酸地塞米松乳膏。

患者2，男，38岁。非感染性口腔溃疡，药师推荐醋酸地塞米松粘贴片。

患者3，女，48岁。严重支气管哮喘，医生开具醋酸地塞米松片。

请分析：

(1) 为什么可以将同一种药物醋酸地塞米松制备成乳膏、粘贴片、普通片剂？

(2) 为什么同一种药物醋酸地塞米松可以治疗数种疾病？

二、辅料相关案例分析

1∶1 000硫酸阿托品散处方

案例分析：1∶1 000硫酸阿托品散处方

【处方】 硫酸阿托品1.0 g，胭脂红乳糖(1%)150 g，乳糖100 g。

【制法】 先研磨少许乳糖，饱和乳钵内壁后倾出，将硫酸阿托品和胭脂红乳糖放乳钵中研磨均匀，再按等量递加法逐渐加入所需要的乳糖，充分研合，色泽均匀，即得。分成10小包。

请分析：

(1) 该处方中的主药是哪一个？

(2) 该处方中的辅料是哪几个？

知识总结

1. 药物剂型系指将原料药与其他物质(如辅料和附加剂)加工制成适合于医疗、诊断和预防应用的形式。药物剂型可以按物质形态、给药途径、分散系统和制备方法等进行分类。剂型因素对药物的临床效应具有重要的影响。

2. 药物制剂系指根据《中国药典》或国家药品标准，为满足临床治疗、诊断或预防

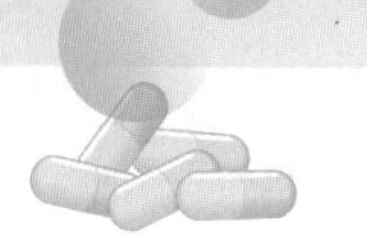

疾病需要而制备的药物剂型的具体品种。

3. 药品应当符合国家药品标准。国家药品标准包括国务院药品监督管理部门颁布的《中国药典》和药品标准。

4. 我国对药品质量控制的全过程制定的规范有GAP、GLP、GCP、GMP、GSP。

5. 溶解度是溶质的一种物理性质，药品的近似溶解度术语有极易溶解、易溶、溶解、略溶、微溶、极微溶解和几乎不溶或不溶。

6. 表面活性剂系指具有很强的表面活性，能够显著降低液体表面张力的物质，由亲水基团和亲油基团两部分组成，具有两亲性。表面活性剂分为离子型和非离子型两大类。

7. 药用辅料系指生产药品和调配处方时使用的赋形剂和附加剂，其功能主要表现在赋予剂型特定形态，确保制备过程顺利进行，提高药物的稳定性，调节药物的作用部位、时间和满足患者需求等方面。

8. 药物制剂稳定性是指药物制剂从制备到使用期间保持稳定的程度，一般包括化学、物理和生物学稳定性三个方面。药物制剂的主要降解途径是水解和氧化。影响药物制剂稳定性的因素包括处方因素和外界因素。稳定性试验包括影响因素试验、加速试验与长期试验。

9. 药物制剂有效期系指保证药物制剂的质量在规定指标内的贮存时间或允许使用的期限。国内药品有效期标注的方式有直接标明失效期年、月，直接标明有效期年、月、日和仅标明有效期年数或月数三种。

在线测试：制剂基础知识学习

在线测试

请扫描二维码完成在线测试。

任务4.2 GMP基础知识学习

PPT：GMP基础知识学习

授课视频：GMP基础知识学习

任务描述

GMP是药品生产和质量管理的基本准则，制剂各个岗位的生产都要严格遵守GMP的规定。本任务主要学习GMP对制剂生产环境和制剂生产人员卫生的要求，为后续药物制剂的生产奠定理论基础。

知识准备

一、GMP对制剂生产环境的要求

GMP除了要求制药企业厂区不起尘，不种植散发花粉或对药品生产有不良影响的植物，绿化面积最好在50%以上，尽量减少露土地面，生产、行政、生活和辅助区不得互相妨碍等之外，也明确了生产区的环境和空气要求。

1. GMP对生产厂房的要求　生产厂房仅限于经批准的人员出入，要有“五防”（防蝇、防虫、防鼠、防火、防潮）措施，如安装纱窗、电猫、夹鼠器、防鼠板、灭蝇灯、风幕、空调、风机等，以保证能有效防止昆虫或其他动物进入。生产厂房还应配有消防器材、防火标志或警示牌。

为降低污染和交叉污染的风险，厂房、生产设施和设备应当根据所生产药品的特性、工艺流程及相应洁净度级别要求合理设计、布局和使用，并符合下列要求。

(1) 生产特殊性质的药品，如高致敏性药品（如青霉素类）或生物制品（如卡介苗或其他用活性微生物制备而成的药品），必须采用专用和独立的厂房、生产设施和设备。青霉素类药品生产中产尘量大的操作区域应当保持相对负压，排至室外的废气应当经过净化处理并符合要求，排风口应当远离其他空气净化系统的进风口。

(2) 生产β-内酰胺类药品、性激素类避孕药品必须使用专用设施（如独立的空气净化系统）和设备，并与其他药品生产区严格分开。

(3) 生产某些激素类、细胞毒性类、高活性化学药品应当使用专用设施（如独立的空气净化系统）和设备；特殊情况下，采取特别防护措施并经过必要的验证后，上述药物制剂可通过阶段性生产方式共用同一生产设施和设备。

(4) 用于上述第(1)、(2)、(3)项的空气净化系统，其排风设备应当经过净化处理。

(5) 药品生产厂房不得用于生产对药品质量有不利影响的非药用产品。

2. GMP对生产区的要求　GMP对生产区的要求主要针对的是洁净区。洁净区应配置空调净化系统，通风和净化过滤空气，控制温度和湿度，保证药品的生产环境。空气净化系统一般由管道、风机、空气过滤装置、空气湿热处理设备等组成。D级洁净区的空气过滤器一般采用三级过滤，第一级使用初效过滤器，第二级使用中效过滤器，第三级使用高效过滤器。C级及以上洁净区在三级过滤的基础上还要增加过滤设施，以期达到控制悬浮粒子和微生物数量的目的。

洁净区棚上有经过空调过滤后的进风口，离地面较近的墙上有回风口。生产工艺对温度和湿度无特殊要求时，空气洁净度A、B级的医药洁净室(区)温度应为20~24 ℃，相对湿度应为45%~60%；空气洁净度D级的医药洁净室（区）温度应为18~26 ℃，相对湿度应为45%~65%。洁净区内表面（墙壁、地面、天棚）应平整光滑，无裂缝，接口严密，无颗粒物脱落，便于清洁和消毒。

洁净区通过控制空调系统的送风量，控制空气压差，达到控制洁净区及其生产岗位空气洁净度的目的。洁净区与非洁净区之间、不同等级洁净区之间的过滤空气压差应不低于 10 Pa，相同洁净度级别的不同功能区域（操作间）之间也应当保持适当的压差梯度，并应有指示压差的装置，每日进行压差监测。产尘操作间（如干燥物料或产品的取样、称量、混合、包装等操作间）应保持相对负压。

口服液体和固体制剂、腔道用药（含直肠用药）、表皮外用药品等非无菌制剂生产的暴露工序区域及其直接接触药品的包装材料最终处理的暴露工序区域，应当参照“无菌药品”附录中 D 级洁净区的要求设置，企业可根据产品的标准和特性对该区域采取适当的微生物监控措施。

生产区应当有适度的照明，目视操作区域的照明应当满足操作要求。厂房应有应急照明设施。排水设施应安装防止倒灌的装置，为防倒灌地漏。无菌生产的 A、B 级洁净区内禁止设置水池和地漏。

二、GMP 对制剂生产人员的卫生要求

GMP 要求对人员进行健康管理，并建立健康档案，对进入生产区的人员更衣（图 4-2）、化妆和佩戴饰物、存放物品、接触药品的操作等方面做了规定。

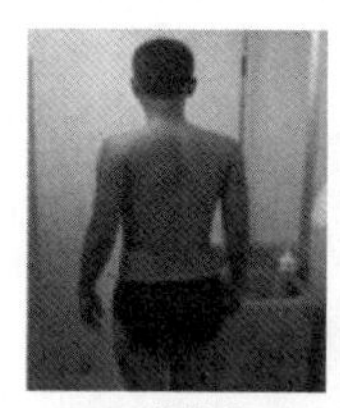
1. 脱外衣

2. 洗手、洗手臂、洗脸

3. 手消毒

4. 穿无菌袜套

5. 戴无菌帽、穿无菌内衣

6. 穿无菌内衣完毕

动画：C 级洁净区人员更衣

7. 手消毒

8. 戴无菌帽、无菌口罩

9. 穿无菌外衣

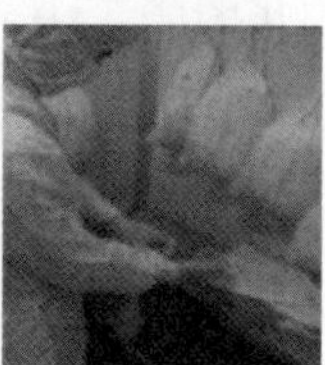
10. 戴无菌手套

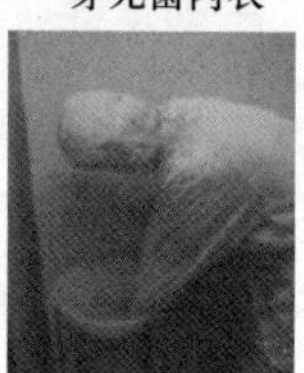
11. 手消毒

12. 更衣完毕

图 4-2　进入生产区人员更衣程序

1. 所有人员都应当接受卫生要求的培训，企业应当建立人员卫生操作规程，最大限度地降低人员对药品生产造成污染的风险。

2. 人员卫生操作规程应当包括与健康、卫生习惯及人员着装相关的内容。生产区和质量控制区的人员应当正确理解相关的人员卫生操作规程。企业应当采取措施确保人员卫生操作规程的执行。

3. 企业应当对人员健康进行管理，并建立健康档案。直接接触药品的生产人员上

岗前应当接受健康检查,以后每年至少进行一次健康检查。

4. 企业应当采取适当措施,避免体表有伤口、患有传染病或其他可能污染药品疾病的人员从事直接接触药品的生产工作。

5. 参观人员和未经培训的人员不得进入生产区和质量控制区,特殊情况确需进入的,应当事先对个人卫生、更衣等事项进行指导。

6. 任何进入生产区的人员均应当按照规定更衣。工作服的选材、式样及穿戴方式应当与所从事的工作和空气洁净度级别要求相适应。

7. 进入洁净生产区的人员不得化妆和佩戴饰物。

8. 生产区、仓储区应当禁止吸烟和饮食,禁止存放食品、饮料、香烟和个人用药品等非生产用物品。

9. 操作人员应当避免裸手直接接触药品、与药品直接接触的包装材料和设备表面。

任务实施

GMP 相关案例分析

药品生产企业违反 GMP 被处罚

国家药品监督管理局飞行检查通告,发现某药品生产企业存在违反 GMP 的行为,药品生产存在安全隐患。经查实:该企业提取车间用于药材、浸膏粉碎和混合的 D 级洁净区的地面和墙面破损严重,卫生状况较差,粉碎混合区缺少除尘设施,地面与设备表面留有大量粉尘;包衣室设备及地面上有大量长时间堆积的粉尘;操作人员未按规定采取措施。处罚决定:该企业的上述行为严重违反了 GMP 相关规定,收回药品 GMP 证书,并对该企业依法查处。

案例分析:药品生产企业违反 GMP 被处罚

请查阅相关事件报道和文献,分析:该企业违反了 GMP 哪条规定?

知识总结

1. 生产厂房应限制进出人员,配备“五防”和消防设备设施。

2. 生产特殊性质的药品要有专用的厂房、生产设施和设备,产尘量大的操作区域要保持相对负压;生产 β- 内酰胺类药品、性激素类避孕药品、某些激素类、细胞毒性类、高活性化学药品应当使用专用设施和设备。

3. GMP 要求洁净区内配备三级空气净化系统,洁净区与非洁净区之间、不同等级洁净区之间的过滤空气压差应不低于 10 Pa。

4. 空气洁净度 A、B 级的医药洁净室(区)温度应为 20~24 ℃,相对湿度应为

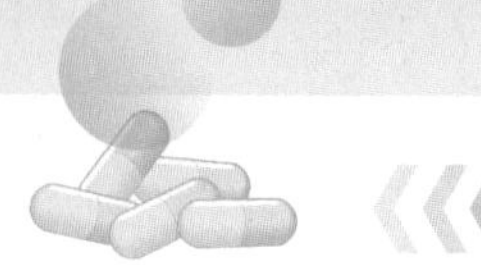

45%~60%；空气洁净度D级的医药洁净室(区)温度应为18~26 ℃，相对湿度应为45%~65%。

5. 洁净区内表面(墙壁、地面、天棚)应平整光滑，无裂缝，接口严密，无颗粒物脱落，便于清洁和消毒。生产区应当有适度的照明和排水设施，但无菌生产区除外。

6. GMP要求对人员进行健康管理，并建立健康档案；对进入生产区的人员培训、更衣、化妆和佩戴饰物、存放物品、接触药品的操作等方面均做了规定。

在线测试：GMP基础知识学习

在线测试

请扫描二维码完成在线测试。

任务4.3 药品质量检查基础知识学习

PPT：药品质量检查基础知识学习

授课视频：药品质量检查基础知识学习

任务描述

药品标准是评定药品质量、检验药品是否合格的法定依据，是国家对药品的质量、规格和检验方法所作的技术规定，是药品生产、经营、使用、检验和监督管理部门共同遵守的法定依据。本任务主要学习药品标准体系、药品标准质量要求、制剂通则和制剂安全性检查要求等，为后续药物制剂生产和质量控制奠定理论基础。

知识准备

一、药品标准体系

药品标准系指由国家制定统一标准，把反映药品质量特性的技术参数、指标明确规定下来，形成的技术文件，它是评定药品质量、检验药品是否合格的法定依据。药品标准中规定了药品的质量指标和检验方法。检验时应按照规定的项目和方法进行检验，符合标准的药品才是合格药品。

我国药品标准体系的组成主要是国务院药品监督管理部门颁布的《中国药典》和药品标准，后者一般包括局颁标准和药品注册标准，此外还有地方标准和企业标准。

1.《中国药典》 由国家药典委员会负责编纂，经国务院批准后，由国家药品监督管理局颁布执行。《中国药典》是记载药品质量标准的法典，具有全国性的法律约束力，

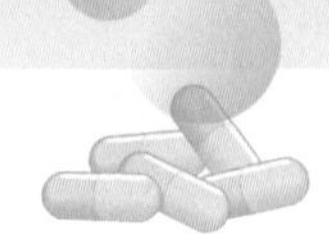

知识拓展：《中国药典》

是我国药品标准体系的核心。

2. 局颁标准　是由国家药品监督管理局颁布的标准。列入局颁标准的品种有：①国家药品监督管理局审核批准的药品，包括新药、仿制药品和特殊管理的药品等；②上版《中国药典》收载而现行版未列入的、疗效肯定、国内仍有生产和使用并需修订的药品。

3. 药品注册标准　是国家药品监督管理局批准给申请人特定药品的标准，生产该药品的药品生产企业必须执行该注册标准。药品注册标准不低于《中国药典》的规定。不同企业的生产工艺和生产条件不同，药品质量标准也不同，所以同一种药品，国家批给不同申请人的注册标准可以是不同的。

4. 地方标准　包括省（自治区、直辖市）中药材标准和中药饮片炮制规范等。

5. 企业标准　由药品生产企业自己制定并用于控制相应药品质量的标准，称为企业标准或企业内部标准。企业标准仅在本企业或本系统的管理中有约束力，往往高于国家标准。

二、药品标准质量要求

国家药品标准的主要内容有名称、结构式、分子式和分子量、含量或效价的规定和测定方法、处方、制法、性状、鉴别、检查、类别、规格、贮藏及制剂等。

1. 名称　包括中文名称、汉语拼音名和英文名称，原料药还有化学名称。中文名称是按照《中国药品通用名称》命名的，为药品的法定名称，列入国家药品标准的药品名称为药品通用名称。已经作为药品通用名称的，该名称不得作为药品商标使用。如“复方氨酚烷胺片”为药物的通用名称，同一种药物，不同的生产厂家还有不同的商品名称。

2. 含量或效价的规定　含量在药品质量标准中又称为含量限度，是指用规定的检测方法测得的有效物质含量范围。对于原料药，其含量限度一般用有效物质的重量百分率(%)表示，为了能准确反映药品的含量，一般将原料药的含量换算成干燥品的含量。用效价测定的抗生素或生化药品，其含量限度用效价单位（国际单位 IU）表示。对于药物制剂，其含量的限度一般用标示量的百分率（%）来表示，即标示百分含量。

3. 性状　是药品质量的重要表征之一。性状项下主要描述药物的外观、嗅、味、溶解度、稳定性及物理常数等。

4. 鉴别　是根据药物的化学结构和理化性质，通过某些化学反应来辨别药物的真伪，不是对未知药物进行鉴别。所用的方法应具有一定的专属性、重现性和灵敏度，操作简便、快速。常用的鉴别方法有化学法、光谱法和色谱法。

5. 检查　药品质量标准的检查项下，主要包括有效性、均一性、安全性、纯度要求等内容。①有效性的检查是指和药物的疗效有关，但在鉴别、检查和含量测定中不能有效控制的项目，如粒度的检查等。②均一性主要是检查制剂的均匀程度，如片剂等固体制剂的重量差异检查、含量均匀度检查等。③安全性是检查药物中存在的微量的、能对人体产生特殊作用的、严重影响用药安全的杂质，如热原检查、细菌内毒素检查等。

④纯度是检查项下的主要内容，是对药物中的杂质进行检查。药物在不影响疗效及人体健康的原则下，可以允许生产过程和贮藏过程中引入微量杂质。通常按照药品质量标准规定的项目进行限度检查，以判断药物的纯度是否符合限量规定要求，而不需要准确测定其含量，所以也可称为纯度检查，如铁盐的检查、异烟肼中游离肼的检查。

知识拓展：阿司匹林质量标准

6. 含量或效价的测定　按规定的方法测定药物中有效成分的含量。常用的含量测定方法有化学分析法、仪器分析法、生物学法，其中用化学分析法和仪器分析法测定的称“含量测定”，用生物学法测定的称“效价测定”。药品中有效成分的含量是评价药品质量的重要指标。含量测定必须在鉴别、杂质检查合格的基础上进行。

知识拓展：一清胶囊质量标准

7. 类别　指按药品的主要作用、用途或学科划分的类别，如抗高血压药。

8. 贮藏　主要规定了药品的贮藏条件，如是否需要低温贮藏，在一定条件下可贮藏多长时间，即药品的有效期。

三、制剂通则

1. 制剂通则概述　制剂通则系按照药物剂型分类，针对剂型特点所规定的基本技术要求。

制剂通则中原料药物系指用于制剂制备的活性物质，包括中药、化学药、生物制品原料药物。中药原料药物系指饮片、植物油脂、提取物、有效成分或有效部位；化学药原料药物系指化学合成，或来源于天然物质，或采用生物技术获得的有效成分（即原料药）；生物制品原料药物系指生物制品原液或将生物制品原液干燥后制成的原粉。

制剂通则适用于中药、化学药和治疗用生物制品（包括血液制品、免疫血清、细胞因子、单克隆抗体、免疫调节剂、微生态制剂等）。预防类生物制品，应符合现行版《中国药典》相应品种项下的有关要求。

中药制剂的质量与中药材、饮片的质量，提取、浓缩、干燥、制剂成型及贮藏等过程的影响密切相关。应充分了解中药材、饮片、提取物、中间产物、制剂的质量概貌，明确其在整个生产过程中的关键质量属性，关注每个关键环节的量值传递规律。

2. 制剂通则适用制剂应遵循的原则

（1）单位剂量均匀性：通常用含量均匀度、重量差异或装量差异等来表征。

（2）稳定性：药物制剂应保持物理、化学、生物学和微生物学特性的稳定。

（3）安全性与有效性：药物的安全性与有效性研究包括动物试验和人体临床试验。

（4）剂型与给药途径：同一药物根据临床需求制成多种剂型，采用不同途径给药，其疗效可能不同。给药途径有全身给药和局部给药。剂型和给药途径的选择主要依据临床需求和药物性能等。

（5）包装与贮藏：直接接触药品的包装材料和容器应符合国家药品监督管理部门的有关规定，均应无毒、洁净，与内容药品应不发生化学反应，并不得影响内容药品的质量。药品的贮藏条件应满足产品稳定性要求。

(6) 标签与说明书：药品标签与说明书应符合《中华人民共和国药品管理法》及国家药品监督管理部门对标签与说明书的有关规定。特殊药品、外用药品和非处方药品的标签与说明书，必须印有规定的标识。

3. 制剂通则的主要内容　包括 42 个制剂品种通则，具体包括片剂、注射剂、胶囊剂、颗粒剂、眼用制剂、鼻用制剂、栓剂、丸剂、软膏剂、乳膏剂、糊剂、吸入制剂、喷雾剂、气雾剂、凝胶剂、散剂、糖浆剂、搽剂、涂剂、涂膜剂、酊剂、贴剂、贴膏剂、口服溶液剂、口服混悬剂、口服乳剂、植入剂、膜剂、耳用制剂、洗剂、冲洗剂、灌肠剂、合剂、锭剂、煎膏剂、胶剂、酒剂、膏药、露剂、茶剂、流浸膏剂和浸膏剂。

四、制剂安全性检查要求

1. 无菌检查　无菌检查系用于检查药典要求无菌的药品、生物制品、医疗器械、原料、辅料及其他品种是否无菌的一种方法。若供试品符合无菌检查法的规定，仅表明供试品在该检验条件下未发现微生物污染。《中国药典》(2020 年版) 规定，对注射剂、眼用制剂等剂型需进行无菌检查。

无菌检查应在无菌条件下进行，试验环境必须达到无菌检查的要求，检验全过程应严格遵守无菌操作，防止微生物污染，防止污染的措施不得影响供试品中微生物的检出。单向流空气区域、工作台面及受控环境应定期按医药工业洁净室(区)悬浮粒子、浮游菌和沉降菌的测试方法的现行国家标准进行洁净度确认。其内部环境洁净度须符合无菌检查的要求。日常检验需对试验环境进行监测。

无菌检查法包括薄膜过滤法和直接接种法，在检验过程中以薄膜过滤法为主。无菌试验过程中，若需使用表面活性剂、灭活剂、中和剂等试剂，应证明其有效性，且对微生物无毒性。

视频：
无菌检查

无菌检查结果应按照《中国药典》(2020 年版) 无菌检查法结果进行判断。

2. 微生物限度检查　微生物限度检查系指对非规定灭菌制剂及其原料、辅料受到微生物污染程度的一种检查方法，包括需氧菌总数、霉菌和酵母菌总数及控制菌的检查。微生物限度检查主要针对的是非无菌产品，包括微生物计数法和控制菌检查法。《中国药典》(2020 年版) 规定，对片剂、胶囊剂、颗粒剂、鼻用制剂、栓剂、丸剂、软膏剂、乳膏剂等剂型需进行微生物限度检查。

知识拓展：
药品的微生物限度标准

(1) 微生物计数法：用于能在有氧条件下生长的嗜温细菌和真菌的计数。当本法用于检查非无菌制剂及其原、辅料等是否符合规定的微生物限度标准时，应按下述规定进行检验，包括样品的取样量和结果的判断等。除另有规定外，本法不适用于活菌制剂的检查。

微生物计数试验环境应符合微生物限度检查的要求。检验全过程必须严格遵守无菌操作、防止再污染，防止污染的措施不得影响供试品中微生物的检出。洁净空气区域、工作台面及环境应定期进行监测。

(2) 控制菌检查法：用于在规定的试验条件下，检查供试品中是否存在特定的微生

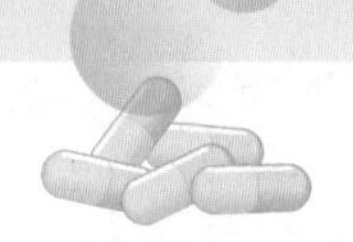

视频：微生物限度检查

物。当本法用于检查非无菌制剂及其原、辅料等是否符合相应的微生物限度标准时，应按下列规定进行检验，包括样品取样量和结果判断等。

供试品检出控制菌或其他致病菌时，以一次检出结果为准，不再复试。

供试液制备及试验环境要求同“非无菌产品微生物限度检查：微生物计数法”（通则*1105）。

3. 热原检查　热原检查系将一定量供试品，由家兔耳缘静脉注入，在规定时间内，观察家兔体温升高的情况，以判定供试品中所含热原的限度是否符合规定。

4. 细菌内毒素检查　细菌内毒素检查系利用鲎试剂来检测或量化由革兰氏阴性菌产生的细菌内毒素，以判断供试品中细菌内毒素的限量是否符合规定。其检查法有凝胶法和光度测定法，后者包括浊度法和显色基质法。供试品检测时，可使用其中任何一种方法进行试验。当测定结果有争议时，除另有规定外，以凝胶限度试验结果为准。本试验操作过程应防止内毒素的污染。

热原检查和细菌内毒素检查均为控制引起体温升高的杂质，检查时选择一种即可。

任务实施

药品质量检查相关案例分析

影响药品质量的因素

1937年，美国1名药剂师配制了一种磺胺酏剂，结果引起了300多人急性肾衰竭，有107人死亡。调查发现，磺胺本身和配制的浓度均无问题，事故由甜味剂二甘醇在体内氧化为草酸中毒所致。1971年3月，美国发生由输液引起的败血症事件405起，事故原因是输液被污染。

案例分析：影响药品质量的因素

请查阅相关事件报道和文献，分析：

(1) 药品的质量与哪些因素有关？

(2) 如何控制这些因素对药品质量的影响？

药品质量检查

案例分析：药品质量检查

某药品监督管理局发布关于部分药品抽查检验信息的通告：阿莫西林，不合格项目为含量测定；黄连上清片和金莲花胶囊，不合格项目为微生物限度；诺氟沙星胶囊和盐酸地芬尼多片，不合格项目为溶出度。对上述检验不合格药品采取暂停销售使用、召回等风险控制措施。

请查阅相关事件报道和文献，分析：药品质量检查的内容有哪些（以片剂为例）？

* 本书所列通则均指《中国药典》（2020年版）四部通则。

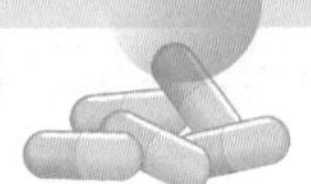

知识总结

1. 药品标准系指由国家制定统一标准，把反映药品质量特性的技术参数、指标明确规定下来，形成的技术文件。药品标准中规定药品的质量指标和检验方法。

2. 我国药品标准体系的组成主要是国务院药品监督管理部门颁布的《中国药典》、局颁标准和药品注册标准，此外还有地方标准和企业标准。《中国药典》是我国药品标准体系的核心。

3. 国家药品标准的主要内容有名称、结构式、分子式和分子量、含量或效价的规定和测定方法、处方、制法、性状、鉴别、检查、类别、规格、贮藏及制剂等。

4. 制剂通则系按照药物剂型分类，针对剂型特点所规定的基本技术要求，其主要内容包括片剂、注射剂、胶囊剂、颗粒剂、眼用制剂等 42 个制剂品种通则。

5. 制剂安全性检查要求包括无菌检查、微生物限度检查、热原检查和细菌内毒素检查。其中微生物限度检查包括微生物计数法和控制菌检查法。

在线测试

请扫描二维码完成在线测试。

在线测试：药品质量检查基础知识学习

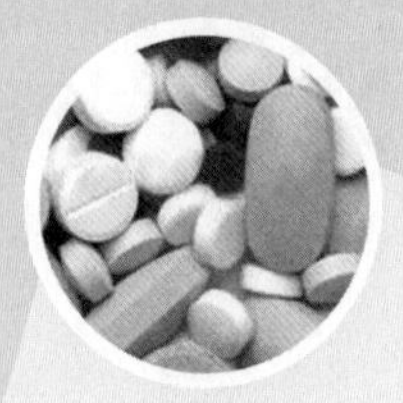

项目 5
生产管理知识学习

学习目标

1. 掌握药品生产管理的定义及包括的内容，能按清场要求进行清场。
2. 熟悉工艺规程、清场、清洁、标准操作规程、批及批号等定义，能按标准操作规程进行操作，能进行批生产记录等相关记录填写。
3. 了解药品生产文件基本类型及文件编制、发放、回收流程。

知识导图

请扫描二维码了解本项目主要内容。

知识导图：生产管理知识学习

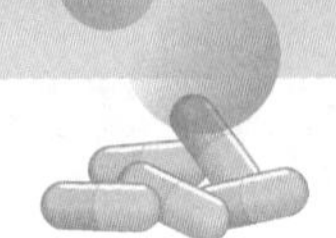

任务 5.1　药品生产文件管理

任务描述

药品生产管理是确保与药品生产相关的各项技术标准及管理标准在生产过程中能具体实施，是药品生产质量保证体系中的关键环节。药品生产文件管理是药品生产质量管理体系的重要组成部分。本任务主要学习药品生产文件（工艺规程、岗位操作法、操作规程和记录、验证文件、生产指令）和文件印制、发放、回收、车间流转流程的管理及其实施，为药物制剂生产、质量控制和文件管理奠定基础。

PPT：药品生产文件管理

授课视频：药品生产文件管理

知识准备

一、基础知识

GMP（2010年修订）规定，企业必须有内容正确的书面质量标准、生产处方和工艺规程、操作规程以及记录等文件。生产文件包括工艺规程、岗位操作法、批生产记录、批包装记录、操作规程和记录、验证文件及生产指令等。

知识拓展：质量标准

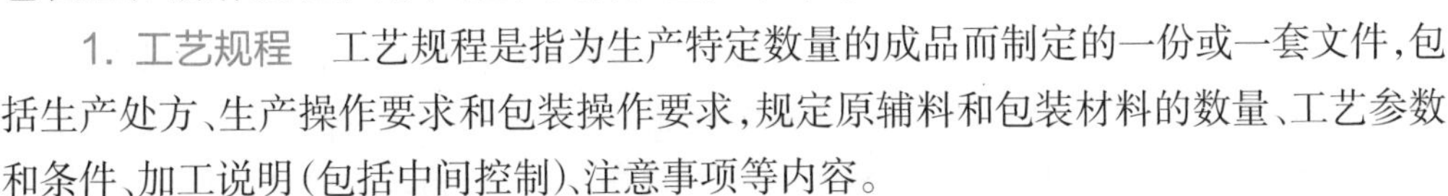

1. 工艺规程　工艺规程是指为生产特定数量的成品而制定的一份或一套文件，包括生产处方、生产操作要求和包装操作要求，规定原辅料和包装材料的数量、工艺参数和条件、加工说明（包括中间控制）、注意事项等内容。

按GMP（2010年修订）规定，每种药品的每个生产批量均应当有经企业批准的工艺规程，不同药品规格的每种包装形式均应当有各自的包装操作要求。工艺规程的制定应当以注册批准的工艺为依据；工艺规程不得随意更改。如需更改，应当按照相关的操作规程修订、审核、批准。制剂的工艺规程至少应当包括以下几方面的内容。

（1）生产处方：应包括产品名称和产品代码；产品剂型、规格和批量；所用原辅料清单（包括生产过程中使用，但不在成品中出现的物料；清单中阐明每一物料的指定名称、代码和用量）；如原辅料的用量需要折算，还应当说明计算方法。

（2）生产操作要求：应包括对生产场所和所用设备的说明；关键设备的准备（如清洗、组装、校准、灭菌等）所采用的方法或相应操作规程编号；详细的生产步骤和工艺参数说明，如物料的核对、预处理、加入物料的顺序、混合时间、温度等；所有中间控制

方法及标准，预期的最终产量限度、物料平衡的计算方法和限度；待包装产品的贮存要求，包括容器、标签及特殊贮存条件，以及需要说明的注意事项。

(3) 包装操作要求：应包括以最终包装容器中产品的数量、重量或体积表示的包装形式；所需全部包装材料的完整清单；印刷包装材料的实样或复制品，并标明产品批号、有效期打印位置；注意事项；包装操作步骤的说明；中间控制的详细操作；待包装产品、印刷包装材料的物料平衡计算方法和限度。

2. 岗位操作法　岗位操作法是指经批准用于指示生产岗位的具体操作的书面规定文件，也叫岗位操作规程，纳入标准操作规程。如领料岗位操作规程、制粒岗位操作规程、压片岗位操作规程等。

3. 批生产记录　批生产记录是指用于记录每批药品的生产、质量检验和放行审核的所有文件记录，可追溯该批产品的生产历史及与质量有关的情况。

4. 批包装记录　批包装记录是指该批药品包装全过程的完整记录，一般都纳入批生产记录，也可单独设置。

5. 操作规程和记录　操作规程是指经批准用来指导设备操作、设备维护与清洁、验证、环境控制、取样和检验等药品生产活动的通用性文件，也称标准操作规程。

按 GMP（2010 年修订）要求，操作规程的内容应当包括题目、编号、版本号、颁发部门、生效日期、分发部门及制定人、审核人、批准人的签名并注明日期，标题、正文及变更历史。厂房、设备、物料、文件和记录应当有编号（或代码），并制定编制编号（或代码）的操作规程，确保编号（或代码）的唯一性。

下述活动也应当有相应的操作规程，其过程和结果应当有记录：确认和验证；设备的装配和校准；厂房和设备的维护、清洁和消毒；培训、更衣及卫生等与人员相关的事宜；环境监测；虫害控制；变更控制；偏差处理；投诉；药品召回；退货。

6. 验证文件　验证文件一般包括验证计划、验证方案、验证报告和验证记录等；按验证内容可分为工艺验证、设备验证和清洁验证等。

按 GMP（2010 年修订）要求，企业应当确定需要进行的确认或验证工作，以证明有关操作的关键要素能够得到有效控制。确认或验证的范围和程度应当经过风险评估来确定。

(1) 企业的厂房、设施、设备和检验仪器应当经过确认，应当采用经过验证的生产工艺、操作规程和检验方法进行生产、操作和检验，并保持持续的验证状态。

(2) 应当建立确认与验证的文件和记录，并能以文件和记录证明达到以下预定的目标：①设计确认应当证明厂房、设施、设备的设计符合预定用途和规范要求；②安装确认应当证明厂房、设施、设备的建造和安装符合设计标准；③运行确认应当证明厂房、设施、设备的运行符合设计标准；④性能确认应当证明厂房、设施、设备在正常操作方法和工艺条件下能够持续符合标准；⑤工艺验证应当证明一种生产工艺按照规定的工艺参数能够持续生产出符合预定用途和注册要求的产品。

(3) 采用新的生产处方或生产工艺前，应当验证其常规生产的适用性。生产工艺在使用规定的原辅料和设备条件下，应当能够始终生产出符合预定用途和注册要求的产品。

（4）当影响产品质量的主要因素，如原辅料、与药品直接接触的包装材料、生产设备、生产环境（或厂房）、生产工艺、检验方法等发生变更时，应当进行确认或验证。必要时，还应当经药品监督管理部门批准。

（5）清洁方法应当经过验证，证实其清洁的效果，以有效防止污染和交叉污染。清洁验证应当综合考虑设备使用情况、所使用的清洁剂和消毒剂、取样方法和位置及相应的取样回收率、残留物的性质和限度、残留物检验方法的灵敏度等因素。

（6）确认或验证不是一次性的行为。首次确认或验证后，应当根据产品质量回顾分析情况进行再确认或再验证。关键的生产工艺和操作规程应当定期进行再验证，确保其能够达到预期结果。

（7）企业应当制定确认或验证总计划，以文件形式说明确认或验证工作的关键信息。

（8）验证总计划或其他相关文件中应当做出规定，确保厂房、设施、设备、检验仪器、生产工艺、操作规程和检验方法等能够保持持续稳定。

（9）应当根据确认或验证的对象制定确认或验证方案，并经审核、批准。确认或验证方案应当明确职责。

（10）确认或验证应当按照预先确定和批准的方案实施，并有记录。确认或验证工作完成后，应当写出报告，并经审核、批准。确认或验证的结果和结论（包括评价和建议）应当有记录并存档。

（11）应当根据验证的结果确认工艺规程和操作规程。

知识拓展：批生产指令与批包装指令

7. 生产指令　生产指令包括批生产指令和批包装指令，为一个批次产品的批生产和包装的总指令，是生产操作人员到仓库领料的凭证和指导生产的书面依据。批生产指令和批包装指令均由生产部负责编制，最后纳入批生产记录。

二、文件编制、发放、回收、车间流转流程

文件是质量保证系统的基本要素。企业应当建立文件管理的操作规程，系统地设计、制定、审核、批准和发放文件。与 GMP 有关的文件应当经质量管理部门审核；文件的内容应当与药品生产许可、药品注册等相关要求一致，并有助于追溯每批产品的历史情况。

1. 文件编制、审核、批准、发放程序

（1）文件的起草、修订、审核、批准、替换或撤销、复制、保管和销毁等应当按照操作规程管理，并有相应的文件分发、撤销、复制、销毁记录。

（2）文件的起草、修订、审核、批准均应当由适当的人员签名并注明日期。

（3）文件应当标明题目、种类、目的及文件编号和版本号。

（4）文字应当确切、清晰、易懂，不能模棱两可。

(5) 文件应当分类存放、条理分明，便于查阅。

(6) 原版文件复制时，不得产生任何差错。

(7) 复制的文件应当清晰可辨。

(8) 文件应当定期审核、修订。

(9) 文件修订后，应当按照规定管理，防止旧版文件的误用。

2. 文件发放与回收　所有现行文件的发放和原文件的收回，统一由质量管理部门负责。在发放现行文件的同时，原文件必须收回并废止。发放和收回必须有记录。

3. 文件车间流转流程　车间日常流转的文件主要是批生产(批包装)记录，批生产(批包装)记录的表格复制、分发、使用、收集、归档、保存应按以下流转流程进行，确保批记录准确无误、正确使用并及时收集归档、妥善保存。

(1) 批生产(批包装)记录的格式由生产管理负责人组织车间工艺员，根据工艺规程、操作要点和技术参数等内容设计。

(2) 设计好的批生产(批包装)记录由车间主任签字，生产管理负责人审核，经质量管理负责人批准后印制。

(3) 下达批生产(批包装)指令的同时，由 QA 复制一套完整的经审批的原版空白批生产(批包装)记录，加盖“受控文件”章后，发放给生产车间主任。每批产品的生产只能发放一份原版空白批生产(批包装)记录的复制件，并做好批生产(批包装)记录复制、发放记录。

(4) 批生产(批包装)记录最后交质量管理负责人审核无误签字后，产品才能放行。

(5) 批生产(批包装)记录传递流程：QA →生产车间→各班组长→操作人员→QA →质量管理部。

(6) 填写要求：岗位操作记录由岗位操作人员填写，复核人员签名确认，填写生产记录应符合以下要求。①内容真实，记录及时；②字迹清晰，不得用铅笔填写；③不得撕毁或任意涂改，需要更改时不得使用涂改液，应划去后在旁边重写，签名并标明日期；④按表格内容填写齐全，不得留有空格，如无内容填时，要用“—”表示，内容与上项相同时应重复抄写，不得用“……”或“同上”表示；⑤品名不得简写；⑥与其他岗位、班组或车间有关的操作记录应做到一致、连贯；⑦操作者、复核者均应填全姓名，不得只写姓或名；⑧填写日期一律横写，不得简写，如 2020 年 6 月 1 日，不得写成“20”“1/6”“6/1”。

(7) 复核生产记录的注意事项：①必须按每批岗位操作记录串联复核；②必须将记录内容与工艺规程对照复核；③上下工序和成品记录中的数量、质量、批号必须一致和正确；④对生产记录中不符合要求的填写方法，必须由填写人更正并签字。

(8) 批生产(批包装)记录包括：封面 / 目录、批生产(批包装)指令单、领料单、各岗位生产记录、清场记录、清场合格证、生产流转卡、成品入库单、中间产品和待包装品检验报告书、成品检验报告书、成品批准放行单等。

(9) 保存：批生产(批包装)记录由 QA 按批号整编归档，保存 3 年。

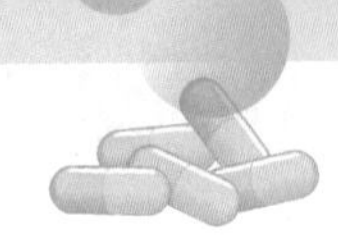

(10) 销毁:产品批记录是进行产品质量跟踪分析、回顾性验证等工作的重要数据来源,如可用于生产工艺条件考查、优化或进行回顾性验证的批记录,一般不销毁。到期的批记录由 QA 负责销毁,质量管理负责人监督,同时填写文件销毁记录并签名。

任务实施

一、批生产记录的管理

GMP(2010 年修订)规定,每批产品均应当有相应的批生产记录,可追溯该批产品的生产历史及与质量有关的情况。批生产记录应当依据批准的现行工艺规程相关内容制定。记录的设计应当避免填写差错。批生产记录的每一页均应当标注产品的名称、规格和批号;原版空白的批生产记录应当经生产管理负责人和质量管理负责人审核和批准。批生产记录的复制和发放均应当按照操作规程进行控制并有记录,每批产品的生产只能发放一份原版空白批生产记录的复制件;在生产过程中,进行每项操作时应当及时记录,操作结束后,应当由生产操作人员确认并签注姓名和日期。

批生产记录的内容应当包括:产品名称、规格、批号;生产及中间工序开始、结束的日期和时间;每一生产工序的负责人签名;生产步骤操作人员的签名;必要时,还应当有操作(如称量)复核人员的签名;每一原辅料的批号及实际称量的数量(包括投入的回收或返工处理产品的批号及数量);相关生产操作或活动、工艺参数及控制范围,以及所用主要生产设备的编号;中间控制结果的记录及操作人员的签名;不同生产工序所得产量及必要时的物料平衡计算;对特殊问题或异常事件的记录,包括对偏离工艺规程的偏差情况的详细说明或调查报告,并经签字批准。

二、批包装记录的管理

批包装记录的管理与批生产记录相同。GMP(2010 年修订)规定其内容包括:产品名称、规格、包装形式、批号、生产日期和有效期;包装操作日期和时间;包装操作负责人签名;包装工序的操作人员签名;每一包装材料的名称、批号和实际使用的数量;根据工艺规程所进行的检查记录,包括中间控制结果;包装操作的详细情况,包括所用设备及包装生产线的编号;所用印刷包装材料的实样,并印有批号、有效期及其他打印内容;不易随批包装记录归档的印刷包装材料可采用印有上述内容的复制品;对特殊问题或异常事件的记录,包括对偏离工艺规程的偏差情况的详细说明或调查报告,并经签字批准;所有印刷包装材料和待包装产品的名称、代码,以及发放、使用、销毁或退库的数量、实际产量及物料平衡检查。

知识拓展:批包装记录要求

知识总结

1. 药品生产管理是确保与药品生产相关的各项技术标准及管理标准在生产过程中能具体实施，是药品生产质量保证体系中的关键环节。

2. 企业必须有内容正确的书面质量标准、生产处方和工艺规程、操作规程及记录等文件。

3. 生产文件包括工艺规程、岗位操作法、批生产记录、批包装记录、操作规程和记录、验证文件及生产指令等。

4. 企业应当建立文件管理的操作规程，系统地设计、制定、审核、批准和发放文件。

5. 每批产品均应当有相应的批生产记录及批包装记录，可追溯该批产品的生产历史及与质量有关的情况。批生产记录及批包装记录应当依据批准的现行工艺规程的相关内容制定。

在线测试：药品生产文件管理

在线测试

请扫描二维码完成在线测试。

任务 5.2　生产操作管理

PPT：生产操作管理

授课视频：生产操作管理

任务描述

药品生产操作管理，是生产出符合质量标准的产品的保证要素。应采取行之有效的措施对药品生产全过程进行控制，从而最大限度地减少药品生产过程中的污染、交叉污染、混淆和差错。本任务主要学习物料管理、工艺管理、批和批号管理、物料平衡管理、状态标志管理、包装与贴签管理、中间站管理、不合格品管理、模具和筛网管理、生产过程特殊物料管理及实施等生产环节和过程管理的知识与技能。

知识准备

一、物料管理

物料管理包括购进、贮存、发放及使用的管理，涉及供应商评估和批准，物料购进、

验收、检验、贮存，编制物料代码及批号等。质量管理部门应当对所有生产用物料的供应商进行质量评估，会同有关部门对主要物料供应商（尤其是生产商）的质量体系进行现场质量审计，并对质量评估不符合要求的供应商行使否决权。

1. 物料购进　是药品生产过程的第一步，是药品质量保证体系中的首要环节。物料采购一般由供应商选择、生产计划制定、采购计划制定与实施等环节组成。

2. 物料验收　物料到货后，验收员应对所有购进物料进行验收。

3. 物料入库　一般包括填写物料台账、检验申请单和货位卡。入库手续办好后即可将物料入库。在货位卡上填写存放该批物料的库位号并挂上黄色待验标志，同时将检验申请单交质量管理部门，取样员根据检验申请单及包装数量按规定取样检验并贴上取样证。检验完成后，根据检验结果，物料的状态由黄色待验标志转换为绿色合格或红色不合格标志，并按规定进行相应的管理。

4. 生产过程物料管理　生产期间使用的所有物料、中间产品或待包装产品的容器及主要设备、必要的操作室应当贴签标识或以其他方式标明生产中的产品或物料名称、规格和批号，如有必要，还应当标明生产工序。每批产品应当检查产量和物料平衡，确保物料平衡符合设定的限度。待用分装容器在分装前应当保持清洁，避免容器中有玻璃碎屑、金属颗粒等污染物。产品分装、封口后应当及时贴签，未能及时贴签时，应当按照相关的操作规程操作，避免发生混淆或贴错标签等差错。

5. 物料平衡管理　物料平衡是指产品或物料实际产量或实际用量及收集到的损耗之和与理论产量或理论用量之间的比较，并考虑可允许的偏差范围。

按 GMP（2010 年修订）规定，每批产品应当检查产量和物料平衡，确保物料平衡符合设定的限度。如有差异，必须查明原因，确认无潜在质量风险后，方可按照正常产品处理。所有工序均必须有物料平衡计算，并根据工艺验证制定相应的限度。物料平衡按式 5-1 计算。

$$物料平衡 = \frac{成品量 + 取样量 + 可收集的废弃量}{投料量} \times 100\% \qquad (式 5\text{-}1)$$

知识拓展：产品放行管理

6. 生产过程特殊物料管理　按照 GMP（2010 年修订）规定，麻醉药品、精神药品、医疗用毒性药品（包括药材）、放射性药品、药品类易制毒化学品，以及易燃、易爆和其他危险品的验收，贮存和管理应当执行国家有关的规定。

二、工艺管理

药品生产过程中出现问题或事故的主要原因：一是企业未建立标准的书面操作规程和指令，或企业所建立的文件不完善、不符合企业生产实际，或企业文件规程执行、管理不到位；二是口头交代传达信息导致信息出错。生产工艺管理主要涉及的文件和指令是工艺规程和操作规程，其可行性直接影响所生产药品的质量及生产效率。工艺规程和操作规程是药品生产和包装操作的依据，是确保产品质量的操作标准。

三、批和批号管理

批是经一个或若干加工过程生产的，具有预期均一质量和特性的一定数量的原辅料、包装材料或成品。为完成某些生产操作步骤，可能有必要将一批产品分成若干亚批，最终合并成为一个均一的批。在连续生产情况下，批必须与生产中具有预期均一特性的确定数量的产品相对应，批量可以是固定数量或固定时间段内生产的产品量。例如，口服或外用的固体、半固体制剂在成型或分装前使用同一台混合设备一次混合所生产的均质产品为一批；口服或外用的液体制剂以灌装（封）前经最后混合的药液所生产的均质产品为一批。

批号是用于识别不同批次的数字和/或字母的组合，具有唯一性，可用于追溯和审查该批药品的生产历史。批号的编制方法大致如下。

1. 正常批号　①以全年生产批次的流水号作为该批产品的批号，格式为：生产年号后2位＋全年流水号，如“210001”表示2021年生产的第一批产品。②以每月生产批次的流水号作为该批产品的批号，格式为：生产年号后2位＋月份＋月度流水号，如“210601”表示2021年6月生产的第一批产品。

2. 返工批号　返工批号可在原产品批号后加代号，如“R”。

四、状态标志管理

知识拓展：生产状态标志管理

为了防止生产过程发生混淆、差错、污染等质量事故和保证设备、仪器的正确操作，GMP（2010年修订）规定：生产期间使用的所有物料、中间产品或待包装产品的容器及主要设备、必要的操作室应当贴签标识或以其他方式标明生产中的产品或物料名称、规格和批号，如有必要，还应当标明生产工序；容器、设备或设施所用标志应当清晰明了，标志的格式应当经企业相关部门批准。除在标志上使用文字说明外，还可采用不同的颜色区分被标识物的状态（如待验、合格、不合格或已清洁等）。

药物制剂生产过程中应严格按生产状态标志规定进行管理，从而保证药品质量和生产安全；生产企业应有文件规定各状态标志的颜色、状态词、含义等，并在全企业统一。常用状态标志牌如表5-1所示。

表5-1　常用状态标志牌

彩图：常用状态标志牌

标志名称	示意图
房间状态标志牌	房间状态标志牌 产品名称： 剂型：　规格： 产品批号： 产品批量： 生产日期：　年　月　日 操作人：　复核人： **房间状态标志牌**

续表

标志名称	示意图
卫生状态标志牌	已清洁状态标志牌　待清洁状态标志牌
物料状态标志牌	物料状态标志牌 待验物料状态标志牌　合格物料状态标志牌 不合格物料状态标志牌
设备状态标志牌	设备状态标志牌 设备闲置、完好、运行中、待清洁、待维修、故障状态标志牌

五、包装与贴签管理

GMP（2010 年修订）的规定如下。

1. 包装操作规程应当规定降低污染和交叉污染、混淆或差错风险的措施。

2. 包装开始前应当进行检查，确保工作场所、包装生产线、印刷机及其他设备已处于清洁或待用状态，无上批遗留的产品、文件或与本批产品包装无关的物料，检查结果应当有记录。

3. 包装操作前，还应当检查所领用的包装材料正确无误，核对待包装产品和所用包装材料的名称、规格、数量、质量状态，且与工艺规程相符。

4. 每一包装操作场所或包装生产线，应当有标志标明包装中的产品名称、规格、批号和批量的生产状态，有数条包装线同时进行包装时，应当采取隔离或其他有效防止污染、交叉污染或混淆的措施。

5. 待用分装容器在分装前应当保持清洁，避免容器中有玻璃碎屑、金属颗粒等污染物。

6. 产品分装、封口后应当及时贴签。未能及时贴签时，应当按照相关的操作规程操作，避免发生混淆或贴错标签等差错。单独打印或包装过程中在线打印的信息（如产品批号或有效期）均应当进行检查，确保其正确无误，并予以记录。如手工打印，应当增加检查频次。使用切割式标签或在包装线以外单独打印标签，应当采取专门措施，防止混淆。应当对电子读码机、标签计数器或其他类似装置的功能进行检查，确保其准确运行，检查应当有记录。包装材料上印刷或模压的内容应当清晰，不易褪色和擦除。

7. 包装期间，产品的中间控制检查应当至少包括下述内容：①包装外观；②包装是否完整；③产品和包装材料是否正确；④打印信息是否正确；⑤在线监控装置的功能是否正常，样品从包装生产线取走后不应再返还，以防止产品混淆或污染；⑥因包装过程产生异常情况而需要重新包装产品的，必须经专门检查、调查并由指定人员批准，重新包装应当有详细记录。在物料平衡检查中，发现待包装产品、印刷包装材料及成品数量有显著差异时，应当进行调查，未得出结论前，成品不得放行。

8. 包装结束时，已打印批号的剩余包装材料应当由专人负责全部计数销毁，并有记录。如将未打印批号的印刷包装材料退库，应当按照操作规程执行。

六、中间站管理

中间站存放的物品有中间产品、待重新加工产品、清洁的周转容器等。应按中间站清洁规程进行清洁，并随时保持洁净，不得有散落的物料。中间站物品的外包装必须清洁，无尘埃。中间产品在中间站要有明显的物料状态标志，并注明品名、规格、批号、数量等。中间产品应按品种、规格、批号摆放整齐，不同品种、不同规格、不同批号之间要有一定距离。中间站的管理应参照物料管理，由专人负责。出入中间站必须有传递单，并且填写中间产品进出站台账。中间站必须进行上锁管理，上锁后管理人员方可离开。

七、不合格品管理

不合格品包括原辅料包材不合格品、中间产品不合格品及成品不合格品。

1. 接收物料时，如发现包装破损、受潮、霉变或其他明显不符合标准的物料，仓库管理人员应在收货单上详细记录检查情况，同时填写“物料破损报告”。接到报告后，质量管理部和采购、生产相关人员对以上物料进行检查，确认不能用于生产的，质量管理部有关人员可在不经留检和检验的情况下做出“不合格”决定，并发放不合格标签，标签上应注明品名、代号、每件包装的装量和包装数、接收日期。仓库管理人员负责将不合格物料直接放入不合格品库或区域以待处理。

2. 留样物料、中间产品、成品经质量管理部门检验不合格时，由质量管理部门发出两份检验报告书，分发物料部门和仓库，同时发放红色不合格品标签并贴签，仓库管理人员负责将不合格物料、中间产品、成品从待验区转至不合格品库并填好相应库卡。

3. 包装材料不合格时，凡印有公司产品特有标志内容的包装材料，如标签、说明书、包装盒等，经检验不合格的不能投入生产，也不得退回供应商，必须按有关规定进行销毁处理。其余包装材料，经检验不合格的，填写物料退货单，退回供应商或进行换货。

八、模具和筛网管理

1. 模具管理　①制剂生产所用的模具应建立档案，车间内设立模具室，由专人管理。②模具使用前后均应检查其光洁度，零配是否齐全，有无缺损，与生产所用品种、规格是否配套，若发现问题应追查原因并及时处理。③模具如有损坏，维修合格后方可使用，无维修价值的，办理报废手续，并申请补购备用品。④模具存放时，应浸入装有轻质油的专用不锈钢盒中，防止生锈；模具应放置在规定的模具柜上，并注明名称、规格、型号。⑤模具的领用、归还按中间站物料交接标准操作规程执行；模具使用前，必须进行清洁、消毒。

2. 筛网管理　①筛网材料与药品接触应不产生化学反应，可用不锈钢网或尼龙网，按生产品种选用不同的规格、目数，由专人保管和发放使用；②使用前后均应检查筛网的完整性，发现破损应报废处理；③筛网使用前必须用75%乙醇清洁、消毒；④使用期间或使用后发现筛网破损时，应查明原因，并对所加工物料做必要处理；⑤筛网必须存放于规定位置，按类别分别码放整齐，挂上标志牌。

任务实施

一、物料发放

1. 发放要点

(1) 物料发放应遵循“先进先出”“近效期先出”原则。

(2) 根据批生产指令，按批号限额发放。

(3) 物料标签上如无 QA 签字的合格标志,不得发放。

(4) 超过复检周期又无复检结果为“符合规定”的检验报告书时,不得发放。

(5) 处理后使用或退料的物料,必须经过质量管理部门批准后才可发放,并且优先发放。

(6) 需超额发放的,要认真检查原因,确认无偏差并经质量管理部门批准。

(7) 发放复核。

2. 发放程序

(1) 核对单据:领料单与批生产或批包装指令相符,审批、签字齐全。

(2) 检查物料:物料的实物质量符合要求,物料标签有 QA 签字的合格标志,检验报告书齐全,物料包装完好。

(3) 计量或计数发放:按领料单及发放原则发放,将物料进厂编号、实发数量等填入领料单。

(4) 送(领)料:双方签名确认,车间领料员逐件核对所送物料的品名、规格、进厂编号、数量、物料标签等,填写领料单并签字。

(5) 核对: QA 现场核对并在领料单上签字。

3. 填卡记账

(1) 仓库管理人员在发放的同时,填写货位卡,随时保持物、卡相符。

(2) 仓库管理人员及时填写台账,做到日清月结,账、卡、物相符。

(3) 领料单一式三联,分别为生产联、仓库联、财务联。生产联纳入批生产记录,仓库联由仓库归档,财务联由财务归档,保管时间至少 3 年。

二、物料在车间的存放

GMP(2010 年修订)规定,生产区和贮存区应当有足够的空间,确保有序地存放设备、物料、中间产品、待包装产品和成品,避免不同产品或物料的混淆、交叉污染,避免生产或质量控制操作发生遗漏或差错。

三、物料使用管理

1. 物料领取手续　领取原辅料时,按照生产部下达的批生产指令,由班组领料人员填写领料单,经车间主任审核后到仓库领取原辅料;领料人员与仓库管理人员逐项核对,包括原辅料的简单鉴别,质量、规格是否合格,数量、批号是否准确,以上各项准确无误时,在称量室内再核对称量后,方可投料。物料使用过程中严格执行生产操作规程校核制度。

2. 半成品的放行与移交　各工序完成的半成品,应先检查质量(或经质量部门检查)和数量是否正常。如发现异常或与质量要求不符,应及时告知质量管理部门或车间主任,查找原因,处理解决。在生产过程中如有跑料现象,应及时通知车间管理人员及 QA,并详细记录跑料过程及数量。跑料数量也应计入物料平衡之中。所属工序的负责

人在本批生产记录及生产流转卡上签名复核，经 QA 审核合格后，QA 在该工序生产记录和生产流转卡上签名，允许放行。移交半成品时，应当核对药名、数量、批号、质量等。确认无误后，在记录上签名。

3. 成品的放行与移交　GMP（2010 年修订）规定，产品的放行应当至少符合以下要求。

(1) 在批准放行前，应当对每批药品进行质量评价，保证药品及其生产符合注册和 GMP 要求，并确认以下各项内容：主要生产工艺和检验方法经过验证；已完成所有必需的检查、检验，并综合考虑实际生产条件和生产记录；所有必需的生产和质量控制均已完成并经相关主管人员签名；变更已按照相关规程处理完毕，需要经药品监督管理部门批准的变更已得到批准；对变更或偏差已完成所有必要的取样、检查、检验和审核；所有与该批产品有关的偏差均已有明确的解释或说明，或者已经过彻底调查和适当处理；如偏差还涉及其他批次产品，应当一并处理。

(2) 药品的质量评价应当有明确的结论，如批准放行、不合格或其他决定。

(3) 每批药品均应当由质量受权人签名批准放行。

(4) 疫苗类制品、血液制品、用于血源筛查的体外诊断试剂及国家药品监督管理局规定的其他生物制品放行前还应取得批签发合格证明。

四、物料转运

为保证生产中物料转运顺畅，避免发生差错和污染，应按以下流程进行物料转运。

1. 车间领料人员按生产指令填写领料单交仓库备料。

2. 进入车间的物料应在指定位置放置，用于同一批药品生产的所有配料应当集中存放，并挂上状态标志。

3. 车间每日生产完毕后，应将剩余物料退回仓库，做好交接记录。

4. 物料进出洁净区。

(1) 物料进入车间拆包间前检查：凡外包装破损、受潮、水渍、霉变、鼠咬、虫蛀等外包装受损者，不得进入拆包间；物料有霉变、变质、异味等现象的不得进入拆包间。

在拆包间应对物料的名称、规格、数量、批号、检验合格证号等逐件逐项核对。

(2) 进入程序：见图 5-1。

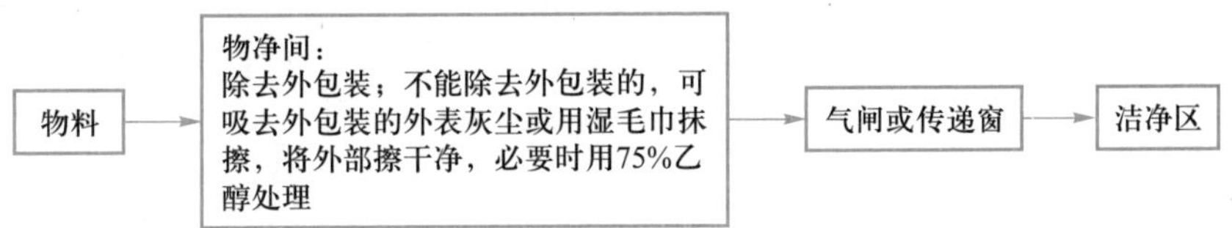

图 5-1　物料进入洁净区的程序

(3) 物料只能通过物流通道进出洁净区，不能从人流通道进出。

(4) 在物净间的外包装物应及时清理；进入洁净区的内外包装物，在物料整理及使用后应马上送废弃物暂存间，并通过传递窗送出洁净区。

(5) 剩余物料要及时通过气闸退库。

五、物料退库

车间剩余物料是指剩余的或未使用的包装材料，因生产计划发生变化或设备检修等原因生产中断需退回仓库的合格原辅料，由于仓库不具备分装条件而多领的物料。

1. 退库前操作者在剩余合格物料的内包装上和容器上贴上标签，标明品名、代码、批号、数量、日期并填写退料单。退料单应写明退料日期，物料名称、批号、数量、重量，退料人。

2. 退料单交 QA，QA 根据退料单检查剩余物料的品名、代码、数量是否相符，包装是否完整，封口是否严密，是否污染，检查无误后方可办理退库。

3. 仓库管理人员检查剩余合格物料，复核无误后，在退料单上签名接收。

4. 仓库管理人员对车间退回的物料应做好进库手续，做好剩余物料退库记录，并在指定地点分类存放。

5. 退库物料再次发放前，仓库管理人员应重新检查，如其包装完好、标志明确、未经不妥当贮存，可按正常程序发料。

知识总结

1. 药品生产操作管理，是生产出符合质量标准的产品的保证要素。应采取行之有效的措施对药品生产全过程进行控制，从而最大限度地减少生产过程中的污染、交叉污染、混淆和差错。

2. 应从物料管理、工艺管理、批和批号管理、物料平衡管理、状态标志管理、包装与贴签管理、中间站管理、不合格品管理、模具和筛网管理、生产过程特殊物料管理等方面进行药品生产管理。

3. 在物料发放、物料在车间的存放、物料使用管理、物料转运、物料退库等物料管控关键点进行现场管理。

在线测试

在线测试：生产操作管理

请扫描二维码完成在线测试。

任务5.3 清场管理

任务描述

PPT：清场管理

授课视频：清场管理

每批药品的每一生产阶段完成后必须由生产操作人员清场，并填写清场记录。本任务主要学习清场和清洁的定义、清场要求、清场管理制度、清洁剂、消毒剂、清洁工具、清场记录、清场合格证等清场管理各环节的知识与技能，按清场要求及流程完成设备清洁、生产区域清洁及洁净区地漏清洁工作。

知识准备

一、基础知识

1. 清场　为了防止混药、差错、污染及交叉污染事故，各生产工序在生产结束，更换品种、规格、批号前及检修后，必须彻底清理生产场所，并填写记录。

清场是指每批产品的每一个生产阶段完成以后的清理和小结工作，是药品生产和质量管理的一项重要内容。

2. 清洁　清洁是指用物理方法除去设备和物体表面的污垢、尘埃和有机物等物质。

3. 清场要求　地面无积灰，无结垢，无积水。门窗、室内照明灯、排风扇、墙面、开关箱外壳无积灰，室内不得存放与生产无关的杂品。对使用的工具、容器进行清洗，经检查无异物，无前次产品的遗留物。设备内外无前次生产遗留的药品痕迹，无油垢。非专用设备、管道、容器、工具应按规定拆洗和消毒；凡直接接触药品的机器、设备及管道、工具、容器，应每天或每批清洗。包装工序调换品种、规格时，多余的标签及包装材料应全部按规定销毁或退库。

4. 清场管理制度　GMP（2010年修订）规定：每批药品的每一生产阶段完成后必须由生产操作人员清场，并填写清场记录；每次生产结束后应当进行清场，确保设备和工作场所没有遗留与本次生产有关的物料、产品和文件。下次生产开始前，应当对前次清场情况进行确认。

知识拓展：消毒剂与清洁剂配制和使用管理

5. 清洁剂　常用的清洁剂有3%~5%Na_2CO_3溶液或1%（*V/V*）洗洁精。

6. 消毒剂　常用的消毒剂有75%乙醇溶液、0.1%~0.2%新洁尔灭溶液和2%~5%

甲酚皂溶液。需注意，消毒剂应每月更换一次，避免微生物产生耐药性。

7. 清洁工具

（1）洁净区内不得使用木质、竹质等易滋长真菌的清洁工具。应使用丝光拖把、水桶、地拖桶、抹布（丝光布）、擦墙器、玻璃擦、吸尘器，严禁使用扫把。各种清洁工具应无脱落物，易清洗、易消毒。

（2）使用清洁工具时，动作要稳、轻，不可有太大的无谓摆动。使用拖把、抹布时，应尽量拧干。

（3）清洁工具用后要及时清洗干净，消毒并及时晾干，置于通风良好的洁具间规定位置。

（4）拖把、抹布使用前后要检查是否有脱落物。

（5）不同空气洁净度级别的生产区使用不同的清洁工具，二者不能混用。

（6）进入无菌室的清洁工具需进行灭菌。

（7）各种清洁工具应定点存放，整齐排列，标志明显。

8. 清场记录　清场记录内容包括操作间编号、产品名称和批号、生产工序、清场日期、检查项目及结果、清场负责人及复核人签名。清场记录应当纳入批生产记录。为了便于填写，应根据清场管理规程设计合适的表格供清场操作人员填写。

9. 清场合格证　清场结束，由 QA 按清场管理规程中的清场内容及要求进行复查。检查合格后，由 QA 签发清场合格证。清场合格证一式两份（即正本、副本），正本随同当批批生产记录，副本作为下一个批号的生产凭证附入下批批生产记录。未领清场合格证不得进行下一批生产。清场合格证（正本、副本）具体样式见图 5-2、图 5-3。

清场合格证(正本)

清场工序		操 作 间	
产品名称		产品批号	
清 场 人		复 核 人	
清场日期		复核日期	
有效期至		QA	

图 5-2　清场合格证（正本）

清场合格证(副本)

清场工序		操 作 间	
产品名称		产品批号	
清 场 人		复 核 人	
清场日期		复核日期	
有效期至		QA	

图 5-3　清场合格证（副本）

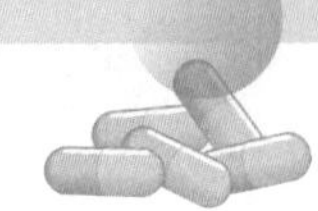

二、清场流程

生产结束，换状态标志。取下挂在设备上的“运行”标志，挂上“待清洁”状态标志；清点物料数量，成品运到仓库或把中间产品运到中间站填写请验单，交质检员；清点剩余物料，由领料人员办理移交手续，并记录；进行物料平衡计算，完成批生产记录填写；按相应设备的清洁标准操作规程清洁设备；按容器和工具清洁标准操作规程清洁容器、工具，并定量存放于规定地点；清场检查，清场结束，由 QA 按清场管理规程中的清场内容及要求进行检查；检查合格后，由 QA 签发清场合格证。

任务实施

一、设备的清洁

以万能粉碎机的清洁为例，学习设备清洁的过程与要求，见表 5-2。

表 5-2　万能粉碎机的清洁

内容	清洁要求
清洁实施条件及频次	1. 更换品种时，在原品种生产结束后 2. 同品种换批号时 3. 超过清洁有效期后
清洁地点	就地清洁
清洁用具	抹布、刷子、水桶
清洁用水及清洁剂	饮用水、洗洁精
清洁方法	1. 将粉碎机腔前盖拧开，依次拆下筛底、筛网、活动盘、下料口的物料袋和除尘袋，把筛底、筛网、活动盘、下料口的物料袋运到容器清洗间用饮用水清洗干净后，抹干晾干 2. 向粉碎机腔内注入适量饮用水，开机运转 3 min，停机后，将水放掉，再重复上述操作至少 2 次，直到水清为止。再用抹布擦干 3. 用抹布蘸饮用水擦拭设备外表面及除尘柜
设备的干燥	原地自然干燥
清洁用具的清洁与存放	1. 清洁用具使用后，用清洗剂清洗干净 2. 存放在洁具间自然干燥
清洁效果评价	1. 内部、外部、缝隙处无药渣和药渍存留 2. 轴见光、沟见底、设备见本色 3. 设备周围无油垢、无积水、无杂物、无垃圾 4. 用清洁的白抹布擦拭设备表面，无不洁痕迹

二、生产区域的清洁

1. 一般生产区和洁净区的清洁　见表 5-3。

表 5-3　一般生产区和洁净区的清洁

内容	清洁要求	
	一般生产区	洁净区
清洁实施条件及频次	1. 门窗一天一次，地面一天一次，墙壁、天花板每周一次，地漏一天一次 2. 地面、天花板、灯具、门窗、地漏、室内用具每周末清洁后用消毒剂抹擦消毒 3. 如更换品种或每班生产结束后则按清场规程清洁	1. 门窗一天一次，地面一天一次，天花板三天一次（如有产生粉尘工序则一天一次），回风口、送风口一天一次，地漏一天一次，除尘罩一天一次 2. 地面、天花板、灯具、门窗、风口、地漏、室内用具每周末用消毒剂抹擦一次 3. 如更换品种或每班生产结束后则以上都要清洁一次 4. 房间、设备、容器、生产工具清洁和消毒后，闲置超过 72 h，使用前必须重新清洁、消毒
清洁程序	先物后地，先内后外，先上后下，先拆后洗，先零件后整机	
清洁用具	拖把（洁净区用丝光拖把）、水桶、地拖桶、抹布（洁净区用丝光布）、擦墙器、玻璃擦、吸尘器	
清洁用水及清洁剂	饮用水、洗洁精	饮用水、纯化水、洗洁精
清洁方法	用饮用水抹及擦洗（必要时用清洁剂洗）	1. 先用饮用水抹及擦洗（必要时用清洁剂洗），再用纯化水擦洗干净 2. 每周末下班前，除按上述程序进行清洁外，尚需用消毒剂全部抹擦一次
清洁用具的清洁与存放	1. 清洁用具使用后，用清洗剂清洗干净；洁净区的清洁用具尚需用消毒剂消毒，拧干 2. 存放在洁具间自然干燥	
清洁效果评价	玻璃透明，天花板、墙壁无污染，门窗地面无积物、无积尘、无积水，设备呈本色	

2. 洁净区（室）消毒

（1）洁净区（室）内的空气采用臭氧进行消毒；

（2）消毒频率：C 级每月一次，D 级每季度一次；

（3）消毒时开启臭氧发生器，同时开启空调风机并关闭新风，让臭氧随空气进入各洁净区（室）密闭循环 1~2 h，并做好消毒记录；

（4）每天下班后清洁完毕，有安装紫外线灯的开启紫外线灯照射 30 min。

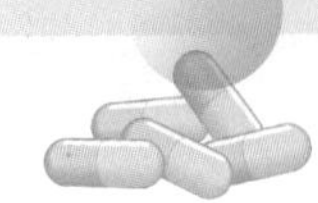

三、地漏的清洁

地漏的清洁见表5-4。

表5-4 地漏的清洁

内容	清洁要求
清洁实施条件及频次	1. 每个工作日下班前或每次生产结束后清场时一起进行清洁 2. 每周末或节假日休息前清洁后用消毒液液封，盖上内胆及外盖 3. 每周一或节假日上班生产前，在清洁房间、设备的同时，地漏应一并按清洁程序进行清洁
清洁内容	地漏槽、盖板、水封盖外壁等
清洁用具	水桶、毛刷、水管、橡胶手套等
清洁用水、清洁剂及消毒液	饮用水、纯化水、洗洁精、75% 乙醇、0.1% 新洁尔灭溶液
清洁方法	先用饮用水擦洗3~4次，直至洗液澄清透明为止，然后再用纯化水冲洗2次，用洁净丝光布擦干，最后再用纯化水液封
清洁用具的清洁与存放	1. 清洁用具使用后，用清洗剂清洗干净，用消毒剂消毒，拧干 2. 存放在洁具间自然干燥
清洁效果评价	地漏应保持畅通，无杂物，无药渣，无微生物滋生

知识总结

1. 每批药品的每一生产阶段完成后必须由生产操作人员清场，并填写清场记录。

2. 从清场和清洁的定义、清场要求、清场管理制度、清洁剂、消毒剂、清洁工具、清场记录、清场合格证等方面提高对清场管理知识的认知并进行清场管理。

3. 按清场要求及流程完成设备清洁、生产区域清洁及洁净区地漏清洁工作。

在线测试

请扫描二维码完成在线测试。

在线测试：清场管理

制剂篇

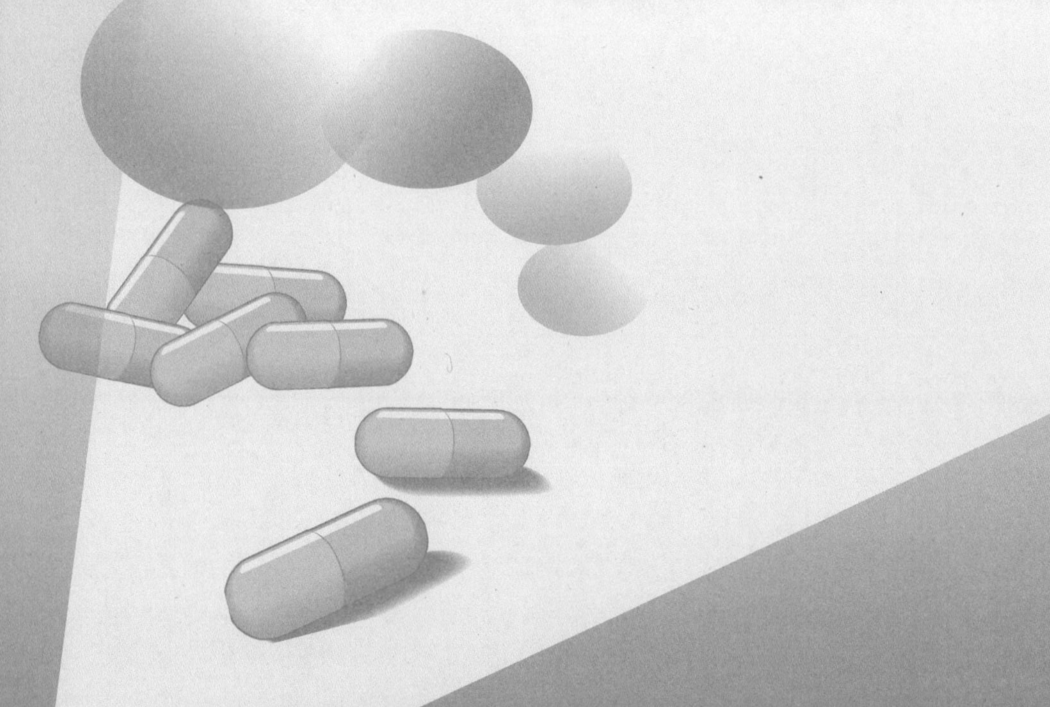

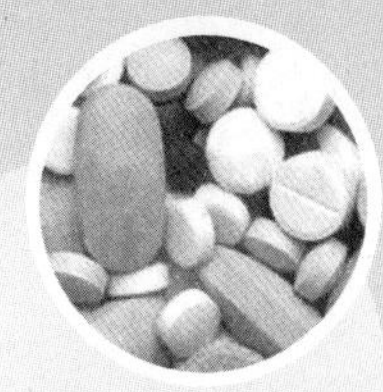

项目 6
散剂生产

学习目标

1. 掌握散剂的定义与特点,散剂的制备及质量检查。
2. 熟悉散剂的分类及主要生产设备。
3. 了解散剂的包装与贮存。

知识导图

请扫描二维码了解本项目主要内容。

知识导图:
散剂生产

任务 6.1 散剂制备

PPT：
散剂制备

授课视频：
散剂制备

任务描述

散剂是生产工艺最简单、最基础的固体剂型。散剂除了可直接作为剂型，也是其他剂型如颗粒剂、胶囊剂、片剂、混悬剂、气雾剂、粉雾剂和喷雾剂等制备的中间产品。因此，散剂的制备技术与要求在其他剂型中具有普遍意义。本任务主要学习散剂的定义、特点、分类、工艺及质量检查，按照散剂的生产工艺流程，经过粉碎、筛分、混合、分剂量、质量检查、包装等，完成散剂的制备。

知识准备

一、基础知识

知识拓展：
散剂的历史沿革

1. 散剂的定义　散剂系指原料药物或与适宜的辅料经粉碎、筛分、均匀混合制成的干燥粉末状制剂，俗称“粉剂”，见图 6-1、图 6-2。散剂是我国传统中药剂型之一，最早在战国时期的《五十二病方》中，已经有关于药末剂的记载。在医药典籍中，如《神农本草经》《黄帝内经》《伤寒论》《名医别录》等都有关于散剂的应用特点、制备方法、混合均匀程度和检查等内容的记载，其中不少技术沿用至今。

图 6-1　散剂（化学药）

图 6-2　散剂（中药）

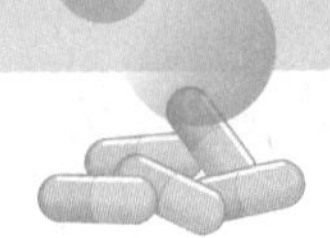

2. 散剂的特点 散剂既可以内服，也可以外用。古人曰“散者散也，去急病用之”，充分概括了散剂的特点。

散剂的优点：①粉碎程度高，比表面积大，易分散，起效快；②覆盖面积大，有保护和收敛等作用；③制备工艺简单，剂量易于控制，便于婴幼儿服用；④贮存、运输、携带比较方便。

散剂的缺点：由于药物粉碎后比表面积增大，故其嗅味、刺激性及化学活性也相应增加。此外，散剂还具有挥发性成分易散失、容易吸潮等缺点。一些腐蚀性较强、易吸湿变质的药物一般不宜制成散剂。一些剂量较大的散剂，有时不如丸剂、片剂或胶囊等剂型容易服用。

3. 散剂的分类 散剂一般按其医疗用途、药物组成、药物性质及剂量形式分类，见表6-1。

表6-1 散剂的分类

分类	给药途径	概述	主要特点	制剂举例
按医疗用途分类	口服散剂	口服散剂为散剂的一种。一般溶于或分散于水或其他液体中服用，也可直接用水送服	口服散剂应为细粉，一般内服散剂应通过80~100目筛；用于治疗消化性溃疡的散剂应通过120目筛，其中能通过六号筛的粉末不少于95%	蒙脱石散、小儿清肺散
	局部用散剂	可采用不同敷用方法： 1. 撒敷法是将药粉直接均匀撒布于患处 2. 调敷法是将药粉调制成糊状敷于患处 3. 吹敷法是将药粉装入容器中吹入耳、鼻、喉等患处	局部用散剂应为最细粉，应通过120目筛。可供皮肤、口腔、咽喉、腔道等处应用。专供皮肤病预防、治疗及皮肤润滑的散剂也可称为撒布剂或撒粉	珍珠散、冰硼散
按药物组成分类	单散剂	由一种药物组成的散剂	组成单纯，功能独特，一般不容易产生与其他成分间的互相干扰	川贝粉、灭菌结晶磺胺
	复方散剂	由两种或两种以上药物组成的散剂	多组分间可发挥协同、制约作用；复方散剂可取长补短，呈现综合和整体功效；还可体现中医药理论辨证施治的观念	婴儿鞣酸蛋白酵母散、活血止痛散
按药物性质分类	含毒剧药散剂	含有毒性成分的散剂	毒剧药应粉碎得更细，通过120~150目筛，以便混合均匀，确保含量准确。含有毒剧药的口服散剂应单剂量包装	硫酸阿托品散、九分散
	含液体成分散剂	含有液体成分的散剂	散剂中若含有这类组分，应在混合前采取相应措施，方能混合均匀。如处方中有液体组分，可用处方中其他组分吸收该液体，若液体组分量太多，宜用吸收剂吸收至不显润湿为止，常用吸收剂有磷酸钙、蔗糖和葡萄糖等	蛇胆川贝散、紫雪散
	含低共熔组分散剂	含有低共熔组分的散剂	含有低共熔组分的药物混合研磨可产生低共熔现象，应用少量滑石粉吸收后，再与其他组分混合均匀	痱子粉

续表

分类	给药途径	概述	主要特点	制剂举例
按剂量形式分类	单剂量散剂	以单个剂量形式包装的散剂	由患者按每包服用，大部分以口服散剂居多	阿咖酚散、益元散
	多剂量散剂	以总剂量形式包装的散剂	由患者按医嘱自己分取剂量，常附有分剂量的用具，以外用散剂居多	云南白药、西瓜霜

二、工艺流程

制备散剂的操作是其他固体剂型制备的基础。散剂生产过程中要采取有效的措施防止交叉污染，口服散剂的制备要求在D级环境下进行，外用散剂中表皮用药的生产环境要求达到D级，用于烧烫伤等治疗的无菌散剂生产环境要达到无菌制剂的要求。散剂的制备工艺流程如图6-3所示。

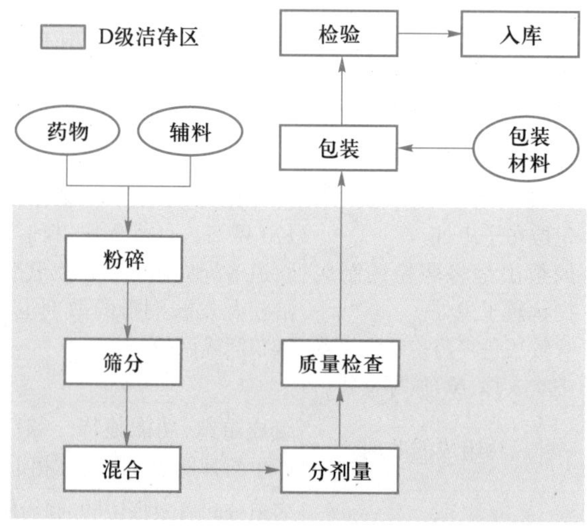

图6-3　散剂的制备工艺流程

散剂生产过程中需要进行质量控制，具体要求见表6-2。

表6-2　散剂生产的质量控制点

工序	质量控制点	质量控制项目	频次
粉碎	粉碎药物、原辅料	物料的粉碎程度（粒度）、干燥程度	每批
			每批
筛分	过筛	粉末的粗细程度	每批
混合	混合	均匀度、色泽	随时/班
质量检查	单剂量/多剂量	粒度	随时/班
		外观均匀度	随时/班
		水分/干燥失重、装量/装量差异	>1次/班
		无菌、微生物限度	每批

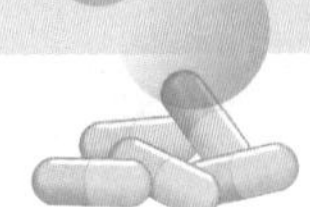

续表

工序	质量控制点	质量控制项目	频次
分剂量	剂量	装量的准确程度	每批
包装	包装材料	包装应封口严密,生物制品应采用防潮材料包装	每批

任务实施

一般情况下,固体药物进行粉碎前先要对药物进行前处理,如果是化学药品,将原料进行充分干燥;如果是中药,则根据药材的性质进行适当的处理,如洗净、干燥、切割或初步粉碎后供最终粉碎之用。将药物粉碎之后,根据散剂的粒度要求进行筛分,然后与处方量的其他成分药物或辅料混合均匀、分剂量、包装、进行质量检查等。

一、粉碎

粉碎是借助机械力或其他方法将大块固体物料破碎成适宜大小的颗粒、细粉或超细粉的操作。在药物制剂生产过程中,粉碎是制成剂型前的重要工序。

1. 粉碎的目的

(1) 减小药物的粒径,增加药物的比表面积,有利于提高难溶性药物的溶出速度及生物利用度。

(2) 调节药物粉末的流动性,改善不同药物粉末混合的均匀度。

(3) 提高固体药物在液体、半固体、气体中的分散度。

(4) 加速天然药材中有效成分的浸出和溶出等。

药物的粉碎程度可用粉碎度来表示,粉碎度是固体药物粉碎后的细度,粉碎度越大,粉末越细。药物粉碎度的大小,应根据药物性质、剂型、作用及给药途径来确定。口服散剂中,易溶于水的药物可不必粉碎得太细;难溶性药物必须制成细粉才可以加速其溶解和吸收;浸出制剂的药材不宜过细,否则容易成糊状,不利于药材有效成分的浸出;制备外用散剂的药物要求粉碎成细粉,以减轻对创面的刺激等。

2. 粉碎的方法 药物粉碎时,应根据被粉碎药物的性质和使用要求,结合生产条件采用不同的粉碎方法,其选用原则以能达到粉碎效果及便于操作为目的。

(1) 单独粉碎与混合粉碎:①单独粉碎是将一种药物单独进行粉碎的操作方法,此法避免了粉碎时因物料损耗而引起含量不准确的现象,适用于氧化性与还原性药物(如高锰酸钾、葡萄糖)、贵重药物和刺激性药物(如牛黄、雄黄)等。②混合粉碎是将两种或两种以上药物同时进行粉碎的操作方法。其特点是既可避免一些黏性物料或热塑性物料在单独粉碎时黏壁或粉粒间聚结,又可将粉碎与混合操作同时进行,提高粉碎和混合效率。

(2) 干法粉碎与湿法粉碎:①干法粉碎是指将药物于干燥状态下(水分含量一般控制在5%以下)进行粉碎的操作方法,药物制剂生产中大部分都采用此法进行粉碎。②湿法

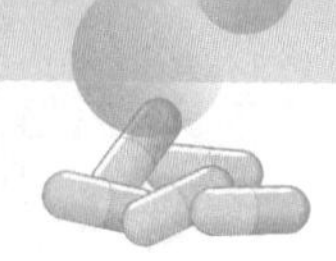

粉碎是指在药物中加入适量的水或其他液体进行粉碎的方法。其特点是可降低分子间的内聚力，从而减少颗粒间的聚结，有利于粉碎，可降低能量消耗，提高粉碎效率，还可以避免粉碎时的粉尘飞扬，减轻有毒药物或刺激性药物对人体的危害，减少贵重药物的损耗。

湿法粉碎包括加液研磨法和水飞法。加液研磨法是指在药物中加入少量液体（如水或乙醇等）进行研磨粉碎的方法。水飞法是指将药物与水共置研钵或球磨机中研磨，使细粉漂浮于液面或混悬于水中，将此悬浮液倾出，余下药物再加水反复研磨，至全部研磨完毕，将所得混悬液合并，静置沉降，倾去上清液，过滤，干燥即得极细粉，此方法适于一些难溶于水的矿物药（如动物贝壳、朱砂、珍珠）。

（3）低温粉碎：低温粉碎是利用药物在低温时脆性增加、易于粉碎的特点，在粉碎前或粉碎过程中将药物进行冷却的粉碎方法。此法适用于高温时不稳定或者常温下有热可塑性、软化点低、熔点低的可塑性物料，如树脂、固体石蜡等，以及有一定黏性的物料，如干浸膏、红参等。

（4）超微粉碎：超微粉碎是利用机械或流体动力，将药物颗粒粉碎成微粉的粉碎方法，粉碎后的药物粒径可小于 10 μm。通常可使用固体分散法、微结晶法、化学反应法等。

知识拓展：哪些中药材可以制成散剂?

（5）气流粉碎：气流粉碎是利用高压气流使物料被反复碰撞、摩擦、剪切而粉碎，粉碎后的物料在风机作用下通过上升气流运动至分级区，在高速旋转的分级涡轮产生的强大离心力作用下，使粗细物料分离。

3. 常见粉碎设备　粉碎设备根据药物的性质、粉碎度要求不同而有各种类型，常见粉碎设备见表 6–3。

表 6–3　常见粉碎设备

设备类型	粉碎设备	原理	适用范围	示意图 / 实物图
以研磨作用为主的粉碎设备	球磨机	利用内部圆球不断上下运动产生的撞击力和筒壁与圆球之间的研磨作用力粉碎物料	适用范围很广，如结晶性、硬而脆的物料，毒性、刺激性物料，挥发性或贵重物料，易氧化、易爆炸的物料	
	流能磨	又称气流粉碎机，利用高压气流使药物颗粒与室壁以及颗粒相互之间碰撞，产生强烈的粉碎作用	特别适用于粉碎对热敏感的物料、熔点低的物料	

续表

设备类型	粉碎设备	原理	适用范围	示意图/实物图
以撞击作用为主的粉碎设备	万能粉碎机	加入的物料通过齿盘间时,在冲击、劈裂、撕裂与研磨等作用下达到粉碎的目的	适用于粉碎黏性、纤维性、含油脂及质地坚硬的各类物料,但油性过多的物料不适合	
	锤击式粉碎机	利用高速旋转的钢锤的撞击及锤击作用达到粉碎目的	适用于粉碎干燥、性脆易碎的药物或粗粉碎	
超微粉碎设备	高压均质机	在高压作用下,液体类药物通过均质腔,在高速剪切作用、高频振荡作用和对流撞击下,药物大分子超微细化,最终达到均质的效果	主要适用于溶解性不好的药物	
	气流粉碎机	利用高压气流,使药物相互之间、药物与容器内壁产生剧烈的冲击、碰撞、摩擦而达到粉碎目的,可谓“以柔克刚”	属于低温无介质粉碎,尤其适用于低熔性、热敏性及挥发性药物	

二、筛分

筛分是借助不同的筛网孔径将粗细药物进行过筛并分离的方法。筛分的目的是对药物按粒度进行分等,并获得较均匀一致的粒子群,以适应制剂制备的需要。

1. 筛分的目的

(1) 分级:药物无论采用何种粉碎器械粉碎,所得药粉的粗细程度差异都较大。生产中,药物粉碎后常要用适宜型号的药筛将粉碎的药物进行过筛、分离,获得均匀的粒子群,然后分成不同等级,以满足各种剂型制备和质量控制的需要。

(2) 分离:为了提高粉碎效率,及时将达到细度要求的药物粉末分离出来。

(3) 混合:多种药物同时过筛还可使不同药物混合均匀,以保证药物均匀性。

2. 药筛的种类及规格

(1) 药筛的种类:药筛又称标准药筛,是按《中国药典》(2020 年版)规定,全国统一规格用于药物制剂生产,主要用来筛选粉末粒度(粗细)或匀化粉末的工具。制药企业所用的药筛因制作方法的不同,一般可分为编织筛与冲眼筛。

编织筛筛网是由金属丝(如铜丝、铁丝、不锈钢丝等)或其他非金属丝(如尼龙丝、绢丝等)编织而成的。筛孔细小,则筛分精度高,适宜筛分细粉。但在使用过程中,筛孔可能会由于药筛线的移位而变形,从而降低分离效果。编织筛常用于小量物料的筛分或供实验室用。

冲眼筛筛网是在金属板上冲压出圆形或方形(或其他形状)的筛孔而制成的。此种药筛较为坚固,筛孔不易变形,但长时间使用会有一定的磨损,需定期更换。冲眼筛常用于粉碎机等设备的筛板或中药丸剂的筛选。

(2) 药筛的规格:《中国药典》(2020 年版)规定了筛的规格,按照筛孔内径大小(μm)分成九种筛号。其中,一号筛的筛孔内径最大,九号筛的筛孔内径最小(表 6-4)。在药物制剂生产中,通常以"目"数来表示药筛的规格及粉末的粗细,"目"指的是每英寸(2.54 cm)长度上所含筛孔数目的多少,目数越大,孔径越小,粉末越细。

表 6-4 《中国药典》(2020 年版)规定的药筛规格与筛目对照

筛号	筛孔内径 /μm	目号
一号筛	2 000 ± 70	10 目
二号筛	850 ± 29	24 目
三号筛	355 ± 13	50 目
四号筛	250 ± 9.9	65 目
五号筛	180 ± 7.6	80 目
六号筛	150 ± 6.6	100 目
七号筛	125 ± 5.8	120 目
八号筛	90 ± 4.6	150 目
九号筛	75 ± 4.1	200 目

3. 粉末分等　由于各种剂型制备需要不同细度的粉末,所以粉碎后的药物粉末必须经过筛选。口服散剂为细粉,儿科用和局部用散剂应为最细粉。为了便于区别固体粒子的大小,《中国药典》(2020 年版)将粉末分为 6 个不同的等级,即最粗粉、粗粉、中

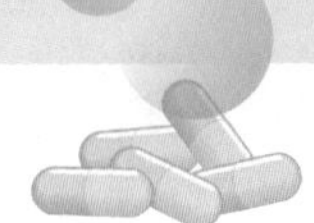

粉、细粉、最细粉及极细粉，见表 6-5。

表 6-5 《中国药典》(2020 年版)规定的粉末等级

粉末等级	分等规定
最粗粉	能全部通过一号筛，但混有能通过三号筛不超过 20% 的粉末
粗粉	能全部通过二号筛，但混有能通过四号筛不超过 40% 的粉末
中粉	能全部通过四号筛，但混有能通过五号筛不超过 60% 的粉末
细粉	能全部通过五号筛，并含能通过六号筛不少于 95% 的粉末
最细粉	能全部通过六号筛，并含能通过七号筛不少于 95% 的粉末
极细粉	能全部通过八号筛，并含能通过九号筛不少于 95% 的粉末

知识拓展：
筛分的原则

4. 常见筛分设备 筛分设备的种类很多，应根据对粉末细度的要求、粉末的性质和数量适当选用。生产过程中所用的筛分设备有振动筛(包括旋振筛和直线式振动筛)、旋转筛、摇动筛等。旋振筛和摇动筛的原理和适用范围见表 6-6。

表 6-6 旋振筛和摇动筛的原理和适用范围

筛分设备	原理	适用范围	实物图
旋振筛	借助电机带动皮带轮反复运动，而使筛子振动，较粗物料自上部排出口排出，细料从下部排出口排出，从而达到筛分的效果	适用于无黏性的药材粉末或化学药品的筛分	
摇动筛	由不锈钢丝、尼龙丝等编织的筛网，固定在竹圈或金属圈上。按照孔径大小自上而下排列，最上部为筛盖，最下端为接收器。将物料放入最上层的筛，盖上筛盖，以手摇动	适用于测定粒度分布，用于小量生产，也适用于毒剧药、刺激性物料或质轻药粉的筛分	

三、混合

混合是指将两种或两种以上的固体药物相互分散，从而达到均匀状态的操作。包括固 - 固、固 - 液、液 - 液等组分的混合。

1. 混合的目的 混合是复方制剂制备最基本的操作，是为了保证混合后的药物与辅料在制剂中含量均匀、剂量准确、色泽一致，用药安全有效。混合操作不当，会影响制剂的外观性状或药物的疗效。特别是对含有毒剧成分的复方散剂，含量均匀度就显得更加重要，否则会影响制剂的生物利用度及治疗效果，甚至会危及生命。因此，合理的混合操作是保证药品质量的关键措施之一。

2. 混合的方法　混合时，物料粒子随着混合设备的反复运动而完成操作，常用搅拌混合、研磨混合和过筛混合三种混合方法。

(1) 搅拌混合：是将药物置于适当的容器中，用适当的器具搅拌混合的操作，此法简单易行，但效率较低，常作初步混合用，还适用于片剂、丸剂等制剂软材的制备。

(2) 研磨混合：是将药物置于研钵等研磨器具中共同研磨混合的操作，适用于小量特别是结晶性物料的混合。该法多用于药房制剂和调剂工作中。

(3) 过筛混合：是指将药物通过筛网实现混合的方法。由于细粉粒径、密度的差异，过筛后仍需适当搅拌才能混合均匀，该法多用于大批量生产中。

3. 混合操作要点　混合操作是否恰当，关系到混合的效果。药物混合的均匀度跟药物的相对密度、比例量、色泽及混合时间、混合容器的吸附等相关联。

(1) 药物的相对密度：若药物密度相差较大，应先加密度小的药物，再加密度大的药物以避免质轻的药物浮于上部或飞扬，质重的药物沉于底部而不易混合均匀。

(2) 药物的比例量：若两种物理状态和粉末粗细相近的等量药物混合，一般容易混合均匀。但若两种药物的比例相差悬殊，则不易混合均匀。在这种情况下，应采用等量递增法混合：先取量小的药粉与等量的量大的药粉同时置于混合设备中，混匀后再加入与混合物等量的量大的药粉同法混匀，如此按倍量增加，直至全部加完量大的药粉为止，混匀、过筛。小剂量的毒剧药与数倍量的稀释剂混合制成的散剂叫“倍散”。制备“倍散”时必须采用等量递增法，此法是一种省工、省时、效果好的混合方法。

(3) 药物的色泽：当药物色泽相差较大时，可采用“打底套色法”使药物混合均匀。此法针对质地、色泽差异悬殊的物料。混合前先用量大的药粉饱和混合容器，以减少量小药粉在混合时因吸附导致的损耗，然后将量少、质轻或色深的药粉先放入混合容器中作为底料（打底），再将量多、质重或色浅的药粉分次加入，采用“等量递增法”混合均匀（套色）。

(4) 混合时间：一般混合时间越长越均匀，实际操作时应根据物料、设备、成本等因素综合考虑，并要验证。

(5) 混合容器的吸附：为了避免混合容器对物料粉末的吸附，常先加入量大不易吸附的物料（若没有量大的组分，多用滑石粉、淀粉等），对容器内壁进行预饱和，然后加入量少的物料，避免物料的损失。

知识拓展：倍散

4. 常见混合设备　生产中常用的混合设备有槽形混合机、双螺旋锥形混合机、V形混合机、二维运动混合机和三维运动混合机等，见表6-7。

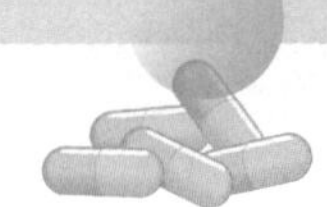

表6-7 常见混合设备

设备类型	原理	适用范围	实物图
槽形混合机	以对流混合为主,利用S形搅拌桨旋转,使物料在混合槽内不断地上下翻滚,达到混合目的	主要适用于制备软材,或不同比例的干性、湿性粉状物料的混合,以及半固体物料的混合	
双螺旋锥形混合机	利用锥形混合筒慢速公转运动,且混合筒内的两个非对称螺旋杆自转,将物料由锥形底部向上提升,到顶部时两股物料向中心凹陷处汇合,形成一股向下的物料流,补充底部空缺,形成对流循环的三重混合效果	主要适用于物料比重悬殊、粉体颗粒较大的物料,以及热敏性物料的混合	
V形混合机	V形料筒在电机驱动的蜗轮蜗杆的作用下绕水平轴转动,物料在V形料筒内的运动状态主要有两种:尖头朝下时,物料聚合在混合桶底部;尖头朝上时,物料会被分开,使物料混合均匀	主要适用于流动性较好的干性粉状或颗粒状物料的均匀混合	
二维运动混合机	物料随筒转动、翻转、混合的同时,随筒的摆动发生左右的掺混运动,两种运动共同作用,达到混合效果	主要适用于各种大吨位固体物料的混合	
三维运动混合机	混合筒在平移、转动、摇滚三个维度上运动,促使物料沿筒体做环向、径向和轴向的三向复合运动,使被混合物料间扩散、流动和剪切,达到混合效果	主要适用于粉末或颗粒状物料的混合	

四、分剂量

分剂量是将混合均匀的药物，按规定的剂量进行分装的操作，是决定所含药物成分剂量准确程度的关键操作之一。常用方法有目测法、重量法、容量法三种。

1. 目测法　操作简便易行，但误差大，仅适用于药房少量散剂的配制。

2. 重量法　按规定剂量用手秤或天平逐包称量。该法分剂量准确，但操作麻烦，效率低，适用于含少量毒剧药或贵重药散剂的分剂量。

3. 容量法　是用一定容量的器具对物料进行分剂量的方法。该法分剂量操作方便，效率高，能达到装量差异限度要求，目前应用最多。但其准确性低于重量法，适用于大多数散剂的机械化生产。

五、包装

散剂比表面积大、易吸湿或风化，若包装不当或贮存条件不适宜，散剂易发生潮解、结块、变色、分解、霉变、微生物污染等一系列物理、化学、生物学的变化。为保证散剂质量，必须选用适宜的包装材料和合适的贮存条件。

1. 包装　分剂量散剂的包装材料选择范围广泛，可采用纸质包装、塑料薄膜包装、玻璃包装和聚酯材料包装等。包装应注意封口严密，生物制品应采用防潮材料包装。

2. 贮存　散剂应密闭贮存，注意防潮。外界的温度、湿度、微生物及光线对散剂的质量有不良影响，在贮存中要注意调控温、湿度和避光。特别是对含挥发性原料药物或易吸潮原料药物的散剂应密封贮存。除另有规定外，散剂一般应于 2~8 ℃密封条件下贮存和运输。

实例分析　痱子粉

【处方】 薄荷脑 6 g，樟脑 6 g，麝香草酚 6 g，薄荷油 6 ml，水杨酸 11 g，氧化锌 60 g，硼酸 85 g，升华硫 40 g，滑石粉加至 1 000 g。

【制法】 先将薄荷脑、樟脑、麝香草酚研磨至全部液化，并与薄荷油混合；另将升华硫、水杨酸、硼酸、氧化锌、滑石粉混合，研磨粉碎均匀，过七号筛；然后将共熔混合物与混合的细粉研磨混匀或将共熔混合物喷入细粉混匀，过筛，即可。

实例分析：痱子粉

本品是含低共熔物成分的散剂，具有收敛、止痒及吸湿等作用，适用于痱子、汗疹等。

【讨论】 1. 处方中各成分的作用分别是什么？

2. 哪几种药物可形成低共熔混合物？

3. 此方在制备过程中采用哪种混合方法？

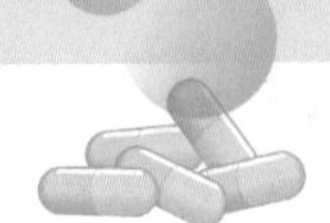

知识总结

1. 散剂系指原料药物或与适宜的辅料经粉碎、均匀混合制成的干燥粉末状制剂，俗称“粉剂”。

2. 散剂的优点是粉碎程度高，比表面积大，易分散，起效快；覆盖面积大，有保护和收敛等作用；制备工艺简单，剂量易于控制，便于婴幼儿服用；贮存、运输、携带比较方便。

3. 散剂一般按其用途、组成、性质及剂量形式分类，可分为口服散剂与局部用散剂，单散剂与复方散剂，含毒剧药散剂、含液体成分散剂与含低共熔组分散剂，单剂量散剂与多剂量散剂等。

4. 散剂的制备工艺流程为：物料前处理→粉碎→筛分→混合→分剂量→质量检查→包装。

5. 散剂常用的混合方法有搅拌混合、研磨混合和过筛混合。

6. 粉碎的方法有单独粉碎与混合粉碎、干法粉碎与湿法粉碎、低温粉碎、超微粉碎、气流粉碎等。

在线测试

请扫描二维码完成在线测试。

在线测试：散剂制备

任务6.2 散剂质量检查

任务描述

散剂在生产与贮藏期间应符合相关质量要求。本任务主要是学习散剂的质量要求，按照《中国药典》(2020年版)散剂项下粒度、外观均匀度、水分、干燥失重、装量差异等检查法要求完成散剂的制剂质量检查，正确评价制剂质量。

PPT：散剂质量检查

授课视频：散剂质量检查

知识准备

散剂在生产与贮藏期间应符合下列规定。

1. 供制散剂的原料药物均应粉碎。除另有规定外，口服散剂为细粉，儿科用和局

部用散剂应为最细粉。

2. 散剂中可含或不含辅料。口服散剂需要时亦可加矫味剂、芳香剂、着色剂等。

3. 为防止胃酸对生物制品散剂中活性成分的破坏，散剂稀释剂中可调配中和胃酸的成分。

4. 散剂应干燥、疏松、混合均匀、色泽一致。制备含有毒剧药、贵重药或药物剂量小的散剂时，应采用配研法混匀并过筛。

5. 散剂可单剂量包(分)装，多剂量包装者应附分剂量的用具。含有毒性药的口服散剂应单剂量包装。

6. 除另有规定外，散剂应密闭贮存，含挥发性原料药物或易吸潮原料药物的散剂应密封贮存。生物制品应采用防潮材料包装。

7. 散剂用于烧伤治疗如为非无菌制剂的，应在标签上标明“非无菌制剂”；产品说明书中应注明“本品为非无菌制剂”，同时在适应证下应明确“用于程度较轻的烧伤(Ⅰ°或浅Ⅱ°)”；注意事项下规定“应遵医嘱使用”。

任务实施

一、粒度检查

除另有规定外，化学药局部用散剂和用于烧伤或严重创伤的中药局部用散剂及儿科用散剂，照下述方法检查，应符合规定。

检查法：取供试品 10 g，精密称定，照粒度和粒度分布测定法(通则 0982 单筛分法)测定。化学药散剂通过七号筛(中药通过六号筛)的粉末重量，不得少于 95%。

二、外观均匀度检查

取供试品适量，置光滑纸上，平铺约 5 cm^2，将其表面压平，在明亮处观察，应色泽均匀，无花纹与色斑。

三、水分检查

中药散剂照水分测定法(通则 0832)测定，除另有规定外，不得过 9.0%。

四、干燥失重检查

化学药和生物制品散剂，除另有规定外，取供试品，照干燥失重测定法(通则 0831)测定，在 105 ℃干燥至恒重，减失重量不得过 2.0%。

五、装量差异检查

单剂量包装的散剂，照下述方法检查，应符合规定。

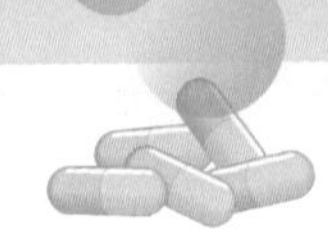

检查法：除另有规定外，取供试品 10 袋(瓶)，分别精密称定每袋(瓶)内容物的重量，求出内容物的装量与平均装量。每袋(瓶)装量与平均装量相比较[凡有标示装量的散剂，每袋(瓶)装量应与标示装量相比较]，按表 6-8 中的规定，超出装量差异限度的散剂不得多于 2 袋(瓶)，并不得有 1 袋(瓶)超出装量差异限度的 1 倍。

表 6-8 散剂的装量差异限度

平均重量或标示装量	装量差异限度	
	中药化学药	生物制品
0.1 g 及 0.1 g 以下	± 15%	± 15%
0.1 g 以上至 0.5 g	± 10%	± 10%
0.5 g 以上至 1.5 g	± 8%	± 7.5%
1.5 g 以上至 6.0 g	± 7%	± 5%
6.0 g 以上	± 5%	± 3%

凡规定检查含量均匀度的化学药和生物制品散剂，一般不再进行装量差异的检查。

六、装量检查

除另有规定外，多剂量包装的散剂，照最低装量检查法(通则 0942)检查，应符合规定。

七、无菌检查

除另有规定外，用于烧伤[除程度较轻的烧伤(Ⅰ°或浅Ⅱ°)外]、严重创伤或临床必须无菌的局部用散剂，照无菌检查法(通则 1101)检查，应符合规定。

八、微生物限度检查

除另有规定外，照非无菌产品微生物限度检查：微生物计数法(通则 1105)和控制菌检查法(通则 1106)及非无菌药品微生物限度标准(通则 1107)检查，应符合规定。凡规定进行杂菌检查的生物制品散剂，可不进行微生物限度检查。

知识总结

1. 供制散剂的原料药物应经粉碎，并达到制剂需要不同细度的粉末要求。
2. 散剂中可含或不含辅料。口服散剂需要时可加矫味剂、芳香剂、着色剂等。
3. 散剂应干燥、疏松、混合均匀、色泽一致，无花纹与色斑。
4. 散剂的微生物限度检查、无菌检查应符合要求。
5. 凡规定检查含量均匀度的化学药和生物制品散剂，一般不再进行装量差异的

检查。

6. 除另有规定外，散剂还应检查粒度、外观均匀度、水分、干燥失重、装量差异等，并符合《中国药典》(2020 年版)规定。

在线测试

请扫描二维码完成在线测试。

在线测试：
散剂质量
检查

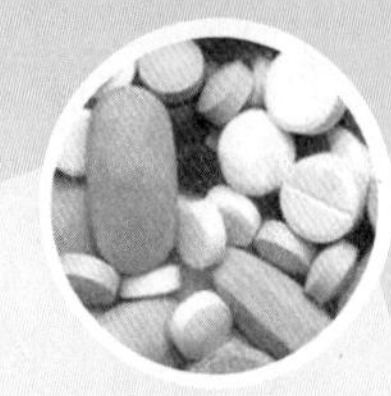

项目 7 颗粒剂生产

学习目标

1. 掌握颗粒剂的定义、特点、制备方法、制备工艺流程及质量检查。
2. 熟悉颗粒剂的分类及质量要求。
3. 了解颗粒剂的包装与贮存。

知识导图

请扫描二维码了解本项目主要内容。

知识导图：颗粒剂生产

任务 7.1　颗粒剂制备

PPT：
颗粒剂制备

授课视频：
颗粒剂制备

任务描述

颗粒剂是临床常用的固体剂型之一，除了作为药物剂型直接应用于临床外，也可以作为中间产品，用以压片或作为硬胶囊剂的填充内容物。本任务主要学习颗粒剂的定义、特点、分类和制备方法，按照颗粒剂的生产工艺流程完成颗粒剂制备。

知识准备

一、基础知识

1. 颗粒剂的定义　颗粒剂系指原料药物与适宜的辅料混合制成的具有一定粒度的干燥颗粒状制剂（图 7–1、图 7–2）。颗粒剂既可以直接吞服，也可以分散或溶解在水或其他适宜的液体中饮服。颗粒剂是目前应用较为广泛的剂型之一，该剂型在《中国药典》（1990 年版）中被称为冲剂，从《中国药典》（1995 年版）开始改称为颗粒剂。

图 7–1　颗粒剂示意图 1

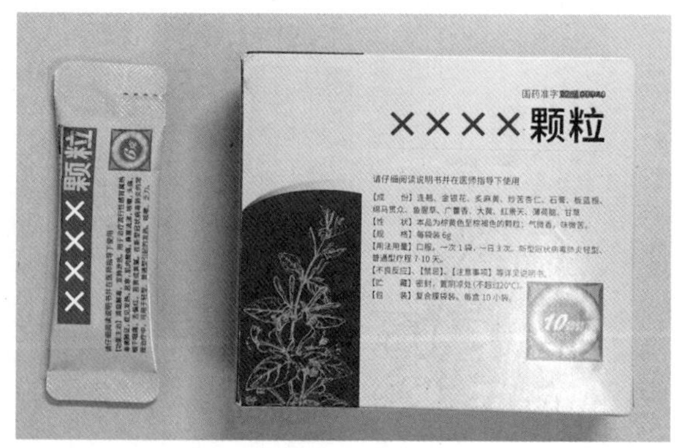

图 7–2　颗粒剂示意图 2

2. 颗粒剂的特点

（1）颗粒剂的优点：①颗粒剂飞散性、附着性、聚集性、吸湿性等均相对较低，流动性好，有利于分剂量。②因使用黏合剂制成颗粒，故可以避免粉末中各成分的离

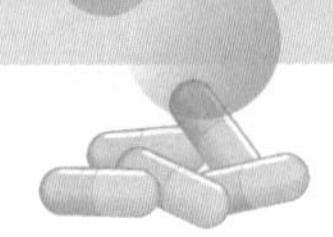

析现象。③体积小，服用方便，可以根据需要加入适宜的着色剂、矫味剂，以掩盖某些药物的苦味，尤其适合小儿用药。④颗粒剂的分散度大，有利于药物的吸收及疗效发挥，必要时还可以包衣或制成缓释制剂。⑤性质稳定，运输、携带和贮存比较方便。

(2) 颗粒剂的不足：①颗粒大小不均匀或密度差异较大时容易导致剂量不准确。②颗粒剂有易吸潮的缺点，因此在生产、贮藏和包装密封性上应加强。

3. 颗粒剂的分类　根据颗粒剂在水中溶解的情况，颗粒剂可分为可溶颗粒（通称为颗粒）、混悬颗粒、泡腾颗粒、肠溶颗粒，根据释放特性不同还有缓释颗粒等（表 7-1）。

表 7-1　颗粒剂的常见类型

类型	定义	主要特点	制剂举例
可溶颗粒	可分散或溶解在水或其他适宜的液体中服用的颗粒剂，大部分为水溶性颗粒剂	给药方式以冲服为主，规格一般为 5.0~10.0 g	连花清瘟颗粒、板蓝根颗粒
混悬颗粒	难溶性原料药物与适宜辅料混合制成的颗粒剂	临用前加水或其他适宜的液体振摇即可分散成混悬液供口服，混悬颗粒还应进行溶出度检查	复方锌布颗粒剂、布洛芬颗粒混悬型
泡腾颗粒	含有碳酸氢钠和有机酸，遇水可放出大量气体而呈泡腾状的颗粒剂	泡腾颗粒中的原料药物应是易溶性的，加水产生气泡后应能溶解。有机酸一般用枸橼酸、酒石酸等。泡腾颗粒一般不得直接吞服	维生素 C 泡腾颗粒、盐酸雷尼替丁泡腾颗粒
肠溶颗粒	采用肠溶材料包裹颗粒或用其他适宜方法制成的颗粒剂	肠溶颗粒耐胃酸而在肠液中释放活性成分或控制药物在肠道内定位释放，可防止药物在胃内分解失效，避免对胃的刺激。肠溶颗粒应进行释放度检查。肠溶颗粒不得咀嚼	奥美拉唑肠溶颗粒、红霉素肠溶颗粒
缓释颗粒	在规定的释放介质中缓慢地非恒速释放药物的颗粒剂	缓释颗粒应进行释放度检查。缓释颗粒不得咀嚼	酮洛芬缓释颗粒、吲哚美辛缓释颗粒

知识拓展：连花清瘟颗粒与胶囊的区别

二、工艺流程

颗粒剂在散剂的基础上进行制粒，生产环境应符合 D 级洁净区洁净度要求，其混合前的操作与散剂完全相同，经过配料、粉碎、筛分、混合、制粒、整粒、总混、质量检查和包装等工序。其制备方法分为湿法制粒和干法制粒两种，其制备工艺流程见图 7-3。

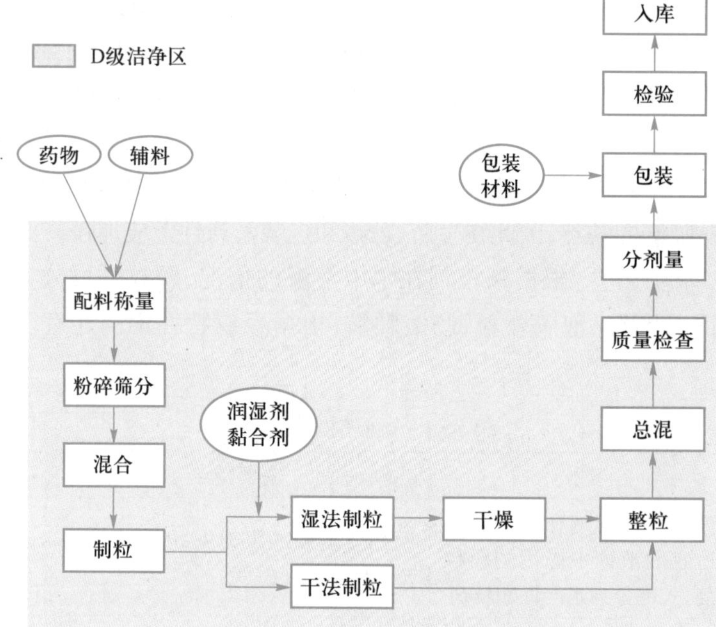

图 7-3　颗粒剂的制备工艺流程

视频：
颗粒剂的制备技术

颗粒剂生产过程中需要进行质量控制，具体要求见表 7-2。

表 7-2　颗粒剂生产的质量控制点

工序	质量控制点	质量控制项目	频次
粉碎	粉碎	物料的粉碎程度（粒度）	每批
	药物、原辅料	干燥程度	每批
筛分	过筛	粉末的粗细程度	每批
配料	称量	品种、数量、状态	1 次 / 班
制粒	混合	均匀度	每批
	湿粒	性状	每批
	干粒	可压性、疏散度	每批
质量检查	单剂量 / 多剂量	粒度检查	随时 / 班
		外观均匀度	随时 / 班
		水分 / 干燥失重、装量 / 装量差异	随时 / 班
		微生物限度	每批
分剂量	剂量	装量的准确程度	每批
包装	包装材料、贮存条件	颗粒剂应密封，置干燥处贮存，防止受潮	每批

任务实施

一、物料准备

药物与辅料先进行粉碎、筛分、混合等工序(与散剂的制备过程相同),细度以通过 80~100 目药筛为宜。含药量小或含毒剧药、贵重药及颜色较深的原料药、辅料宜更细一些,以便于混合均匀,使含量更准确。

二、制粒

1. 湿法制粒

(1) 软材制备:将药物与适当的稀释剂(淀粉、糊精、乳糖或蔗糖等)、崩解剂(淀粉、纤维素衍生物等)充分混合均匀,再加入适量的润湿剂(水或乙醇)或黏合剂(淀粉浆或糖浆等),继续混匀,制成软材。制软材是传统湿法制粒的关键技术,软材质量直接影响颗粒的质量。润湿剂或黏合剂的用量及混合条件等对颗粒的密度及硬度有一定影响。若用量过少,则软材偏松,颗粒不能成型;若用量过多,则软材偏黏,制成的颗粒过硬或不能制粒。因此,润湿剂和黏合剂的用量应根据物料的性质而定,传统的软材标准是以“握之成团,按之即散”为度。

(2) 湿法制粒的分类及操作过程:湿法制粒分为挤压制粒、高速搅拌制粒、流化床制粒、喷雾干燥制粒、转动制粒等,该方法是目前制备颗粒剂的常用方法,其制备工艺流程见图 7-4。

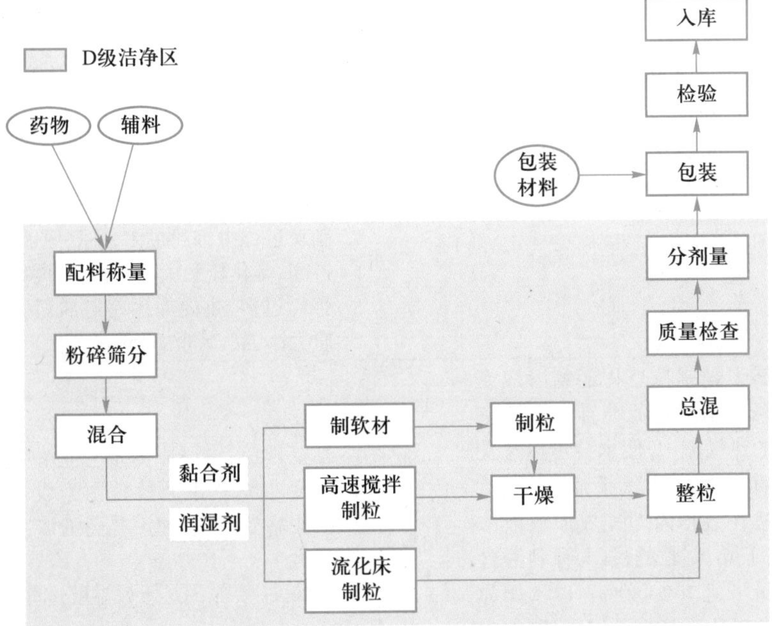

图 7-4　湿法制粒制备工艺流程

在实际操作中,可以根据药物与辅料性质,采用表7-3中的湿法制粒技术完成制粒操作。

表7-3 湿法制粒技术

制粒方法	操作过程	代表设备	注意要点
挤压制粒	将物料粉末混合均匀,加入适宜的润湿剂或黏合剂制成软材,强制挤压通过筛网,制得颗粒	摇摆式制粒机	1. 颗粒过粗、过细,主要原因是筛网选择不当 2. 颗粒过硬或筛网"疙瘩"现象,主要原因是黏合剂过强或用量过多 3. 色泽不均匀,主要原因是物料混合不均或干燥时有色成分迁移等 4. 颗粒流动性差,主要原因是黏合剂或润湿剂选择不当,颗粒细粉过多或颗粒含水量高等
高速搅拌制粒	将物料粉末加入高速搅拌制粒机的容器中,混匀,加入黏合剂,在高速搅拌桨和切割刀的作用下快速制粒	高速搅拌制粒机	1. 黏壁现象,主要原因是黏合剂选择不当或用量过多、搅拌时间过长等 2. 颗粒细粉过多,主要原因是黏合剂选择不当或用量过少,搅拌速度与切割速度不当等 3. 颗粒中有团块,主要原因是搅拌速度与切割速度不当,制粒时间过短或黏合剂喷洒不均等
流化床制粒	将物料粉末置于流化室内,自下而上的气流作用使其呈悬浮的流化状态,喷入黏合剂溶液,粉末聚集成颗粒。由于粉粒呈流化状态在筛板上翻滚,如同沸腾状,故又称为流化制粒或沸腾制粒。此法将混合、制粒、干燥在同一台设备内一次性完成,还可称为一步制粒法	流化床制粒机	1. 塌床,主要原因是黏合剂喷液速度过快、进风温度下降、进风湿度上升,雾化压力降低 2. 风沟床现象,主要原因是物料局部过湿 3. 物料冲顶,主要原因是物料粒径过细(小于50 μm)、进风强度过大或反吹失灵 4. 物料黏结槽底,主要原因有:进风温度高,使低熔点的物料熔融;喷枪故障或大量物料聚集在喷嘴附近;流化床内负压不够,物料不能形成良好的流化状态 5. 物料结块,主要原因是设备故障或操作失误 6. 湿料干燥时间延长,主要原因有:制粒过程中出现了大的结块,不能形成良好的流化状态;长时间使用设备,使捕尘袋上黏附了大量物料;进风温度过低或风机出现故障等 7. 制粒过程中细粉过多,主要原因是进风温度过高、雾化压力大、黏合剂浓度偏低 8. 粗粉过多,主要原因是进风温度过低、雾化压力小、黏合剂浓度偏高
喷雾干燥制粒	喷雾干燥制粒是将药物溶液或混悬液用雾化器喷雾于干燥室内的热气流中,使水分迅速蒸发以直接制成球状干燥细颗粒。该法在数秒内即完成原料液浓缩、干燥、制粒的过程,原料液含水量可达70%~80%。以干燥为目的时称为喷雾干燥,以制粒为目的时称为喷雾制粒	喷雾干燥制粒机	1. 黏壁现象,主要原因是药液浓度偏高、干燥温度过高、药液流量不稳定、设备安装不当 2. 喷头堵塞,主要原因是药液浓度偏高,黏度过大 3. 结块,主要原因是干燥温度过低

续表

制粒方法	操作过程	代表设备	注意要点
转动制粒	将物料粉末置于容器中，转动容器或底盘，喷洒润湿剂或黏合剂，制得颗粒	转动制粒机	转动制粒的关键参数是喷浆流量和供粉的速度，在生产过程中必须随时调节并保持合理配比，使物料达到最佳润湿程度。喷浆流速过快，则物料过湿，颗粒变大且易粘连、变形，干燥后颗粒过硬；喷浆流速过慢，物料不能充分润湿，造成颗粒大小不一、色泽不匀、易碎、细粉过多等

2. 干法制粒　干法制粒系指将药物和辅料的粉末混合均匀、压缩成大片或块状后，再打碎成颗粒的方法。当药物对湿、热敏感不能用湿法制粒时，干法制粒比较合适。干法制粒的优点：①无须加润湿剂及黏合剂；②省去干燥工序，节能降耗；③随着干法制粒所需新型黏合剂的不断开发和推广，成本大幅下降；④所需设备少，占地面积小，省时省工。缺点是逸尘严重，易造成交叉污染，不利于劳动保护。干法制粒可分为滚压法和重压法，见表 7–4。

表 7–4　干法制粒技术

制粒方法	操作过程
滚压法	系利用转速相同的两个滚动圆筒间的缝隙，将药物与辅料混合物压成硬度适宜的薄片，再碾碎、整粒。用本法压片时，粉体中空气易于排出，产量较高，但所制颗粒有时不均匀。目前国内已有滚压、碾碎、整粒的整体设备。常用制粒设备为滚压式制粒机
重压法	又称大片法，是指药物和辅料混匀后，用较强压力压成直径 20 mm 左右的片坯，然后再粉碎成所需粒度的颗粒。利用重型压片机，将物料粉末压制成致密的料片，然后再将料片破碎成一定大小的颗粒。由于对设备要求较高，现已较少使用

知识拓展：中药配方颗粒

三、干燥

除了流化床或喷雾干燥制粒法制得的颗粒已被干燥外，其他方法制得的湿颗粒经过过筛后应立即干燥除去水分，常见的干燥方法见表 7–5。干燥的目的是避免湿颗粒结块或受压变形。干燥温度取决于物料性质，一般以 50~80 ℃为宜，一些对湿、热稳定的药物可适当调整到 80~100 ℃，以缩短干燥时间。湿颗粒干燥温度宜逐渐升高，颗粒摊铺厚度不宜超过 2 cm，并要定时翻动。颗粒的干燥程度，以将颗粒的干燥失重控制在 2.0% 以内为宜；片剂颗粒根据药物性质的不同而保留适当的水分，一般控制在 3% 左右。

表 7-5　常见的干燥方法

干燥方法	主要特点
厢式干燥法	此法为静态干燥，颗粒不易变形，但颗粒间容易粘连，需要定时手工翻动。其主要缺点：①干燥颗粒处于静态，受热面小，干燥时间长，效率低，能耗高。②颗粒受热不匀，容易因受热时间长或过热而引起成分的破坏
流化床干燥法	优点是干燥效率高，干燥速度快，产量大，干燥均匀，干燥温度低，操作方便，适用于同品种的连续大量生产。缺点是细颗粒比例高，有时干颗粒不够坚实完整。此外，干燥室内不易清洗，尤其是有色颗粒干燥时清洁困难
真空干燥法	由于真空状态下湿分沸点较低，干燥温度不高，故特别适合于对干燥热敏性、易分解、易氧化物质和复杂成分药物进行快速高效干燥
红外干燥法	具有能保证质量、干燥速度快和节能等特点，但红外线易被水蒸气等吸收而受到损失
微波干燥法	具有干燥速度快、加热均匀、产品质量好等优点。采用 2 540 MHz 的微波还兼有灭菌作用

注意事项：①干燥时，温度应逐渐升高，防止出现“外干内湿”现象。此外，淀粉、糖类在温度骤然升高时，容易发生糊化、熔化等现象；②若使用厢式干燥，为了使颗粒受热均匀、干燥时间缩短，应待湿颗粒基本定型后再进行定时翻动，否则会破坏颗粒结构，使细粉增加。

四、整粒

在干燥过程中，有些颗粒可能发生粘连、结块，形成大块状。因此，须对干燥后的颗粒给予适当的整理与分级，以使结块、粘连的颗粒分散开，获得具有一定粒度的均匀颗粒，这就是整粒的过程。为了符合颗粒剂对粒度的要求，整粒采用过筛分级的方法，将干颗粒通过一号药筛除去黏结成块的颗粒，再将筛过一号药筛的颗粒用五号药筛除去细颗粒部分，以使颗粒均匀。常采用固定式整粒机等设备进行操作，见图 7-5。

五、总混

为保证颗粒的均匀性，将制得的颗粒置于混合设备（V 形混合机、三维运动混合机等）中进行混合，从而得到一批均匀的颗粒。若制剂处方中含有挥发油，可直接加入颗粒分级筛出的细粉中，再与全部干颗粒混匀；若挥发性药物为固体，可制成乙醇溶液，然后喷洒在干颗粒中，混匀，密闭数小时，使挥发性药物渗入颗粒中。

六、分剂量与包装

将制得的颗粒进行含量检查与粒度测定等合格后，按剂量进行分装与包装。颗粒剂常用复合塑料袋包装，其优点是轻便、不透湿、不透气、颗粒不易出现潮湿溶化的现象。除另有规定外，颗粒剂应密封，置干燥处贮存，避免吸潮。一般采用自动颗粒分装机进行分装，见图 7-6。

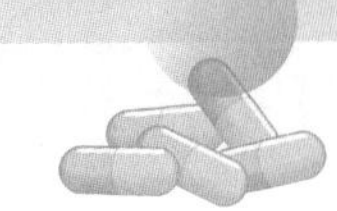

图 7-5　固定式整粒机
（本图由南京药育智能有限公司提供）

图 7-6　自动颗粒分装机

实例分析

实例分析：维生素 C 颗粒剂

维生素 C 颗粒剂

【处方】 维生素 C 10.0 g，糊精 100.0 g，糖粉 90.0 g，酒石酸 1.0 g，50% 乙醇适量。

【制法】 将维生素 C、糊精、糖粉分别过 100 目筛，按等量递加法混匀，再将 50% 乙醇（内溶酒石酸）按适宜量一次加入上述混合物中，混匀，制软材，过 14 目尼龙筛制粒，60 ℃以下干燥，整粒后用塑料袋包装，每袋 2 g，含维生素 C 100 mg。

【讨论】 1. 维生素 C 的氧化分解受哪些因素的影响？

2. 此方在制备过程中采用哪些混合方法？

知识总结

1. 颗粒剂系指原料药物与适宜的辅料混合制成的具有一定粒度的干燥颗粒状制剂。颗粒剂既可以直接吞服，也可以分散或溶解在水或其他适宜的液体中饮服。

2. 颗粒剂的优点是飞散性、附着性、聚集性、吸湿性等均相对较低，流动性好，有利于分剂量；制成颗粒时，可以避免粉末中各成分的离析现象；服用方便，可以根据需要加入适宜的着色剂、矫味剂，以掩盖某些药物的苦味，尤其适合小儿用药。

3. 颗粒剂可分为可溶颗粒（通称为颗粒）、混悬颗粒、泡腾颗粒、肠溶颗粒，根据释放特性不同还有缓释颗粒等。

4. 湿法制粒的制粒方法有挤压制粒、高速搅拌制粒、流化床制粒、喷雾干燥制粒、转动制粒；干法制粒的制粒方法有滚压法和重压法。

5. 湿颗粒的干燥方法包括厢式干燥法、流化床干燥法、真空干燥法、红外干燥法、微波干燥法等。

6. 湿法制粒的一般工艺流程为：粉碎→筛分→混合→制软材→制湿颗粒→干燥→整粒→总混→分剂量→包装。

在线测试：颗粒剂制备

在线测试

请扫描二维码完成在线测试。

任务 7.2　颗粒剂质量检查

PPT：颗粒剂质量检查

任务描述

颗粒剂在生产与贮藏期间应符合相关质量要求。本任务主要学习颗粒剂的质量要求，按照《中国药典》（2020 年版）规定，除另有规定外，颗粒剂应进行粒度、水分 / 干燥失重、溶化性、装量差异 / 装量、微生物限度等相关检查，正确评价制剂质量。

授课视频：颗粒剂质量检查

知识准备

颗粒剂在生产与贮藏期间应符合下列规定。

1. 原料药物与辅料应均匀混合。含药量小或含毒剧药物的颗粒剂，应根据原料药物的性质采用适宜方法使其分散均匀。

2. 除另有规定外，中药饮片应按各品种项下规定的方法提取、纯化、浓缩成规定的清膏，采用适宜的方法干燥并制成细粉，加适量辅料或饮片细粉，混匀并制成颗粒；也可将清膏加适量辅料或饮片细粉，混匀并制成颗粒。

视频：颗粒剂的质量控制

3. 凡属挥发性原料药物或遇热不稳定的药物在制备过程中应注意控制适宜的温度条件，凡遇光不稳定的原料药物应遮光操作。

4. 颗粒剂通常采用干法制粒、湿法制粒等方法制备。干法制粒可避免引入水分，尤其适合对湿、热不稳定药物的颗粒剂的制备。

5. 根据需要颗粒剂可加入适宜的辅料，如稀释剂、黏合剂、分散剂、着色剂及矫味剂等。

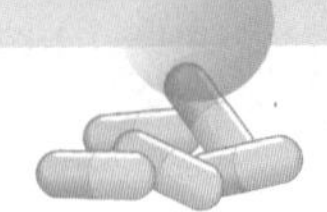

6. 除另有规定外，挥发油应均匀喷入干燥颗粒中，密闭至规定时间或用包合等技术处理后加入。

7. 为了防潮、掩盖原料药物的不良气味，也可对颗粒进行包衣。必要时，包衣颗粒应检查残留溶剂。

8. 颗粒剂应干燥，颗粒均匀，色泽一致，无吸潮、软化、结块、潮解等现象。

9. 颗粒剂的微生物限度应符合要求。

10. 根据原料药物和制剂的特性，除来源于动、植物多组分且难以建立测定方法的颗粒剂外，溶出度、释放度、含量均匀度等应符合要求。

11. 除另有规定外，颗粒剂应密封，置干燥处贮存，防止受潮。生物制品原液、半成品和成品的生产及质量控制应符合相关品种要求。

任务实施

一、粒度检查

除另有规定外，照粒度和粒度分布测定法（通则 0982 第二法双筛分法）测定，不能通过一号筛与能通过五号筛的总和不得超过 15%。

检查法：取单剂量包装的 5 袋（瓶）或多剂量包装的 1 袋（瓶），称定重量，置上层一号筛中（下层的五号筛下配有密合的接收容器），保持水平状态过筛，左右往返，边筛动边拍打 3 min。取不能通过一号筛和能通过五号筛的颗粒及粉末，称定重量，计算其所占比例不得超过 15%。

二、水分检查

中药颗粒剂照水分测定法（通则 0832）测定，除另有规定外，水分不得超过 8.0%。

三、干燥失重检查

除另有规定外，化学药品和生物制品颗粒剂照干燥失重测定法（通则 0831）测定，于 105 ℃干燥（含糖颗粒应在 80 ℃减压干燥）至恒重，减失重量不得超过 2.0%。

四、溶化性检查

除另有规定外，颗粒剂照下述方法检查，溶化性应符合规定。含中药原粉的颗粒剂不进行溶化性检查。

可溶颗粒检查法：取供试品 10 g（中药单剂量包装取 1 袋），加热水 200 ml，搅拌 5 min，立即观察，可溶颗粒应全部溶化或轻微浑浊。

泡腾颗粒检查法：取供试品 3 袋，将内容物分别转移至盛有 200 ml 水的烧杯中，水温为 15~25 ℃，应迅速产生气体而呈泡腾状，5 min 内颗粒均应完全分散或溶解在水中。

颗粒剂按上述方法检查,均不得有异物,中药颗粒还不得有焦屑。

混悬颗粒以及已规定检查溶出度或释放度的颗粒剂可不进行溶化性检查。

五、装量差异检查

单剂量包装的颗粒剂按下述方法检查,应符合规定。

检查法:取供试品 10 袋(瓶),除去包装,分别精密称定每袋(瓶)内容物的重量,求出每袋(瓶)内容物的装量与平均装量。每袋(瓶)装量与平均装量相比较[凡无含量测定的颗粒剂或有标示装量的颗粒剂,每袋(瓶)装量应与标示装量比较],超出装量差异限度的颗粒剂不得多于 2 袋(瓶),并不得有 1 袋(瓶)超出装量差异限度 1 倍(表 7-6)。

表 7-6　颗粒剂的装量差异限度

平均装量或标示装量	装量差异限度
1.0 g 及 1.0 g 以下	± 10%
1.0 g 以上至 1.5 g	± 8%
1.5 g 以上至 6.0 g	± 7%
6.0 g 以上	± 5%

凡规定检查含量均匀度的颗粒剂,一般不再进行装量差异检查。

六、装量检查

多剂量包装的颗粒剂,照最低装量检查法(通则 0942)检查,应符合规定。

检查法:除另有规定外,取供试品 5 个(50 g 以上者 3 个),除去外盖和标签,容器外壁用适宜的方法清洁并干燥,分别精密称定重量,除去内容物,容器用适宜的溶剂洗净并干燥,再分别精密称定空容器的重量,求出每个容器内容物的装量与平均装量,均应符合表 7-7 的有关规定。如有 1 个容器装量不符合规定,则另取 5 个(50 g 以上者 3 个)复试,应全部符合规定。

表 7-7　颗粒剂的装量规定

标示装量	颗粒剂	
	平均装量	每个容器装量
20 g 以下	不少于标示装量	不少于标示装量的 93%
20~50 g	不少于标示装量	不少于标示装量的 95%
50 g 以上	不少于标示装量	不少于标示装量的 97%

七、微生物限度检查

以动物、植物、矿物质来源的非单体成分制成的颗粒剂,生物制品颗粒剂,照非无菌产品微生物限度检查:微生物计数法(通则 1105)和控制菌检查法(通则 1106)及非

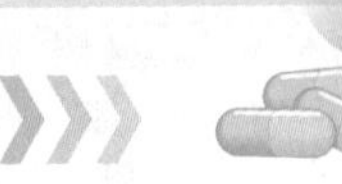

无菌药品微生物限度标准（通则 1107）检查，应符合规定。规定检查杂菌的生物制品颗粒剂，可不进行微生物限度检查。

知识总结

1. 颗粒剂原料药物与辅料应均匀混合。含药量小或含毒剧药物的颗粒剂，应根据原料药物的性质采用适宜方法使其分散均匀。

2. 根据需要颗粒剂可加入适宜的辅料，如稀释剂、黏合剂、分散剂、着色剂及矫味剂等。

3. 颗粒剂应干燥，颗粒均匀，色泽一致，无吸潮、软化、结块、潮解等现象。

4. 为了防潮、掩盖原料药物的不良气味，也可对颗粒进行包衣。必要时，包衣颗粒应检查残留溶剂。

5. 颗粒剂的微生物限度应符合要求。

6. 除另有规定外，颗粒剂应密封，置干燥处贮存，防止受潮。生物制品原液、半成品和成品的生产及质量控制应符合相关品种要求。

7. 除另有规定外，颗粒剂应检查粒度、水分（中药颗粒剂）/ 干燥失重（化学药品和生物制品颗粒剂）、溶化性（可溶颗粒、泡腾颗粒）、装量差异（单剂量包装）/ 装量（多剂量包装）、微生物限度，并符合《中国药典》（2020 年版）要求。

在线测试

请扫描二维码完成在线测试。

在线测试：颗粒剂质量检查

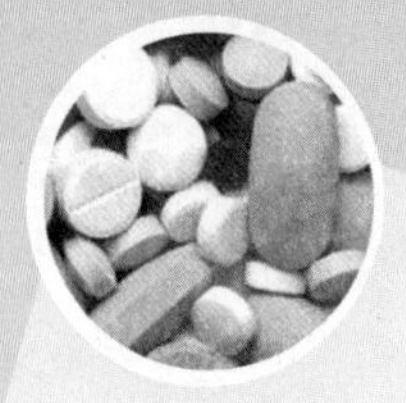

项目 8
胶囊剂生产

学习目标

1. 掌握胶囊剂的定义、特点和分类，硬胶囊剂的生产工艺流程。
2. 熟悉胶囊剂的囊材组成，空心胶囊的选用原则，压制法和滴制法制备软胶囊剂的工艺流程，胶囊剂的质量检查项目和检查方法等。
3. 了解胶囊剂内容物的制备方法和要求，胶囊剂的包装和贮存。

知识导图

请扫描二维码了解本项目主要内容。

知识导图：
胶囊剂生产

任务 8.1　硬胶囊剂制备

任务描述

胶囊剂是目前仅次于片剂和注射剂的主要剂型，广泛应用于西药和中药。本任务主要学习胶囊剂的定义、分类和特点，硬胶囊剂的定义和生产工艺流程等理论知识，要求能按照硬胶囊剂生产工艺的单元操作解析，正确进行硬胶囊剂的制备。

PPT：硬胶囊剂制备

授课视频：硬胶囊剂制备

知识准备

一、基础知识

1. 胶囊剂的定义与分类　胶囊剂系指原料药物或与适宜辅料填充于空心胶囊或密封于软质囊材中制成的固体制剂，以口服给药为主，也可采用腔道给药用于直肠、阴道等其他部位。

胶囊剂可分为硬胶囊剂和软胶囊剂，其中硬胶囊剂系指采用适宜的制剂技术，将药物与适宜辅料混合制成粉末、颗粒、小片、小丸、半固体和液体等，填充于空心硬质胶囊中制成的胶囊剂，如头孢克肟胶囊、阿莫西林胶囊等。通过将内容物或囊壳进行肠溶材料包衣，使其具有肠溶性，可进一步制成肠溶胶囊剂。

2. 胶囊剂的特点

(1) 胶囊剂的优点：①掩盖药物的苦味、不良嗅味，提高患者的顺应性。②保护对光敏感，遇湿、热不稳定的药物，隔离空气、光线和水分等干扰，提高药物稳定性。③药物主要以粉末或颗粒状态填装于囊壳中，囊壳溶解后药物即在胃肠道中分散、溶出，生物利用度较高。④含油量高或液态药物难以制成片剂、丸剂时，可填充于软质胶囊中，实现液态药物固体化。⑤将缓释颗粒或小丸装于胶囊内，可起到缓释、控释作用，对囊材进行处理后，可在小肠或结肠定位释放药物。⑥可在囊壳上印字或将其制成各种颜色，便于识别，整洁美观。

(2) 胶囊剂的缺点：①婴幼儿和老年人等特殊群体口服困难。②囊壳主要原料为明胶，易吸湿和脱水，故对生产环境和贮藏条件要求较高。③胶囊剂对填充内容物有一定要求，一些药物不适宜制成胶囊剂。

(3) 不宜制成胶囊剂的药物：①药物的水溶液或稀乙醇溶液。②易风干或易潮解的药物。③溴化物、碘化物、水合氯醛及小剂量刺激性药物。由于胶囊剂的囊材成分主要是明胶，具脆性和水溶性，以上药物填充于囊壳中，会引起胶囊壁脆裂、软化、溶化或局部浓度过高刺激胃黏膜等现象，所以不宜制成胶囊剂。

二、工艺流程

硬胶囊剂生产的所有暴露工序应处于 D 级洁净区，其生产过程主要包括内容物的制备、物料填充、胶囊抛光、分装和包装等，生产工艺流程如图 8-1 所示，其中物料填充是关键步骤。

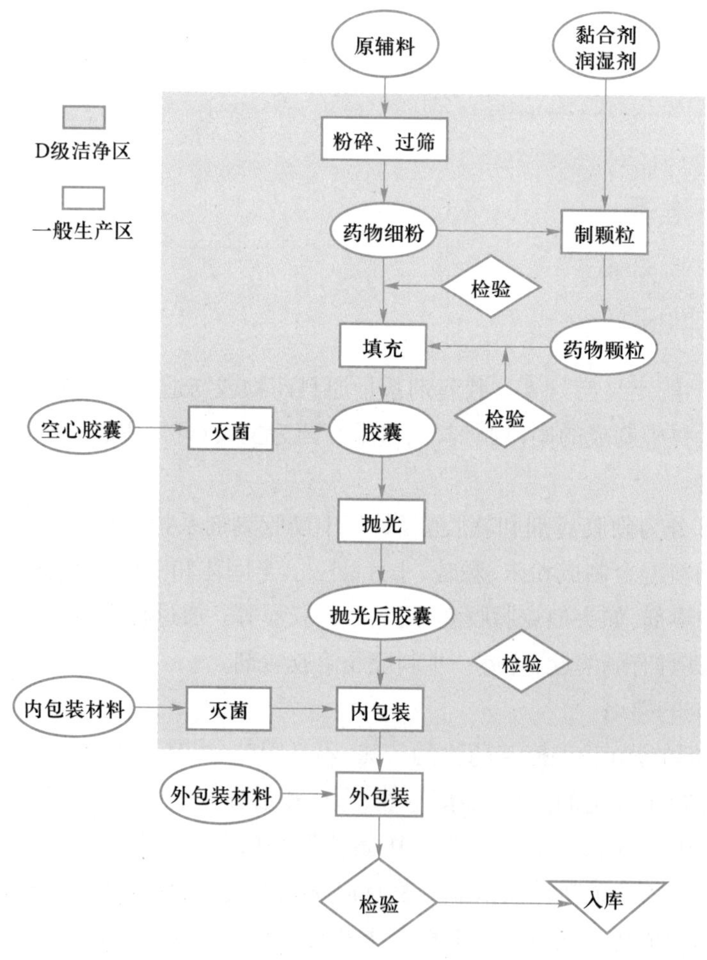

图 8-1　硬胶囊剂的生产工艺流程

硬胶囊剂生产过程中需要进行质量控制的工序包括原辅料的处理（粉碎、过筛）、配料、填充内容物的制备（制粒、干燥、整粒）、总混、充填、抛光、质检和包装等，详见表 8-1。

表 8-1 硬胶囊剂生产的质量控制点

工序	质量控制点	质量控制项目	频次
原辅料的处理	粉碎、过筛外观	杂质、黑点	1 次 / 批
	粉碎、过筛细度	按品种工艺规程要求	1 次 / 批
配料	投料	品种、数量	1 次 / 班
制粒	湿法制粒:润湿剂,黏合剂	浓度、温度、用量	随时 / 班
	干法制粒:黏合剂	用量	随时 / 班
干燥	干燥条件	干燥均匀、温度、时间、无破损、无结块	随时 / 班
	颗粒	含水量	1 次 / 班
整粒	颗粒	外观、粒度、筛网	随时 / 班
总混	总混条件	时间、转速、加料方式	随时 / 班
	颗粒	混合均匀度、颗粒含量、流动性	1 次 / 班
检验	颗粒	粒度、含水量、流动性	1 次 / 班
充填	颗粒、空心胶囊	充填量	随时 / 班
抛光	胶囊	外形	随时 / 班
质检	外观	胶囊锁紧,无砂眼、破损、缺口、瘪头	3 次 / 班
	装量差异	按《中国药典》(2020 年版)要求符合品种规定	3 次 / 班
	崩解时限	按《中国药典》(2020 年版)要求符合品种规定	1 次 / 班
包装	内包装	包装材料、装量、密封性、文字、批号	1 次 / 班
	外包装	包装类型、数量、说明书、批号、生产日期、有效期	2 次 / 班
	标签	内容、数量、使用记录	2 次 / 班
	装箱	数量、装箱单、印刷内容	2 次 / 班

任务实施

一、空心胶囊的选择

硬胶囊剂主要由空心胶囊与填充内容物组成。空心胶囊是由明胶或其他适宜的药用辅料制成,其组成与成分分析见表 8-2。

表 8-2 空心胶囊组成与成分分析

空心胶囊组成	成分分析
明胶、羟丙甲纤维素	囊材
甘油、山梨醇、羧甲纤维素钠(CMC-Na)、羟丙纤维素(HPC)等	增塑剂(保湿剂)
琼脂等	胶冻剂(增稠剂)

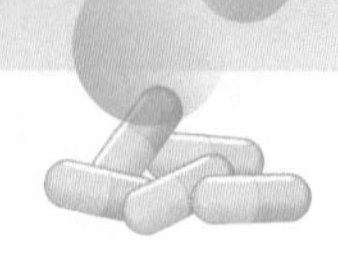

续表

空心胶囊组成	成分分析
食用色素(如柠檬黄、胭脂红等)	着色剂
十二烷基硫酸钠	上光剂
二氧化钛	避光剂,防光敏
对羟基苯甲酸酯类	防腐剂
乙基香草醛、香精等	芳香矫味剂

1. 空心胶囊的规格　空心胶囊呈圆筒状,质地坚硬且富有弹性,由囊体和囊帽组成,其中稍长一端称为囊体,稍短一端称为囊帽。空心胶囊共有 8 种规格,分别为 000、00、0、1、2、3、4、5 号,随着号数的变大,胶囊的容积由大变小(表 8-3),常用型号为 0~5 号。

表 8-3　空心胶囊的号数与容积

胶囊号数	000	00	0	1	2	3	4	5
容积 /ml	1.37	0.95	0.75	0.55	0.40	0.30	0.25	0.15

2. 空心胶囊的选用　为保证空心胶囊的质量,选用时一般要检查外观、长度、厚度、含水量、脆碎度、溶化时限和炽灼残渣等,还应进行微生物限度检查。应根据药物剂量所占容积来选择最小规格的空心胶囊。由于药物的密度、结晶、粒度不同,所占体积有所不同,所以可通过经验试装决定,也可先测定待填充物料的堆密度,根据应装剂量计算该物料容积,选用合适号数的空心胶囊。目前,市场上主要选用锁口型空心胶囊,其具有闭合用的槽圈,囊帽和囊体可紧密套合、锁合,确保硬胶囊剂在生产、运输和贮存过程中不漏粉。

视频:
空心胶囊的生产

注意事项:为使空心胶囊利于生产,应将其用铝箔袋密封好后装于不被压的容器中贮藏,存放于温度为 20~35 ℃,相对湿度为 30%~45% 的专用仓库内,保持胶囊壳含水量在 12%~15%,防止其变形、皱缩或软化。

二、内容物的制备

硬胶囊剂中填充的内容物一般是固体,如粉末、颗粒、小丸和小片等。单纯的药物也可以装入空心胶囊;但更多情况下是添加适宜的辅料混匀后,再装入空心胶囊。在选用辅料时,要求其不与药物和囊壳发生理化反应,混匀后使内容物具有较好的流动性和分散性。

可根据不同制剂技术制备不同形式的内容物填充于空心胶囊:①将原料药物加适宜的辅料,如稀释剂、助流剂、崩解剂等制成均匀的粉末、颗粒或小片。②将普通小丸、速释小丸、缓释小丸、控释小丸或肠溶小丸单独填充或混合填充,必要时加入适量空白

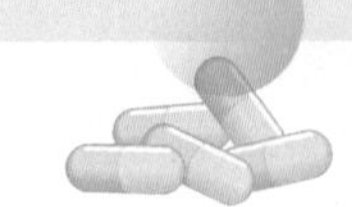

小丸作填充剂。③将原料药物粉末直接填充。④将原料药物制成包合物、固体分散体、微囊或微球。

注意事项：当药物为粉末且主药剂量小于所选用胶囊填充量的 1/2 时，常需加入淀粉类、聚维酮（PVP）等稀释剂；当主药为粉末或针状结晶、引湿性药物时，常加入微粉硅胶或滑石粉等润滑剂，以改善其流动性；当药物为中药颗粒时，由于吸湿性强且富含黏液质及多糖类物质，可加入无水乳糖、微晶纤维素（MCC）、预胶化淀粉等辅料改善药物引湿性；当药物为液体或半固体时，需解决药物从囊帽和囊体接合处泄漏的问题，常采用增加填充物黏度的方法，可加入增稠剂如硅酸衍生物等，使液体变为非流动性软材，再灌装入胶囊中。

三、物料的填充

物料填充是硬胶囊剂生产的关键步骤。填充前应确认内容物符合生产要求，若内容物为颗粒，需从色泽、均匀度、堆密度和水分等方面进行中间体质量检查，若内容物为粉末，则从粒度、混合均匀度等方面进行质量检查。

硬胶囊剂的填充方法包括手工填充法和机械填充法。工业化生产主要采用机械填充法，常选用全自动胶囊填充机，如图 8-2 所示。

图 8-2　全自动胶囊填充机

动画：空心胶囊定向排列

动画：囊体填充物料

动画：胶囊剔废

动画：帽体套合

全自动胶囊填充机操作过程包括：①空心胶囊定向排列。自贮囊斗加入的空心胶囊，经定向排列装置，排列成囊帽朝上、囊体朝下的状态，落入主工作盘上的胶囊板中。②囊帽和囊体分离。空胶囊定向进入胶囊板后，胶囊板的体板下表面真空抽离，促使帽体分离。③囊体、囊帽错位。胶囊板的体板与帽板错位分开，体板连同囊体一起转动至药物填充工位下方。④囊体填充物料。通过胶囊填充系统将内容物填充至囊体中。⑤剔除未分离的废囊。将未分离的空胶囊从帽板中剔除，以防混入成品。⑥帽体套合。帽

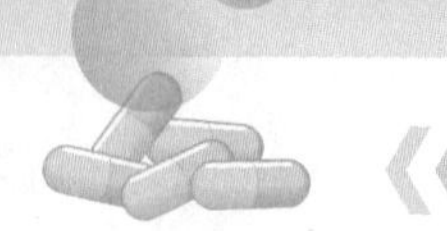

动画：成品排出

板和体板轴线对位，利用外加压力使囊帽和囊体闭合锁紧。⑦成品排出。顶杆上升，将闭合的胶囊顶出。⑧清洁。利用吸尘系统清除帽板和体板孔中的药粉、碎囊皮等。

注意事项：胶囊剂填充过程中通常要求每间隔一定时间检查装量差异一次，并填写记录；质检员按半成品检验方法抽样检查装量差异、崩解度或溶出度，并填写记录。全自动胶囊填充机运行中，应随时检查设备性能是否正常，发现故障若不能自行排除，则应及时通知维修人员维修，正常后方可使用。

知识拓展：硬胶囊剂定量填充方式

四、抛光

填充后的硬胶囊剂表面往往粘有少量药物或辅料粉末，生产中需用抛光机除尘除粉，还可进行打光处理，使其表面光亮整洁。

实例分析　速效感冒胶囊

【处方】 对乙酰氨基酚 300 g，咖啡因 3 g，氯苯那敏 3 g，维生素 C 100 g，胆汁粉 100 g，食用色素适量，10% 淀粉浆适量，制备硬胶囊 1 000 粒。

【制法】 ①取上述各药，分别粉碎，过 80 目筛。②将 10% 淀粉浆分为 A、B、C 三份，A 加入少量食用胭脂红制成红糊，B 加入少量食用橘黄（最大用量为万分之一）制成黄糊，C 不加色素为白糊。③将对乙酰氨基酚分为三份，一份与氯苯那敏混匀后加入红糊，一份与胆汁粉、维生素 C 混匀后加入黄糊，一份与咖啡因混匀后加入白糊，分别制成软材，过 14 目尼龙筛制粒，于 70 ℃干燥至水分在 3% 以下。④将上述三种颜色的颗粒混匀后，填充入空心胶囊中，即得。

实例分析：速效感冒胶囊

【讨论】 1. 处方中各成分的作用是什么？

2. 将 10% 淀粉浆分作三份制粒的原因是什么？

3. 加入食用色素的原因是什么？

知识总结

1. 胶囊剂系指原料药物或与适宜辅料填充于空心胶囊或密封于软质囊材中制成的固体制剂。

2. 胶囊剂可掩盖药物的苦味、不良嗅味，提高患者的顺应性；能保护对光敏感，遇湿、热不稳定的药物，隔离空气、光线和水分等干扰，提高药物稳定性；能实现液态药物固体化；制成胶囊剂给药后，生物利用度较高；若将缓释颗粒或小丸装于胶囊内，可起缓释、控释作用；对囊材进行处理后，可在小肠或结肠定位释放药物；囊壳上印字或选择各种颜色，便于识别，整洁美观。

3. 胶囊剂不适用于婴幼儿和老年人等特殊群体口服；因明胶是囊壳的主要成分，故对生产环境和贮藏条件要求较高；药物的水溶液或稀乙醇溶液、易风干或易潮解的药物、刺激性药物等不适宜制成胶囊剂。

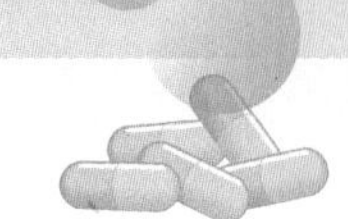

4. 硬胶囊剂生产过程主要包括内容物的制备、物料填充、胶囊抛光、分装和包装等，其中物料填充是关键步骤。

5. 硬胶囊剂的空心胶囊共有 8 种规格，随着号数变大，胶囊容积由大变小，常用型号为 0~5 号。

6. 硬胶囊剂的填充方法包括手工填充法和机械填充法。工业化生产主要采用机械填充法，常选用全自动胶囊填充机。

在线测试

请扫描二维码完成在线测试。

在线测试：硬胶囊剂制备

任务 8.2　软胶囊剂制备

任务描述

软胶囊剂常见于药品或保健食品，是胶囊剂中实现液体药物固体化的主要形式。本任务主要学习软胶囊剂的定义、特点和生产工艺流程等理论知识，要求能按照压制法制备软胶囊剂的单元操作解析，正确进行软胶囊剂的制备。

PPT：软胶囊剂制备

授课视频：软胶囊剂制备

知识准备

一、基础知识

软胶囊剂系指将一定量的液体原料药物直接密封，或将固体原料药物溶解或分散在适宜辅料中制备成溶液、混悬液、乳浊液或半固体，密封于软质囊材中的胶囊剂，亦称胶丸。

软胶囊剂的特点：①除具有胶囊剂的优缺点外，软胶囊剂可塑性强、弹性大，其含药量准确、精确度较高，特别适用于给药剂量小的药物；②可最大限度地保留挥发性药物，有效成分含量高；③可将肠溶性材料加入囊材液中，制成肠溶型软胶囊，定位释放药物，如大蒜素肠溶胶丸、桉柠蒎肠溶软胶囊等。

二、工艺流程

滴制法和压制法是软胶囊剂制备常用的两种方法（图 8-3、图 8-4）。滴制法制得的

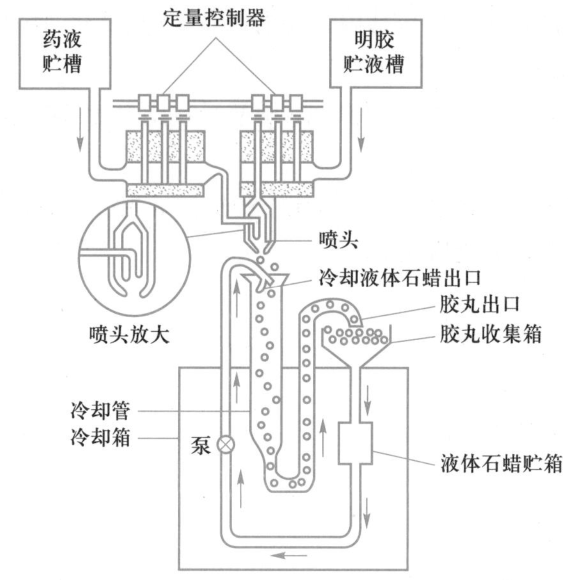

图 8-3 滴制法制备软胶囊剂工作示意图

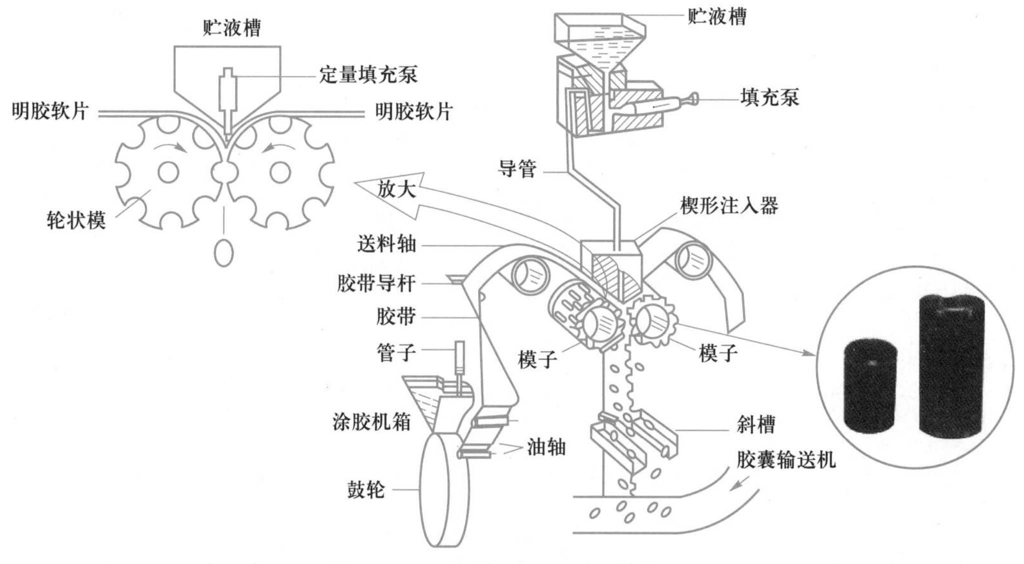

图 8-4 压制法制备软胶囊剂工作示意图

软胶囊剂一般为球形，为无缝胶丸；压制法制得的软胶囊剂为有缝胶丸，常见的有橄榄形、椭圆形、球形、鱼雷形等。

1. 滴制法　将配制好的明胶液和药液分别盛装于明胶贮液槽和药液贮槽内，以不同速度通过滴制喷头从同心管喷出，明胶液从外层管流出，药液从中心管流出，定量的明胶液将定量的药液包裹后，滴入不相混溶的冷却液中，在表面张力作用下，凝固成球状体，形成胶丸。本法生产的胶丸又称无缝胶丸，具有成品率高、装量差异小、产量大、成本较低等优点，其生产工艺流程见图 8-5。

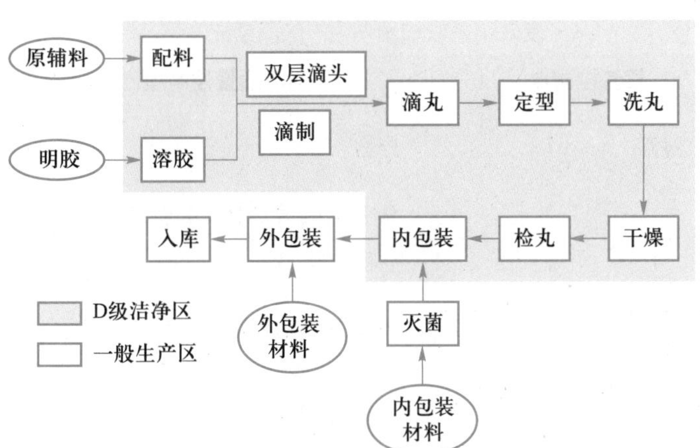

图 8-5　滴制法制备软胶囊剂的生产工艺流程

动画：滴制法制备软胶囊剂

2. 压制法　压制法是将明胶、甘油、水等溶解后制成厚薄均匀的两条胶带，再将药液置于两条胶带之间，用钢板模或旋转模压制成软胶囊剂的方法。压制法可分为平板模式和滚模式两种类型，生产中普遍采用滚模式。成型的软胶囊被输送至定型干燥滚筒用洁净冷风干燥，再进行质量检查、包装和入库等。本法制备的软胶囊剂又称有缝胶丸，该方法产量大、自动化程度高、成品率高、剂量准确，其生产工艺流程见图 8-6。

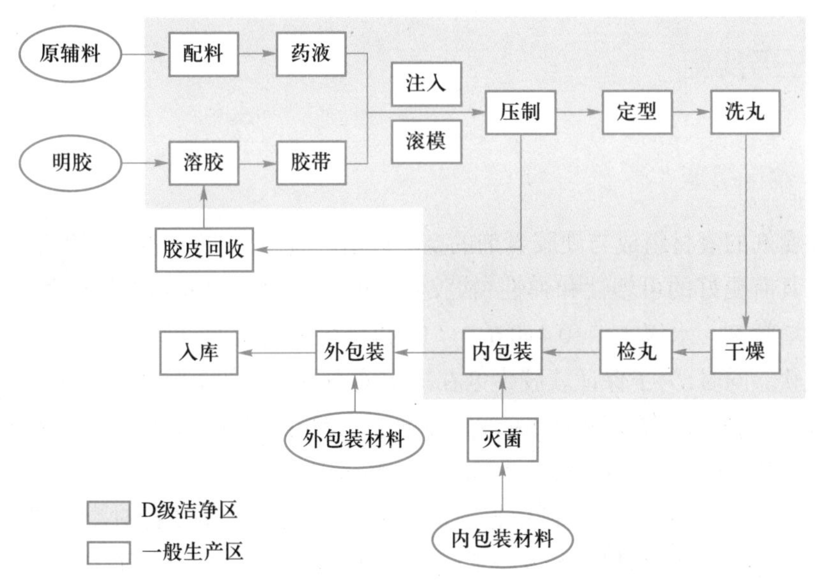

图 8-6　压制法制备软胶囊剂的生产工艺流程

动画：压制法制备软胶囊剂

软胶囊剂生产过程中需要进行质量控制的工序包括原辅料的处理（粉碎、过筛）、溶胶、配料、制胶丸、干燥、质检、包装等（表 8-4）。

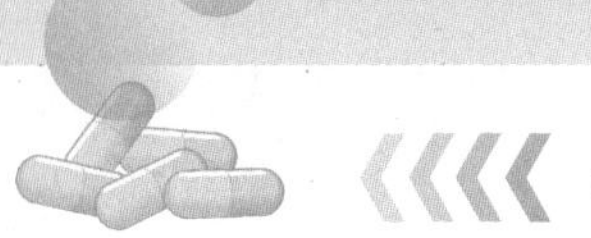

表 8-4　软胶囊剂生产的质量控制点

工序	质量控制点	质量控制项目	频次
原辅料的处理	粉碎、过筛	异物	1 次 / 批
溶胶	胶浆	真空度、温度、时间、黏度、水分	每批
配料	投料	品种数量、含量	1 次 / 班
制胶丸	滚模式压制法：胶带、楔形注入器、胶丸	厚度、温度、成品率、重量差异、外观	随时 / 班
	滴制法：双层滴头、滴制速度、胶丸	温度、成品率、重量差异、外观	随时 / 班
干燥	干燥条件	均匀度、温度、湿度、外观无破损、无粘连、干燥时长	随时 / 班
质检	胶丸	外观、灭菌	随时 / 班
包装	内包装	包装材料、装量、密封性、文字、批号	1 次 / 班
	外包装	包装类型、数量、说明书、批号、生产日期、有效期	2 次 / 班
	标签	内容、数量、使用记录	2 次 / 班
	装箱	数量、装箱单、印刷内容	2 次 / 班

任务实施

一、囊材组成

软胶囊剂的囊材组成与硬胶囊剂的空心胶囊一样，主要由明胶、增塑剂、水三者构成。由于具有更好的可塑性和弹性，软胶囊剂的囊材中增塑剂和水的比例更大，通常干明胶：增塑剂：水以 1：（0.4~0.6）：1 为宜，增塑剂比例过低或过高，会导致囊壁过硬或过软。同时，为了保证软胶囊剂在冷却液中有一定的沉降速度与足够的冷却成型时间，选用的囊材应保证药液、胶液与冷却液三者有适宜的密度，如鱼肝油胶丸制备时，三者的密度分别为 0.9 g/ml、1.12 g/ml 和 0.86 g/ml。

动画：软胶囊化胶岗位

注意事项：增塑剂的用量可根据产品主要销售地的气温和相对湿度进行适当调节，如我国南方的气温和相对湿度一般较高，增塑剂用量应少一些，而在北方增塑剂用量应多一些。

二、制备内容物

软胶囊剂可填充对明胶无溶解作用或不影响明胶性质的各种油类药物、药物溶液及半固体物等，植物油一般作为药物的溶剂、混悬液或乳浊液介质，对填充内容物的要

求详见表 8-5。

表 8-5　软胶囊剂填充内容物的要求

可填充内容物	不宜填充内容物
不溶于水的挥发性或非挥发性液体，如植物油、芳香油等	含水量 5% 以上的内容物
水溶性不挥发或挥发性小的液体，如聚乙二醇 400、聚山梨酯（吐温）-80、甘油、丙二醇、异丙醇等	醛类内容物
pH 为 4.5~7.5 的药物溶液	乙醇、丙酮、酸、酯等能使明胶软化或溶解的有机物
油包水（W/O）型乳剂	水包油（O/W）型乳剂

软胶囊剂的内容物制备方法因药物性质而异，通常将药物与辅料通过配料罐、胶体磨、乳化罐等设备制成符合软胶囊剂质量标准的溶液、混悬液或乳浊液等，且配制好的内容物应当天使用。

注意事项：制备中药软胶囊剂内容物时，应注意除去提取物中的鞣质，因鞣质可与蛋白质结合为鞣性蛋白质，使软胶囊剂崩解度受到影响。内容物中固体粒子过大或液滴大小不均等易造成软胶囊剂含量不均，大粒子也容易造成软胶囊机柱塞泵磨损，因此固体物料粉碎后应选用适宜规格筛网控制粒度，研磨或乳匀后的内容物也以通过合适规格筛网为宜。

知识拓展：中药软胶囊剂

三、压制

压制法制备软胶囊剂是大批量生产时常采用的方法，而自动旋转轧囊机（图 8-7）在用压制法进行软胶囊剂实际生产时应用广泛。生产时，由明胶液制备而成的两条胶带以连续不断的形式由胶皮导杆和送料轴送入旋转模夹缝中，药液从填充泵经导管由楔形注入管压入两条胶带之间，并在旋转模向前转动时被压入模孔，最终包裹成型，从胶皮上分离下来。

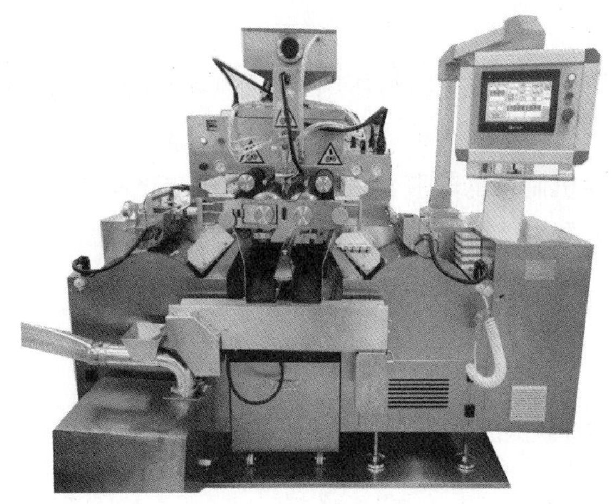
图 8-7　自动旋转轧囊机

动画：软胶囊压制岗位

注意事项：操作自动旋转轧囊机应注意安全，发现喷体出料孔堵塞时，应及时停机进行清理，否则容易夹伤手指和损坏模具。压制过程中应随时检查软胶囊剂形状是否正常、有无渗漏，并每隔一定时间检查装量差异一次。

四、干燥

压制成的软胶囊胶皮内含有 40%~50% 的水分，未具备定型的效果，需通过干燥使软胶囊胶皮含水量降至 10% 左右。因胶皮遇热易熔化，故干燥过程应在常温或低于常温的条件下进行，即在低温低湿条件下干燥，干燥的效果将直接影响软胶囊剂的质量。通常软胶囊剂的干燥温度为 20~24 ℃，相对湿度在 20% 左右。生产中可采用转笼干燥，正转时软胶囊在笼内完成动态干燥，反转时软胶囊从一个转笼进入下一个转笼或出料。

注意事项：转笼干燥的装量通常不超过其容积的 3/4，干燥后的中间产品应随机抽样检查，中间产品坚硬不变形方可进入下一工序。

知识总结

1. 软胶囊剂系指将一定量的液体原料药物直接密封，或将固体原料药物溶解或分散在适宜的辅料中制备成溶液、混悬液、乳浊液或半固体，密封于软质囊材中的胶囊剂。

2. 软胶囊剂除具有胶囊剂的优缺点外，其可塑性强、弹性大、含药量准确、精确度较高，特别适用于给药剂量小的药物；可最大限度地保留挥发性药物，有效成分含量高。若将肠溶性材料加入囊材液中，可制成肠溶型软胶囊。

3. 滴制法和压制法是软胶囊剂制备常用的两种方法，其中压制法在生产中更为常见。

4. 软胶囊剂的囊材主要由明胶、增塑剂、水三者构成，通常干明胶∶增塑剂∶水以 1∶（0.4~0.6）∶1 为宜。

5. 软胶囊剂可填充对明胶无溶解作用或不影响明胶性质的各种油类药物、药物溶液及半固体物等。

6. 自动旋转轧囊机制得的软胶囊胶皮内含 40%~50% 的水分，需通过转笼干燥使胶皮含水量降至 10% 左右。

在线测试

在线测试：软胶囊剂制备

请扫描二维码完成在线测试。

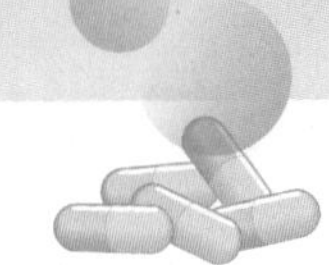

任务 8.3　胶囊剂质量检查

任务描述

胶囊剂在生产与贮藏期间应符合相关质量要求。本任务主要学习胶囊剂的质量要求，要求能按照《中国药典》(2020 年版) 中胶囊剂水分、装量差异、崩解时限和微生物限度检查方法，完成胶囊剂的质量检查，正确评价胶囊剂的质量。

PPT：胶囊剂质量检查

授课视频：胶囊剂质量检查

知识准备

《中国药典》(2020 年版) 要求胶囊剂在生产与贮藏期间应符合下列规定。

1. 胶囊剂的内容物不论是原料药物还是辅料，均不应造成囊壳的变质。
2. 小剂量原料药物应用适宜的稀释剂稀释，并混合均匀。
3. 硬胶囊剂可根据制剂技术制备不同形式内容物填充于空心胶囊中(内容物的具体要求详见任务 8.1 相关内容)。
4. 胶囊剂应整洁，不得有黏结、变形、渗漏或囊壳破裂等现象，并应无异臭。
5. 胶囊剂的微生物限度应符合要求。
6. 根据原料药物和制剂的特性，除来源于动、植物多组分且难以建立测定方法的胶囊剂外，溶出度、释放度、含量均匀度等应符合要求。必要时，内容物包衣的胶囊剂应检查溶剂残留。
7. 除另有规定外，胶囊剂应密封贮存，其存放环境温度不高于 30 ℃，湿度应适宜，防止受潮、发霉、变质。生物制品原液、半成品和成品的生产及质量控制应符合相关品种要求。

知识拓展：胶囊剂的包装

任务实施

一、水分检查

中药硬胶囊剂应进行水分检查。取供试品内容物，照水分测定法(通则 0832) 测定，除另有规定外，不得过 9.0%。硬胶囊内容物为液体或半固体者不检查水分。

二、装量差异检查

除另有规定外，取供试品 20 粒（中药胶囊剂取 10 粒），分别精密称定重量，倾出内容物（不得损失囊壳），硬胶囊囊壳用小刷或其他适宜的用具拭净；软胶囊、内容物为半固体或液体的硬胶囊囊壳用乙醚等易挥发性溶剂洗净，置通风处使溶剂挥尽，再分别精密称定囊壳重量，求出每粒内容物的装量与平均装量。每粒装量与平均装量相比较（有标示装量的胶囊剂，每粒装量应与标示装量比较），超出装量差异限度（表 8–6）的不得多于 2 粒，并不得有 1 粒超出限度 1 倍。

表 8–6　胶囊剂装量差异限度

平均装量或标示装量	装量差异限度
0.30 g 以下	± 10%
0.30 g 及 0.30 g 以上	± 7.5%（中药 ± 10%）

三、崩解时限检查

除另有规定外，取供试品 6 粒，照崩解时限检查法（通则 0921）检查，均应符合规定（表 8–7）。凡规定检查溶出度或释放度的胶囊剂，一般不再进行崩解时限的检查。

表 8–7 《中国药典》(2020 年版）对胶囊剂崩解时限要求

类型	崩解介质	崩解时限要求
硬胶囊剂	水	30 min 内全部崩解完全，如有 1 粒不能完全崩解，应另取 6 粒复试，均应符合规定
软胶囊剂	水	1 h 内全部崩解完全，如有 1 粒不能完全崩解，应另取 6 粒复试，均应符合规定
肠溶胶囊剂	在盐酸溶液（9 → 1 000）中检查	检查 2 h，每粒囊壳均不得有裂缝或崩解现象
	水洗涤后在人工肠液中检查	1 h 内应全部崩解，如有 1 粒不能完全崩解，应另取 6 粒复试，均应符合规定
结肠溶胶囊剂	在盐酸溶液（9 → 1 000）中检查	检查 2 h，每粒囊壳均不得有裂缝或崩解现象
	水洗涤后在磷酸盐缓冲液（pH 6.8）中检查	检查 3 h，每粒囊壳均不得有裂缝或崩解现象
	水洗涤后在磷酸盐缓冲液（pH 7.8）中检查	1 h 内应全部崩解，如有 1 粒不能完全崩解，应另取 6 粒复试，均应符合规定

四、微生物限度检查

以动物、植物、矿物质来源的非单体成分制成的胶囊剂，生物制品胶囊剂，照非无菌产品微生物限度检查：微生物计数法（通则 1105）和控制菌检查法（通则 1106）及非

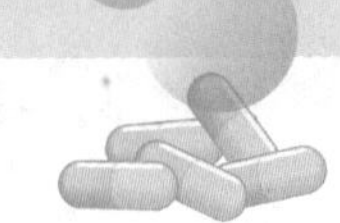

无菌药品微生物限度标准（通则 1107）检查，应符合规定。规定检查杂菌的生物制品胶囊剂，可不进行微生物限度检查。

视频：胶囊剂的质量检查与包装

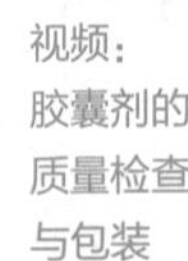

知识总结

1. 胶囊剂在生产与贮藏期间应符合《中国药典》(2020 年版）规定。

2. 除另有规定外，中药硬胶囊剂水分含量不得过 9.0%。

3. 不同类型的胶囊剂，应根据《中国药典》(2020 年版)，进行装量差异、崩解时限和微生物限度等检查，按要求判定检查结果。

在线测试

请扫描二维码完成在线测试。

在线测试：胶囊剂质量检查

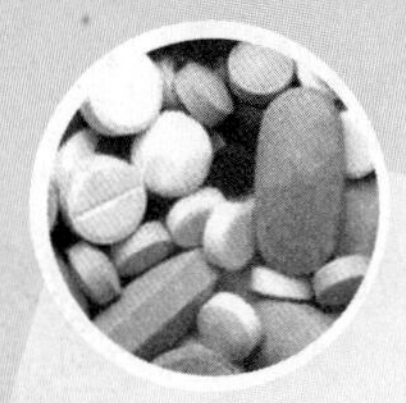

项目 9
片剂生产

学习目标

1. 掌握片剂的定义和特点，湿法制粒压片工艺和关键单元操作技术。
2. 熟悉片剂的类型、常用辅料的应用，片剂的包衣种类、常用包衣材料和薄膜包衣工艺，片剂的质量检查项目和检查方法等。
3. 了解干法制粒压片和粉末直接压片的工艺流程，片剂的包装和贮存。

知识导图

请扫描二维码了解本项目主要内容。

知识导图：
片剂生产

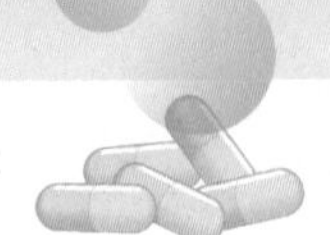

任务 9.1　片 剂 制 备

任务描述

片剂是现代药物制剂中临床应用最为广泛的剂型之一，片剂的制备是药物制剂生产职业技能等级证书（初级）的理论考核内容之一。本任务主要学习片剂的定义、特点、类型、辅料，湿法制粒压片技术，以及压片过程中的常见问题和解决方法等理论知识，要求能按照片剂生产工艺的单元操作，正确进行片剂的制备。

PPT：
片剂制备

授课视频：
片剂制备

知识准备

一、基础知识

片剂系指原料药物或与适宜的辅料制成的圆形或异形的片状固体制剂，常见的异形片剂有三角形、菱形和椭圆形等。

1. 片剂的特点　片剂可供内服和外用，与其他剂型相比，片剂具有以下特点。

(1) 片剂的优点：①生产过程机械化、自动化程度高，产量高、成本低。②质量稳定，受外界空气和水分影响较小，必要时还可包衣保护。③分剂量准确、含量均匀。④片剂表面可进行标记，便于区分不同类型和用途。⑤体积小，运输、携带和使用方便。⑥可满足多种治疗用药的需要等。

(2) 片剂的缺点：①婴幼儿和昏迷患者不宜吞服。②含挥发性成分的片剂，久贮含量会有所下降。③制备过程药用辅料选用不当或压力调节不当、贮存不当等往往会使片剂变硬，妨碍药物的崩解与溶出，从而影响药物的生物利用度。

2. 片剂的类型　新技术、新工艺和新设备已广泛地应用于片剂的生产实践，从而使片剂的类型不断增多，除普通片外，另有包衣片、泡腾片、分散片、咀嚼片、缓释片、控释片、含片、口腔贴片、口崩片、舌下片、可溶片、阴道片、阴道泡腾片、植入片、注射用片等，详见表 9-1。

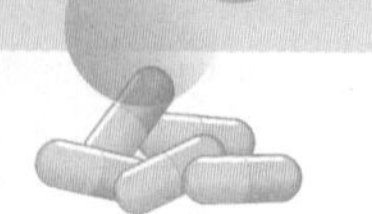

表 9-1 片剂的常见类型

	类型	定义	主要特点	制剂举例
口服用片剂	普通片	指药物与辅料均匀混合压制而成，未进行包衣等处理的普通片剂，也称为素片、压制片或片芯	给药方式以吞服为主，片重一般为 0.1~0.5 g	碳酸氢钠片
	包衣片	指在片芯的外表面包裹衣膜的片剂	包衣的目的是增加片芯药物的稳定性，掩盖药物的不良气味，改善片剂外观等。根据衣膜材料性质的不同分为糖衣片、薄膜衣片、肠溶衣片等	糖衣片：三黄片 薄膜衣片：亚硒酸钠片 肠溶衣片：阿司匹林肠溶片
	泡腾片	指含有碳酸氢钠和有机酸，遇水可产生气体而呈泡腾状的片剂	不得直接吞服，其原料药物应是易溶性的，加水产生气泡后应能溶解。使用时将片剂放入水杯中迅速崩解后饮用。适用于儿童、老年人及吞服药片有困难的患者	维生素 C 泡腾片
	分散片	指在水中能迅速崩解并均匀分散的片剂	一般适合于剂量小、难溶性药物。可加水分散后口服，也可将药片含于口中吮服或吞服	阿莫西林克拉维酸钾分散片
	咀嚼片	指于口腔中咀嚼后吞服的片剂	一般应选择甘露醇、山梨醇、蔗糖等水溶性辅料作填充剂和黏合剂，药片的硬度应适宜。适用于儿童或吞咽困难的患者，多用于助消化药、胃药及可压性好、成片之后崩解困难的药物	铝碳酸镁咀嚼片
	缓释片	指在规定的释放介质中缓慢、非恒速释放药物的片剂	服药次数少且作用时间长，维持血药浓度平稳，可避免峰谷效应	盐酸二甲双胍缓释片
	控释片	指在规定的释放介质中缓慢、恒速释放药物的片剂	释药速度平稳，接近零级速率过程，维持恒定血药浓度，效力持久，多用于心血管药物	格列吡嗪控释片
口腔用片剂	含片	指含于口腔中缓慢溶化产生局部或全身作用的片剂	原料药物一般是易溶性的，主要起局部消炎、杀菌、收敛、镇痛或局部麻醉等作用。药片应具有较大硬度，且不在口腔中快速崩解	西瓜霜含片
	口腔贴片	指粘贴于口腔，经黏膜吸收后起局部或全身作用的片剂	适用于肝首过效应较强的药物	醋酸地塞米松口腔贴片

续表

	类型	定义	主要特点	制剂举例
口腔用片剂	口崩片	指在口腔内不需要用水即能迅速崩解或溶解的片剂	一般适合于小剂量原料药物，常用于吞咽困难或不配合服药的患者。口崩片服用后无须饮水即在口腔内迅速崩解或溶解，口感良好、容易吞咽，对口腔黏膜无刺激性	利培酮口崩片
	舌下片	指置于舌下能迅速溶化，药物经舌下黏膜吸收发挥全身作用的片剂	舌下片中的原料药物应易于直接吸收，主要适用于急症的治疗	硝酸甘油舌下片
其他片剂	可溶片	指临用前能溶解于水的非包衣片或薄膜包衣片剂	药片应溶解于水中，溶液可呈轻微乳光。可供口服、外用、含漱等	阿莫西林可溶片
	阴道片与阴道泡腾片	指置于阴道内使用的片剂	阴道片和阴道泡腾片的形状应易置于阴道内，可借助器具将其送入阴道。阴道片在阴道内应易溶化、溶散或崩解并释放药物，主要起局部消炎、杀菌作用，也可给予性激素类药物。具有局部刺激性的药物不得制成阴道片	阴道片：克霉唑阴道片 阴道泡腾片：甲硝唑阴道泡腾片
	植入片	指埋植到人体皮下缓缓溶解、吸收，需灭菌后单片包装的片剂	该制剂可长期埋植于皮下持续有效，使用便利，患者顺应性好。适用于剂量小，需长期、频繁使用且作用强烈的药物	替莫唑胺植入片
	注射用片	指供皮下或肌内注射用的无菌片剂	临注射前溶解于灭菌注射用水中。此类剂型目前应用极少	盐酸吗啡注射用片

知识拓展：双层片

3. 片剂的辅料　片剂由药物和辅料组成。片剂辅料根据其作用不同，主要分为填充剂、润湿剂、黏合剂、崩解剂与润滑剂五大类型。

(1) 填充剂：填充剂包括稀释剂和吸收剂。当主药量较小不利于成型时，需加入辅料增加药物重量与体积，该辅料称为稀释剂；当主药含有挥发油或液体成分时，需加入辅料吸收液体组分以便成型，该辅料称为吸收剂。由于填充剂用量通常较大，所以要求填充剂尽量满足自身物理化学性质稳定、不与主药发生反应、无生理作用、不影响主药含量测定及对药物溶出和吸收无影响等条件。填充剂使用不当，制剂质量会受到影响。片剂常用填充剂见表 9-2。

表 9-2　片剂常用填充剂

辅料	主要特点	应用
淀粉	性质稳定、价格便宜、吸湿性小，但可压性较差	制剂生产中常用玉米淀粉，常与其他可压性较好的药用辅料配合使用
糖粉	黏合力较强，可使片剂的表面光滑美观，缺点为吸湿性较强，长期贮存会导致片剂硬度过大，崩解或溶出困难	除制备含片和可溶片外，一般不单独使用，常与糊精、淀粉混合使用
乳糖	无吸湿性，可压性好，性质稳定，与大多数药物不起化学反应，压成的片剂光洁美观	优良的填充剂，喷雾干燥法制备的乳糖可用于粉末直接压片
预胶化淀粉	亦称可压性淀粉。具有良好的流动性、可压性、自身润滑性和干黏合性，且具有较好的崩解作用	除用作填充剂外，还可在干法压片工艺中作黏合剂，且能同时起到润滑作用，但用量太大会影响片剂的溶出度。可用于粉末直接压片
微晶纤维素	具有良好的流动性和可压性，黏合性能好。其结构中有大量的羟基，可吸收水分，因此具有优良的促崩解性能	可作填充剂、黏合剂和崩解剂，因此有“三合剂”之称。可用于粉末直接压片
甘露醇	无吸湿性，可用于易吸湿性药物，便于颗粒的干燥和压片成型。在口中溶解时吸热，有凉爽感，具有一定的甜味	适用于制备咀嚼片，但价格稍贵，常与蔗糖混合使用
硫酸钙	属于无机盐类。性质稳定，无吸湿性，易溶于水，所制片剂光滑美观	可用作稀释剂和吸收剂，与多种药物均可配伍；但对四环素类药物含量测定存在干扰，不宜使用

(2) 润湿剂：是一种本身无黏性的液体，但将其加入某些具有潜在黏性的药物或辅料中，可诱发物料本身的黏性。片剂常用的润湿剂有纯化水和不同浓度的乙醇溶液，详见表 9-3。

表 9-3　片剂常用润湿剂

辅料	主要特点	应用
纯化水	最常用的润湿剂。无毒、无味、价廉，但制粒干燥温度高、干燥时间长，不适合于对湿、热敏感的药物	常用于中药片剂包衣锅中转动制粒，或与淀粉(淀粉浆)及乙醇合用
乙醇溶液	制粒干燥温度低、速度快。制粒时宜迅速搅拌，立即制粒，以减少乙醇的挥发	适用于不耐湿、热，遇水易产生较大黏性的物料。常用 30%~70% 乙醇

(3) 黏合剂：是一种本身具有黏性的物质，能使无黏性或黏性不足的物料粉末聚结成颗粒，包括液体黏合剂和固体黏合剂。在湿法制粒压片中主要使用液体黏合剂，在干法制粒及粉末直接压片中主要使用固体黏合剂。片剂常用黏合剂见表 9-4。

表 9-4 片剂常用黏合剂

辅料	主要特点	应用
淀粉浆	常用黏合剂。价廉易得，黏性良好，有冲浆法和煮浆法两种制备方法	适用于对湿、热稳定的药物。常用浓度为 8%~15%，可压性差的物料可提高浓度至 20%
甲基纤维素（MC）	微有吸湿性，水溶性良好。作黏合剂时，宜选低或中度黏度级辅料	常用浓度为 2%~10%，可用于水溶性及水不溶性物料的制粒压片
羧甲纤维素钠（CMC-Na）	具有吸湿性，水溶性良好，可形成黏稠胶浆。水溶液黏度随温度升高而降低	常用 1%~2% 的水溶液，多用于可压性较差的物料
羟丙甲纤维素（HPMC）	能溶于水及部分极性有机溶剂。在水中溶胀形成黏性溶液，同时具有崩解迅速、溶出速率高等特点	常用浓度为 2%~5%，除用作黏合剂外，也可作新型薄膜衣材料等
羟丙纤维素（HPC）	容易压制成型，特别适用于不易成型的片剂，如塑性、脆性、疏散性较强的片剂，压制的片剂具有较高的硬度	片剂湿法制粒压片时，作为黏合剂常用浓度为 5%~20%，一般用于原料本身有一定黏性的品种，也可作为粉末直接压片的干黏合剂
乙基纤维素（EC）	不溶于水，溶于乙醇等有机溶剂中，黏性较强，在胃肠液中不溶解	可用作对水敏感药物的黏合剂。用乙基纤维素作黏合剂制得的片剂硬度大、脆性小、溶出慢
聚维酮（PVP）	吸湿性较强，既溶于水，又溶于乙醇。制得的片剂在贮存期间硬度可能增加，还可能延长片剂崩解时限	既可用于湿、热敏感药物和疏水性药物的制粒，也可作干黏合剂，用于粉末直接压片。常用于泡腾片及咀嚼片的制粒

(4) 崩解剂：是一种能促使片剂在胃肠道中迅速碎裂成细小粒子的辅料。压制片剂时，除缓释片、控释片、含片、植入片、咀嚼片等片剂类型外，一般均需加入崩解剂。崩解剂的加入方法包括内加法、外加法和内外加法。内加法是指崩解剂与其他物料混合均匀后共同制粒，因此片剂的崩解发生在颗粒的内部；外加法是指将崩解剂加入整粒后的干颗粒中，因此片剂的崩解发生在颗粒之外即各颗粒之间；内外加法是指将崩解剂分为两份，一份按内加法加入，剂量占崩解剂总量的 50%~75%，另一份按外加法加入，剂量占崩解剂总量的 25%~50%，因此使用相同量崩解剂时，崩解速度是外加法 > 内外加法 > 内加法，溶出速度是内外加法 > 内加法 > 外加法。片剂常用崩解剂见表 9-5。

表 9-5 片剂常用崩解剂

辅料	主要特点	应用
干淀粉	传统经典崩解剂，吸水性较强且有一定膨胀性。作崩解剂时需干燥，使含水量在 8% 以下	常用作水不溶性或微溶性药物的崩解剂，对易溶性药物的崩解作用较差，用量一般为干颗粒的 5%~20%

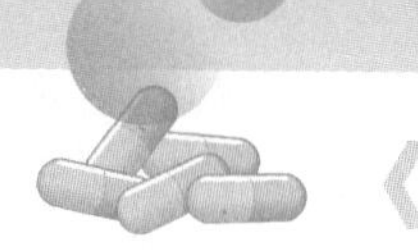

续表

辅料	主要特点	应用
羧甲淀粉钠(CMS–Na)	最常用的崩解剂之一。吸水膨胀作用明显,吸水后可膨胀至原体积的300倍。性能优良,价格较低	既适用于不溶性药物,也适用于水溶性药物。可用于粉末直接压片。在片剂中作崩解剂常用量为2%~8%
低取代羟丙纤维素(L–HPC)	在水和有机溶剂中不溶,但在水中可溶胀。由于粉末具有很大的表面积和孔隙度,故可加快吸湿速度,使片剂易于崩解,还可提高片剂的硬度。崩解后的颗粒较细,有利于药物的溶出	常用量为2%~10%,一般以5%较为常见
交联羧甲纤维素钠(CCNa)	在水中溶胀但不溶解,膨胀为原体积的4~8倍,有较好的崩解性与流动性,引湿性较强	既适用于湿法制粒压片,也适用于直接压片。在湿法制粒压片中,选用外加法比内加法的效果更好,且与CMS–Na合用时,崩解效果更好,但与干淀粉合用崩解效果会降低。常用量为5%~10%
交联聚维酮(PVPP)	流动性良好,在水中迅速溶胀,不溶解,无黏性。崩解效果好,但引湿性很强	崩解性能优越,常用于速释片剂
泡腾崩解剂	遇水产生气体,使片剂迅速崩解。生产与贮存过程中要严格避免受潮,以免造成崩解剂失效	最常用组合是碳酸氢钠与枸橼酸,属于泡腾片剂专用

(5) 润滑剂:广义的润滑剂是具有助流、抗黏着和润滑三种作用的物质的统称。按照作用不同,可以细分为助流剂、抗黏着剂和狭义的润滑剂。助流剂是指在压片前加入的,用以降低颗粒间摩擦力,增加颗粒流动性的辅料;抗黏着剂是指用以防止压片时物料黏着于冲模表面的辅料;狭义的润滑剂是指用以降低颗粒(或片剂)与冲模间摩擦力,增加颗粒滑动性的辅料。片剂常用润滑剂见表9–6。

表9–6 片剂常用润滑剂

辅料	主要特点	应用
硬脂酸镁	疏水性润滑剂。附着性好,助流性较差,易与颗粒混合均匀,压片后片面光滑美观,应用广泛	用量过大时,会影响片剂崩解。不宜用于阿司匹林、多数有机碱盐类药物片剂的制备。常用量为0.3%~1%
滑石粉	水不溶性亲水性润滑剂。助流性、抗黏附性良好,润滑性、附着性较差	与季铵化合物存在配伍禁忌。一般不单独使用,常与硬脂酸镁合用。常用量为0.1%~3%,最多不超过5%,过量会造成流动性降低
微粉硅胶	水不溶性亲水性润滑剂。有良好的流动性、可压性和附着性,是优良的助流剂	可在粉末直接压片时作助流剂使用。特别适用于油类和浸膏类等药物,常用量为0.1%~0.3%

续表

辅料	主要特点	应用
氢化植物油	不溶于水,溶于液体石蜡。应用时将其溶于热轻质液体石蜡中,再将此溶液喷于干颗粒上,以利于均匀分布	凡不宜采用碱性润滑剂的药物均可选用本品,但与强酸和氧化剂有配伍禁忌。常用量为 1%~5%
聚乙二醇(PEG)	水溶性润滑剂。具有良好的润滑效果,片剂的崩解和溶出不受影响	可作润滑剂,也可作黏合剂。适用于要求迅速溶解、均匀分散的片剂,如溶液片、分散片、泡腾片等

除上述辅料外,片剂还可加入着色剂、矫味剂等辅料,以改善外观和口味,便于识别。同时,加入的辅料均应符合药用规格。

二、工艺流程

按制备工艺,片剂的制备方法一般分为制粒压片与直接压片两种。制粒压片可分为湿法制粒压片和干法制粒压片;直接压片可分为粉末直接压片和结晶压片。片剂通常选用湿法制粒压片、干法制粒压片和粉末直接压片技术,其中湿法制粒压片适用于不能直接压片且遇湿、热稳定的药物,干法制粒压片和粉末直接压片可避免引入水分,适用于对湿、热不稳定的药物。片剂生产工艺流程如图 9–1 所示。

1. 湿法制粒压片　湿法制粒压片是指将药物和辅料粉末混合,加入黏合剂或润湿剂制备软材,通过制粒技术(详见任务 7.1 相关内容)制得湿颗粒,经干燥和整粒,再压制成片的工艺方法。制粒是该方法的重要环节,制粒的主要优点包括:①改善物料流动性。②防止各种成分因粒度、密度的差异在混合过程中分层。③避免或减少粉尘。④调整松密度,改善溶出与崩解性能。⑤改善物料在制片过程中压力传递的均匀性。湿法制粒压片工艺流程见图 9–2。

2. 干法制粒压片　干法制粒压片是指将药物和粉状辅料混合均匀,采用滚压法或重压法压成块状或大片状后,再将其粉碎成所需大小颗粒的方法。滚压法是利用转速相同的两个滚动圆筒之间的缝隙,将物料粉末滚压成板状物,再破碎制粒的方法;重压法是利用重型压片机将物料粉末压制成直径为 20~25 mm 的大片,再破碎制粒的方法。干法制粒压片工艺流程见图 9–3。

3. 粉末直接压片　粉末直接压片是指将药物粉末和适宜辅料混合均匀,不制粒直接进行压片的方法。本法省去了制粒、干燥等工序,操作简便、节能和省时,有利于生产的连续化和自动化。但此法对物料的流动性、可压性和润滑性等有较高要求,且生产过程粉尘较多,粉末直接压片容易造成裂片、外观较差等弱点,致使该工艺的应用受到了一定程度的限制。若采用粉末直接压片,需重点改善两个方面的问题:①改善压片物料的性能,选择优质辅料,保证具有良好的流动性和可压性。②改善压片机械的性能,压片设备应具备预压功能,生产过程应安装有自动密闭加料装置等。粉末直接压片工艺流程见图 9–4。

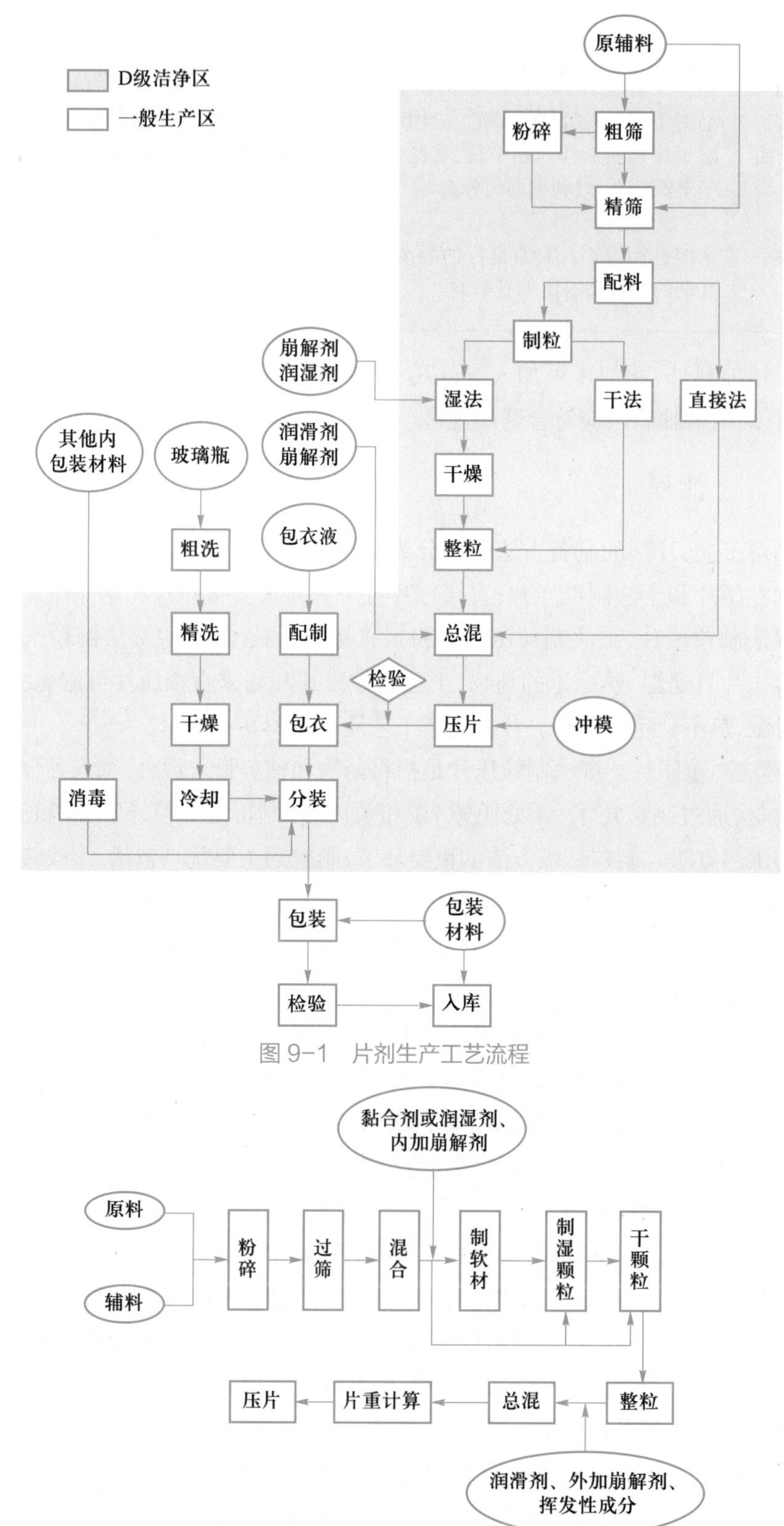

图 9-1　片剂生产工艺流程

图 9-2　湿法制粒压片工艺流程

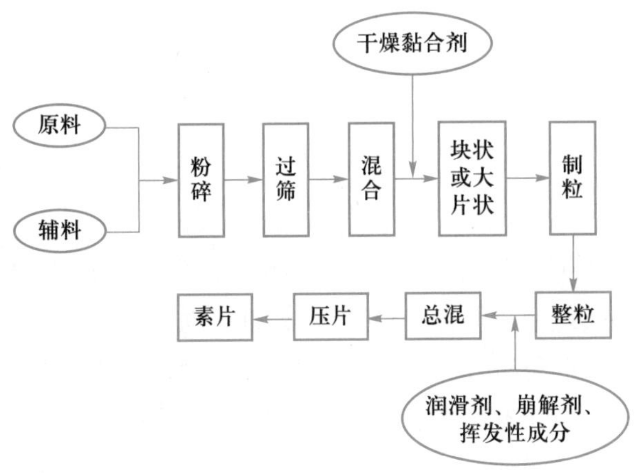

图 9-3　干法制粒压片工艺流程

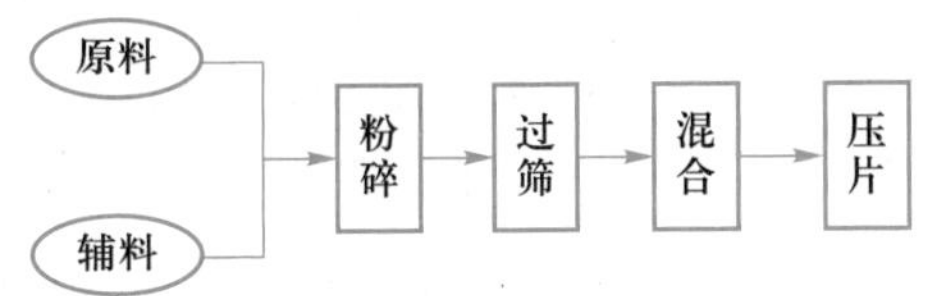

图 9-4　粉末直接压片工艺流程

片剂（素片）生产过程中需要进行质量控制，具体要求详见表 9-7。

表 9-7　片剂（素片）生产的质量控制点

工序	质量控制点	质量控制项目	频次
粉碎	原辅料	异物	每批
	粉碎过筛	细度、异物	每批
配料	称量	品种、数量、状态	1 次 / 班
制粒	混合	均匀度	每批
	湿粒	性状	每批
	干粒	可压性、疏散度	每批
干燥	烘箱	温度、时间、清洁度	随时 / 班
	沸腾床	温度、滤袋完好、清洁度	随时 / 班
压片	素片	平均片重	随时 / 班
		重量差异	1~2 次 / 班
		硬度、崩解度、脆碎度	>1 次 / 班
		含量、均匀度、溶出度（规定品种）	每批
		外观	随时 / 班

任务实施

一、物料准备

药物和辅料在投料前必须经过鉴定、含量测定等质量检查。对未达到所需粒度、晶型等要求的合格物料，须经过粉碎、过筛等预处理。粉碎后的物料一般以通过80~100目筛为宜。毒剧药、贵重药和有色原辅料应粉碎得更细，通过120~150目筛，以便混合均匀，确保含量准确。对于某些贮存时易受潮结块的原辅料，必须经过干燥后再粉碎过筛。

注意事项：按照制药企业药品生产质量管理体系要求，相关部门收到药品批生产指令后，需提前备料。根据领料单，可由生产操作人员至库房领取物料或库房人员将物料送至相应生产区。以库房人员送料为例，主要流程包括：①生产人员按照制剂批处方读取或计算当日原辅料需求量。②库房人员按需求量将合格且在有效期内的原辅料送至指定区域。③经脱外包装、内包装清洁消毒后，原辅料经由缓冲间进入洁净区，期间物料管理员须复核其品名、批号、数量，填写物料台账等，复核无误后方能进入原辅料暂存间。④称量岗位操作人员按照制剂处方与岗位操作规程称取原辅料，做好制粒前准备工作。

动画：
固体制剂
领料称量

二、制湿颗粒

生产中通常采用高速搅拌切割技术进行湿颗粒的制备。高速搅拌切割制粒是指将原辅料与黏合剂置于高速混合制粒（也称高速搅拌制粒）设备中，依靠高速旋转的搅拌器和切割刀，快速完成物料的混合、制软材和制粒操作。制备时，先将原辅料投入高速混合制粒机中，干粉混合均匀；然后加入黏合剂，混合切割制粒，获得初始颗粒；常将初始颗粒投入整粒机（或摇摆式制粒机）进行湿法整粒，制得湿颗粒。

注意事项：黏合剂的种类、用量与加入方式，会影响制得颗粒的密度和强度。应合理设置搅拌桨和切割刀速度。制备软材时，切割刀转速通常大于1 000 r/min。一般情况下，松软的颗粒更适于压片。生产中，高速混合制粒机出料时，搅拌桨、切割刀未停止转动，为确保操作人员安全，严禁打开物料锅，以免发生安全事故。

三、干燥

制粒后的湿颗粒，应立即干燥，以防止结块或受压变形。常见干燥设备见表9-8。

表 9-8　常见干燥设备

设备类型	原理	使用情况	示意图 / 实物图
热风循环烘箱	利用空气作为加热介质加热物料盘内的物料，使其干燥	主要适用于黏性、易碎、颗粒状、膏状、纤维状、坯块状等多种物料的干燥	
沸腾干燥机	利用外力（风力或振动力）使物料沸腾流化，保证物料与热风的充分接触，使物料干燥得更快、更均匀	主要适用于不易粉碎、不易结块的粉粒状物料，物料含水量一般为10%~20%，颗粒度在0.3~6 mm	
气流式干燥器	利用热空气形成气流分散湿物料，气流速度大于最大湿颗粒的沉降速度，使物料悬浮于气流中，一边与气流并流输送，一边进行干燥，当输送到目的地时物料即干燥	主要适用于粉状或颗粒状物料的干燥，块状、膏状、泥状物料干燥前应粉碎	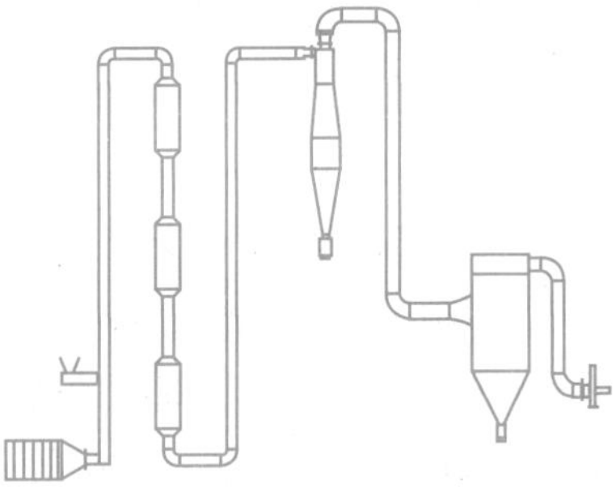
真空干燥器	利用抽真空同时加热的方式，使物料湿分挥发	主要适用于具热敏性、易氧化性的物料，或湿分为有机溶剂的情况	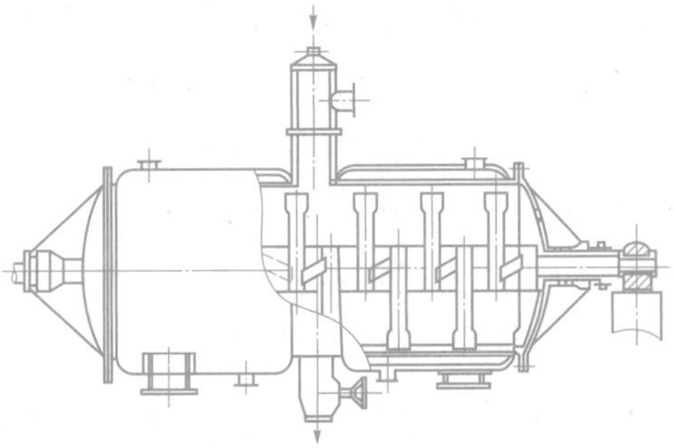

动画：沸腾干燥岗位

以生产中常用的沸腾干燥为例，先将湿颗粒移入沸腾干燥机中，设定进风温度、物料干燥温度和出风温度等参数；干燥过程中随时观察颗粒流化状态，同时检查物料干燥程度，确保制备的干颗粒水分含量符合标准。

注意事项：干燥温度取决于物料性质，通常以 50~80 ℃为宜，对湿、热稳定的药物可放宽至 80~100 ℃。若采用沸腾干燥，通常设定进风温度为 50~80 ℃，物料干燥温度为 50~60 ℃，出风温度为 50 ℃左右。化学药干颗粒含水量通常控制在 1%~3%，中药干颗粒含水量通常控制在 3%~5%。若生产中使用乙醇作润湿剂，考虑到乙醇易燃、易爆和易挥发，干燥过程应严格按照操作规程进行，防止废气排放不畅等原因引发爆炸和火灾。

四、整粒

动画：整粒岗位

整粒的本质含义是整理，由于湿颗粒在干燥过程中可能发生粘连甚至结块等现象，所以干燥后需进行整粒，达到除大块、破粘连和筛细粉的目的。一般采用过筛的方法整粒，常选用整粒机或摇摆式制粒机进行操作。

注意事项：整粒设备的筛网孔径通常与制湿颗粒所用筛网孔径相同或稍小。干颗粒所含细粉量会影响片剂外观和重量差异，一般含细粉量应控制在 20%~40%。

五、总混

动画：二维运动混合机混合操作

整粒完成后，向颗粒中加入润滑剂、外加的崩解剂、怕湿热的组分及挥发性或小剂量的药物等进行混合，即为总混。常见混合设备见表 6–7。

注意事项：总混前，外加的崩解剂应先干燥过筛，再加入干颗粒中充分混匀。若制剂处方中存在挥发油，可先从干颗粒内筛出适量细粉，吸收挥发油，再与干颗粒混匀。若挥发性药物为固体，可先用适量乙醇溶解，或与其他成分混合研磨共熔后喷入干颗粒中，混匀后置桶内密闭存放数小时，使挥发油在颗粒中渗透均匀，以防止挥发油吸附于颗粒表面导致裂片。若有小剂量的药物，应先将大部分辅料制备成空白颗粒，留取少部分辅料过 80 目筛，与小剂量药物按等量递加法混匀后再与空白颗粒总混。

六、压片

对混合好的颗粒抽样检查，测定主药含量，计算片重，进行压片。片重计算包括两种方法：方法一是按主药含量确定理论片重（式 9–1，式 9–2），方法二是按干颗粒总重计算片重（式 9–3）。生产中多采用方法一计算片重，原因是将药物制成干颗粒经历了系列操作，原料药必有所损耗，因此应对颗粒中主药的实际含量进行测定。若制剂成分复杂，难以准确进行含量测定，可按照方法二计算理论片重。

每片颗粒重 = 每片主药含量 / 测得颗粒中主药的百分含量　　（式 9–1）

片重 = 每片颗粒重 + 压片前每片加入的辅料重　　（式 9–2）

片重 =（干颗粒重 + 压片前加入的辅料重）/ 应压片数　　（式 9–3）

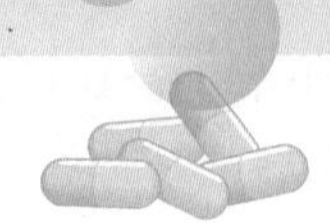

根据理论片重选择适宜的冲模进行压片，常见压片设备见表 9-9。生产中常选用高速旋转压片机、旋转式多冲压片机进行压片操作。实际生产中，压片岗位操作人员应先进行试压，试压阶段平均片重、重量差异、硬度、药片厚度等指标符合要求，方可正式压片。正式压片时，每间隔规定时间进行平均片重、重量差异和脆碎度等检查，通常每 15~30 min 检查一次平均片重，确保制得的片剂质量符合标准。

表 9-9　常见压片设备

设备类型	原理	使用情况	实物图
单冲压片机	只有单付冲模，主要依靠上冲运动加压，片剂单侧受压，完成压片过程	主要适用于实验室试制和小批量制备，不适合大规模生产	
旋转式多冲压片机	由转台的旋转带动多组冲模做顺时针旋转，物料由加料斗通过月形栅式加料器流入中模孔，上冲与下冲在两个压轮的作用下将物料压制成片	主要适用于片剂生产，但目前实际生产中使用较少	
高速旋转压片机	主电机通过无级调速，并经涡轮减速后带动冲盘逆时针旋转。冲盘的转动带动冲模一起旋转，并使上、下冲头沿固定的上下导轨做上、下相对运动，完成压片工作。相对于旋转式多冲压片机，高速旋转压片机有两套压轮和两套给料器，配备强迫加料装置，具有片重自动控制、废片自动剔除和自动采样等功能，在产量、压片质量、润滑系统完善性、操作自动化等方面表现出明显优势	主要适用于片剂生产，是实际生产中使用的主要机械设备	

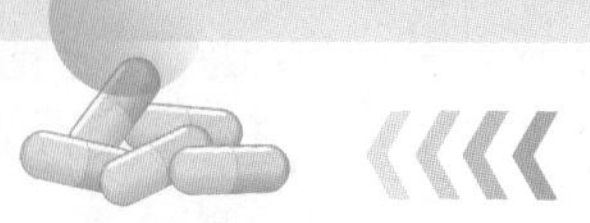

动画：
压片操作

注意事项：采用方法一计算片重时，若主药为复方组分，则需按照每片各主药所允许的误差范围（即标示量范围）计算重量合格范围，再在各主药合格的重量范围内选择共性合格范围，然后计算其平均值而得理论片重。

七、压片过程中常见问题及解决办法

由于片剂的处方、工艺技术及机械设备等因素的影响，在制备过程中可能导致片剂出现各种问题，这些问题直接影响片剂最终的质量，具体问题应具体分析。常见问题包括裂片、松片、黏冲、重量差异超限、崩解迟缓等（表 9–10）。

表 9–10　片剂生产过程常见问题和解决方法

问题	原因	解决方法
裂片	物料自身性质	重新选择物料
	润滑剂过量	调节润滑剂用量
	黏合剂选择不当或用量不足	加干黏合剂或更换黏合剂重新制粒
	颗粒过干，含水量不足，细粉过多	喷入 70%~90% 浓度的适量乙醇等
松片	物料可压性差	更换可压性好的物料
	颗粒过干，细粉过多，流动性差	调整压片颗粒的含水量，加助流剂或更换润滑剂
	黏合剂选择不当	选用黏性较强的黏合剂
	压片机压力不够或冲头长短不齐	增大压片机压力或检查更换冲头
黏冲	颗粒含水量过多，车间湿度大	进一步干燥颗粒，降低车间湿度
	润滑剂使用不当或混合不匀	更换润滑剂，充分混匀
	冲头表面粗糙或不干净	更换冲头
重量差异超限	颗粒大小不一，流动性不好	重新制粒，加助流剂
	冲头与模孔吻合性不好	更换冲头、模圈
	加料斗装量时多时少	停机、检修
崩解迟缓	崩解剂选择或用量不当	更换崩解剂
	颗粒过粗	调整颗粒粒度
	疏水性润滑剂用量过多	减少疏水性润滑剂用量
	黏合剂黏性太强或用量太大	调整黏合剂
	压片压力过大	减小压片压力

视频：
片剂颗粒的制备

实例分析

维生素 C 片

【处方】 维生素 C 1 kg，玉米淀粉 0.05 kg，糊精 0.15 kg，酒石酸 0.2 kg，50% 乙醇溶液适量，硬脂酸 0.02 kg，压制 10 000 片。

【制法】 ①按工艺要求，原辅料粉碎后，通过 100 目筛。②按处方量分别称取维生素 C、玉米淀粉和糊精，置于方锥形混合筒混合 30 min，备用。③称取处方量酒石酸，加入适量 50% 乙醇溶液溶解，备用。④将干粉混合物料投入高速混合制粒机中，调节搅拌桨转速为 180 r/min，切割刀转速为 1 500 r/min，干混 3 min。⑤干混结束后，加入含有酒石酸的乙醇溶液，湿混 10 min，制软材。⑥过 16 目尼龙筛制备湿颗粒，移入沸腾干燥机，设定进风温度为 50~70 ℃，物料干燥温度为 50 ℃，干燥 30 min 后放出，用整粒机整粒后再低温干燥 1 h 出料。⑦用 16 目筛网整粒，制得干颗粒。将其与硬脂酸投入方锥形混合筒，混合 30 min，制得总混物料。⑧安装 6.5 mm 冲模，采用高速旋转压片机压片，压力调节为 35~40 kN，制得规格为 0.1 g/ 片的素片。

实例分析：维生素 C 片

【讨论】 1. 处方中各成分的作用分别是什么？

2. 制备过程使用尼龙筛网而非金属筛网的原因是什么？

知识总结

1. 片剂系指原料药物或与适宜的辅料制成的圆形或异形的片状固体制剂。

2. 片剂生产机械化、自动化程度高，产量高、生产成本低；片剂质量稳定、含量均匀、分剂量准确；片剂表面可进行压字等标记，其体积小，运输、携带和使用方便；可满足多种治疗用药的需要等。但片剂不适用于婴幼儿和昏迷患者；含挥发性成分的片剂，久贮含量下降；片剂制备与选用辅料不当，会影响药物的崩解与溶出，从而降低药物的生物利用度。

3. 片剂辅料主要包括填充剂、润湿剂、黏合剂、崩解剂和润滑剂五大类型。

4. 片剂常用的制备方法有湿法制粒压片、干法制粒压片和粉末直接压片，国内以湿法制粒压片为主，该方法适用于不能直接压片，遇湿、热稳定的药物。

5. 片剂的湿法制粒压片过程包括粉碎、过筛、混合预处理操作，加入黏合剂或润湿剂、崩解剂等制备软材，选用适宜制粒技术制备湿颗粒，经干燥和整粒得到干颗粒，加入润滑剂、外加崩解剂及挥发性药物等进行总混，最后经压片、包衣、包装和质量检验得到成品。

在线测试

请扫描二维码完成在线测试。

在线测试：片剂制备

任务 9.2 包　衣

PPT：包衣

授课视频：包衣

任务描述

包衣是压片单元操作之后进行的制备工序。本任务主要学习片剂包衣的目的，包衣分类，常用包衣材料特点和应用，包衣的方法，糖包衣和薄膜包衣的生产工艺流程，以及包衣过程中的常见问题和解决方法等理论知识，要求能按照水性薄膜包衣的生产工艺单元操作，正确进行片剂包衣。

知识准备

一、基础知识

包衣是指在片芯或素片表面包裹适宜材料的操作。包衣后的片剂称为“包衣片”，包衣的材料称为包衣材料或衣料。

包衣的目的：①掩盖药物的不良嗅味，改善口感，增加患者的顺应性。②提高美观度，增加药物的辨识度。③避光、防潮，以提高药物的稳定性。④改变药物释放的位置及速度，如胃溶、肠溶、缓释和控释片剂等。⑤保护药物免受胃酸和酶等破坏。⑥克服配伍禁忌，将药物不同组分隔离等。

根据包衣材料与工艺不同，片剂的包衣可分为糖包衣和薄膜包衣两种。薄膜包衣按材料溶解性能可分为胃溶型薄膜包衣、肠溶型薄膜包衣和水不溶型薄膜包衣等。

糖衣料主要以糖浆为主，另包括胶浆、滑石粉、白蜡、色素等。薄膜衣料通常包括成膜材料、增塑剂、溶剂、着色剂、掩蔽剂和速度调节剂等。常见包衣材料见表 9–11。

表 9–11　常见包衣材料

类型	材料	主要特点	应用情况
糖衣	胶浆	隔湿性能良好，能将片芯与其他衣料隔离，防止相互作用，防止包衣过程中水分渗入片芯	用于包隔离层。可选择纤维醋法酯(CAP)、玉米朊、虫胶、丙烯酸树脂等疏水材料，也可选择明胶、阿拉伯胶、羧甲纤维素(CMC)、聚乙二醇(PEG)等水溶性材料。包衣厚度一般为 2~6 层，以隔湿为限，避免影响片芯的崩解和溶出

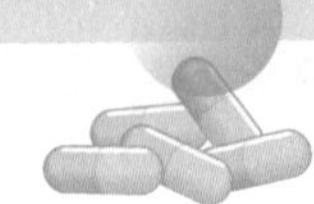

续表

类型	材料	主要特点	应用情况
糖衣	糖浆	采用含转化糖较少的干燥粒状蔗糖制成	浓度为65%~75%(g/g),主要用于包裹粉衣层和糖衣层
	滑石粉	具有优良的润滑、抗黏、助流功能,稳定而遮盖力良好,光泽好,吸附力强	主要用于包裹粉衣层。有时为了增加片剂的洁白度和对油类的吸收,可在滑石粉中加入15%~20%碳酸钙或碳酸镁(酸性药物不能使用),或加适量的淀粉
	白蜡	又称川蜡,是由雄性白蜡虫幼虫在生长过程中所分泌的蜡经精制而得	常与2%二甲硅油熔融混匀后使用,用于糖衣片打光
胃溶型薄膜衣	羟丙甲纤维素(HPMC)	成膜性能好,衣膜透明坚韧,包衣时没有黏结现象等	目前广泛使用的纤维素类包衣材料
	聚乙二醇(PEG)	可溶于水及胃肠液,对热敏感,温度高时易熔融	常选用PEG 4000、PEG6000等,可提高片剂释放药物的能力,还可使片剂表面光泽平滑、不易损坏
	聚丙烯酸树脂Ⅳ	在pH低于5.0的胃酸中迅速溶解,膜的溶解速度随pH的上升而减慢,一般在pH 1.2~5.0溶解,在pH 5.0~8.0溶胀	是良好的胃溶型薄膜衣材料,与HPMC以(3~12)∶1合用,可改善外观;与玉米朊以(6~12)∶1合用,可提高产品的抗湿性
	聚维酮(PVP)	可成膜,形成的衣膜对热敏感,温度高时易熔融	常与其他薄膜衣材料合用
肠溶型薄膜衣	纤维醋法酯(CAP)	性质稳定,防潮性优,成膜比较坚固,久贮亦不影响崩解时间	使用量为片芯重量的0.5%~0.9%,可采用常规包衣工艺或喷雾工艺
	醋酸羟丙甲纤维素琥珀酸酯(HPMCAS)	在小肠上部(十二指肠)溶解性好,对于增加药物在小肠上段的吸收比现行的其他肠溶材料理想	作为肠溶包衣材料,由于成膜性好,不需要添加增塑剂。适用于干法包衣技术
	聚丙烯酸树脂Ⅲ	溶于乙醇、不溶于水。成膜性好,膜致密有韧性,能抗潮,在胃中2 h完整,在肠内30 min即可全部溶解	常用85%~95%乙醇作为溶剂,配成5%~8%的包衣液使用。常与聚丙烯酸树脂Ⅱ联合使用
水不溶型薄膜衣	乙基纤维素(EC)	不溶于水、胃肠液、甘油和丙二醇,成膜性好。不耐酸,阳光下易氧化降解,宜贮藏在避光的密闭容器内	单用衣膜渗透性差,常与HPC、HPMC等合用
	醋酸纤维素(CA)	不溶于水、乙醇及酸、碱溶液,成膜性好。所成膜比EC牢固和坚韧	常用于缓释和控释片的包衣

知识拓展:薄膜包衣预混剂

包衣的质量要求:①片芯要有一定硬度,脆性小,能承受包衣过程的滚动、碰撞和摩擦。②待包衣的片芯或素片应具有适宜弧度,以利于边缘部位完整覆盖衣层。③包衣料与片芯不起任何反应,包衣层厚薄应均匀、牢固,不影响崩解。④经过长时间贮存,包衣片仍能保持光洁、美观、色泽一致,无裂片现象,且不影响药物的溶解和吸收。

二、工艺流程

1. 包衣方法

(1) 滚转包衣法:包衣过程是在包衣锅内完成的,故也称为锅包衣法,可用于糖包衣、薄膜包衣。此法可采用普通包衣机和高效包衣机进行包衣操作(表 9-12)。

表 9-12　常用滚转包衣设备

设备类型	原理	使用情况	实物图
普通包衣机	与水平面倾斜成 30°~45° 的包衣锅旋转,带动片芯转动和翻滚,同步喷洒包衣液,经热空气连续吹入,使衣料边包裹边干燥,在片剂表面不断沉积成膜层	是最基本的滚转包衣设备,因存在间歇操作、劳动强度大、生产周期长、包衣厚薄不均等缺点,目前使用较少	
有孔高效包衣机	包衣锅整个圆周或部分区域带有圆孔,药片在包衣机洁净密闭的转锅内不停翻转做复杂轨迹运动,由在配液桶搅拌均匀的包衣材料溶液,通过蠕动泵输送至喷枪,均匀地喷洒至片芯。同时在排风造成的负压下,经过滤并被加热的净化空气从锅的右上部通过网孔进入锅内,热空气穿过运动状态的片芯间隙后,由锅底下部的网孔穿出,再经排风管排出,使包衣材料在片芯表面快速干燥	广泛地应用于片剂的薄膜包衣	
无孔高效包衣机	将布满小孔的 2~3 个吸气桨叶浸没在片芯内,使热空气穿过片芯间隙后再穿过桨叶小孔进入吸气管道内被排出;热风由旋转轴的部位进入锅体内,然后穿过运动的片芯层,通过锅体下部两侧而被排出,使包衣材料在片芯表面快速干燥	不仅适用于片剂包衣,还可用于微丸包衣	

(2) 流化包衣法:主要应用于流化床包衣机(图 9-5)。流化包衣与流化床制粒原理基本相似,是将片芯置于流化床中,通入气流,借急速上升的空气流的动力使片芯悬浮于包衣室内,上下翻动处于流化(沸腾)状态,然后将包衣材料的溶液或混悬液以雾化状态喷入流化床,使片芯表面均匀分布一层包衣材料,并通入热空气使之干燥,如此反

复包衣，直至达到规定要求。

(3) 压制包衣法：又称干法包衣，是用颗粒状包衣材料将片芯包裹后在压片机上直接压制成型。通常是将两台旋转压片机用单传动轴配成套，第一台专用于压制片芯，然后由特制的传动器将片芯送至另一台压片机的模孔中心部位（模孔已填入适量包衣材料作为底层），然后在片芯上覆盖适量的包衣材料填满模孔，加压制成包衣片。此法可以避免水分、高温对药物的不良影响，生产流程短、自动化程度高、劳动条件好，但对压片机械的精度要求较高。

图 9–5　流化床包衣机

2. 包衣生产工艺流程　目前，片剂包衣最常用的方法为滚转包衣法，且不同类型的包衣材料，包衣工艺也会有所不同。

(1) 糖包衣生产工艺流程：主要包括包隔离层、包粉衣层、包糖衣层、包有色糖衣层和打光等工序（图 9–6）。根据不同品种具体要求，有的工序可省略。

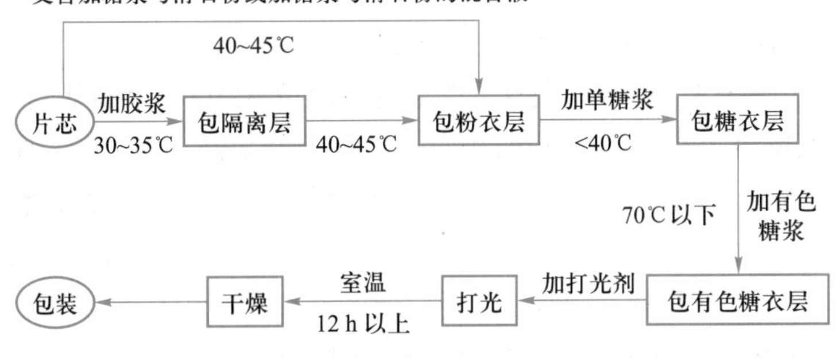

图 9–6　糖包衣生产工艺流程

(2) 薄膜包衣生产工艺流程：包薄膜衣工艺优于包糖衣，其操作简单，能节省包衣材料，缩短包衣时间，片重无明显增加，且具有良好的保护性能，故应用广泛，其生产工艺流程如图 9–7 所示。

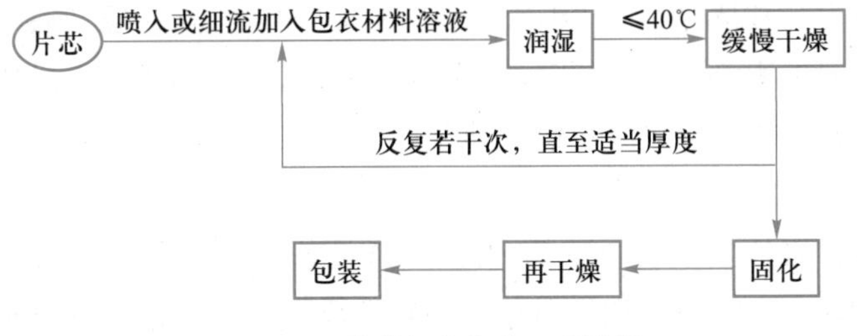

图 9–7　薄膜包衣生产工艺流程

包衣过程中需要进行质量控制，具体要求见表 9-13。

表 9-13　片剂包衣的质量控制点

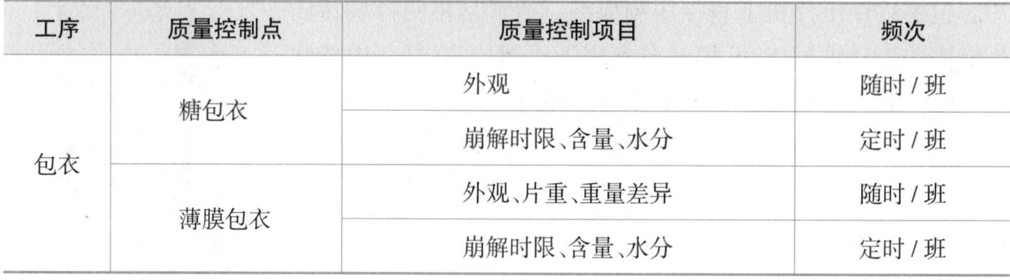

工序	质量控制点	质量控制项目	频次
包衣	糖包衣	外观	随时 / 班
		崩解时限、含量、水分	定时 / 班
	薄膜包衣	外观、片重、重量差异	随时 / 班
		崩解时限、含量、水分	定时 / 班

视频：
片剂的包衣

任务实施

一、包衣液配制

包衣前应先配制包衣液备用。以生产中常见的水性薄膜衣包衣液的配制为例，首先应根据各品种工艺规程要求，按生产处方用量，称取包衣材料和溶剂（双人核对），将溶剂加入配液罐中，搅拌下使包衣材料溶解并混匀，其中难溶的包衣材料应提前用溶剂浸泡。目前，采用的水性普通薄膜包衣工艺是将高分子材料和增塑剂等溶解或分散成水性分散体，肠溶型包衣材料可考虑以纯化水为溶剂，用氨水调节 pH，使成膜材料溶解。

注意事项：配液过程中搅拌速度、温度和时间等因素是关键质量控制点。将粉末态包衣材料加入配液罐时，应保持匀速，随着溶液黏度的增加，通常需提高搅拌速度，以保持原有旋涡。包衣加料一般控制在 5 min 内完成，时间过短会影响粉末的溶散效果。加料完毕后应保持搅拌，配制水溶型包衣粉在搅拌过程中易产生气泡，因此搅拌速度不宜过快，否则包衣液中过量的空气会影响成膜效果。

二、包衣

生产中常选用高效包衣机，以滚转包衣法进行包衣。做好包衣前的检查与准备工作后，将片芯投入包衣滚筒内，开启低速转动，预热片芯。随后安装调整喷嘴，通常喷嘴位置应位于片芯流动时片床的上 1/3 处，喷雾方向应尽量平行于进风风向，并垂直于流动片床，喷枪与片床距离为 20~25 cm。喷嘴调节合适后，应开启喷浆和蠕动泵试喷，调节喷雾至理想状态。当片芯预热至规定温度，且进风温度达到要求时，方能正式喷浆。包衣过程中应经常检查包衣质量，并视片芯表面包衣情况调节喷浆量和进风温度。

视频：
片剂包衣——
薄膜衣

注意事项：将素片加入包衣滚筒内时，动作要轻，以降低片芯撞击力，减少残粉和残片。生产过程中，应随时注意设备运行声音和状况，出现故障及时解决，若无法解决要及时通知维修人员维修。

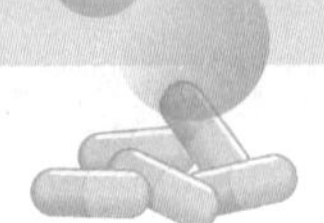

三、包衣过程中常见问题及解决办法

包衣质量可直接影响包衣片的外观和内在质量。所用包衣材料或配方组成不合适、包衣工艺或操作方法不当等原因，均可造成包衣片在生产过程中或贮存过程中发生问题。包衣过程中的常见问题和解决方法见表 9-14。

表 9-14　包衣过程中的常见问题和解决方法

类型	问题	原因	解决方法
糖包衣	糖浆不粘锅	锅壁上蜡未除尽	洗净锅壁，或再涂一层热糖浆，撒一层滑石粉
	色泽不均	片面粗糙，有色糖浆用量过少且未搅匀；温度太高，干燥过快，糖浆在片面上析出过快，衣层未干就加蜡打光	针对原因予以解决，如可用浅色糖浆，增加所包层数，“勤加少上”控制温度，情况严重时，可洗去衣层，重新包衣
	片面不平	撒粉太多，温度过高，衣层未干就包裹第二层	改进操作方法，做到低温干燥，勤加料，多搅拌
	龟裂或爆裂	糖浆与滑石粉用量不当，片芯太松，温度太高，干燥过快，析出粗糖晶使片面留有裂缝	控制糖浆和滑石粉用量，注意干燥时的温度与速度，更换片芯
	露边与麻面	衣料用量不当，温度过高或吹风过早	注意糖浆和粉料的用量，糖浆以均匀润湿片芯为度，粉料以能在片面均匀黏附一层为宜，片面不见水分和产生光亮时，再吹风
薄膜包衣	起泡	固化条件不当，干燥速度过快	掌握成膜条件，控制干燥温度和速度
	皱皮	选择衣料不当，干燥条件不当	更换衣料，改善成膜温度
	剥落	选择衣料不当，两次包衣间的加料间隔时间过短	更换衣料，调节间隔时间，调节干燥温度和适当降低包衣液浓度
	花斑	增塑剂、色素等选择不当；干燥时，溶剂将可溶性成分带到衣膜表面	改变包衣处方；调节空气温度和流量，减慢干燥速度

知识总结

1. 包衣是指在片芯或素片表面上包裹适宜材料的操作。

2. 包衣可掩盖药物的不良嗅味，改善口感，增加患者的顺应性；可提高美观度，增加药物的辨识度；可避光和防潮，使药物免受胃酸和酶等破坏，提高药物的稳定性；可改变药物释放的位置及速度；可保护药物免受胃酸和酶等破坏；能将药物不同组分隔离，避免配伍禁忌等。

3. 根据包衣材料与工艺不同可分为糖包衣和薄膜包衣。薄膜包衣按材料溶解性能可分为胃溶型薄膜包衣、肠溶型薄膜包衣和水不溶型薄膜包衣等。

4. 包衣方法有滚转包衣法、流化包衣法和压制包衣法。其中,滚转包衣法最为常见,可用于糖包衣和薄膜包衣。此法可采用普通包衣机和高效包衣机进行包衣操作。

5. 薄膜包衣前应先按照生产工艺规程配制包衣液。采用的水性普通薄膜包衣工艺是将高分子材料和增塑剂等溶解或分散成水性分散体,肠溶包衣材料可考虑以纯化水为溶剂,用氨水调节 pH,使成膜材料溶解。

6. 薄膜包衣时,做好包衣前的检查与准备工作后,将片芯投入包衣滚筒内,随后安装调整喷嘴,开启喷浆和蠕动泵试喷,调节喷雾至理想状态。当片芯预热至规定温度,且进风温度达到要求时,方能正式喷浆。包衣过程应经常检查包衣质量,并视片芯表面包衣情况调节喷浆量和进风温度。

7. 糖包衣包衣过程中常出现糖浆不粘锅、色泽不均、片面不平、龟裂或爆裂、露边与麻面等问题;薄膜包衣包衣过程中常出现起泡、皱皮、剥落和花斑等问题。

在线测试

请扫描二维码完成在线测试。

在线测试:包衣

任务 9.3 片剂质量检查

PPT:片剂质量检查

任务描述

片剂在生产与贮藏期间应符合相关质量要求。本任务主要学习片剂的质量要求,要求能按照《中国药典》(2020 年版)片剂项下硬度、脆碎度、重量差异、崩解时限、分散均匀性和微生物限度等检查法要求完成片剂的质量检查,正确评价片剂质量。

授课视频:片剂质量检查

知识准备

《中国药典》(2020 年版)要求片剂在生产与贮藏期间应符合下列规定。

1. 原料药与辅料混合均匀。含药量小或含毒剧药物的片剂,应采用适宜方法使药物分散均匀。

2. 凡属挥发性或对光、热不稳定的药物,在制片过程中应遮光、避热,以避免成分

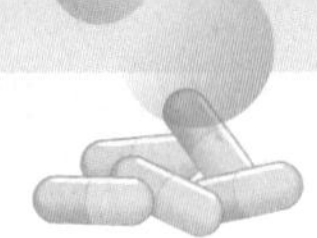

损失或失效。

3. 压片前的物料、颗粒或半成品应控制水分，以适应制片工艺的需要，防止片剂在贮存期间发霉、变质。

4. 片剂通常采用湿法制粒压片、干法制粒压片和粉末直接压片。干法制粒压片和粉末直接压片可避免引入水分，适用于对湿、热不稳定的药物的片剂制备。

5. 根据依从性需要，片剂中可加入矫味剂、芳香剂和着色剂等，一般指含片、口腔贴片、咀嚼片、分散片、泡腾片、口崩片等。

6. 为增加稳定性，掩盖原料药物不良嗅味，改善片剂外观等，可对制成的药片包糖衣或薄膜衣。对一些遇胃液易破坏、刺激胃黏膜或需要在肠道内释放的口服药片，可包肠溶衣。必要时，薄膜包衣片剂应检查溶剂残留。

7. 片剂外观应完整光洁，色泽均匀，有适宜的硬度和耐磨性，以免包装、运输过程中发生磨损或破碎，除另有规定外，非包衣片应符合片剂脆碎度检查法（通则 0923）的要求。

8. 片剂的微生物限度应符合要求。

9. 根据原料药物和制剂的特性，除来源于动、植物多组分且难以建立测定方法的片剂外，溶出度、释放度、含量均匀度等应符合要求。

10. 片剂应注意贮存环境中温度、湿度及光照的影响，除另有规定外，片剂应密封贮存。生物制品原液、半成品和成品的生产及质量控制应符合相关品种要求。

任务实施

一、硬度检查

片剂的硬度不仅影响片剂的崩解和主药的溶出，还会对片剂的生产、运输和贮存带来影响，故需要对其严格控制。《中国药典》（2020 年版）对片剂硬度没有统一规定，因此制药企业通常按照内控标准控制片剂硬度。检查时，按照企业规定取一定量片剂，置于片剂硬度仪（图 9-8）中分别检测每片硬度，并计算硬度平均值。检测方法：将每片药片径向固定在两横杆之间，其中的活动柱杆借助弹簧沿水平方向对片剂径向加压，当片剂破碎时，活动柱杆的弹簧停止加压，仪器刻度盘即显示片剂的硬度。若硬度超出企业要求控制范围，应复检，复检结果仍不合格的，须立即进行调整。

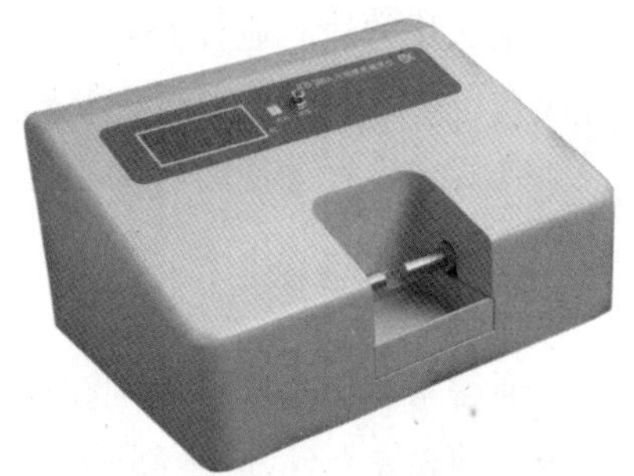
图 9-8　片剂硬度仪

二、脆碎度检查

脆碎度是指非包衣片经过碰撞而呈现出的破碎程度，可间接反映片剂硬度及压碎强度，常作为

图 9-9　脆碎度检测仪

包衣片芯的一项重要质量指标。检查时，取若干片，每片重为 0.65 g 或 0.65 g 以下者，使其总重约为 6.5 g；片重大于 0.65 g 者取 10 片。用吹风机吹去片剂脱落的粉末，精密称重，置脆碎度检测仪（图 9-9）轮毂内中，转动 100 次。取出，同法除去粉末，精密称重，减失重量不得过 1%，且不得检出断裂、龟裂及粉碎的片剂。

本试验一般仅做 1 次。如减失重量超过 1%，应复测 2 次，3 次的平均减失重量不得过 1%，并不得检出断裂、龟裂及粉碎的片。如供试品的形状或大小使片剂在圆筒中形成不规则滚动，可调节圆筒的底座，使与桌面成约 10° 的角，试验时片剂不再聚集，能顺利下落。对于因形状或大小特殊在圆筒中形成严重不规则滚动或特殊工艺生产的片剂，不适于本法检查，可不进行脆碎度检查。对吸湿性强的制剂，操作时应注意防止吸湿（通常控制相对湿度低于 40%）。

视频：
片剂的脆
碎度检查

三、重量差异检查

片剂的重量差异可用于衡量每个药片中主药的含量是否一致，重量差异不合格对临床治疗可能产生不利的影响。片剂重量差异检查为生产中一项重要检查指标，试压阶段通常按照检查结果进行填充深度的调节，正式压片阶段通常每隔一定时间抽样检查 1 次。

检查法：取供试品 20 片，精密称定总重量，求得平均片重后，再分别精密称定每片的重量，每片重量与平均片重比较（凡无含量测定的片剂或有标示片重的中药片剂，每片重量应与标示片重比较），按表 9-15 中的规定，超出重量差异限度的不得多于 2 片，并不得有 1 片超出限度 1 倍。

视频：
片剂重量
差异检查

表 9-15　片剂的重量差异限度

平均片重或标示片重	重量差异限度
0.30 g 以下	± 7.5%
0.30 g 及 0.30 g 以上	± 5%

糖衣片的片芯应检查重量差异并符合规定，包糖衣后不再检查重量差异。薄膜衣片应在包薄膜衣后检查重量差异并符合规定。

凡规定检查含量均匀度的片剂，一般不再进行重量差异检查。

四、崩解时限检查

崩解系指口服固体制剂在规定条件下全部崩解溶散或成碎粒，除不溶性包衣材料或破碎的胶囊壳外，应全部通过筛网。如有少量不能通过筛网，但已软化或轻质上漂且无硬心者，可作符合规定论。普通片剂按《中国药典》（2020 年版）崩解时限检查法（通

则 0921）检查，应符合规定；阴道片照融变时限检查法（通则 0922）检查，应符合规定；除另有规定外，凡规定检查溶出度、释放度或分散均匀性的制剂以及咀嚼片，不再进行崩解时限检查。不同片剂类型，检查方法要求不同，这里重点介绍普通片剂的检查方法。

将吊篮通过上端的不锈钢轴悬挂于崩解时限检测仪（图 9-10）的支架上，浸入 1 000 ml 烧杯中，并调节吊篮位置使其下降至低点时筛网距烧杯底部 25 mm，烧杯内盛有温度为 37 ℃ ±1 ℃的水，调节水位高度使吊篮上升至高点时筛网在水面下 15 mm 处，吊篮顶部不可浸没于溶液中。具体检查方法：取供试品 6 片，分别置 6 个底部镶有筛网（孔径 2 mm）的玻璃管（吊篮）中，启动崩解仪进行检查。测定时，吊篮上下往复运动，速度为 30~32 次 /min，各片均应在 15 min 内全部崩解。《中国药典》（2020 年版）对不同类型片剂崩解时限的要求详见表 9-16。

图 9-10　崩解时限检测仪

视频：片剂崩解时限检查

表 9-16 《中国药典》（2020 年版）对不同类型片剂崩解时限的要求

片剂类型	判定标准
普通片	各片均应在 15 min 内全部崩解。如有 1 片不能完全崩解，应另取 6 片复试，均应符合规定
中药浸膏片及中药半浸膏片	各片均应在 1 h 内全部崩解。如果供试品黏附挡板，应另取 6 片，不加挡板按上述方法检查，应符合规定。如有 1 片不能完全崩解，应另取 6 片复试，均应符合规定
中药全粉片	各片均应在 30 min 内全部崩解。如果供试品黏附挡板，应另取 6 片，不加挡板按上述方法检查，应符合规定。如有 1 片不能完全崩解，应另取 6 片复试，均应符合规定
薄膜衣片	化学药薄膜衣片应在 30 min 内全部崩解。中药薄膜衣片，则每管加挡板 1 块，各片均应在 1 h 内全部崩解；如果供试品黏附挡板，应另取 6 片，不加挡板按上述方法检查，应符合规定。如有 1 片不能完全崩解，应另取 6 片复试，均应符合规定
糖衣片	化学药糖衣片应在 1 h 内全部崩解。中药糖衣片则每管加挡板 1 块，各片均应在 1 h 内全部崩解；如果供试品黏附挡板，应另取 6 片，不加挡板按上述方法检查，应符合规定。如有 1 片不能完全崩解，应另取 6 片复试，均应符合规定
肠溶片	先在盐酸溶液（9 → 1 000）中检查 2 h，每片均不得有裂缝、崩解或软化现象；再在磷酸盐缓冲液（pH 6.8）中进行检查，1 h 内应全部崩解。如果供试品黏附挡板，应另取 6 片，不加挡板按上述方法检查，应符合规定。如有 1 片不能完全崩解，应另取 6 片复试，均应符合规定
结肠定位肠溶片	各片在盐酸溶液（9 → 1 000）及 pH 6.8 以下的磷酸盐缓冲液中均不得有裂缝、崩解或软化现象，在 pH 7.5~8.0 的磷酸盐缓冲液中 1 h 内应完全崩解。如有 1 片不能完全崩解，应另取 6 片复试，均应符合规定
含片	各片均不应在 10 min 内全部崩解或溶化。如有 1 片不符合规定，应另取 6 片复试，均应符合规定
舌下片	各片均应在 5 min 内全部崩解并溶化。如有 1 片不能完全崩解或溶化，应另取 6 片复试，均应符合规定

续表

片剂类型	判定标准
可溶片	各片均应在 3 min 内全部崩解并溶化。如有 1 片不能完全 崩解或溶化,应另取 6 片复试,均应符合规定
泡腾片	各片均应在 5 min 内崩解。如有 1 片不能完全崩解,应另取 6 片复试,均应符合规定
口崩片	应在 60 s 内全部崩解并通过筛网,如有少量轻质上漂或黏附于不锈钢管内壁或筛网,但无硬心者,可作符合规定论。重复测定 6 片,均应符合规定。如有 1 片不符合规定,应另取 6 片复试,均应符合规定

五、分散均匀性检查

分散片应进行分散均匀性检查,检查方法参照崩解时限检查法。不锈钢丝网的筛孔内径为 710 μm,水温为 15~25 ℃;取供试品 6 片,应在 3 min 内全部崩解并通过筛网。

六、微生物限度检查

知识拓展:发泡量检查

以动物、植物、矿物来源的非单体成分制成的片剂,生物制品片剂,以及黏膜或皮肤炎症或腔道等局部用片剂(如口腔贴片、外用可溶片、阴道片、阴道泡腾片等),照非无菌产品微生物限度检查:微生物计数法(通则 1105)和控制菌检查法(通则 1106)及非无菌药品微生物限度标准(通则 1107)检查,应符合规定。规定检查杂菌的生物制品片剂,可不进行微生物限度检查。

知识总结

1. 片剂在生产与贮藏期间应符合《中国药典》(2020 年版)规定。

2. 片剂的硬度应严格控制,是影响产品质量的企业内控指标之一。

3. 不同类型的片剂,应根据《中国药典》(2020 年版),进行脆碎度、重量差异、崩解时限、分散均匀性和微生物限度等检查,按要求判定检查结果。

在线测试

在线测试:片剂质量检查

请扫描二维码完成在线测试。

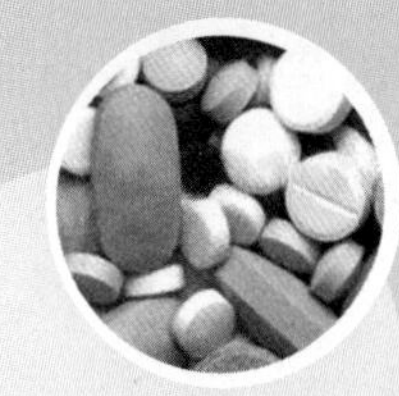

项目 10
丸剂和滴丸剂生产

学习目标

1. 掌握丸剂和滴丸剂的定义、特点、制备方法、生产工艺及质量检查。
2. 熟悉丸剂的赋形剂，滴丸剂的基质与冷凝液，丸剂、滴丸剂的分类及质量要求。
3. 了解丸剂、滴丸剂的包装与贮存。

知识导图

请扫描二维码了解本项目主要内容。

知识导图：丸剂和滴丸剂生产

任务 10.1　中药丸剂制备

PPT：
中药丸剂
制备

授课视频：
中药丸剂
制备

任务描述

丸剂在我国有着悠久的历史，是传统中药制剂中最主要的剂型之一。本任务主要学习丸剂的定义、特点、分类、赋形剂和制备方法，按照丸剂的生产工艺流程，完成丸剂制备。

知识准备

一、基础知识

1. 丸剂的定义和特点　丸剂系指原料药物与适宜的辅料制成的球形或类球形固体制剂，主要供内服。丸剂是临床最常用的剂型之一，主要具有以下特点。

(1) 作用迟缓，多用于慢性病的治疗。传统丸剂服用后的溶散、释药时间较长，药效迟缓，作用持久，故有“丸者缓也，舒缓而治之也”的论述，如六味地黄丸。

(2) 可减少药物的毒副作用。对于某些毒性或刺激性较强的药物，可通过选用不同的赋形剂，延缓药物的吸收，缓和毒性，减少不良反应，如小金丸(糊丸)、妇科通经丸(蜡丸)等。

(3) 可减缓挥发性成分的散失。某些具有挥发性、芳香性等特殊气味的药物，可通过制丸工艺，将其包裹于丸剂内部，减缓成分的散失，如二陈丸。

(4) 适用范围广，工艺简单。丸剂对原料药的性质要求较低，固体、半固体、液体药物均可制备成丸剂，且可制备成不同释药速度的丸剂，以满足临床疾病或患者的需要。

丸剂也存在服用剂量大，溶散时限较难控制，易受微生物污染，小儿服用不便等缺点。

2. 丸剂的分类

(1) 按制法分类，丸剂可分为泛制丸和塑制丸。

(2) 根据赋形剂不同，丸剂可分为水丸、蜜丸、水蜜丸、浓缩丸、糊丸、蜡丸、微丸等(表 10–1)。

表 10-1 丸剂的类型(按赋形剂不同)

类型	定义	主要特点	制剂举例
水丸	系指饮片细粉以水(或黄酒、醋、稀药汁、糖液、含 5% 以下炼蜜的水溶液等)为黏合剂制成的丸剂	赋形剂主要是水溶液,服用后易溶散,吸收快,多见于解表药、清热药、消食药等;水丸较少含其他固体赋形剂,有效成分含量高;药物可分层泛入,可掩盖不良气味或降低芳香性成分的损失;根据临床需要,可将速效成分泛入外层,缓释药物泛于内层,以产生长效作用	二妙丸、牛黄上清丸
蜜丸	系指饮片细粉以炼蜜为黏合剂制成的丸剂	采用塑制法制备,多见于补益类药品;根据丸粒大小的不同,又可进一步分成大蜜丸、小蜜丸,其中每丸重量在 0.5 g(含 0.5 g)以上的称大蜜丸;每丸重量在 0.5 g 以下的称小蜜丸	补中益气丸、逍遥丸、安宫牛黄丸
水蜜丸	系指饮片细粉以炼蜜和水为黏合剂制成的丸剂	其丸粒小,面圆整,易于吞服,较蜜丸蜂蜜用量少、成本低,利于贮存	金匮肾气丸
浓缩丸	系指饮片或部分饮片提取浓缩后,与适宜辅料或其余饮片细粉,以水、炼蜜等为黏合剂制成的丸剂	浓缩丸体积小,易于吞服和溶散,吸收迅速,药效稳定,且利于保存,不易霉变,是极具发展前景的一类丸剂	六味地黄丸(浓缩丸)
糊丸	系指饮片细粉以米粉、米糊或面糊等为黏合剂制成的丸剂	糊丸较硬,服用后溶散迟缓,吸收缓慢,可延长药效,缓和药物对胃肠道的刺激,适用于含毒性或刺激性的药物	小金丸
蜡丸	系指饮片细粉以蜂蜡为黏合剂制成的丸剂	一般采用塑制法制备。蜂蜡主要成分不溶于水,制成蜡丸后在体内溶散极慢,在延长药效或减少毒副作用方面较糊丸更显著,尤其适合于药性峻烈的组分,但因其释药速率较难控制,目前已少用	妇科通经丸
微丸	指粒径小于 2.5 mm 的各类球形或类球形的丸剂	微丸具有流动性好、含药量大、服用剂量小、释药稳定、外形美观等特点,常作为中间产品用于多种制剂的生产,且在缓控释制剂中亦有广泛应用	复方盐酸伪麻黄碱缓释胶囊(新康泰克蓝色装)即是先将主药盐酸伪麻黄碱和氯苯那敏制成微丸,标以不同颜色,再将其填充于空心胶囊中制得

知识拓展:认识微丸剂

视频:认识微丸剂

3. 丸剂的赋形剂　见表 10–2。

表 10–2　丸剂的赋形剂

类型	举例	主要特点
黏合剂	蜂蜜	蜂蜜作黏合剂独具特色，兼有一定的药理作用，是蜜丸的重要辅料。由于蜂蜜黏稠，蜜丸在胃肠道中逐渐溶蚀释药，故作用持久。作黏合剂使用时，需经炼制，炼制程度视制丸物料的黏性而定，一般分嫩蜜、中蜜、老蜜三种
	米糊或面糊	系以黄米、糯米、小麦及神曲等磨成细粉制成糊，用量为药材细粉的 40% 左右，可用调糊法、煮糊法、冲糊法制备。所制得的丸剂一般较坚硬，胃内崩解较慢，常用于含毒剧药和刺激性药物的制丸
	药材浸膏	植物性药材用浸出方法制得的清（浸）膏，大多具有较强的黏性。因此，可同时兼作黏合剂使用，与处方中其他药材细粉混合后制丸
	糖浆	常用蔗糖糖浆或液状葡萄糖，既具黏性，又具有还原作用，适用于黏性弱、易氧化药物的制丸
润湿剂	水	指纯化水，能润湿或溶解药粉中黏液、糖及胶类等而产生黏性
	酒	常用白酒与黄酒（白酒含醇量为 50%~70%，黄酒含醇量为 12%~15%）。酒润湿药粉中的树脂等成分而增加黏性。当用水为润湿剂黏性太强时，常以酒代之
	醋	常用米醋（含乙酸 3%~5%）。醋能润湿药粉产生黏性，还有助于碱性成分的溶解而提高疗效。醋能散瘀血、消肿痛，入肝经。消瘀镇痛的丸剂可以醋作赋形剂
	稀药汁	处方中不易制粉的药材可取其榨汁或煎汁，既是主药，又是润湿剂

知识拓展：蜂蜜的炼制

二、工艺流程

传统丸剂的制备方法主要包括泛制法和塑制法两种。微丸的制备方法较常规丸剂略有不同，主要包括滚动成丸法、流化制丸法、挤出滚圆法、喷雾干燥法等。

1. 泛制法　系指在转动的适宜容器内，将药材细粉与赋形剂交替润湿、撒布，不断翻滚，逐渐增大成型的一种制丸方法，用于水丸、水蜜丸、糊丸、浓缩丸、微丸等小丸的制备。其工艺流程如图 10–1 所示。荸荠包衣机（又称泛丸锅）是泛丸的常用设备（图 10–2）。

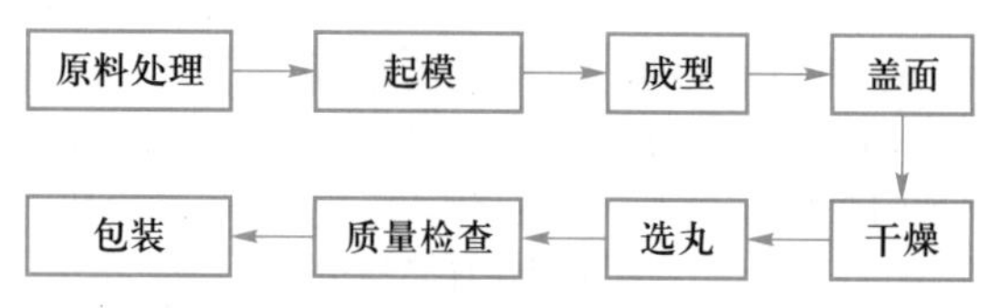

图 10–1　泛制法制备丸剂工艺流程

2. 塑制法　系指药材细粉加适宜的黏合剂，混合均匀，制成软硬适宜、可塑性较大的丸块，再依次制丸条、分粒、搓圆而成丸粒的一种制丸方法，主要用于蜜丸、水蜜丸、

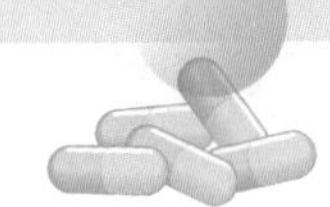

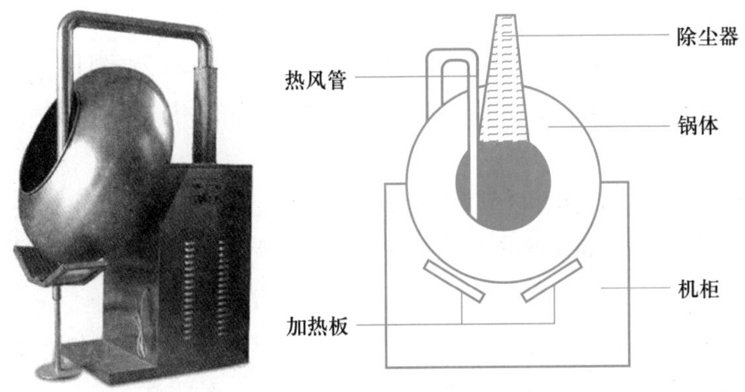

图 10-2　荸荠包衣机及其结构示意图

浓缩丸、糊丸、蜡丸等的制备。其工艺流程如图 10-3 所示。

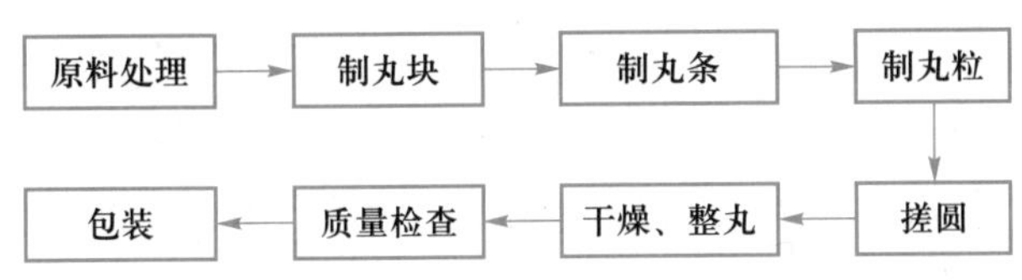

图 10-3　塑制法制备丸剂工艺流程

任务实施

一、泛制法制备丸剂

1. 原料处理　采用适宜方法粉碎物料、过筛、混合，备用。除另有规定外，一般制备成细粉或最细粉。若处方中部分药材需制取药汁，则应将其适当浓缩以作赋形剂使用。

2. 起模　是将药粉制成丸粒基本母核的操作过程（粒径为 0.5~1 mm）。利用水性液体的润湿作用诱发药粉的黏性，使之相互黏着成细小的颗粒，进而层叠增大而成丸模。起模是成型的基础，决定了成品丸剂的规格，是泛丸工艺的关键工序。起模的常用方法主要有粉末直接起模法和湿颗粒起模法两种。

(1) 粉末直接起模法：在泛丸锅中喷淋少量的水性液体，润湿锅壁，撒布少量药粉，转动泛丸锅，随后刮下锅壁附着的粉粒，重复多次喷淋、撒粉操作直至粉粒增大至符合要求，过筛得到丸模。该法制得的丸模较紧密，但较耗时。

(2) 湿颗粒起模法：采用润湿剂将药粉制成适宜的软材，过筛，得细小颗粒置于锅中，转动泛丸锅，颗粒经碰撞、摩擦、滚转而成球形，过筛，即得丸模。该法制得的丸模较均匀，成型率高，但较松散。

为保证每批丸模数量、大小的一致性，起模用药粉的黏性应适中，用量应适宜。一般情况下，水丸用粉量为总粉量的1%~5%，或采用经验公式计算：用粉量(kg) = 0.625 g× 总粉量(kg)/ 成品100粒干重(g)。其他丸剂的用粉量依据制法工艺或参照水丸。

3. 成型　是将已制得的丸模逐渐增大至接近成品的操作。具体方法与起模类似，将丸模置于泛丸锅中，反复进行喷淋、撒粉操作，使得丸粒增大直至符合粒径和圆整度要求。在操作时尤应注意润湿剂和药粉的用量应适宜，分布须均匀。

4. 盖面　筛选制备合格的丸粒，用余粉、盖面用粉或清水继续在泛丸锅内滚动，使其大小均匀，表面致密、光洁、色泽一致，主要包括以下三种方法。

(1) 干粉盖面：成型的丸粒充分润湿，一次或分次将药粉均匀撒布于丸粒上，滚动一定时间使其达到标准，取出即得。

(2) 清水盖面：喷淋清水使丸粒充分润湿，滚动一定时间，迅速取出，干燥，即得。

(3) 清浆盖面："清浆"即药粉或废丸粒加水制成的药液，操作同清水盖面。

5. 干燥　泛制丸因含水量大，生产周期长，易发霉变质，盖面后应及时干燥。通常情况下，干燥温度一般不超过80 ℃；含芳香挥发性成分或遇热易分解成分的丸剂，干燥温度不宜超过60 ℃；如含动物类药材，干燥温度应低于70 ℃。此外，若赋形剂是淀粉，70 ℃以上加热易使其糊化，在丸粒表面形成一层硬壳，不利于丸剂的溶散。生产中多采用厢式干燥法，亦可选用流化床干燥法或微波干燥法等。

6. 选丸　为保证成品的质量均一和剂量准确，应对干燥后的丸粒进行筛选，除去大小不匀及异形者。实验室可用手摇筛操作；工业生产常采用离心式选丸机（螺旋选丸机）、滚筒式选丸机等，如图10-4所示。

视频：泛制法制备水丸

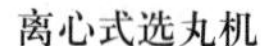

图10-4　常用的选丸设备

7. 质量控制点　见表10-3。

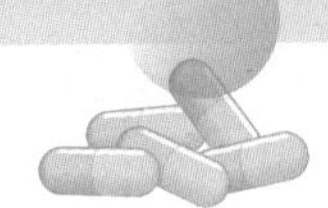

表 10-3　泛制丸生产的质量控制点

工序	质量控制点	质量控制项目	频次
原料处理	原辅料	原辅料质量标准	每批
	粉碎过筛	细度、异物	每批
配料	称量	品种、数量、状态	1 次 / 班
起模	泛制	大小、均匀度	随时 / 班
成型	泛制	大小、均匀度	随时 / 班
干燥	烘箱	温度、时间、清洁度	随时 / 班
	沸腾床	温度、滤袋完好、清洁度	随时 / 班
选丸	分拣	大小均匀	每批

二、塑制法制备丸剂

1. 原料处理　采用适宜的方法制备药材细粉或最细粉备用。按照处方及工艺要求，配制黏合剂。

2. 制丸块　又称合坨（或和药），是塑制法的关键工序。取混合均匀的药粉，加入黏合剂，混合搅拌均匀后，炼制成温度适宜、软硬相同、密度一致、可塑性强的丸块。在该工序中，须注意药粉与黏合剂的配比，不同的比例对丸块的性质和质量有直接的影响。理想的丸块应不黏手，不黏器壁，可随意塑形而不开裂。大生产时一般采用捏合机（图 10-5）或炼药机制备丸块。

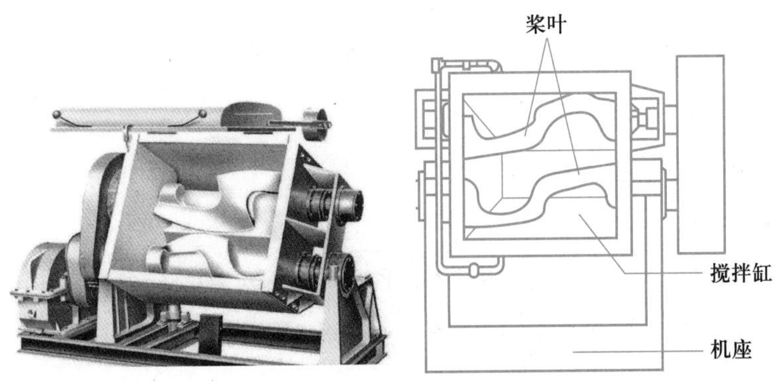

图 10-5　捏合机及其结构示意图

3. 制丸条、制丸粒、搓圆　工业化生产中常采用机器进行制丸，随着自动化程度的提高，制丸设备可自动制备出粗细适宜、表面光洁、内无空隙的丸条，并且可进一步实现对所制得的丸条进行分割丸粒、搓圆的操作。中药制丸机是目前常用的塑制法制丸设备（图 10-6）。其工作原理：将已混合或炼制好的丸块加入料仓中，在螺旋推进器的挤推和制条器的作用下，制备成 3~12 根规格相同的丸条，经过送条轮、顺条器将丸条

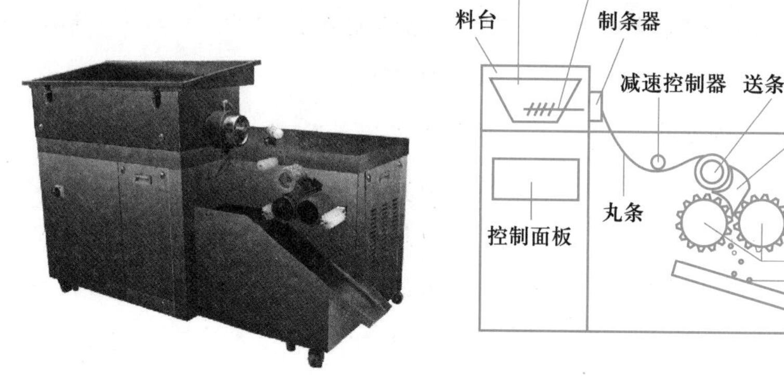

图 10-6　中药制丸机及其结构示意图

送入刀轮组件。两个刀轮沿轴向、径向做相对运动，快速切割丸条，同时搓圆丸粒，制成相同粒径的药丸。在实际生产中，根据工艺需要，选择不同规格的制条器和刀轮，可制备不同粒径的药丸。

4. 干燥　蜜丸因水分易控制，可不干燥，成丸后立即分装，以保持药丸的滋润状态。其他塑制法制备的水蜜丸、浓缩丸、糊丸等应及时干燥，防止霉变。干燥方法可选用厢式干燥法或流化床干燥法，粒径较大的丸剂可选用微波干燥法，使丸剂内外干燥均匀。

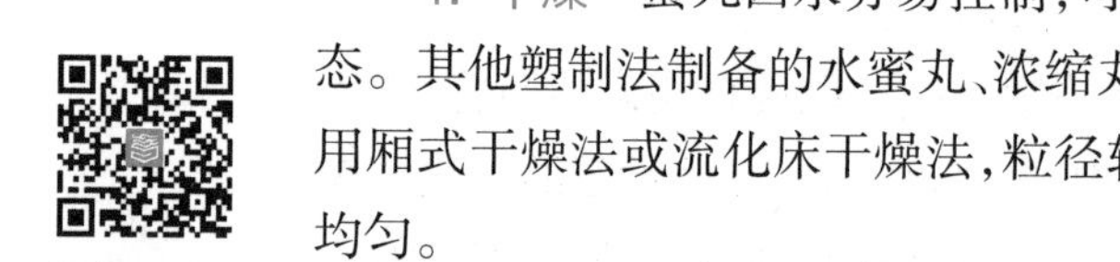

视频：
全自动制丸机制备蜜丸

5. 整丸　对干燥后的丸粒进行筛选，除去不合格品。

6. 质量控制点　见表 10-4。

表 10-4　塑制丸生产的质量控制点

工序	质量控制点	质量控制项目	频次
原料处理	原辅料	原辅料质量标准	每批
	粉碎过筛	细度、异物	每批
配料	称量	品种、数量、状态	1 次 / 班
制丸块	合坨	均匀度；丸块应不黏手，不黏器壁，可随意塑形而不开裂	每批
制丸	丸条	粗细适宜、表面光洁、内无空隙	随时 / 班
	丸粒	大小一致	随时 / 班
	搓圆	光滑圆整、大小基本一致	随时 / 班
干燥	烘箱	温度、时间、清洁度	随时 / 班
	微波干燥	温度、时间、清洁度	随时 / 班

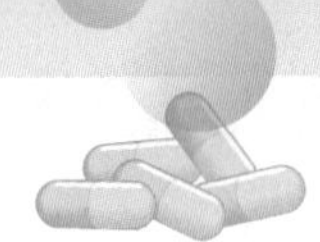

实例分析

六味地黄丸

实例分析：六味地黄丸

【处方】 熟地黄 160 g，山茱萸（制）80 g，牡丹皮 60 g，山药 80 g，茯苓 60 g，泽泻 60 g。

【制法】 以上六味中药，粉碎成细粉，过筛，混匀。每 100 g 粉末加炼蜜 30~35 g 与适量的水，泛丸，干燥即得。

【讨论】 1. 按赋形剂分类，以上丸剂属于什么类型？

2. 按制法分类，以上丸剂属于什么类型？

知识总结

1. 丸剂是药材细粉或提取物与适宜的黏合剂或其他辅料制成的球形或类球形固体制剂。

2. 丸剂的特点：作用迟缓，多用于慢性病的治疗；可减少药物的毒副作用；可减缓挥发性成分的散失；适用范围广，工艺简单。

3. 丸剂的类别：根据赋形剂不同，可分为水丸、蜜丸、水蜜丸、浓缩丸、糊丸、蜡丸、微丸；根据制法不同，可分为泛制丸、塑制丸。

4. 泛制法的一般工艺流程为：原料处理→起模→成型→盖面→干燥→选丸→质量检查→包装。

5. 塑制法的一般工艺流程为：原料处理→制丸块（合坨 / 和药）→制丸条→制丸粒→搓圆→干燥→整丸→质量检查→包装。

在线测试

在线测试：中药丸剂制备

请扫描二维码完成在线测试。

任务 10.2　滴丸剂制备

PPT：滴丸剂制备

授课视频：滴丸剂制备

任务描述

滴丸制法最早于 1933 年被提出，后经多年的技术改进，现已发展成一种成熟稳定、应用广泛、操作简单的工艺方法。本任务主要学习滴丸剂的定义、特点、基质、冷凝液和制备方法，按照滴丸剂的生产工艺流程，完成滴丸剂制备。

知识准备

一、基础知识

1. 滴丸剂的定义和特点　滴丸剂指原料药物与适宜的基质加热熔融混匀，滴入不相混溶、互不作用的冷凝介质中，在表面张力的作用下液滴收缩成球形或类球形的制剂。滴丸剂主要供口服，具有以下特点。

（1）滴丸剂的优点

1）可发挥速效作用：药物在基质中呈分子、胶态、微晶或亚稳态的高度分散状态。当选用易溶性基质时，药物可快速溶出和吸收，生物利用度高，可用于急症的治疗，如速效救心丸、元胡止痛滴丸等。

2）能增加药物的稳定性，可使液体药物固体化：药物包埋于基质中，可减少易水解、易氧化、易挥发成分的损失，并能缓和刺激性，掩盖不良气味，如穿心莲内酯滴丸、复方丹参滴丸等。

3）应用范围广：除口服外，滴丸剂亦可用于鼻、眼、牙、耳等其他部位，发挥局部或全身治疗作用，满足多种临床需要。相较于滴剂、膏剂、外用散剂等剂型，滴丸剂可克服其易被组织液稀释、不易清洗等缺点。

4）设备简单，操作方便：制备工艺及条件易于控制，生产工序少、周期短、效率高、成本低，且生产车间无粉尘飞扬，有利于劳动保护。

5）可产生缓释作用：对于难溶性或生物利用度低的药物，选用适宜的难溶性基质，可改善其释放和吸收效果，或可制备成缓释制剂，此类应用相对较少。

（2）滴丸剂的缺点

1）载药量低：滴丸剂受制备工艺的限制，其丸粒小、载药量低、服用剂量大。中药复方滴丸剂的处方不宜超过四味药材，可供选用的基质和冷凝液种类较少，这也在一定程度上限制了滴丸剂的发展。

知识拓展：复方丹参滴丸走出国门

2）易老化：滴丸剂的制备是基于固体分散技术，药物在基质中分散状态的稳定性不佳，贮存一定时间后易出现硬度变大、析晶或药物溶出速率降低等老化现象。可通过控制贮存条件，改变工艺，在制备中加入表面活性剂、崩解剂、抗氧剂等方式抑制老化过程，增加滴丸剂的稳定性。

2. 滴丸剂基质的要求与选用

（1）基质要求：滴丸剂中除主药以外的附加剂称为基质，基质应具有良好的化学惰性，性质稳定，不与主药发生化学反应，不影响主药的药效与质量检测，对人体无害。基质熔点应较低，在60~100 ℃温度下易熔融，遇骤冷又能凝结成固体，在室温下能保持固体状态，且该性质不因药物的加入而改变。

（2）基质选用：①水溶性基质，可选用 PEG4000、PEG6000、泊洛沙姆、硬脂酸聚烃氧

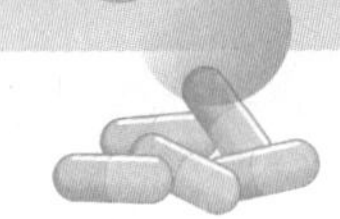

(40)酯、明胶等,其中以PEG较为常用;②非水溶性基质,可选用硬脂酸、单硬脂酸甘油酯、氢化植物油、蜂蜡、虫蜡等。在实际生产中常采用多种基质的混合物作为滴丸剂的复合基质,以改善丸粒的耐热性、流动性、硬度、光泽度及药物的生物利用度等性质。

3. 冷凝液的要求与选用

(1) 冷凝液要求:①安全无害,不与主药和基质混溶或发生化学反应。②有适宜的黏度,相对密度应与液滴相近,但不能相等,以使滴丸在冷凝液中缓缓下沉或上浮,有充分的时间进行冷凝。③还要有适宜的表面张力,以保证液滴能顺利凝固成型。

(2) 冷凝液选用:①水溶性冷凝液,常用水或不同浓度的乙醇,适合于非水溶性基质。②非水溶性冷凝液,常用液体石蜡、二甲硅油、植物油等,适合于水溶性基质。此外,根据具体药物的性质特点,也常采用混合基质。

二、工艺流程

滴丸剂采用滴制法制备,首先将主药溶解、混悬或乳化在适宜的已熔融的基质中,保持恒定的温度(80~90 ℃),再通过既定管径的滴头,将药液等速滴入冷凝液中,使其凝固形成丸粒,缓缓沉于底部或浮于表面,取出,拭去冷凝液,干燥,即得。其制备工艺流程如图10-7所示。

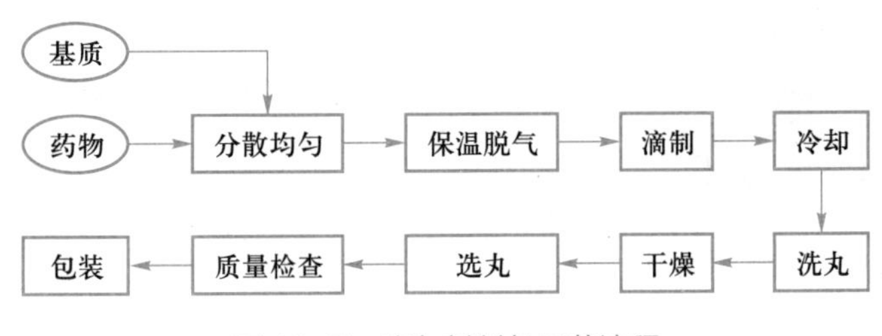

图10-7 滴丸剂制备工艺流程

任务实施

一、原料准备

根据处方要求,处理并称取药物。若为中药饮片,须采取适宜的方法提取、浓缩制成一定密度的浸膏,或将饮片粉碎成细粉,备用。

二、分散均匀

加热熔融基质,将药物溶解、混悬或乳化在已熔融的基质中,混匀,制成药液。

三、保温脱气

药物在混合搅拌时往往会伴有温度改变,且易带入一定量空气,影响成品的重量和主成分含量。因此，药液须保持恒定的温度且维持一定时间，温度控制要以药物的性质和基质的性质而定，一般为80~90 ℃，且一定要将空气排出。

四、滴制

设置各环节工艺参数：

1. 调节冷凝液的温度，一般为10~15 ℃，也常采用梯度冷凝法，可提高丸粒的圆整度。
2. 调整冷凝液柱的高度，一般为80~140 cm。
3. 保持药液温度和均匀度的恒定。
4. 调整滴口内径，一般为1~4 mm，且管壁应尽量薄。
5. 控制滴速，以50~60滴/min为宜，调节滴距，一般不大于5 cm。

生产上常采用滴丸机进行生产（图10–8）；或者采用全自动滴丸生产线，可连续完成药液的调配、上料、滴制、收集、离心、去除冷凝液、筛选、干燥等工序，极大提高了滴丸剂的生产效率。

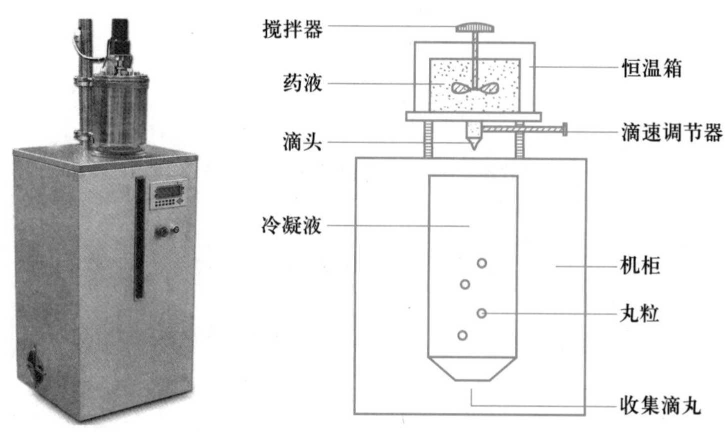

图10–8 滴丸机及其结构示意图

滴丸剂的理论丸重 $=2\pi r\gamma$，公式中 r 为滴口半径，γ 为药液界面张力。考虑到滴口处的药液存留，滴丸剂的实际丸重 = 理论丸重 ×60%。

五、冷却、洗丸、干燥

充分冷却后，将丸粒从冷凝液中取出，剔除废丸，先用纱布擦去冷凝液，再用适宜的溶剂搓洗，拭去黏附的冷凝液和溶剂，冷风吹干即得。

六、选丸

用适宜药筛筛出外观均匀一致的丸粒，具体方法可参照泛制法的选丸工序。

七、质量检查

按照质量标准及检验操作规程检查成品的外观、重量差异、溶散时限、微生物限度，以及进行主药的鉴别、检查、含量测定等项目。

八、包装

质量检查合格后进行包装，包装时须注意温度对成品的影响，贮存于阴凉处。

九、质量控制点

滴丸剂生产的质量控制点见表 10–5。

表 10–5　滴丸剂生产的质量控制点

工序	质量控制点	质量控制项目	频次
原料准备	原辅料	原辅料质量标准	每批
分散	混匀	均匀	每批
滴制	保温脱气	80~90 ℃，将空气排出	每批
	冷凝液柱高度	80~140 cm	每批
	滴口内径	一般为 1~4 mm，管壁应尽量薄	每批
	滴速	以 50~60 滴 /min 为宜	每批
	滴距	一般不大于 5 cm	每批
	冷凝液温度	温度梯度	每批
干燥	烘箱	温度、时间、清洁度	随时 / 班
	沸腾床	温度、滤袋完好、清洁度	随时 / 班

视频：板蓝根滴丸的手工制备

视频：滴丸的生产

实例分析

复方丹参滴丸

【处方】 丹参 90 g，三七 17.6 g，冰片 1 g。

【制法】 冰片研细；丹参、三七加水煎煮，煎液滤过，滤液浓缩，加入乙醇，静置使其沉淀，取上清液，回收乙醇，浓缩成稠膏备用。取聚乙二醇适量，加热使熔融，加入上述稠膏和冰片细粉，混匀，滴入冷却的液体石蜡中，制成滴丸，或包薄膜衣，即得。

【讨论】 1. 复方丹参滴丸的基质和冷凝液分别是什么？

2. 滴丸剂基质的要求与选用原则有哪些？

3. 冷凝液的要求与选用原则有哪些？

实例分析：复方丹参滴丸

知识总结

1. 滴丸剂是指原料药物与适宜的基质加热熔融混匀，滴入不相混溶、互不作用的冷凝介质中，在表面张力的作用下液滴收缩成球形或类球形的制剂。

2. 滴丸剂的主要特点：可发挥速效作用，能增加药物稳定性，可使液体药物固体化，应用范围广，设备简单，操作方便，可产生缓释作用；但载药量低、易老化。

3. 滴丸剂基质分为水溶性基质和非水溶性基质。①水溶性基质可选用 PEG4000、PEG6000、泊洛沙姆、硬脂酸聚烃氧(40)酯、明胶等，其中以 PEG 较为常用。②非水溶性基质，可选用硬脂酸、单硬脂酸甘油酯、氢化植物油、蜂蜡、虫蜡等。实际生产中常采用复合基质。

4. 冷凝液选用：①水溶性冷凝液，常用水或不同浓度的乙醇，适合于非水溶性基质。②非水溶性冷凝液，常用液体石蜡、二甲硅油、植物油等，适合于水溶性基质。此外，根据具体药物的性质特点，也常采用混合基质。

5. 滴丸剂的制备工艺流程：原料准备（药物 + 基质）→分散均匀→保温脱气→滴制→冷却→洗丸→干燥→选丸→质量检查→包装。

在线测试：滴丸剂制备

在线测试

请扫描二维码完成在线测试。

任务 10.3　丸剂和滴丸剂质量检查

PPT：丸剂和滴丸剂质量检查

任务描述

丸剂在生产与贮藏期间应符合相关质量要求。本任务主要是学习丸剂的质量要求，按照《中国药典》(2020 年版)丸剂项下水分、重量差异、装量差异、装量、溶散时限等检查法要求完成丸剂的质量检查，正确评价制剂质量。

授课视频：丸剂和滴丸剂质量检查

知识准备

丸剂在生产与贮藏期间应符合下列规定。

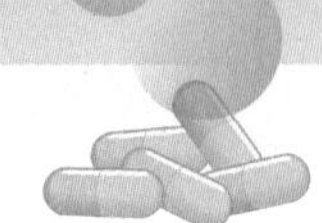

1. 除另有规定外，供制丸剂用的药粉应为细粉或最细粉。

2. 炼蜜按炼制程度分为嫩蜜、中蜜和老蜜，制备时可根据品种、气候等具体情况选用。蜜丸应细腻滋润，软硬适中。

3. 滴丸基质包括水溶性基质和非水溶性基质，常用的有聚乙二醇类（如 PEG4000、PEG6000 等）、泊洛沙姆、硬脂酸聚烃氧（40）酯、明胶、硬脂酸、单硬脂酸甘油酯、氢化植物油等。

4. 丸剂通常采用泛制、塑制和滴制等方法制备。

5. 浓缩丸所用饮片提取物应按制法规定，采用一定的方法提取浓缩制成。

6. 蜡丸制备时，将蜂蜡加热熔化，待冷却至适宜温度后按比例加入药粉，混合均匀。

7. 除另有规定外，水蜜丸、水丸、浓缩水蜜丸和浓缩水丸均应在 80 ℃以下干燥；含挥发性成分或淀粉较多的丸剂（包括糊丸）应在 60 ℃以下干燥；不宜加热干燥的应采用其他适宜的方法干燥。

8. 滴丸冷凝介质必须安全无害，且与原料药物不发生作用。常用的冷凝介质有液体石蜡、植物油、二甲硅油和水等。

9. 除另有规定外，糖丸在包装前应在适宜条件下干燥，并按丸重大小要求用适宜筛号的药筛过筛处理。

10. 根据原料药物的性质、使用与贮藏的要求，凡需包衣和打光的丸剂，应使用各品种制法项下规定的包衣材料进行包衣和打光。

11. 除另有规定外，丸剂外观应圆整，大小、色泽应均匀，无粘连现象。蜡丸表面应光滑无裂纹，丸内不得有蜡点和颗粒。滴丸表面应无冷凝介质黏附。

12. 根据原料药物的性质与使用、贮藏的要求，供口服的滴丸可包糖衣或薄膜衣。必要时，薄膜包衣滴丸应检查残留溶剂。

知识拓展：滴丸剂常见的圆整度问题及其解决方法

13. 丸剂的微生物限度应符合要求。

14. 根据原料药物和制剂的特性，除来源于动、植物多组分且难以建立测定方法的丸剂外，溶出度、释放度、含量均匀度等应符合要求。

15. 除另有规定外，丸剂应密封贮存，防止受潮、发霉、虫蛀、变质。

任务实施

一、水分检查

照水分测定法（通则 0832）测定。除另有规定外，蜜丸和浓缩蜜丸中所含水分不得过 15.0%；水蜜丸和浓缩水蜜丸不得过 12.0%；水丸、糊丸、浓缩水丸不得过 9.0%。蜡丸不检查水分。

二、重量差异检查

1. 除另有规定外，滴丸照下述方法检查，应符合规定。

检查法：取供试品 20 丸，精密称定总重量，求得平均丸重后，再分别精密称定每丸重量。每丸重量与标示丸重相比较（无标示丸重的，与平均丸重比较），按表 10–6 规定，超出重量差异限度的不得多于 2 丸，并不得有 1 丸超出限度 1 倍。

表 10–6　滴丸的重量差异限度

标示丸重或平均丸重	重量差异限度
0.03 g 及 0.03 g 以下	± 15%
0.03 g 以上至 0.1 g	± 12%
0.1 g 以上至 0.3 g	± 10%
0.3 g 以上	± 7.5%

2. 除另有规定外，糖丸照下述方法检查，应符合规定。

检查法：取供试品 20 丸，精密称定总重量，求得平均丸重后，再分别精密称定每丸的重量。每丸重量与标示丸重相比较（无标示丸重的，与平均丸重比较），按表 10–7 规定，超出重量差异限度的不得多于 2 丸，并不得有 1 丸超出限度 1 倍。

表 10–7　糖丸的重量差异限度

标示丸重或平均丸重	重量差异限度
0.03 g 及 0.03 g 以下	± 15%
0.03 g 以上至 0.3 g	± 10%
0.3 g 以上	± 7.5%

3. 除另有规定外，其他丸剂照下述方法检查，应符合规定。

检查法：以 10 丸为 1 份（丸重 1.5 g 及 1.5 g 以上的以 1 丸为 1 份），取供试品 10 份，分别称定重量，再与每份标示重量（每丸标示量 × 称取丸数）相比较（无标示重量的丸剂，与平均重量比较），按表 10–8 规定，超出重量差异限度的不得多于 2 份，并不得有 1 份超出限度 1 倍。

表 10–8　其他丸剂的重量差异限度

标示重量或平均重量	重量差异限度
0.05 g 及 0.05 g 以下	± 12%
0.05 g 以上至 0.1 g	± 11%
0.1 g 以上至 0.3 g	± 10%
0.3 g 以上至 1.5 g	± 9%
1.5 g 以上至 3 g	± 8%

续表

标示重量或平均重量	重量差异限度
3 g 以上至 6 g	± 7%
6 g 以上至 9 g	± 6%
9 g 以上	± 5%

视频：丸剂重量差异检查法

包糖衣丸剂应检查丸芯的重量差异并符合规定，包糖衣后不再检查重量差异，其他包衣丸剂应在包衣后检查重量差异并符合规定；凡进行装量差异检查的单剂量包装丸剂及进行含量均匀度检查的丸剂，一般不再进行重量差异检查。

三、装量差异检查

除糖丸外，单剂量包装的丸剂，照下述方法检查应符合规定。

检查法：取供试品 10 袋（瓶），分别称定每袋（瓶）内容物的重量，每袋（瓶）装量与标示装量相比较，按表 10–9 规定，超出装量差异限度的不得多于 2 袋（瓶），并不得有 1 袋（瓶）超出限度 1 倍。

表 10–9　丸剂（除糖丸外）的装量差异限度

标示装量	装量差异限度
0.5 g 及 0.5 g 以下	± 12%
0.5 g 以上至 1 g	± 11%
1 g 以上至 2 g	± 10%
2 g 以上至 3 g	± 8%
3 g 以上至 6 g	± 6%
6 g 以上至 9 g	± 5%
9 g 以上	± 4%

四、装量检查

装量以重量标示的多剂量包装丸剂，照最低装量检查法（通则 0942）检查，应符合规定。

以丸数标示的多剂量包装丸剂，不检查装量。

五、溶散时限检查

除另有规定外，取供试品 6 丸，选择适当孔径筛网的吊篮（丸剂直径在 2.5 mm 以下的用孔径约 0.42 mm 的筛网；丸剂直径在 2.5~3.5 mm 的用孔径约 1.0 mm 的筛网；丸剂直径在 3.5 mm 以上的用孔径约 2.0 mm 的筛网），照崩解时限检查法（通则 0921）片剂项下的方法加挡板进行检查。除另有规定外，小蜜丸、水蜜丸和水丸应在 1 h 内全部溶散；

浓缩水丸、浓缩蜜丸、浓缩水蜜丸和糊丸应在 2 h 内全部溶散。滴丸不加挡板检查，应在 30 min 内全部溶散，包衣滴丸应在 1 h 内全部溶散。操作过程中如供试品黏附挡板妨碍检查，应另取供试品 6 丸，以不加挡板进行检查。上述检查，应在规定时间内全部通过筛网。如有细小颗粒状物未通过筛网，但已软化且无硬心者，可按符合规定论。

蜡丸照崩解时限检查法(通则 0921)片剂项下的肠溶衣片检查法检查，应符合规定。

除另有规定外，大蜜丸及研碎、嚼碎后或用开水、黄酒等分散后服用的丸剂不检查溶散时限。

六、微生物限度检查

知识拓展：复方丹参滴丸质量检查

以动物、植物、矿物质来源的非单体成分制成的丸剂，生物制品丸剂，照非无菌产品微生物限度检查：微生物计数法(通则 1105)和控制菌检查法(通则 1106)及非无菌药品微生物限度标准(通则 1107)检查，应符合规定。生物制品规定检查杂菌的，可不进行微生物限度检查。

知识总结

1. 除另有规定外，供制丸剂用的药粉应为细粉或最细粉。

2. 丸剂外观应圆整，大小、色泽应均匀，无粘连现象。蜡丸表面应光滑无裂纹，丸内不得有蜡点和颗粒。滴丸表面应无冷凝介质黏附。

3. 滴丸冷凝介质必须安全无害，且与原料药物不发生作用。常用的冷凝介质有液体石蜡、植物油、二甲硅油和水等。

4. 丸剂的微生物限度应符合要求。

5. 除另有规定外，丸剂应密封贮存，防止受潮、发霉、虫蛀、变质。

6. 除另有规定外，丸剂应检查水分、重量差异、装量差异(单剂量包装)、装量(多剂量包装)、溶散时限、微生物限度，并符合《中国药典》(2020 年版)规定。

在线测试

在线测试：丸剂和滴丸剂质量检查

请扫描二维码完成在线测试。

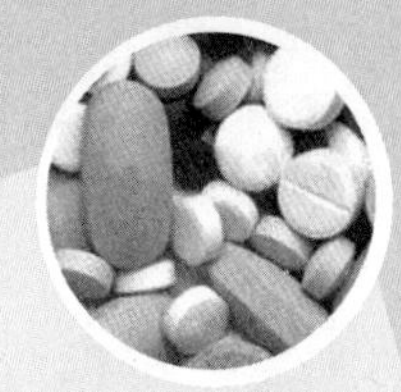

项目 11 膜剂和涂膜剂生产

学习目标

1. 掌握膜剂、涂膜剂的定义和特点。
2. 熟悉膜剂和涂膜剂的分类，常用辅料的应用，质量检查项目和检查方法等。
3. 了解膜剂和涂膜剂的制备过程。

知识导图

请扫描二维码了解本项目主要内容。

知识导图：膜剂和涂膜剂生产

任务　膜剂和涂膜剂认知

PPT：膜剂和涂膜剂认知

任务描述

膜剂和涂膜剂在临床有所应用，近年来开发品种较多，是药物制剂生产职业技能等级证书（初级）的理论考核内容之一。本任务主要学习膜剂和涂膜剂的定义、类型、特点、制备技术和质量要求，了解膜剂和涂膜剂的类型和特点，并对制备工艺有所认知。

授课视频：膜剂和涂膜剂认知

知识准备

一、膜剂

（一）基础知识

膜剂系指药物与适宜成膜材料经加工制成的膜状制剂，是20世纪60年代开始研究应用的一种剂型，国内于20世纪70年代对膜剂的研究有了较大进展。

1. 膜剂的类型

（1）膜剂按照剂型特点分为以下几类。①单层膜：包括水溶性膜剂和水不溶性膜剂。②多层膜：由几层单层膜叠合而成，可避免或减少药物之间的配伍禁忌、掩盖药物的不良气味等。③夹心膜：两层不溶性的高分子膜分别作为背衬膜和控释膜，中间夹着药物膜，起到控释的作用。

（2）膜剂按照给药途径分为以下几类。①口服膜剂：如口服丹参膜、安定膜等。②口腔及舌下膜剂：包括口含膜，舌下膜和口腔贴膜，口腔贴膜治疗口腔溃疡时可以黏附在溃疡黏膜表面，起到定位释放的作用，并且可以保护黏膜。③鼻腔用膜剂：鼻腔内给药可定位治疗鼻出血和鼻黏膜溃疡等。④眼用膜剂：可用于眼部疾患，如青光眼、结膜炎、角膜炎等。⑤阴道、宫颈用膜剂：用于避孕或治疗妇科疾病，如阴道炎、宫颈柱状上皮异位（俗称宫颈糜烂）等。⑥植入型膜剂：植入体内发挥长期治疗作用，是一种新型的膜剂。⑦经皮给药型膜剂：膜控释型及骨架控释型经皮给药膜剂可使药物长时间作用于人体，减少了给药次数，延长了给药时间间隔。

2. 膜剂的特点　无粉尘飞扬，制备工艺简单；含量准确，稳定性好；多层复合膜可减少药物配伍变化，可控制药物释放速度。

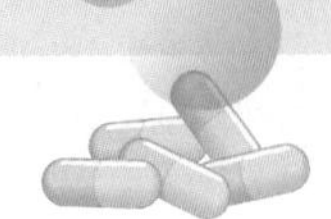

3. 膜剂的处方组成　膜剂一般由药物、成膜材料及附加剂三部分组成（表 11–1）。

表 11–1　膜剂的成膜材料及附加剂

类别	材料
成膜材料	1. 天然高分子物质：明胶、玉米朊、淀粉、糊精、琼脂、阿拉伯胶、纤维素、海藻酸等，其中多数可降解或溶解，但成膜、脱膜性能较差，故常与其他成膜材料合用 2. 合成高分子物质：聚乙烯醇（PVA）、乙烯 – 醋酸乙烯共聚物（EVA）、丙烯酸类共聚物、纤维素衍生物等。其中，PVA 是目前比较理想的成膜材料，对黏膜和皮肤无毒性、无刺激性，口服吸收少，48 h 后 80% 随大便排出；目前国内常用两种规格的 PVA，即 PVA 05–88 和 PVA 17–88，其平均聚合度分别为 500~600 和 1 700~1 800，醇解度为 88%。EVA 无毒性、无刺激性，成膜性能良好，膜柔软，强度大，常用于制备眼、阴道、子宫等控释膜剂
增塑剂	甘油、丙二醇、山梨醇等
其他辅料	着色剂、遮光剂、脱膜剂、矫味剂及表面活性剂等

（二）工艺流程

膜剂的制备方法有匀浆制膜法、热塑制膜法和复合制膜法，其中以匀浆制膜法最常用。匀浆制膜法也叫涂膜法，系指将成膜材料溶解于适当溶剂中，再将药物及附加剂分散在成膜溶液中制成均匀的药浆，静置除去气泡，经涂膜、干燥、脱膜等工序制成膜剂。涂膜机结构如图 11–1 所示。

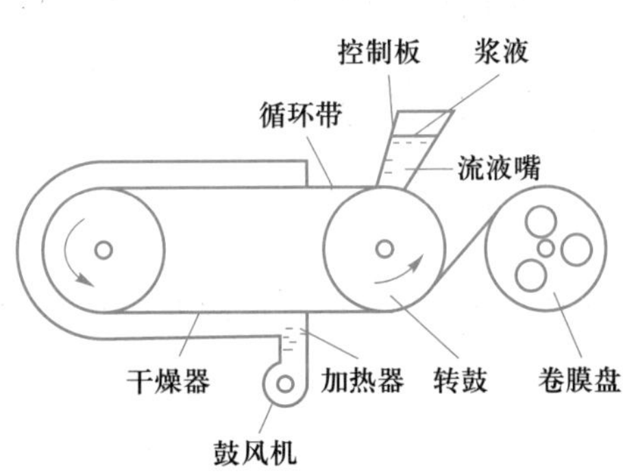

图 11–1　涂膜机结构示意图

（三）质量要求

按照《中国药典》（2020 年版）对膜剂的质量检查有关规定，膜剂需进行如下质量检查。

1. 重量差异检查　照下述方法检查，应符合规定。

检查法：除另有规定外，取供试品 20 片，精密称定总重量，求得平均重量，再分别精密称定各片的重量。每片重量与平均重量相比较，应符合表 11–2 中的规定，超出重量差异限度的不得多于 2 片，并不得有 1 片超出限度的 1 倍。

表 11-2　膜剂的重量差异限度

平均重量	重量差异限度
0.02 g 及 0.02 g 以下	± 15%
0.02 g 以上至 0.20 g	± 10%
0.20 g 以上	± 7.5%

凡进行含量均匀度检查的膜剂，一般不再进行重量差异检查。

2. 微生物限度检查　除另有规定外，照非无菌产品微生物限度检查：微生物计数法（通则 1105）和控制菌检查法（通则 1106）及非无菌药品微生物限度标准（通则 1107）检查，应符合规定。

二、涂膜剂

（一）基础知识

涂膜剂系指原料药物溶解或分散于含成膜材料的溶剂中，涂搽患处后形成薄膜的外用液体制剂。涂膜剂一般由药物、成膜材料及挥发性有机溶剂组成，必要时加入增塑剂。

主要特点：制备工艺简单，不需要特殊设备；透气性好；使用方便。

成膜材料：常用聚乙烯醇、聚乙烯吡咯烷酮、乙基纤维素和聚乙烯醇缩甲乙醛等。

挥发性有机溶剂：常用乙醇、丙酮、乙酸乙酯、乙醚等。

增塑剂：常用甘油、丙二醇、三乙酸甘油酯等。

（二）工艺流程

涂膜剂的一般制法：先将药物制成乙醇提取液或乙醇、丙酮溶液，再加到成膜材料溶液中，混合均匀即得。

（三）质量要求

按照《中国药典》（2020 年版）对涂膜剂的质量检查有关规定，涂膜剂需进行如下质量检查。

1. 装量检查　除另有规定外，照最低装量检查法（通则 0942）检查，应符合规定。

2. 无菌检查　除另有规定外，用于烧伤［除程度较轻的烧伤（Ⅰ°或浅Ⅱ°）外］或严重创伤的涂膜剂，照无菌检查法（通则 1101）检查，应符合规定。

3. 微生物限度检查　除另有规定外，照非无菌产品微生物限度检查：微生物计数法（通则 1105）和控制菌检查法（通则 1106）及非无菌药品微生物限度标准（通则 1107）检查，应符合规定。

实例分析

硝酸甘油膜

实例分析：硝酸甘油膜

【处方】 硝酸甘油乙醇溶液（10%）100 ml，PVA17-88 78 g，聚山梨酯-80 5 g，甘油　5 g，二氧化钛 3 g，纯化水加至 400 ml。

【制法】 取 PVA17-88、聚山梨酯-80、甘油、纯化水在水浴上加热搅拌使溶解，再加入二氧化钛研磨，过 80 目筛，放冷。在搅拌下逐渐加入硝酸甘油乙醇溶液（10%），放置过夜以消除气泡。次日用涂膜机在 80 ℃下制成厚 0.05 mm、宽 10 mm 的膜剂，用铝箔包装即得。

【讨论】 本品处方中甘油和二氧化钛所起的作用分别是什么？

知识总结

1. 膜剂系指药物与适宜的成膜材料经加工制成的膜状制剂。

2. 膜剂的主要特点：无粉尘飞扬，制备工艺简单；含量准确，稳定性好；多层复合膜可减少药物配伍变化，可控制药物释放速度。

3. 膜剂一般由药物、成膜材料及附加剂三部分组成。

4. 膜剂的制备方法有匀浆制膜法、热塑制膜法和复合制膜法，其中以匀浆制膜法最常用。

5. 涂膜剂系指原料药物溶解或分散于含成膜材料的溶剂中，涂搽患处后形成薄膜的外用液体制剂。

6. 涂膜剂一般由药物、成膜材料及挥发性有机溶剂组成，必要时加入增塑剂。

在线测试

在线测试：膜剂和涂膜剂认知

请扫描二维码完成在线测试。

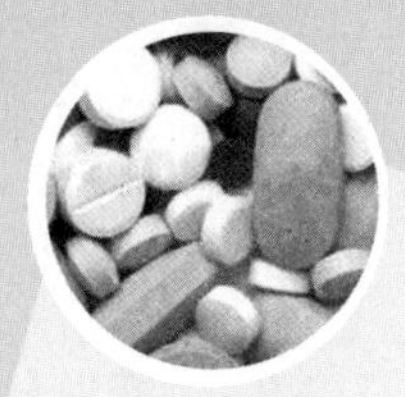

项目12
栓剂生产

学习目标

1. 掌握栓剂的定义、特点、处方组成、制备方法、生产工艺及质量检查，栓剂常用的基质及基质的质量要求。
2. 熟悉栓剂的分类及质量要求，栓剂基质和附加剂的选用。
3. 了解栓剂的作用原理及基质用量计算。

知识导图

请扫描二维码了解本项目主要内容。

知识导图：栓剂生产

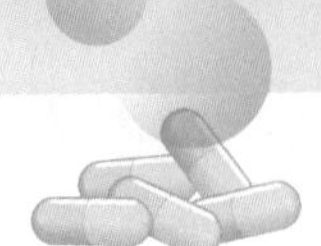

任务 12.1 栓剂制备

任务描述

本任务主要学习栓剂的定义、特点、分类、处方组成和制备方法，按照栓剂的生产工艺流程，完成栓剂制备。

PPT：
栓剂制备

授课视频：
栓剂制备

知识准备

一、基础知识

1. 栓剂的定义　栓剂系指原料药物与适宜基质等制成的供腔道给药的固体制剂。栓剂亦称坐药或塞药，是一种古老的固体剂型，在东汉张仲景的《伤寒论》中就有应用记载。

2. 栓剂的特点　栓剂常温下为固体，塞入腔道后，受体温影响融化、软化或溶化于分泌液中，逐渐释放出药物，产生局部或全身作用。一般情况下，对胃肠道有刺激性，在胃中不稳定或有明显的肝首过效应的药物，可以考虑制成直肠栓。

栓剂给药后，因吸收途径不同，可在腔道内起局部作用，或由腔道吸收入血起全身作用。

(1) 局部作用：可在腔道起润滑、抗菌、杀虫、镇痛、止痒等局部作用。

(2) 全身作用：经腔道吸收入血后可发挥全身作用，其优势如下。①可减小药物对胃黏膜的刺激性。②可避免药物受酶和胃肠道 pH 的破坏而失去活性。③直肠吸收的大部分药物不受肝首过效应的影响，同时可降低肝毒性。④直肠吸收比口服影响因素少。

栓剂用法简便，剂量准确，适用于不能或者不愿口服给药的患者，尤其适合于儿童用药，也是伴有呕吐的患者用药的有效途径之一。但栓剂也有一些缺点，如吸收不稳定，应用时不如口服制剂方便等。

3. 栓剂的分类　栓剂因使用腔道不同，分为直肠栓、阴道栓和尿道栓，以前两者较常用；按制备工艺与释药特点又可分为双层栓、中空栓和缓控释栓。

(1) 直肠栓：直肠栓有圆锥形、圆柱形、鱼雷形等形状，见图 12-1。每颗栓剂重量约 2 g，儿童用栓剂约 1 g，长 3~4 cm。其中以鱼雷形较好，因塞入肛门后，易压入直肠内。

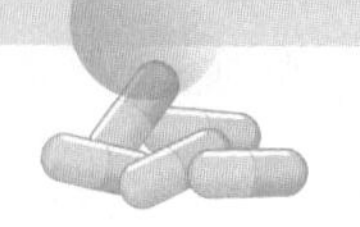

(2) 阴道栓：阴道栓可分为普通栓和膨胀栓，有球形、卵形、鸭嘴形等形状，见图12-2。每颗重量为 3~5 g，直径 1.5~2.5 cm。其中以鸭嘴形较好，因相同重量的栓形，鸭嘴形表面积最大。近年来，阴道栓应用减少，逐渐为阴道用片剂或胶囊剂所代替。

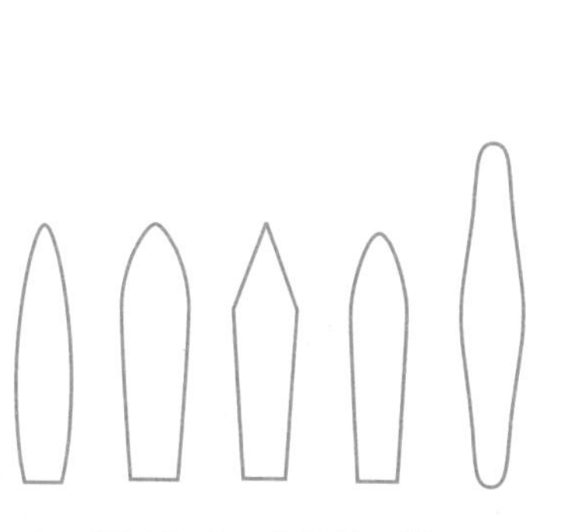

图 12-1　直肠栓形状

图 12-2　阴道栓形状

4. 栓剂的吸收　栓剂的给药途径不同，药物的吸收情况有较大差异。

(1) 直肠栓药物吸收：栓剂在直肠内的吸收途径有三条。①通过直肠上静脉，经门静脉进入肝，经肝代谢后进入大静脉。②通过直肠中静脉、下静脉和肛门静脉，绕过肝，进入下腔静脉，进入体循环。③淋巴系统对直肠药物的吸收与血液同样重要。

在直肠内的吸收途径与栓剂塞入肛门的深度有关。栓剂越靠近直肠下部，栓剂中药物吸收时不经过肝的量就越多。当栓剂距肛门 2 cm 时，给药总量的 50%~70% 不经过肝；当栓剂距肛门 6 cm 时，在此部位吸收的药物，大部分要经过直肠上静脉进入门静脉系统，药物可能会受肝首过效应影响。

(2) 阴道栓药物吸收：阴道给药时由于影响因素过多，主要发挥的是局部治疗作用。

5. 栓剂的基质与附加剂　栓剂主要由药物和基质组成，也需加入少量附加剂。基质不仅有助于栓剂成型，而且对剂型特性和药物释放、吸收均有重要影响。优良的栓剂基质需要具备一定的条件，具体条件包括：①室温下有适宜的硬度与韧性，塞入腔道时不变形或碎裂，在体温下易软化、融化或溶化。②与药物混合后不起反应，亦不妨碍主药的作用与含量测定。③对黏膜无刺激性、无毒性、无过敏性，起局部作用的栓剂，基质释药应缓慢而持久。④起全身作用的栓剂，塞入腔道后要能迅速释药。⑤基质本身稳定，在贮藏过程中不发生理化性质变化，不易霉变。⑥具有润湿或乳化的能力，水值较高，即能容纳较多的水。⑦不因晶型的转化而影响栓剂的成型，冷压法和热熔法制备栓剂时应易于脱模。⑧基质的熔点与凝固点的间距不宜过大，油性基质的酸值应低于 0.2，皂化值应在 200~245，碘值应低于 7。

(1) 水溶性基质：①甘油明胶系明胶、甘油、水按 7 : 2 : 1 的比例在水浴上加热

融合，蒸去大部分水，放冷后凝固而成。多用作阴道栓剂基质，起局部作用。其优点是有弹性、不易折断，且在体温下不融化，但塞入腔道后能软化并缓慢溶于分泌液中，使药效缓和而持久。其溶解度与明胶、甘油、水三者的比例有关，甘油和水含量越高越易溶解，且甘油也能防止栓剂干燥。②聚乙二醇（PEG）类无生理作用，遇体温不融化，但能缓缓溶于体液而释放药物。吸湿性较强，受潮容易变形，故 PEG 基质栓剂应贮存于干燥处。③聚氧乙烯（40）单硬脂酸酯系聚乙二醇的单硬脂酸酯和二硬脂酸酯的混合物，熔点为 39~45 ℃，可溶于水、乙醇等，不溶于液体石蜡，商品代号为 S-40。

（2）油脂性基质：①可可豆脂是主要含硬脂酸、棕榈酸、油酸、亚油酸和月桂酸的甘油酯，其中可可碱含量可达 2%。可可豆脂有 4 种晶型，其中以 β 型最稳定，熔点为 34 ℃。制备时应缓缓升温加热待熔化至 2/3 时，停止加热，让余热使其全部熔化，以避免晶体转型。每 100 g 可可豆脂可吸收 20~30 g 水，若加入 5%~10% 的聚山梨酯可增加吸水量，且有助于药物混悬。②半合成或合成脂肪酸甘油酯化学性质稳定，成型性好，具有保湿性和适宜熔点，不易酸败，为目前取代天然油脂的较理想基质。国内已有半合成椰油酯、半合成山苍子油酯、半合成棕榈油酯、硬脂酸丙二醇酯等。

（3）栓剂常用附加剂：主要有以下几类。①硬化剂：若制得的栓剂在贮藏或使用时过软，可加入适量硬化剂，如白蜡、鲸蜡醇、硬脂酸、巴西棕榈蜡等。②增稠剂：当药物与基质混合时，因机械搅拌情况不良或生理上需要时，栓剂制品中可酌加增稠剂，常用增稠剂有氢化蓖麻油、单硬脂酸甘油酯、硬脂酸铝等。③乳化剂：当栓剂处方中含有与基质不能相混合的液相时，特别是在此相含量较高（大于 5%）时，可加入适量乳化剂。④吸收促进剂：起全身治疗作用的栓剂，可加入吸收促进剂以增加直肠黏膜对药物的吸收，常用吸收促进剂有表面活性剂、氮酮等。⑤着色剂：可选用脂溶性或水溶性着色剂，但加入水溶性着色剂时，必须注意加水后对 pH 和乳化剂乳化效果的影响，还应注意控制脂肪水解和栓剂中的色移现象。⑥抗氧剂：对易氧化的药物应加入抗氧剂，如叔丁基对甲酚（BHT）、叔丁基羟基茴香醚（BHA）等，以延缓主药的氧化速度。⑦防腐剂：当栓剂中含有植物浸膏或水性溶液时，可使用防腐剂，如对羟基苯甲酸酯类。

知识拓展：栓剂基质的选用

栓剂模具（简称栓模）的容量一般是固定的，但会因基质或药物密度的不同而容纳不同的重量。一般栓模容纳的重量是指以可可豆脂为代表的基质重量。

二、工艺流程

栓剂的制备方法有搓捏法、冷压法和热熔法（表 12-1）。搓捏法用于油脂性基质栓剂的小量制备；冷压法用于油脂性基质栓剂的大量生产；热熔法则通用于油脂性基质和水溶性基质栓剂的制备。其中热熔法最常用。

表 12-1　栓剂常用的制备方法

方法	操作步骤	应用特点
搓捏法	取药物细粉置乳钵中，加入等量基质挫成粉末研匀后，缓缓加入剩余基质制成均匀的可塑性团块，必要时可加入适量植物油或羊毛脂以增加可塑性。再置瓷板上，用手隔纸搓擦，轻轻加压转动滚成圆柱体并按需要量分割成若干等份，搓捏成适宜的形状	此法适用于小量临时制备，所得制品的外形往往不一致，不美观
冷压法	先将基质磨碎或挫成粉末，再与主药混合均匀，装于压栓机中，在配有栓模的圆筒内，通过水压机或手动螺旋活塞挤压成型	主要用于油脂性基质栓剂。避免了加热对主药或基质稳定性的影响，不溶性药物也不会在基质中沉降，但生产效率不高，成品中往往夹带空气而不易控制栓重
热熔法	将计算量的基质在水浴上加热熔化，然后将药物粉末与等重已熔融的基质研磨混合均匀，最后加入剩余基质并混匀，倾入涂有润滑剂的模孔中至稍溢出模口为度，冷却，待完全凝固后，用刀切去溢出部分。开启模具，将栓剂推出，包装即得	应用最广泛。为避免过热，一般在基质熔融达 2/3 时即应停止加热，适当搅拌。熔融的混合物在注模时应迅速，并一次注完，以免发生液层凝固。小量生产采用手工灌模方法，大量生产则用机器操作

应用最广泛的热熔法制备栓剂的工艺流程见图 12-3。

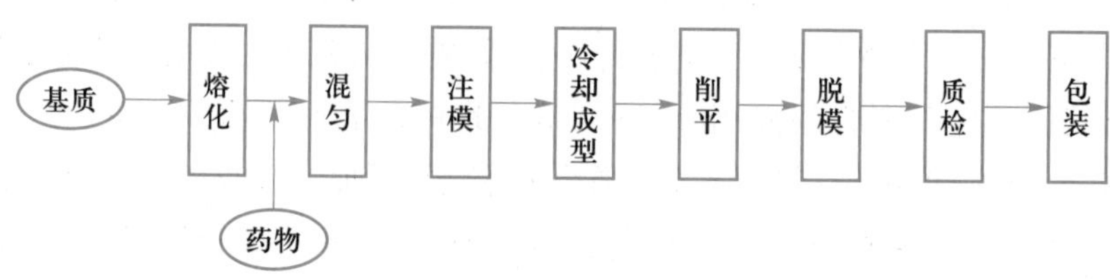

图 12-3　热熔法制备栓剂的工艺流程

任务实施

一、熔融基质

主要采用水浴加热的方法熔化，为了避免过热，通常在基质熔融达 2/3 时即停止加热，适当搅拌，利用余热将剩余基质熔化。

二、加入药物

依据药物的性质以不同方法将药物加入接近凝固点的基质中。如果药物为不溶性固体药物，则加入时应一直搅拌至冷凝，避免药物混合不均匀。

三、注模

待熔融的混合物温度降至40 ℃左右，或由澄清变浑浊时，倾入栓模中，注意要一次完成，以免发生液层凝固而断层，倾入时应稍溢出模口，以确保凝固时栓剂的完整。

注意事项：栓模是制备栓剂常用的设备，栓模模孔的形状决定栓剂的形状（图12-4、图12-5）。为使栓剂成型后易于取出，在熔融物注入栓模之前，需先在模具内表面涂润滑剂。润滑剂可根据基质和药物性质选用。

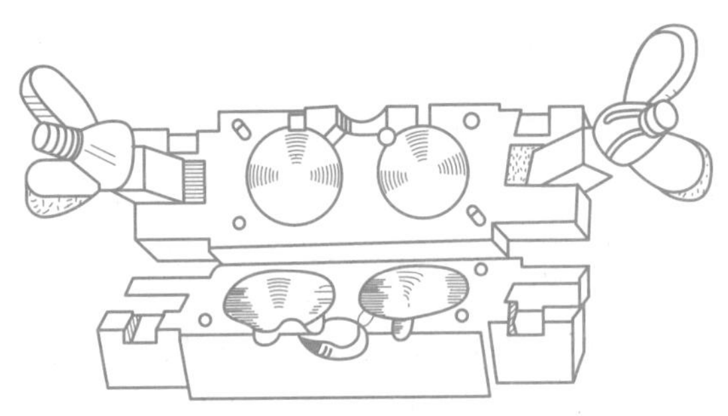

图12-4 阴道栓模具

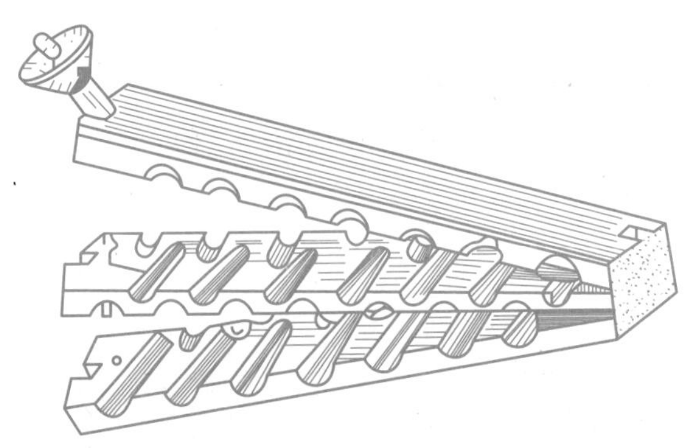

图12-5 直肠栓模具

模孔内涂的润滑剂通常有两类：①油脂性基质的栓剂，常用软肥皂、甘油各1份与95%乙醇5份混合作为润滑剂。②水溶性或亲水性基质的栓剂，则用油性润滑剂，如液体石蜡或植物油等。有的基质不粘模，如可可豆脂或聚乙二醇类，可不涂润滑剂。

四、冷却

注模后可将模具置于室温或冰箱中冷却。

视频：栓剂的制备

五、脱模

当栓剂完全凝固后，削去溢出部分，打开模具，推出栓剂，晾干，包装即得。

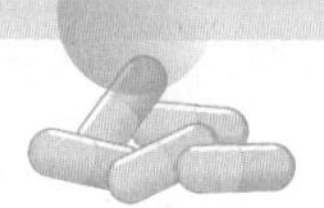

实例分析　甘油栓

实例分析：甘油栓

【处方】 甘油 24 g，碳酸钠 0.6 g，硬脂酸 2.4 g，蒸馏水 3 ml。

【制法】 取干燥碳酸钠与蒸馏水置蒸发皿内，加入甘油混匀后置水浴上加热，缓缓分次加入硬脂酸细粉，随加随搅拌，待泡沫停止，溶液澄明，即可注入已用液体石蜡处理过的栓模中，放冷，整理。

【用途】 本品能增加肠的蠕动而发挥通便作用，为润滑性泻药。直肠给药，一次 1 粒。

【讨论】 1. 上述栓剂制备原理是什么？

2. 上述处方操作时有哪些注意事项？

知识总结

1. 栓剂系指原料药物与适宜基质等制成的供腔道给药的固体制剂。

2. 栓剂因施用腔道的不同，分为直肠栓、阴道栓和尿道栓等。新型栓剂包括双层栓、中空栓、缓控释栓等。

3. 栓剂可发挥局部或全身治疗作用，使用简便，剂量准确，适用于不能或者不愿口服给药的患者。

4. 栓剂的基质包括油脂性基质和水溶性基质。

5. 栓剂的制备方法有搓捏法、冷压法和热熔法三种。

在线测试：栓剂制备

在线测试

请扫描二维码完成在线测试。

任务 12.2　栓剂质量检查

PPT：栓剂质量检查

授课视频：栓剂质量检查

任务描述

检剂在生产与贮藏期间应符合相关质量要求。本任务主要学习栓剂的质量要求，按照《中国药典》（2020 年版）栓剂项下重量差异、融变时限、微生物限度等检查法要求完成栓剂的质量检查，正确评价制剂质量。

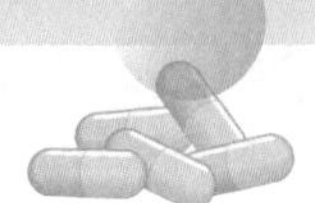

知识准备

栓剂在生产与贮藏期间应符合下列规定。

1. 制备栓剂用的固体原料药物，除另有规定外，应预先用适宜方法制成细粉或最细粉。可根据施用腔道和使用需要，制成各种适宜的形状。

2. 栓剂中的原料药物与基质应混合均匀，栓剂外形要完整光滑，塞入腔道后应无刺激性，应能融化、软化或溶化，并与分泌液混合，逐渐释放出药物，产生局部或全身作用。

3. 栓剂应有适宜的硬度，以免在包装或贮存时变形。

4. 栓剂所用内包装材料应无毒性，并不得与原料药物或基质发生理化反应，除另有规定外，栓剂应在 30 ℃以下密闭贮存，防止因受热或受潮而变形、发霉、变质。生物制品原液、半成品和成品生产及质量控制应符合相关品种要求。

5. 阴道膨胀栓内芯应符合有关规定，以保证其安全性。

6. 栓剂的重量差异、融变时限、微生物限度应符合《中国药典》(2020 年版) 有关规定。

任务实施

一、重量差异检查

取供试品 10 粒，精密称定总重量，求得平均粒重后，再分别精密称定各粒的重量。每粒重量与平均粒重相比较(有标示粒重的中药栓剂，每粒重量应与标示粒重比较)，按表 12-2 中的规定，超出重量差异限度的药粒不得多于 1 粒，并不得超出限度 1 倍。

表 12-2 栓剂的重量差异限度

平均粒重或标示粒重	重量差异限度
1.0 g 及 1.0 g 以下	± 10%
1.0 g 以上至 3.0 g	± 7.5%
3.0 g 以上	± 5%

二、融变时限检查

除另有规定外，照融变时限检查法(通则 0922)检查，应符合规定。油脂性基质的栓剂 3 粒均应在 30 min 内全部融化、软化或触压时无硬心。水溶性基质的栓剂 3 粒应在 60 min 内全部溶解，如有 1 粒不合格，应另取 3 粒复试，均应符合规定。

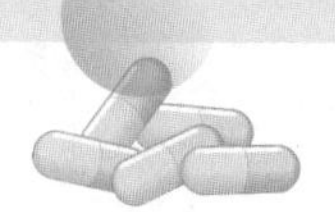

知识拓展：
上下双层栓
和中空栓

三、微生物限度检查

除另有规定外，照非无菌产品微生物限度检查：微生物计数法（通则 1105）和控制菌检查法（通则 1106）及非无菌药品微生物限度标准（通则 1107）检查，应符合规定。

知识总结

1. 栓剂中的原料药物与基质应混合均匀。

2. 栓剂外形要完整光滑，塞入腔道后应无刺激性，应能融化、软化或溶化，并与分泌液混合，逐渐释放出药物，产生局部或全身作用。

3. 栓剂应有适宜的硬度，以免在包装或贮存时变形。

4. 除另有规定外，栓剂应在 30 ℃以下密闭贮存，防止因受热或受潮而变形、发霉、变质。

5. 除另有规定外，栓剂应检查重量差异、融变时限、微生物限度，并符合《中国药典》(2020 年版）规定。

在线测试

在线测试：
栓剂质量
检查

请扫描二维码完成在线测试。

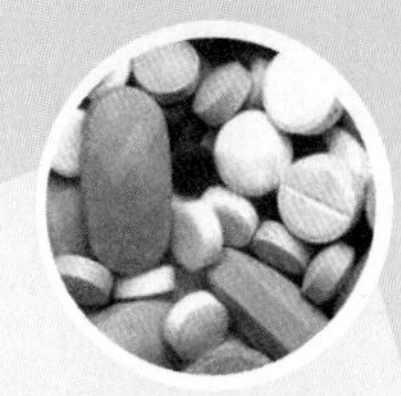

项目 13
液体制剂生产

学习目标

1. 掌握低分子溶液剂、高分子溶液剂、乳剂、混悬剂的制备方法，生产工艺及质量检查。
2. 熟悉液体制剂常用的附加剂和溶剂，低分子溶液剂的分类，高分子溶液剂的性质，常用乳化剂种类及乳剂的不稳定性，混悬剂的稳定剂，影响混悬剂稳定性的因素。
3. 了解液体制剂的包装与贮存。

知识导图

请扫描二维码了解本项目主要内容。

知识导图：液体制剂生产

任务 13.1　低分子溶液剂制备

PPT：低分子溶液剂制备

授课视频：低分子溶液剂制备

任务描述

低分子溶液剂是临床常用的液体剂型之一。本任务主要学习低分子溶液剂的定义、特点、分类、溶剂、附加剂和制备方法，按照低分子溶液剂的生产工艺流程，完成低分子溶液剂制备。

知识准备

一、基础知识

1. 低分子溶液剂的定义　低分子溶液剂系指小分子药物以分子或离子状态分散在溶剂中形成的均相液体制剂，可供内服或外用。

2. 低分子溶液剂的特点　药物一般为低分子的化学药物或中药挥发性药物，溶剂多为水，也有用乙醇或油为溶剂，制备时根据需要可加入增溶剂、助溶剂、抗氧剂、矫味剂、着色剂等附加剂。

3. 低分子溶液剂的分类　低分子溶液剂包括溶液剂、糖浆剂、芳香水剂、酯剂和甘油剂等。

(1) 溶液剂：系指药物溶解于溶剂中形成的澄明液体制剂。溶液剂在生产与贮藏期间应符合下列规定：①应澄清，具有原药气味，不得有霉变、异臭、沉淀、浑浊或异物等。②制备时加入的添加剂不得影响主药的性能。③密闭，阴凉处保存。

(2) 糖浆剂：系指含有原料药物的浓蔗糖水溶液。糖浆剂在生产与贮藏期间应符合下列规定：①含糖量应不低于 45%（g/100 ml）。②将药物用新煮沸过的水溶解（饮片应按各品项下规定的方法提取、纯化、浓缩至一定体积）加入单糖浆；如直接加入蔗糖配制，则需煮沸，必要时过滤，并自滤器上添加适量新煮沸过的水至处方规定量。③除另有规定外，糖浆剂应澄清，在贮存期间不得有霉变、酸败、产生气体或其他变质现象，药材提取物糖浆剂允许有少量摇之易散的沉淀。④一般应检查相对密度、pH 等。⑤除另有规定外，糖浆剂应密封，置阴凉干燥处贮存。

(3) 芳香水剂：系指芳香挥发性药物（多为挥发油）的饱和或近饱和水溶液，主要用作制剂的溶剂和矫味剂。用乙醇和水混合溶剂制成的含大量挥发油的溶液，称为浓芳

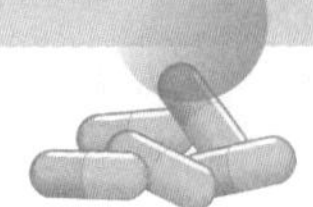

香水剂。

芳香水剂在生产与贮藏期间应符合下列规定：①应为澄明水溶液，具有与原有药物相同的气味，不得有异臭、沉淀和杂质。②大多易分解、变质甚至霉变，所以不宜大量配制和久贮。

(4) 酊剂：系指挥发性药物的浓乙醇溶液。凡用于制备芳香水剂的药物一般都可以制成酊剂，供外用或内服。酊剂在生产与贮藏期间应符合下列规定：①酊剂中药物浓度可达5%~10%，乙醇浓度一般为60%~90%，与水性制剂混合或制备过程与水接触，会因乙醇浓度降低而发生浑浊。②酊剂中挥发油易氧化变质和挥发，且长期贮存会变色，故酊剂应贮藏于密闭容器中，置凉暗处保存，且不宜长期贮藏。③酊剂应规定含醇量。

(5) 甘油剂：系指药物的甘油溶液，专供外用。甘油剂在生产与贮藏期间应符合下列规定：①甘油对一些药物如碘、酚、硼酸、鞣酸有很好的溶解能力，制成的溶液比较稳定。②甘油剂的引湿性较大，故应密闭保存。

4. 溶剂　溶剂对药物的溶解和分散起重要作用，对液体制剂的质量影响很大，优良的液体溶剂应具备对药物有较好的溶解性和分散性；化学性质稳定，不与药物发生反应；不影响主药的药效和含量测定；毒性小、无刺激性，无不良嗅味且具防腐性；成本低廉等特点。常用溶剂包括极性溶剂、半极性溶剂和非极性溶剂。

(1) 极性溶剂：①水为最常用溶剂，能与乙醇、甘油、丙二醇等溶剂以任意比例混合，能溶解绝大多数无机盐类，能溶解生物碱盐、苷类、糖类、树胶、黏液质、鞣质、蛋白质、酸类及色素等。但有些药物在水中不稳定，易产生霉变，不宜长久贮存。②甘油为黏稠性液体，味甜，毒性小，能与水、乙醇、丙二醇以任意比例混合，对硼酸、苯酚和鞣质的溶解度比水大。甘油的吸水性很强，在外用制剂中用作保湿剂。③二甲基亚砜(DMSO)有“万能溶剂”之称，溶解范围广泛，水溶性、脂溶性及许多难溶于水、甘油、乙醇的药物皆可溶解。

(2) 半极性溶剂：①乙醇能溶解生物碱、苷类、挥发油、树脂、色素等；可与水、甘油、丙二醇任意混合，20%以上的稀乙醇即有防腐作用，40%以上的乙醇可延缓某些药物的水解；在制剂中一般用作溶剂、防腐剂、消毒杀菌剂。②丙二醇的黏度、毒性和刺激性较甘油小，但有辛辣感；能溶解磺胺类药、局部麻醉药、维生素A和维生素D、挥发油等；能与水、甘油、乙醇等混溶，但不能与脂肪油混溶；在制剂中一般用作溶剂、润湿剂、保湿剂、防腐剂、皮肤渗透剂。③聚乙二醇(PEG)中，PEG200、PEG300、PEG400、PEG600、PEG800为液体，其中PEG300~600常用。聚乙二醇能增加药物溶解度，能与水、乙醇、甘油、丙二醇以任意比例互溶；能溶解许多水溶性的无机盐和水不溶性的有机物；在制剂中一般用作溶剂、助溶剂。

(3) 非极性溶剂：①脂肪油为常用非极性溶剂，包括花生油、麻油、豆油、棉籽油、茶油；能溶解固醇类激素、油溶性维生素、游离生物碱、挥发油、芳香族药物；多用于外用制剂，如滴鼻剂、洗剂、搽剂等；易氧化酸败，也易与碱性物质发生皂化反应而影响制剂质量。②液体石蜡能溶解生物碱、挥发油及一些非极性药物，与水不能混溶；有润肠通

便的作用，可作口服制剂和搽剂、灌肠剂的溶剂。轻质石蜡多用于外用滴鼻剂、喷雾剂等，重质石蜡多用于软膏、糊剂。③乙酸乙酯易氧化、变色，需加入抗氧剂，常作为搽剂的溶剂。

5. 附加剂　因制备各种类型液体制剂的需要，常选择各类附加剂，起到增溶、助溶、乳化、助悬、润湿，以及矫味（嗅）、着色等作用。

（1）增溶剂：增溶系指难溶性药物在表面活性剂作用下，在溶剂中增加溶解度并形成溶液的过程。具有增溶能力的表面活性剂称为增溶剂，被增溶的药物称为增溶质。增溶量为每1 g增溶剂能增溶药物的重量（g）。以水为溶剂的液体制剂，增溶剂的最适HLB值为15~18，常用增溶剂有肥皂类、聚山梨酯类和聚氧乙烯脂肪酸酯类等表面活性剂。

（2）助溶剂：能与难溶性药物在溶剂中形成可溶性分子间络合物、复盐或缔合物等，以增加药物溶解度的第三种物质称为助溶剂。助溶剂多为低分子化合物（非表面活性剂），主要分为三类：①有机酸及其钠盐，如苯甲酸钠、水杨酸钠、对氨基水杨酸钠等。②酰胺化合物，如乌拉坦、尿素、烟酰胺、乙酰胺等。③某些无机化合物，如碘化钾等。

（3）潜溶剂：难溶性药物在一种溶剂中的溶解度较小，当使用两种或多种混合溶剂，且混合溶剂达到某一比例时，该药物在其中的溶解度出现极大值，这时的混合溶剂称为潜溶剂。能与水形成潜溶剂的有乙醇、丙二醇、聚乙二醇等。

（4）防腐剂：又称抑菌剂，系指具有抑菌作用，能抑制微生物生长繁殖的物质。常用防腐剂有羟苯酯类（尼泊金类）、苯甲酸与苯甲酸钠、山梨酸与山梨酸钾、苯扎氯铵（洁尔灭）与苯扎溴铵（新洁尔灭）等。

（5）矫味剂：系指药品中用以改善药物不良气味和味道，使患者难以觉察药物的强烈苦味（或其他异味如辛辣、刺激等）的药用辅料。矫味剂分为甜味剂、芳香剂、胶浆剂、泡腾剂等类型。

（6）着色剂：①天然色素，红色如苏木、甜菜红、胭脂红等；黄色如姜黄、胡萝卜素等；蓝色如松叶兰、乌饭树叶等；绿色如叶绿酸铜钠盐；棕色如焦糖；矿物色素如棕红色氧化铁。②合成色素，如苋菜红、柠檬黄、胭脂红、日落黄等，通常配成1%贮备液使用。

二、工艺流程

低分子溶液剂制备主要有溶解法、稀释法、化学反应法。其中溶解法为常用的制备方法，其制备工艺流程见图13-1。

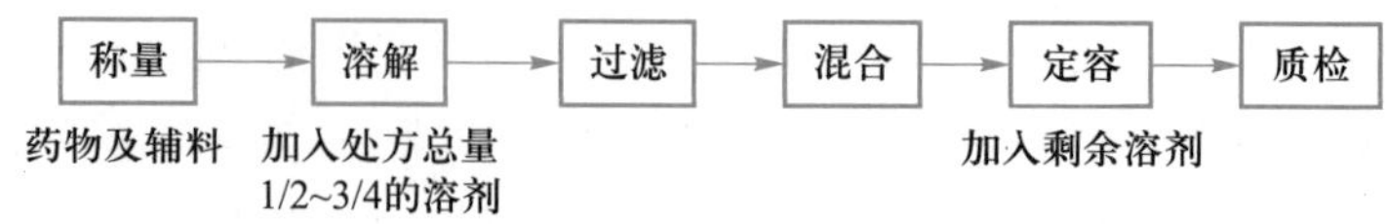

图13-1　低分子溶液剂的制备工艺流程（溶解法）

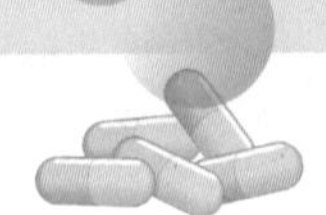

常见低分子溶液剂制备方法与操作过程如表13-1所示。

表13-1 常见低分子溶液剂制备方法与操作过程

类型	制备方法	操作过程
溶液剂	溶解法	一般取处方总量1/2~3/4的溶剂,加入药物搅拌使其溶解,过滤,再通过滤器加溶剂至全量,搅匀即得
	稀释法	先将药物配制成高浓度溶液,再用溶剂稀释至所需浓度,搅匀即得
糖浆剂	热溶法	蔗糖在水中的溶解度随温度的升高而增加。将蔗糖加入沸纯化水中,加热溶解后,再加可溶性药物,混合、溶解、过滤,从滤器上加适量纯化水至规定容量即得。其特点是蔗糖易溶解,趁热易过滤,所含高分子杂质如蛋白质加热凝固被滤除,制得的糖浆剂易于滤清,同时在加热过程中杀灭微生物,使糖浆易于保存。但加热过久或超过100 ℃时,转化糖含量增加,糖浆剂颜色容易变深。此法适用于制备对热稳定的含药糖浆和有色糖浆
	冷溶法	系在室温下将蔗糖溶于纯化水中制成糖浆剂。其特点是制成的糖浆剂颜色较浅,适宜用于对热不稳定的药物和挥发性药物的糖浆剂制备,但生产周期长,制备过程易被微生物污染
	混合法	系将药物与单糖浆均匀混合而制成。此法操作简便,质量稳定,应用广泛,但制成的含药糖浆含糖量低,应特别注意防腐
芳香水剂	溶解法	取挥发油或挥发油性药物细粉,加纯化水适量,用力振摇使成饱和溶液,过滤,通过过滤器加适量纯化水至全量,摇匀即得。制备时也可先加适量滑石粉与挥发油研匀,再加纯化水溶解
	稀释法	取浓芳香水剂,加纯化水稀释,搅匀即得
	水蒸气蒸馏法	取含挥发性成分的药材适量,洗净,适当粉碎,置蒸馏器中,加适量纯化水浸泡一定时间,通入水蒸气蒸馏,一般收集药材重量的6~10倍蒸馏液,除去过量的挥发性物质或重蒸馏一次。必要时可用润湿的滤纸过滤使成澄清溶液
醑剂	溶解法	直接将挥发性药物溶于乙醇中即得。如樟脑醑、三氯甲烷醑的制备
	蒸馏法	将挥发性药物溶于乙醇后再进行蒸馏,或将化学反应制得的挥发性药物加以蒸馏而制得,如芳香氨醑
甘油剂	溶解法	如硼酸甘油,是由甘油与硼酸经化学反应生成硼酸甘油酯,再将反应产物溶于甘油中制成

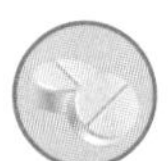

任务实施

一、称量

固体药物常以克为单位,根据药物量的多少,选用不同的天平称重。液体药物常以毫升为单位,选用不同的量杯或量筒进行量取。用量较少的液体药物,也可采用滴管及滴数量取,量取液体药物后,应用少许水洗涤量器,洗液并于容器中,以减少药物的损失。

二、溶解

取处方量 1/2~3/4 的溶剂，加入药物搅拌溶解。溶解度大的药物可直接加入溶解；对不易溶解的药物，应先研细；遇热易分解的药物则不宜加热溶解；小剂量药物（如毒药）或附加剂（如助溶剂、抗氧剂等）应先溶解；难溶性药物应先加入溶解，亦可采用增溶、助溶或选用混合溶剂等方法使之溶解；无防腐能力的药物应加防腐剂；易氧化不稳定的药物可采用加抗氧剂、金属络合剂等稳定剂及调节 pH 等措施；浓配易发生变化的可分别稀配后再混合；醇性制剂如酊剂加至水溶液中时，加入速度要慢，且应边加边搅拌；液体药物及挥发性药物应最后加入。

三、过滤

固体药物溶解后，一般都要过滤，可根据需要选用玻璃漏斗、布氏漏斗、垂熔玻璃漏斗等，滤材有脱脂棉、滤纸、纱布、绢布等。

药液应反复过滤，直至澄明度合格为止。

四、定容

将溶剂注入容器中，液面离容器刻度线下 1~2 cm 时，改用胶头滴管滴加剩余溶剂至凹液面与刻度线相切。

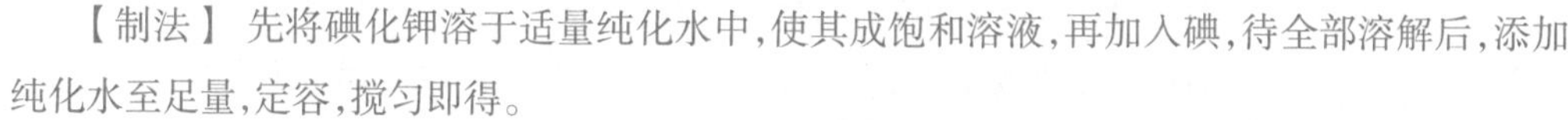

实例分析　复方碘溶液

【处方】 碘 5 g，碘化钾 100 g，纯化水 100 ml。

【制法】 先将碘化钾溶于适量纯化水中，使其成饱和溶液，再加入碘，待全部溶解后，添加纯化水至足量，定容，搅匀即得。

实例分析：复方碘溶液

【讨论】 1. 处方中各成分的作用分别是什么？

2. 服用本品有什么特别需要注意的地方？

3. 本品在贮存中应注意什么问题？

知识总结

1. 低分子溶液剂系指小分子药物以分子或离子状态分散在溶剂中形成的均相液体制剂，可供内服或外用。

2. 液体制剂常用溶剂包括极性溶剂、半极性溶剂和非极性溶剂；常用附加剂包括增溶剂、助溶剂、潜溶剂、防腐剂、矫味剂、着色剂。

3. 低分子溶液剂包括溶液剂、糖浆剂、芳香水剂、醑剂和甘油剂等。

4. 常用的制备方法有溶解法、稀释法、化学反应法。
5. 溶解法的工艺流程为：称量→溶解→过滤→混合→定容→质检。

在线测试

在线测试：低分子溶液剂制备

请扫描二维码完成在线测试。

任务 13.2　高分子溶液剂制备

PPT：高分子溶液剂制备

授课视频：高分子溶液剂制备

任务描述

本任务主要学习高分子溶液剂的定义、性质，按照高分子溶液剂的生产工艺流程，完成高分子溶液剂制备。

知识准备

一、基础知识

1. 高分子溶液剂的定义　高分子溶液剂系指高分子化合物以单分子形式分散于分散介质中形成的均相体系，属于热力学稳定体系。以水为溶剂制备的称为亲水性高分子溶液剂或胶浆剂，以非水溶剂制备的称为非水性高分子溶液剂。

2. 高分子溶液剂的性质

(1) 荷电性：高分子化合物会因本身的解离而带电，有的带正电，有的带负电。一些高分子化合物如蛋白质等所带电荷受溶液 pH 的影响，当溶液的 pH> 等电点时，高分子化合物带负电；当 pH< 等电点时，高分子化合物带正电。利用高分子溶液存在电泳现象，通过电泳法可测得高分子化合物所带电荷的种类。

(2) 渗透压：亲水性高分子溶液剂有较高的渗透压，渗透压的大小与高分子溶液剂的浓度有关。

(3) 黏度：高分子溶液剂是黏稠性液体，黏度与高分子化合物的分子量有关。

(4) 聚集特性：高分子化合物含有的亲水基与水形成较牢固的水化膜，可阻碍分子间的相互聚集，使高分子溶液剂处于稳定状态。当溶液中加入电解质、脱水剂时水化膜发生变化，则易发生聚集沉淀。

（5）胶凝性：某些高分子水溶液，如明胶水溶液，在温热条件下呈黏稠流动的液体，当温度降低时则形成网状结构，成为不流动的半固体凝胶，这一过程称为胶凝。

（6）陈化现象：高分子溶液剂放置过程中也会自发地聚集而沉淀，称为陈化现象。

二、工艺流程

高分子溶液剂的制备多采用溶解法。溶解首先要经过溶胀过程，溶胀过程包括有限溶胀和无限溶胀。首先是水分子自动渗入高分子间的空隙中，与极性基团发生水化作用，使体积膨胀的过程，这一过程称为有限溶胀。有限溶胀过程一般不搅拌或加热，故时间较长。随着溶胀继续进行，高分子间隙充满了水分子，从而降低了水分子间的引力（范德华力），最后使高分子药物完全分散在水中形成高分子溶液，这一过程称为无限溶胀。无限溶胀过程需要搅拌或加热，以加速高分子溶液的形成。

不同的高分子物质形成高分子溶液所需的条件不同。如明胶、阿拉伯胶、西黄蓍胶等需粉碎，于水中浸泡 3~4 h 膨胀后加热并搅拌使其溶解。淀粉遇水立即膨胀，但需加热至 60~70 ℃才溶解。胃蛋白酶药物膨胀和溶解速度都很快，将其撒于水面，自然溶胀后再搅拌即形成溶液；如果将其撒于水面立即搅拌则形成团块，水分子进入药物内部缓慢，会给制备造成困难。

高分子溶液剂的制备工艺流程如图 13–2 所示。

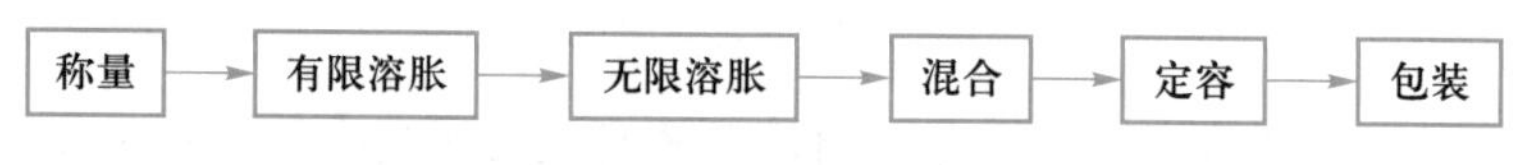

图 13–2　高分子溶液剂的制备工艺流程（溶解法）

任务实施

一、有限溶胀

将高分子粉末分次撒在液面上，使其充分吸水自然膨胀而胶溶；或将高分子粉末置于干燥容器内，先加少量乙醇或甘油使其均匀湿润，使水分子与亲水性基团发生水化作用而体积膨大，这一过程不需要搅拌或加热。

二、无限溶胀

随着溶胀继续进行，缓缓搅拌，使高分子间隙充满水分子，形成亲水胶体溶液。

胃蛋白酶合剂

实例分析

【处方】 胃蛋白酶 20 g，橙皮酊 50 ml，5% 羟苯乙酯溶液 10 ml，稀盐酸 20 ml，单糖浆 100 ml，纯化水适量，共制 1 000 ml。

实例分析：胃蛋白酶合剂

【制法】 取约 800 ml 纯化水加稀盐酸、单糖浆搅匀，缓缓加入橙皮酊、5% 羟苯乙酯溶液，随加随搅，将胃蛋白酶分次撒在液面上，待其自然溶胀、溶解，再加纯化水至全量，搅匀即得。

【讨论】 1. 处方中各成分的作用是什么？

2. 配制前是否要对稀盐酸进行稀释？

知识总结

1. 高分子溶液剂系指高分子化合物以单分子形式分散于分散介质中形成的均相体。

2. 高分子溶液剂的性质：荷电性、渗透压、黏度、聚集特性、胶凝性、陈化现象。

3. 高分子溶液剂的制备多采用溶解法，包括有限溶胀和无限溶胀过程。

4. 高分子溶液剂一般制备工艺流程为：称量→有限溶胀→无限溶胀→混合→定容→包装。

在线测试

请扫描二维码完成在线测试。

在线测试：高分子溶液剂制备

任务 13.3 乳剂制备

PPT：乳剂制备

任务描述

本任务主要学习乳剂的定义、特点，以及常用的乳化剂、乳剂的稳定性，按照乳剂的生产工艺流程，完成乳剂的制备。

授课视频：乳剂制备

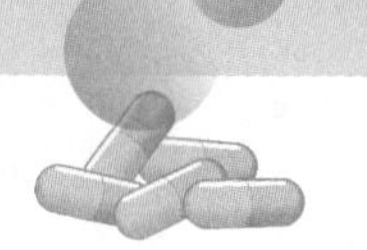

知识准备

一、基础知识

1. 乳剂的定义　乳剂是指互不相溶的两种液体混合，其中一种液体以液滴状态分散于另一相液体中形成的非均相液体制剂。两种互不相溶的液体中，有一种往往是水或水溶液，称为水相（用 W 表示），另一种与水不混溶的相则称为油相（用 O 表示）。其中，分散成液滴的称为分散相、内相或不连续相；包在液滴外面的液体则称为分散介质、外相或连续相。液体分散相分散于不相混溶介质中形成乳剂的过程称为乳化。

2. 乳剂的特点

（1）油和水不能混合，因此分剂量不准确，制成乳剂后可克服此缺点，且应用比较方便。

（2）水包油（O/W）型乳剂可掩盖药物的不良嗅味，并可加入矫味剂。

（3）外用乳剂能改善对皮肤、黏膜的渗透性，减少刺激性。

（4）吸收快，生物利用度高。

（5）静脉注射乳剂有靶向性。

（6）乳剂也存在一些不足，因大部分属于热力学不稳定体系，故在贮存过程中易受影响，出现分层、破乳或酸败等现象。

3. 乳化剂　为得到稳定的乳剂，除了油、水两相外，必须加入另一种物质，即乳化剂。

根据乳化剂性质不同分为表面活性剂类乳化剂、亲水性高分子化合物、固体微粒类乳化剂和辅助乳化剂。

（1）表面活性剂类乳化剂：分子中有较强的亲水基和亲油基，乳化能力强，性质比较稳定，容易在乳滴周围形成单分子乳化膜。不同类型的表面活性剂混合使用乳化效果更好。

阴离子型表面活性剂有硬脂酸钠、硬脂酸钾、油酸钠、油酸钾、硬脂酸三乙醇胺皂、十二烷基硫酸钠等；非离子型表面活性剂有聚山梨酯类、卖泽类、苄泽类、泊洛沙姆等；两性离子型表面活性剂有卵磷脂、大豆磷脂等。

（2）亲水性高分子化合物：主要为天然的亲水性高分子材料。由于其亲水性强，多用于 O/W 型乳剂。亲水性高分子化合物水溶液具有黏性强的特点，有利于乳剂的稳定性，使用这类乳化剂需加入防腐剂。常用的有以下几种。①阿拉伯胶：为阿拉伯酸的钠、钙、镁盐的混合物，可制备 O/W 型口服乳剂。常用浓度为 10%~15%，乳剂在 pH 为 2~10 时较稳定。阿拉伯胶内含有氧化酶，容易使胶氧化变质或对一些药物有降解作用，所以使用前应在 80 ℃加热约 30 min 使之破坏。阿拉伯胶乳化能力较强，但黏度较小，常与果胶或琼脂等混合使用；多用于制备植物油、挥发油的乳剂。②西黄蓍胶：其水溶液具有较高的黏度，pH 为 5 时溶液黏度最大，0.1% 溶液为稀胶浆，0.2%~2% 溶液呈凝胶状；乳化能力较差，一般与阿拉伯胶合并使用制备 O/W 型乳剂。③杏树胶：为棕色块状物，用量为 2%~4%；乳化能力和黏度均超过阿拉伯胶，可作为阿拉伯胶的代用品。④明胶：为两性蛋白质，易受溶液的 pH 及电解质的影响产生凝聚作用，为 O/W 型乳化

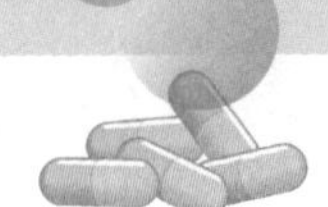

剂，用量为油量的 1%~2%，常与阿拉伯胶合并使用，使用时须加防腐剂。

(3) 固体微粒类乳化剂：为不溶性固体粉末，可作为水、油两相的乳化剂。这种粉末可被油、水两种液体润湿到一定程度。常用的 O/W 型乳化剂有氢氧化铝、二氧化硅、氢氧化镁、硅皂土等；油包水（W/O）型乳化剂有氢氧化锌、氢氧化钙、硬脂酸镁等。

(4) 辅助乳化剂：乳化能力一般很弱或无乳化能力，但黏性大，能提高乳剂的黏度，并能增强乳化膜的强度，防止乳滴合并，因而与乳化剂合并使用能增加乳剂稳定性。

常用的增加水相黏度的辅助乳化剂主要有甲基纤维素、羧甲纤维素钠、羟丙纤维素、海藻酸钠、琼脂、黄原胶、瓜耳胶、果胶、骨胶原等；增加油相黏度的辅助乳化剂主要有鲸蜡醇、硬脂醇、硬脂酸、蜂蜡等。

4. 乳剂的稳定性

(1) 影响因素：常见的影响乳剂稳定性的因素有以下几类。①乳化剂的性质与用量：制备乳剂型药剂的过程有分散过程与稳定过程。分散过程主要是借助机械力将分散相分割成微小液滴，使其均匀地分散于连续相中；稳定过程是使乳化剂在被分散了的液滴周围形成薄膜，以防止液滴聚集合并。应使用能显著降低界面张力的乳化剂或形成较牢固界面膜的乳化剂，以利于乳剂的稳定。②分散相的浓度与乳滴大小：乳剂的类型虽然与乳化剂的性质有关，但当分散相浓度达到 74% 以上时，则容易转相或破裂。根据经验，一般最稳定的乳剂分散相浓度为 50% 左右，25% 以下和 74% 以上时均易发生不稳定现象。乳剂的稳定性还与乳滴的大小有关，乳滴越小，乳剂越稳定。乳剂中乳滴大小不均匀时，小乳滴通常填充于大乳滴之间，使乳滴聚集性增加，因而容易引起乳滴的合并。为了保持乳剂稳定，在制备乳剂时应尽可能保持乳滴大小均匀。③黏度与温度：乳剂的黏度越大越稳定，但所需要的乳化能量亦大。黏度与界面张力均随温度的升高而降低，故升高温度有利于乳化，但过热、过冷均可使乳剂稳定性降低，甚至使乳滴破裂。试验证明，最适温度为 50~70 ℃。但贮存的温度以室温为最佳，温度升高可促进分层。

(2) 乳剂不稳定现象：乳剂属于热力学不稳定的非均相体系。常见的不稳定性现象如下。①分层：乳剂放置过程中出现分散相粒子上浮或下沉的现象，又称乳析。经过振摇后能够很快再分散均匀。分层速度符合 Stokes 定律。减少乳滴的粒径、降低分散相和分散介质之间的密度差、增加分散介质的黏度，都可以改善乳剂分层的现象。乳剂分层也与分散相和分散介质的相比有关，通常分层速度与相比成反比，分散相浓度低于 25%，乳剂很快分层，达 50% 时就能明显减慢分层速度。②絮凝：分散相的乳滴发生可逆的聚集成团的现象。发生絮凝的条件是乳滴表面 ζ－电位降低，排斥力减弱，乳滴间的范德华引力促使其产生絮凝力。絮凝状态仍保持乳滴及其乳化膜的完整性，因此乳剂的絮凝是一个可逆过程。但该现象说明乳剂的稳定性降低，往往是破乳的前奏。③转相：由于某些条件的变化而改变乳剂的类型，如由 O/W 型转变为 W/O 型或相反。转相主要是由乳化剂的性质改变而引起。向乳剂中加入相反类型的乳化剂可使乳剂转相，特别是两种乳化剂的量接近或相等时，更容易转相。转相时两种乳化剂的量比称为转相临界点，在转相临界点上乳剂不属于任何类型，但能很快向某种类型乳剂转化。④破乳：乳剂絮

知识拓展：O/W 型与 W/O 型乳剂的鉴别

凝后分散相乳滴与连续相分离成不相混溶的两层液体的现象。破乳后的乳剂再加以振摇，也不能恢复原来状态，所以破乳是不可逆的。⑤酸败：乳剂受外界因素及微生物的影响，使油相或乳化剂等发生变质。通常加入抗氧剂和防腐剂，防止氧化或酸败。

二、工艺流程

根据所需乳剂的要求及乳化剂的性质，可以选用表 13-2 中的方法制备。

表 13-2　乳剂制备方法与操作过程

制备方法	操作过程
干胶法	先制备初乳，在初乳中，油、水、胶有一定的比例：若用植物油，其比例为 4∶2∶1；若用挥发油，比例为 2∶2∶1；而用液体石蜡，比例为 3∶2∶1。本法适用于阿拉伯胶及阿拉伯胶与西黄蓍胶的混合胶。制备时先将阿拉伯胶分散于油中，研匀，按比例加水，用力研磨制成初乳，再加水将初乳稀释至全量，混匀即得
湿胶法	本法也需要制备初乳，初乳中油、水、胶的比例与上法相同。先将乳化剂分散于水中，再将油加入，用力搅拌使成初乳，加水将初乳稀释至全量，混匀即得
新生皂法	油、水两相混匀时，两相界面生成新生态皂类乳化剂，通过搅拌制成乳剂。植物油中含有硬脂酸、油酸等有机酸，加入氢氧化钠、氢氧化钙、三乙醇胺等，在一定温度（70 ℃）或搅拌条件下生成的新生皂为乳化剂，可形成乳剂。如形成的是一价皂，则为 O/W 型乳化剂；如形成的是二价皂，则为 W/O 型乳化剂
两相交替加入法	向乳化剂中交替、少量、多次地加入水或油，边加边搅拌，即可形成乳剂。适用于天然高分子类乳化剂、固体粉末状乳化剂的乳剂制备，一般乳化剂的用量较多
机械法	将油相、水相、乳化剂混合后用乳化机械制成乳剂。可以不考虑混合顺序，借助于机械提供的强大能量，很容易制成乳剂

任务实施

一、配料

依据制剂处方称取（量取）原料药物及乳化剂，按照称量要求进行称量与复核操作。固体乳化剂常以克为单位，根据药物量的多少，选用不同的天平称重。液体药物常以毫升为单位，选用不同的量杯或量筒进行量取。用量较少的液体药物，也可采用滴管及滴数量取，量取液体药物后，应用少许水洗涤量器，洗液并于容器中，以减少药物的损失。

二、乳化均质

少量制备时，可在乳钵中研磨或在瓶中振摇。工厂大量生产多用乳匀机、胶体磨机械作用所产生的剪切力，将分散相撕碎成微粒而分散在连续相中制得。

三、分剂量与包装

将制得的乳剂进行粒径大小、分层现象观察等质量检查，合格后按剂量装入适宜

包装容器中。

鱼肝油乳

实例分析

【处方】 鱼肝油 30 ml，阿拉伯胶粉 7.5 g，纯化水加至 60 ml。

【制法】 将鱼肝油倾入已放有阿拉伯胶粉的干燥乳钵中，研磨使成均匀的油胶混悬液；将 15 ml 纯化水一次加入，迅速沿同一方向研磨，制成初乳；将初乳倾入量杯中，分次用少量纯化水冲洗乳钵，加入量杯中，最后加纯化水至全量，搅匀即得。

实例分析：鱼肝油乳

【讨论】 1. 处方中各成分的作用分别是什么？

2. 初乳中，油、水、胶的比例是多少？

知识总结

1. 乳剂是指互不相溶的两种液体混合，其中一种液体以液滴状态分散于另一相液体中形成的非均相液体制剂。

2. 乳化剂包括表面活性剂类乳化剂、亲水性高分子化合物、固体微粒类乳化剂、辅助乳化剂。

3. 影响乳剂稳定性的因素有乳化剂的性质与用量、分散相的浓度与乳滴大小、黏度与温度。

4. 乳剂不稳定现象有分层、絮凝、转相、破乳及酸败等。

5. 乳剂的制备方法包括干胶法、湿胶法、新生皂法、两相交替加入法和机械法。

在线测试

请扫描二维码完成在线测试。

在线测试：乳剂制备

任务 13.4 混悬剂制备

PPT：混悬剂制备

任务描述

本任务主要学习混悬剂的定义、特点，以及混悬剂的稳定性，常用的稳定剂，按照混悬剂的生产工艺流程完成混悬剂的制备。

授课视频：混悬剂制备

知识准备

一、基础知识

1. 混悬剂的定义和特点　混悬剂系指难溶性固体药物以微粒状态分散于分散介质中形成的非均相液体制剂。

适于制成混悬剂的药物：药物剂量超过了溶解度及难溶性药物需制成液体制剂应用；为了使药物产生缓释作用等，均可以考虑制成混悬剂。

混悬剂中药物微粒一般在 0.5~10 μm，小者可为 0.1 μm，大者可达 50 μm 或更大。混悬剂属于热力学和动力学均不稳定的粗分散体系，所用分散介质大多数为水，也可用植物油。出于安全考虑，毒性药物及剂量小的药物不应制成混悬剂。混悬剂使用前应摇匀。

2. 混悬剂的稳定性　混悬剂中药物微粒与分散介质之间存在着固液界面，微粒的分散度较大，使混悬微粒具有较高的表面自由能，故处于不稳定状态。尤其是疏水性药物的混悬剂，存在更大的稳定性问题。混悬剂的稳定性与下列因素有关。

(1) 混悬粒子的沉降：混悬剂中的微粒由于重力作用，静置后会自然沉降，沉降速度服从 Stokes 定律（式 13–1）。

$$V=\frac{2r^2(\rho_1-\rho_2)g}{9\eta} \quad \text{（式 13–1）}$$

式中，V 为沉降速度；r 为微粒半径；ρ_1、ρ_2 分别为微粒和介质的密度；g 为重力加速度，η 为分散介质的黏度。由 Stokes 定律可知，微粒沉降速度与微粒半径的平方、微粒与分散介质的密度差成正比，与分散介质的黏度成反比。为减慢沉降速度，增加混悬剂的动力稳定性，可采取以下措施：①尽量减小微粒半径。②加入高分子助悬剂，以增加分散介质的黏度，减小固体微粒与分散介质间的密度差，形成保护膜，增加微粒的亲水性。

(2) 混悬微粒的润湿：混悬微粒表面能否被液体分散介质润湿，与混悬剂的稳定性有关。固体微粒润湿性好，易制成均匀分散、稳定的混悬剂；如难润湿，微粒会漂浮在液面上或下沉，不易均匀分散在液体介质中，稳定性差。

(3) 微粒的荷电与水化：与溶胶剂类似，混悬剂中微粒可因本身解离或吸附分散介质中离子而荷电，具有双电层结构，即有 ζ– 电位。同时由于微粒荷电，水分子可在微粒周围形成水化膜，这种水化作用的强弱与双电层厚度相关。

微粒带相同电荷的排斥作用和水化膜的存在阻碍了微粒的合并，增加了混悬剂的稳定性。向混悬剂中加入少量电解质，可改变双电层的结构和厚度，使混悬粒子聚集而产生絮凝。亲水性药物微粒除带电外，本身具有较强的水化作用，受电解质的影响较小，而疏水性药物混悬剂则不同，微粒的水化作用很弱，对电解质更为敏感。

(4) 絮凝与反絮凝：混悬剂中微粒由于分散度大而具有很大的总表面积，所以微粒具有很高的表面自由能，这种高能状态的微粒就有降低表面自由能的趋势，因此混悬剂属于热力学不稳定体系，静置过程中微粒之间会发生一定的聚集。但由于微粒荷电，电荷的排斥力阻碍了微粒聚集，所以加入适量的电解质，使 ζ- 电位降低，就可减小微粒间的电荷排斥力。ζ- 电位降低到一定程度后，混悬剂中微粒形成疏松的絮状聚集体，这一过程称为混悬剂的絮凝，加入的电解质称为絮凝剂。为了得到稳定的混悬剂，一般应控制 ζ- 电位在 20~25 mV，使其恰好能产生絮凝作用，此时形成的絮凝物疏松、不易结块，且易于分散。向絮凝状态的混悬剂中加入电解质，使絮凝状态变为非絮凝状态的过程称为反絮凝。加入的电解质称为反絮凝剂。反絮凝剂可增加混悬剂的流动性，使之容易倾倒，方便应用。

(5) 结晶增长与转型：混悬剂中存在溶质不断溶解与结晶的动态过程。混悬剂中固体药物微粒大小不可能完全一致，小微粒由于表面积大，在溶液中的溶解速度快而不断溶解，而大微粒则不断结晶而增大，结果是小微粒不断减少，大微粒不断增多，使混悬微粒沉降速度加快，从而影响混悬剂的稳定性。此时必须加入抑制剂，以阻止结晶的溶解与增大，保持混悬剂的稳定性。

具有同质多晶性质的药物，若制备时使用了亚稳定型结晶药物，在制备和贮存过程中亚稳定型可转化为稳定型，可能改变药物微粒沉降速度或结块。

(6) 分散相的浓度与温度：分散相浓度对混悬剂稳定性的影响表现为在同一分散介质中，分散相浓度增加，则稳定性降低。温度对混悬剂稳定性有重要影响。温度变化不仅能改变药物的分散速度和溶解度，还能影响微粒的沉降速度、絮凝速度及沉降容积。如冷冻可破坏混悬剂的网状结构，使稳定性降低。

3. 混悬剂的稳定剂　为增加混悬剂的物理稳定性，在制备时需加入能使混悬剂稳定的附加剂，包括润湿剂、助悬剂、絮凝剂和反絮凝剂等，统称为稳定剂。

(1) 润湿剂：系指能增加疏水性药物微粒被水润湿的附加剂。最常用的润湿剂是 HLB 值为 7~9 的表面活性剂，如聚山梨酯类、聚氧乙烯蓖麻油类、聚氧乙烯脂肪醇醚类、磷脂类、泊洛沙姆等。许多疏水性难溶性药物如硫磺、甾醇类、阿司匹林等不易被水润湿，加之微粒表面吸附有空气，给混悬剂制备带来困难。这时加入润湿剂，润湿剂可吸附于微粒表面，降低微粒和分散介质之间的界面张力与接触角，使药物微粒易于润湿，增加其亲水性，产生较好的分散效果。

(2) 助悬剂：系指能增加分散介质的黏度以降低微粒的沉降速度或增加微粒亲水性的附加剂。助悬剂包括低分子化合物、高分子化合物，甚至有些表面活性剂也可作助悬剂使用。常见的助悬剂有以下几种。①低分子助悬剂：如甘油、山梨醇、糖浆剂等，可增加分散介质的黏度，也可增加微粒的亲水性。其中，甘油和山梨醇主要用于外用混悬剂，如复方硫磺洗剂就加有甘油。糖浆剂主要用于内服混悬剂，同时具有助悬和矫味作用。②高分子助悬剂：包括天然的高分子助悬剂、合成或半合成高分子助悬剂。如阿拉伯胶、西黄蓍胶、杏树胶、桃胶等属于天然高分子助悬剂，其中阿拉伯胶用其粉末或胶

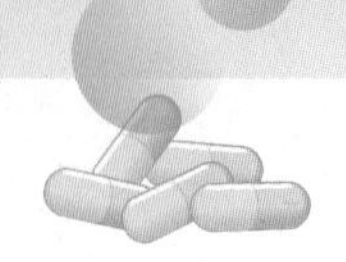

浆，用量为 5%~15%，西黄蓍胶用量为 0.5%~1%。羧甲纤维素钠、甲基纤维素、羟丙甲纤维素、羟丙纤维素、羟乙纤维素等纤维素类，以及其他如葡聚糖、卡波普、聚维酮、丙烯酸钠等属于合成或半合成助悬剂，此类助悬剂大多性质稳定，受 pH 影响小，但应注意某些助悬剂与药物或其他附加剂有配伍变化。③硅酸盐类：常用的为天然产硅胶状的含水硅酸铝，为灰黄或乳白色极细粉末，直径为 1~150 μm，不溶于水或酸，但在水中可膨胀，体积增大约 10 倍，形成高黏度并具触变性和假塑性的凝胶；当 pH>7 时，其膨胀性更大，黏度更高，助悬效果更好。如炉甘石洗剂中加有硅皂土，助悬效果极好。④触变胶：将单硬脂酸铝溶解于植物油中可形成典型的触变胶。其稳定原理为利用触变胶的触变性，即凝胶与溶胶恒温转变的性质，静置时形成凝胶防止微粒沉降，振摇后变为溶胶有利于混悬剂的使用。一些有塑性流动和假塑性流动的高分子化合物水溶液常具有触变性，也可选择使用。

(3) 絮凝剂与反絮凝剂：制备混悬剂时常需加入絮凝剂，使混悬剂处于絮凝状态，以提高混悬剂的稳定性。絮凝剂主要是不同价数的电解质，且同一电解质可因加入量的不同而在混悬剂中起絮凝作用或反絮凝作用。混悬剂所用絮凝剂和反絮凝剂的种类、性能、用量等，应在试验的基础上加以选择。

二、工艺流程

制备混悬剂时，应使混悬微粒有适当的分散度，并尽可能分散均匀，以减慢微粒的沉降速度，使混悬剂处于稳定状态。混悬剂制备方法与操作过程见表 13–3。

表 13–3　混悬剂制备方法与操作过程

制备方法		操作过程
分散法	加液研磨法	粉碎时在固体药物中加入适当液体研磨，称为加液研磨法，可减小药物分子间的内聚力，使药物易粉碎得更细。加液研磨时，可用处方中的液体，如水、芳香水、糖浆、甘油等，通常是 1 份药物加 0.4~0.6 份液体，能产生最大分散效果。少量制备可用乳钵，大量生产可用乳匀机、胶体磨等机械
	水飞法	对于质重、硬度大的药物，可采用水飞法制备，即将药物加适量水研磨至细，再加入较多量的水，搅拌，稍加静置，倾出上层液体，研细的悬浮微粒随上清液被倾倒出去，余下的粗粒再进行研磨，如此反复直至完全研细，达到要求的分散度为止，再合并含有悬浮微粒的上清液即得。水飞法可使药物研磨到极细的程度
凝聚法	物理凝聚法	选择适当的溶剂，将药物以分子或离子状态分散制成饱和溶液，在快速搅拌下加入另一不溶的分散介质中凝聚成混悬液。主要指微粒结晶法，一般将药物制成热饱和溶液，在搅拌下加至另一种药物不溶的液体中，使药物快速结晶，可制成 10 μm 以下（占 80%~90%）微粒，再将微粒分散于适宜介质中制成混悬剂
	化学凝聚法	使两种或两种以上药物发生化学反应，生成难溶性的药物微粒，再分散于分散介质中。化学反应在稀溶液中进行并急速搅拌，可使制得的混悬剂的药物微粒更细小、更均匀

任务实施

一、配料

依据制剂处方称取（量取）原料药物及分散介质，根据制剂需要可加入适宜的附加剂，如润湿剂、助悬剂、絮凝剂等。按照称量要求进行称量与复核操作。固体药物常以克为单位，根据药物量的多少，选用不同的天平称重。液体药物常以毫升为单位，选用不同的量杯或量筒进行量取。用量较少的液体药物，也可采用滴管及滴数量取，量取液体药物后，应用少许水洗涤量器，洗液并于容器中，以减少药物的损失。

二、分散法制备混悬剂

将固体药物粉碎成符合混悬剂要求的微粒，再分散于分散介质中。对于亲水性药物，一般可先将药物粉碎至一定细度，再加液研磨，通常是 1 份药物加 0.4~0.6 份液体，研磨至适宜的分散度。最后加处方中的剩余液体。

疏水性药物需先加入润湿剂与药物共研，改善药物润湿性。少量制备时可用乳钵，大量生产可用胶体磨、乳匀机等机械。

三、凝聚法制备混悬剂

可在配液罐内进行。选择适当的溶剂，将药物以分子或离子状态分散制成饱和溶液，在快速搅拌下加入另一不溶的分散介质中，使药物快速结晶成 10 μm 以下（占 80%~90%）微粒，再将微粒分散于适宜介质中。

四、分剂量与包装

将制得的混悬剂进行微粒大小、絮凝度等质量检查，合格后按剂量装入适宜包装容器中。

复方硫磺洗剂　　**实例分析**

【处方】 硫酸锌 30 g，沉降硫 30 g，樟脑醑 250 ml，甘油 100 ml，羧甲纤维素钠 5 g，纯化水适量，共制 1 000 ml。

【制法】 ①称取羧甲纤维素钠，加适量纯化水迅速搅拌制成胶浆。②称取沉降硫置于乳钵中，研细，分次加入甘油研至细腻糊状后，与前者混合。③称取硫酸锌溶于 10 ml 纯化水中，滤过，将滤液缓缓加入上述混合液中。④将樟脑醑在研磨下缓缓加入，混匀。⑤加纯化水搅拌、定容即得。

【讨论】 1. 处方中各成分的作用分别是什么？

2. 本处方在制备过程中应注意哪些事项？

实例分析：复方硫磺洗剂

知识总结

1. 混悬剂系指难溶性固体药物以微粒状态分散于分散介质中形成的非均相液体制剂。

2. 影响混悬剂稳定性的因素包括混悬粒子的沉降、混悬微粒的润湿、微粒的荷电与水化、絮凝与反絮凝、结晶增长与转型、分散相的浓度与温度。

3. 混悬剂的稳定剂包括润湿剂、助悬剂、絮凝剂和反絮凝剂等。

4. 混悬剂的制备方法通常有分散法和凝聚法。

在线测试：混悬剂制备

在线测试

请扫描二维码完成在线测试。

任务 13.5　液体制剂质量检查

PPT：液体制剂质量检查

授课视频：液体制剂质量检查

任务描述

液体制剂在生产与贮藏期间应符合相关质量要求。本任务主要学习液体制剂的质量要求，能按照《中国药典》(2020 年版)口服溶液剂、口服混悬剂、口服乳剂项下装量、装量差异、干燥失重、沉降体积比、微生物限度等检查法要求完成液体制剂的质量检查，正确评价制剂质量。

知识准备

液体制剂在生产与贮藏期间应符合下列规定。

1. 口服溶液剂的溶剂、口服混悬剂的分散介质常用纯化水。

2. 根据需要可加入适宜的附加剂，如抑菌剂、分散剂、助悬剂、增稠剂、助溶剂、润湿剂、缓冲剂、乳化剂、稳定剂、矫味剂及色素等，其品种与用量应符合国家标准的有关规定。

3. 制剂应稳定、无刺激性，不得有发霉、酸败、变色、异物、产生气体或其他变质现象。

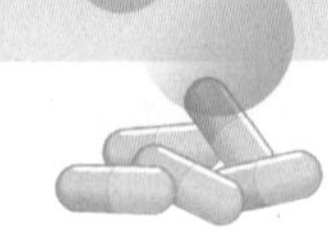

4. 口服乳剂的外观应呈均匀的乳白色，用半径为 10 cm 的离心机以 4 000 r/min 的转速离心 15 min，不应有分层现象。

5. 除另有规定外，应避光、密封贮存。

6. 口服混悬剂应分散均匀，放置后若有沉淀物，经振摇应易再分散。口服混悬剂在标签上应注明“用前摇匀”；以滴计量的滴剂在标签上要标明每毫升或每克液体制剂相当的滴数。

7. 除另有规定外，口服溶液剂、口服混悬剂和口服乳剂应按剂型进行装量、装量差异、干燥失重、沉降体积比、微生物限度等检查，并符合规定。

任务实施

一、装量检查

除另有规定外，单剂量包装的口服溶液剂、口服混悬剂和口服乳剂的装量，照下述方法检查，应符合规定。

检查法：取供试品 10 袋（支），将内容物分别倒入经标化的量入式量筒内，检视，每袋（支）装量与标示装量相比较，均不得小于其标示量。

凡规定检查含量均匀度者，一般不再进行装量检查。

多剂量包装的口服溶液剂、口服混悬剂、口服乳剂和干混悬剂照最低装量检查法（通则 0942）检查，应符合规定。

二、装量差异检查

除另有规定外，单剂量包装的干混悬剂照下述方法检查，应符合规定。

检查法：取供试品 20 袋（支），分别精密称定内容物，计算平均装量，每袋（支）装量与平均装量相比较，装量差异限度在平均装量的 10% 以内，超出装量差异限度的不得多于 2 袋（支），并不得有 1 袋（支）超出限度 1 倍。

凡规定检查含量均匀度者，一般不再进行装量差异检查。

三、干燥失重检查

除另有规定外，干混悬剂的干燥失重应按照《中国药典》（2020 年版）规定的干燥失重测定法（通则 0831）测定，减失重量不得过 2.0%。

四、沉降体积比检查

口服混悬剂照下述方法检查，沉降体积比应不低于 0.90。

检查法：除另有规定外，用具塞量筒量取供试品 50 ml，密塞，用力振摇 1 min，记下混悬物的开始高度 H_0，静置 3 h，记下混悬物的最终高度 H，按式 13–2 计算。

$$沉降体积比 = H/H_0 \quad （式 13-2）$$

干混悬剂按各品种项下规定的比例加水振摇，应均匀分散，并照上法检查沉降体积比，应符合规定。

五、微生物限度检查

除另有规定外，照非无菌产品微生物限度检查：微生物计数法（通则 1105）和控制菌检查法（通则 1106）及非无菌药品微生物限度标准（通则 1107）检查，应符合规定。

六、乳剂类型检查

1. 稀释法　根据乳剂的外相可以与外相溶液相混溶的道理，用水稀释时 W/O 型乳剂会分层，而 O/W 型乳剂不会分层。可取少量乳剂，加水适量稀释，振摇后静置，若检品内相均匀分散，则为 O/W 型乳剂，反之聚集不散者为 W/O 型乳剂。此法不适用于含大量黏液质的 O/W 型乳剂的鉴别。

2. 染色法　添加溶解性能不同的染料，染色后鉴别乳剂的类型。如将油性染料(苏丹Ⅲ)撒于乳剂液面上，能分散于乳剂中，使乳剂染成红色的为 W/O 型乳剂，反之只是漂浮在表面不能分散的为 O/W 型乳剂。同理，用水溶性染料（亚甲蓝、甲基橙等）可使 O/W 型乳剂染色，而不能使 W/O 型乳剂染色。此法可用于黏稠性乳剂的鉴别。

知识总结

1. 口服溶液剂的溶剂、口服混悬剂的分散介质一般用水。
2. 液体制剂根据需要可加入适宜的附加剂。
3. 制剂应稳定、无刺激性，不得有霉变、酸败、变色、异物、产生气体或其他变质现象。
4. 乳剂类型检查可采用稀释法和染色镜检法。
5. 除另有规定外，液体制剂应避光、密封贮存。
6. 除另有规定外，口服溶液剂、口服混悬剂和口服乳剂应按剂型进行装量、装量差异、干燥失重、沉降体积比、微生物限度等检查，并符合《中国药典》(2020 年版）规定。

在线测试

在线测试：液体制剂质量检查

请扫描二维码完成在线测试。

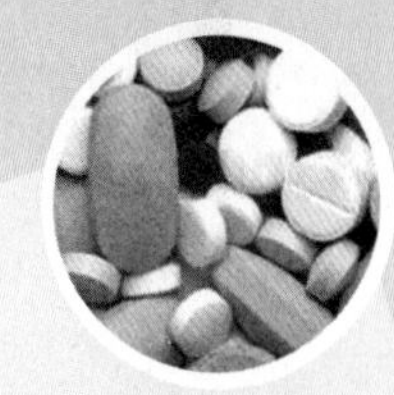

项目 14 浸出制剂生产

学习目标

1. 掌握浸出制剂的定义、特点、处方组成、制备方法、生产工艺及质量检查。
2. 熟悉浸出制剂的分类及质量要求。
3. 了解浸出制剂的包装与贮存。

知识导图

请扫描二维码了解本项目主要内容。

知识导图：浸出制剂生产

任务 14.1　浸出制剂制备

PPT：
浸出制剂
制备

授课视频：
浸出制剂
制备

任务描述

浸出制剂既可直接应用于临床，又可作为其他剂型的原料。本任务主要学习浸出制剂的定义、特点、分类，以及浸出溶剂和辅助剂、浸出方法、浸出液浓缩与干燥、常用浸出制剂，按照浸出制剂的生产工艺流程，完成浸出制剂制备。

知识准备

一、基础知识

1. 浸出制剂的定义　浸出制剂系指采用适当的浸出溶剂和方法，从饮片中提取有效成分制成的供内服或外用的药物制剂。

2. 浸出制剂的特点　传统浸出制剂因具有独特的中医药理论指导，在长期的继承、发展过程中形成了自己的特色。①具有多成分综合作用与多效性：浸出制剂组分复杂，与单组分相比，具有综合作用。②药效缓和持久、副作用小：浸出制剂中共存的辅助成分往往能缓和有效成分作用或抑制有效成分在体内的转运和分解。③有效成分浓度较高，服用体积小：浸出制剂在制备过程中除去了大部分饮片组织及部分无效成分，提高了有效成分的浓度，减少了服用量。④剂型应用广泛，品种多：随着新剂型的产生，新工艺和新辅料的应用，以饮片浸出成分为原料的新剂型也不断开发和利用。⑤成分复杂，稳定性差：浸出制剂中含有一定量的淀粉、蛋白质、黏液质等无效高分子物质，在贮存过程中容易产生沉淀、霉变，影响制剂的浓度及质量。因此，制备浸出制剂时应尽量除去无效和有害成分。

3. 浸出制剂的分类　浸出制剂因溶剂、浸出方法和制成剂型不同，可分为四类，见表 14-1。

表 14-1　浸出制剂的分类

类别	定义	剂型
水浸出制剂	指在一定的加热条件下，用水为溶剂浸出饮片有效成分的制剂	汤剂、中药合剂
含醇浸出制剂	指在一定条件下用适当浓度的乙醇或酒浸出饮片有效成分的制剂	酊剂、酒剂、流浸膏剂等

续表

类别	定义	剂型
含糖浸出制剂	指在水浸出制剂基础上，经精制、浓缩等处理后，加入适量蔗糖（蜂蜜）或其他辅料制成的制剂	煎膏剂、糖浆剂
精制浸出制剂	指选用适当溶剂浸出有效成分后，浸出液经过适当精制处理而制成的制剂	口服液、注射剂、片剂等

4. 浸出溶剂　在浸出过程中，浸出溶剂的选择很重要，关系到饮片中有效成分的浸出和制剂的稳定性、安全性及有效性等。最常用的浸出溶剂是水和乙醇，其他常用溶剂还有丙酮、乙醚、石油醚。

5. 浸出辅助剂　为提高溶剂的浸出效果或提高制剂的稳定性，有时会应用一些浸出辅助剂。常用的浸出辅助剂有酸、碱、甘油、表面活性剂等。

6. 浸出方法　浸出制剂常用的浸出方法为：煎煮法、浸渍法、渗漉法、回流法、水蒸气蒸馏法等。

(1) 煎煮法：指饮片加水煎煮一定时间，去渣取汁的方法。

(2) 浸渍法：指将饮片用适当的浸出溶剂在常温或加热条件下浸泡一定时间，使其所含有效成分浸出的一种常用方法。

(3) 渗漉法：指将饮片适当粉碎后，加适量溶剂润湿，密闭放置一定时间，待其充分膨胀，再均匀装入渗漉器内，连续添加溶剂，在重力作用下渗过药粉，从下端出口流出浸出液的一种动态浸出方法，所得浸出液称渗漉液。

(4) 回流法：指用乙醇等挥发性有机溶剂提取饮片有效成分，加热蒸馏时，挥发性成分受热挥发，经冷凝后回到浸出容器中浸提饮片，如此往复，直到有效成分提取完全的方法。

知识拓展：浸提新技术

(5) 水蒸气蒸馏法：指含有挥发性成分的饮片与水共蒸馏，使挥发性成分随水蒸气一并馏出，经冷凝分取挥发性成分的浸提方法。

7. 浓缩　饮片浸提后浸出液较多，有效成分浓度较低，不适合直接用于制备其他制剂或用于临床，必须进行适当浓缩。一般浓缩浸出液可采用蒸发、蒸馏、大孔树脂吸附、反渗透等方法。其中蒸发广泛应用于浓缩浸出液。

(1) 蒸发：系指加热使溶液中的溶剂气化并除去，从而提高溶液浓度的方法。常用的蒸发方法有常压蒸发、减压蒸发、薄膜蒸发和多效蒸发。

(2) 蒸馏：系指加热使液体气化，再冷凝为液体的过程。蒸馏在浸出液浓缩的同时也可回收溶剂。主要针对有挥发性溶剂的饮片浸出液进行浓缩，如乙醇、乙醚等。常用蒸馏方法包括常压蒸馏、减压蒸馏和精馏三种。

8. 干燥　干燥系指利用热能将物料中水分或其他溶剂除去，从而获得干燥物品的操作过程。干燥的目的是除去水分和溶剂，提高制剂的稳定性，用于控制制剂规格和数量，保证药品质量，还可以方便运输、携带和使用。常用的干燥方法包括常压干燥、减压干燥、沸腾干燥、冷冻干燥、红外干燥、喷雾干燥及微波干燥等。

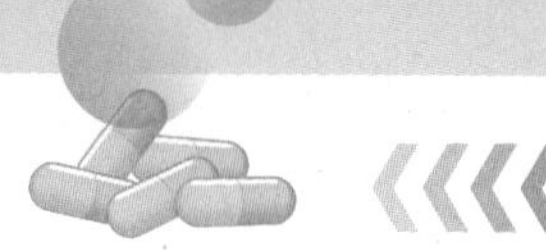

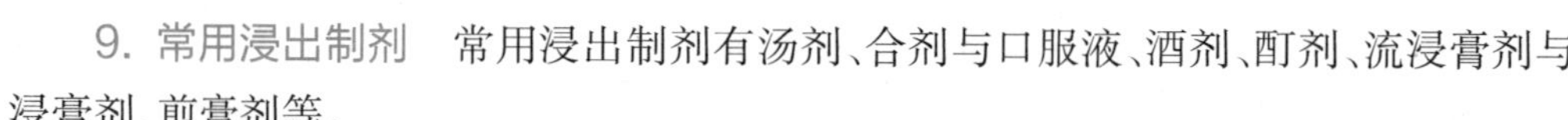

9. 常用浸出制剂　常用浸出制剂有汤剂、合剂与口服液、酒剂、酊剂、流浸膏剂与浸膏剂、煎膏剂等。

知识拓展：汤剂制备时特殊饮片的处理

(1) 汤剂：系指饮片或粗颗粒加水煎煮或用沸水浸泡后，去渣取汁制成的液体制剂。以沸水浸泡饮片，服用量与时间不定，随意饮用，称为“饮”；而以饮片粗颗粒入药者，又称为“煮散”。汤剂主要供内服，少数外用，可作洗浴、熏蒸等。汤剂组方灵活，可随症加减处方。汤剂多为复方，有利于发挥各饮片有效成分的多效性和综合作用，具有制备简单、吸收快、奏效迅速等特点，但汤剂也存在服用剂量大、味苦、易霉变、稳定性差、不宜久贮、使用和携带不方便、不适于儿童服用等缺点。汤剂的制备采用煎煮法。

视频：中药口服液久置沉淀案例

(2) 合剂：系指饮片用水或其他溶剂，采用适宜方法提取制成的口服液体制剂（单剂量灌装者也称“口服液”），见图 14–1。中药合剂是在汤剂基础上发展起来的剂型，既能综合浸出饮片中的有效成分，疗效可靠，又能实现工业化生产。但合剂不能随症加减，不能完全代替汤剂。口服液是单剂量包装，具有剂量小、口感好、吸收快、服用方便等特点。口服液多为溶液型，如抗病毒口服液、双黄连口服液、生脉饮等，但近年出现了其他剂型，如脂质体口服液、口服乳液等。合剂的制法与汤剂基本相似，不同之处是合剂将饮片煎煮后需进行纯化、浓缩处理，并添加附加剂，批量生产。

(3) 酒剂：系指饮片用蒸馏酒提取制成的澄清液体制剂，又称药酒，见图 14–2。作为古老剂型之一，酒剂已有数千年历史。酒剂多内服，少外用。酒有活络行血的功效，易于吸收和发散，常用于治疗风寒湿痹、跌打损伤之症，如舒筋活络酒、十全大补酒，但酒有药理作用，不适于小儿、孕妇、高血压及心脏病患者使用。内服酒剂应以谷类酒为原料，浓度一般用“度”表示。生产酒剂所用的饮片，一般应适当粉碎。酒剂可用浸渍法、渗漉法或其他适宜方法制备。

(4) 酊剂：系指将原料药物用规定浓度的乙醇提取或溶解而制成的澄清液体制剂，也可用流浸膏稀释制成，供口服或外用，见图 14–3。除另有规定外，每 100 ml 酊剂相当于原饮片 20 g；含有毒剧药的中药酊剂，每 100 ml 应相当于原饮片 10 g；其有效成分明确者，应根据其半成品的含量加以调整，使符合酊剂项下的规定。酒剂与酊剂都是含醇制剂，二者的对比见表 14–2。

视频：碘酊的制备

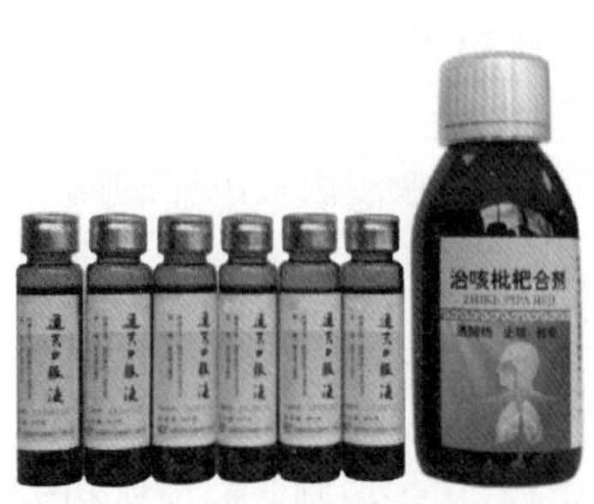

图 14–1　合剂与口服液

图 14–2　酒剂

图 14–3　酊剂

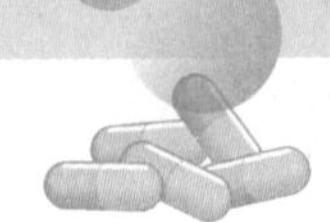

表 14-2　酒剂与酊剂的对比

项目	酒剂	酊剂
溶剂	蒸馏酒	规定浓度的乙醇
制法	多数采用浸渍法制备，少数采用渗漉法制备	除采用浸渍法、渗漉法制备外，还可采用稀释法、溶解法制备
质量要求	一般按验方或秘方制成，没有一定的浓度规定	除另有规定外，每 100 ml 酊剂相当于原饮片 20 g；含有毒剧药的中药酊剂，每 100 ml 应相当于原饮片 10 g
共同点	都是含醇制剂，有效成分均能迅速吸收而发挥疗效，均具有防腐作用，易于保存	

(5) 流浸膏剂、浸膏剂：系指饮片用适宜的溶剂提取，蒸去部分或全部溶剂，调整至规定浓度而成的制剂。除另有规定外，流浸膏剂每 1 ml 相当于饮片 1 g；浸膏剂分为稠膏和干膏两种，每 1 g 相当于饮片 2~5 g。流浸膏剂的常用溶剂多为不同浓度的乙醇，少数用水为溶剂；一般多用作配制酊剂、合剂、糖浆剂的原料，少数品种可直接供药用。浸膏剂一般作为制备其他剂型的原料，如片剂、散剂、胶囊剂、丸剂、颗粒剂等。

视频：甘草流浸膏的制备

(6) 煎膏剂：系指饮片用水煎煮，取煎煮液浓缩，加炼蜜或熬糖（或转化糖）制成的半流体制剂，也称膏滋。药效以滋补为主，兼具和缓的治疗作用（如调经、镇咳等）。煎膏剂需经长时间加热浓缩，凡受热易变质及含挥发性成分的饮片，不宜制成煎膏剂，此类饮片必须加入时，可将饮片研细，提取挥发油，待收膏时加入。煎膏剂应密封，置阴凉处贮存，防止发霉变质。煎膏剂一般以煎煮法制备。

二、工艺流程

1. 常用浸出制剂的制备工艺流程　常用浸出制剂均在汤剂的基础上进行制备，其药液精制前的操作与汤剂基本相同，其制备工艺流程如图 14-4 所示。

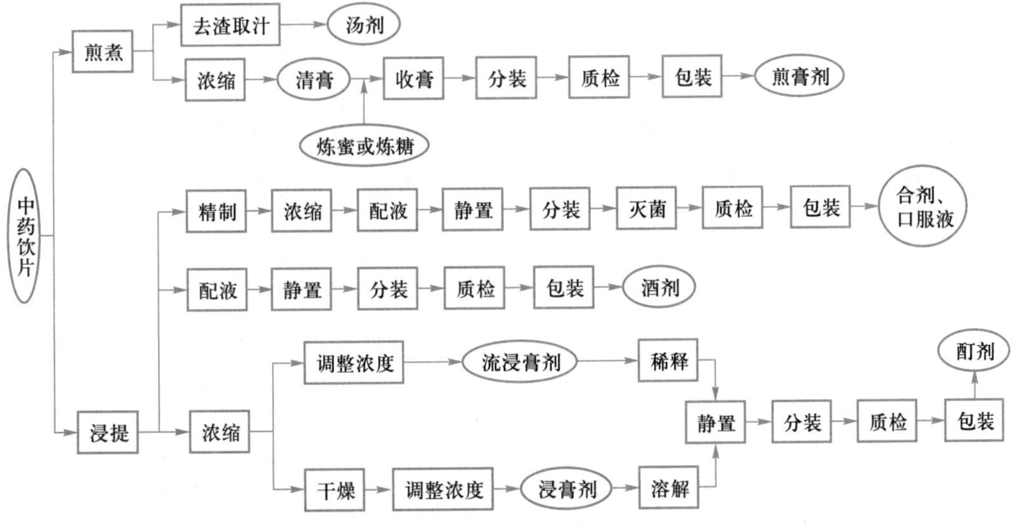

图 14-4　浸出制剂的制备工艺流程

2. 浸提　在浸出制剂制备工艺中，浸提是关键工序，常采用表 14–3 所列浸出方法进行浸提。

表 14–3　浸出方法及其操作过程和适用范围

方法	溶剂	操作过程	适用范围
煎煮法	水	饮片置煎煮器中加水浸没，浸泡后加热至沸，沸腾后改为文火，保持微沸至规定时间，渣液分离，煎煮 2~3 次，直接成汤剂，或滤过，继续浓缩、干燥至规定浓度，供制成制剂所需	适用于有效成分溶于水，对湿、热稳定的饮片；制备传统汤剂、煎膏剂
浸渍法	蒸馏酒、乙醇	由于饮片性质不同，所需浸渍温度和次数也不同，可分冷浸渍法、热浸渍法和重浸渍法 3 种	适用于黏性饮片、无组织结构、新鲜及易膨胀、有效成分遇热易挥发或易破坏的饮片，不适用于贵重和有效成分含量低的饮片
渗漉法	乙醇	制备过程：润湿→装筒→排气→浸渍→渗漉；除另有规定外，一般以 1 000 g 饮片每分钟流出 1~3 ml（慢速渗漉）或 3~5 ml（快速渗漉）为宜。在渗漉过程中，要不断添加新溶剂以保持溶剂浸过药面。一般收集渗漉液的总体积应为饮片量的 4~8 倍	适用于贵重、毒性小、膨胀性小、遇热不稳定饮片的浸出
回流法	乙醇等有机溶剂	饮片放于提取器内，加入适宜溶剂，加热回流提取 3 次，第一次回流时间约 2 h，第二、三次各 1 h	不适用于对热不稳定成分的提取
水蒸气蒸馏法	水	将含有挥发性成分的饮片与水共蒸馏，使挥发性成分随水蒸气一并馏出，利用蒸汽冷凝后挥发性成分在蒸汽和水中的溶解度不同，使挥发性成分浸提出来	适用于饮片挥发油提取、芳香水剂及注射剂中饮片挥发性成分的提取

3. 浓缩　饮片浸提液量多，须进行浓缩。常采用表 14–4 所列浓缩方法进行操作。

表 14–4　浓缩方法及其操作条件和特点

方法	操作条件	特点
常压浓缩	1 个大气压条件下浓缩	设备简单、易操作、浓缩慢、环境潮湿
减压浓缩	在密闭的蒸发器中，通过抽真空，使提取液在低于 1 个大气压条件下浓缩	压力降低，提取液的沸点降低；蒸发效率高；不断排出溶剂蒸气，有利于蒸发顺利进行；密闭容器可回收乙醇等溶剂。较常用
薄膜浓缩	使提取液形成薄膜状态而快速进行蒸发浓缩	气化表面大，热传播快且均匀，不受液体静压影响，药液蒸发温度低、受热时间短、蒸发速度快，适用于热敏性物料的处理
多效蒸发浓缩	在低温低压条件下，利用前效用过及产生的二次蒸汽作为热源引入另一串联的后效蒸发器进行蒸发浓缩	可反复利用热源，提高蒸发效率，降低耗能。大生产中最为常见

任务实施

一、药材预处理

饮片的粒度是影响浸出的主要因素之一，可根据药材性质和粉碎（切制）要求，采用不同的粉碎（切制）方法。饮片炮制加工后可以增加疗效、降低毒性，保证用药安全和有效，根据中医药理论加入相应的辅料，如酒、醋、食盐、麦麸等。常用设备为多功能切药机。

二、浸提

动画：多功能提取罐

1. 浸提要求　饮片成分复杂，实际操作中，应根据饮片中所含有效成分的性质、浸出溶剂的性质、剂型要求及生产规模等因素选择适宜的浸出方法，一般情况下加入溶剂量应高于饮片面约 2 cm（总体积不能超过提取器容量的 2/3）。常用的方法有煎煮法、浸渍法、渗漉法、回流法、水蒸气蒸馏法等。常用的设备为砂锅、浸渍器、渗漉器、回流提取器、蒸馏器、多功能提取罐等。

2. 注意事项

(1) 煎煮前应将饮片冷浸 20~60 min；煎煮用水第一次为饮片量的 7~10 倍，第二次为 5~8 倍；应用不锈钢锅、砂锅煎煮（忌铁、铝、铜器）；控制煎煮火候，一般先用武火煮沸，再用文火保持微沸；滋补类药煎煮时间要延长 10~45 min，解表药煮沸时间应缩短 5~10 min；为避免发霉变质，煎出液应及时处理。

(2) 浸渍时间为冷浸法 14 天、热浸法 3~7 天；溶剂用量约为饮片量的 10 倍；浸渍过程应加强搅拌或振荡；过滤前要静置 24 h。

(3) 用渗漉法浸提的饮片以粉碎成粗粉或中粉为宜；药粉在装筒前需用浸出溶剂润湿并应放置足够的时间使其充分膨胀；装筒前要先用脱脂棉垫在渗漉筒底部，装筒时药粉应分次投入、层层均匀压平；在整个渗漉过程中，自加溶剂后至渗漉结束前，应始终保持溶剂高于药面，以防止药粉层干涸开裂。

三、精制

1. 精制方法　饮片浸提液中含有大量的杂质，应采取适当的方法进行精制。常用的方法有水提醇沉法、醇提水沉法、酸碱法等。日常生产最常用的是水提醇沉法，操作时将饮片用水提取，再浓缩至 1 ml 相当于原饮片 1~2 g，加入适量不同浓度的乙醇，将含醇药液移至 5~10 ℃下静置 12~24 h，待充分静置后，分离除去杂质，获得澄清液。

2. 注意事项　加乙醇时，应注意：①慢慢加入浓缩液中，边加边搅拌，使含醇量逐步提高，这样有利于杂质的去除、有效成分的浸出。②浓缩液温度不宜太高，加至所需含醇量后，将容器盖严，以防乙醇挥发。常用的设备为沉析罐。

四、浓缩

饮片提取液量多，浓度低，须浓缩后方可直接应用或制备成其他剂型。提取液成分复杂，应根据药液性质（如药液黏度、药物成分的热稳定性、溶剂种类等）和剂型、浓缩程度的要求及生产规模等因素，选择适宜的浓缩方法。常用的方法有常压浓缩、减压浓缩、薄膜浓缩和多效蒸发浓缩等。

日常生产中多采用三效蒸发浓缩法进行浓缩，3 个浓缩器内的真空度和蒸发温度不同，各效的真空度和蒸发温度一般为一效 0.04 MPa、85 ℃，二效 0.06 MPa、75 ℃，三效 0.08 MPa、65 ℃，重复利用蒸汽加热，药液受热温度低，蒸发速度快，特别适合于水提液的浓缩，药液可浓缩至相对密度为 1.20~1.35。常用设备为三效浓缩罐。

五、配液

为保证浸出制剂的安全、稳定、均一及良好的口感，按相关药品工艺规程要求进行配制，将各组分药液投入配液罐中，加纯化水至总量，搅拌均匀，再将配制液移入静置罐进行静置过滤，检验合格后送交下一工序。可根据不同浸出制剂需要，添加适宜的防腐剂、矫味剂和增溶剂等。配制时应在不低于D级的洁净区内进行，常用设备为配液罐、静置罐。

六、灌装

经配制完成的药液应及时灌装于合格的内包装容器中，加盖闭塞。灌装时应在不低于 D 级的洁净区内进行，灌装过程中应定期检查装量。常用设备为洗烘灌联动线机组、灌封机。

实例分析 鼻窦炎口服液

【处方】 辛夷 148 g，荆芥 148 g，薄荷 148 g，桔梗 148 g，竹叶柴胡 126 g，苍耳子 126 g，白芷 126 g，川芎 126 g，黄芩 112 g，栀子 112 g，茯苓 186 g，川木通 126 g，黄芪 304 g，龙胆草 34 g。

【制法】 以上十四味中药，辛夷、荆芥、薄荷、竹叶柴胡用水蒸气蒸馏提取芳香水，蒸馏后的药渣与其余十味中药加水煎煮 3 次，每次 1 h，合并煎液，滤过，滤液浓缩至适量，静置，取上清液，滤过，液中加入上述芳香水与适量防腐剂，混匀，加水至 1 000 ml，混匀，滤过，灌封，灭菌，即得。

实例分析：鼻窦炎口服液

【讨论】 1. 处方中哪些药物含有挥发性成分？

2. 含有挥发性成分的饮片应如何进行提取？

3. 为什么要进行精制？为何该口服液中没添加香精？

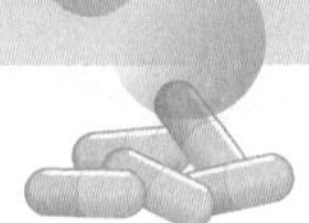

知识总结

1. 浸出制剂系指采用适当的浸出溶剂和方法，从饮片中提取有效成分所制成的供内服或外用的药物制剂。

2. 浸出制剂具有多成分综合作用与多效性；药效缓和持久、副作用小；有效成分浓度较高，服用体积小；剂型应用广泛，品种多；成分复杂，稳定性差。

3. 浸出制剂可分为水浸出制剂、含醇浸出制剂、含糖浸出制剂及精制浸出制剂，常用浸出制剂有汤剂、合剂与口服液、酒剂、酊剂、流浸膏剂与浸膏剂、煎膏剂等。

4. 浸出制剂常用的浸出方法为：煎煮法、浸渍法、渗漉法、回流法、水蒸气蒸馏法等。

5. 浸出制剂的浓缩方法包括：常压浓缩、减压浓缩、薄膜浓缩、多效蒸发浓缩。

6. 浸出制剂的一般工艺流程为：浸提→精制→浓缩→配液→静置→过滤→分装→灭菌→包装。

在线测试

请扫描二维码完成在线测试。

在线测试：浸出制剂制备

任务 14.2　浸出制剂质量检查

任务描述

浸出制剂在生产与贮藏期间应符合相关质量要求。本任务主要学习合剂与口服液、酒剂、酊剂、流浸膏剂与浸膏剂、煎膏剂等常用浸出制剂的质量要求，按照《中国药典》(2020 年版) 常用浸出制剂的 pH、装量、相对密度、乙醇量、甲醇量及微生物限度等检查的要求完成质量检查，正确评价制剂质量。

PPT：浸出制剂质量检查

授课视频：浸出制剂质量检查

知识准备

1. 合剂在生产与贮藏期间应符合下列规定。

(1) 饮片应按各品种项下规定的方法提取、纯化、浓缩制成口服液体制剂。

(2) 根据需要可加入适宜的附加剂。除另有规定外，在制剂确定处方时，如需加入抑菌剂，该处方的抑菌效力应符合抑菌效力检查法（通则 1121）的规定。山梨酸和苯甲酸的用量不得超过 0.3%（其钾盐、钠盐的用量分别按酸计），羟苯酯类的用量不得超过 0.05%，如加入其他附加剂，其品种与用量应符合国家标准的有关规定，不影响成品的稳定性，并应避免对检验产生干扰。必要时可加入适量的乙醇。

(3) 合剂若加蔗糖，除另有规定外，含蔗糖量一般不高于 20%（g/ml）。

(4) 除另有规定外，合剂应澄清。在贮存期间不得有霉变、酸败、异物、变色、产生气体或其他变质现象，允许有少量摇之易散的沉淀。

(5) 一般应检查相对密度、pH 等。

2. 酒剂在生产与贮藏期间应符合下列规定。

(1) 酒剂可用浸渍、渗漉、热回流等方法制备。

(2) 生产酒剂所用的饮片，一般应适当粉碎。

(3) 生产内服酒剂应以谷类酒为原料。

(4) 蒸馏酒的浓度及用量、浸渍温度和时间、渗漉速度，均应符合各品种制法项下的要求。

(5) 可加入适量的糖或蜂蜜调味。

(6) 配制后的酒剂须静置澄清，滤过后分装于洁净的容器中。在贮存期间允许有少量摇之易散的沉淀。

(7) 酒剂应检查乙醇含量和甲醇含量。

3. 酊剂在生产与贮藏期间应符合下列规定。

(1) 除另有规定外，每 100 ml 相当于原饮片 20 g。含有毒剧药品的中药酊剂，每 100 ml 应相当于原饮片 10g；其有效成分明确者，应根据其半成品的含量加以调整，使符合各酊剂项下的规定。

(2) 酊剂可用溶解、稀释、浸渍或渗漉等法制备。①溶解法或稀释法：取原料药物的粉末或流浸膏，加规定浓度的乙醇适量，溶解或稀释，静置，必要时滤过即得。②浸渍法：取适当粉碎的饮片，置有盖容器中，加入溶剂适量，密盖，搅拌或振摇，浸渍 3~5 天或规定的时间，倾取上清液，再加入溶剂适量，依法浸渍至有效成分充分浸出，合并浸出液，加溶剂至规定量后，静置，滤过即得。③渗漉法：照流浸膏剂项下的方法（通则 0189），用溶剂适量渗漉，至流出液达到规定量后，静置，滤过即得。

(3) 除另有规定外，酊剂应澄清。在酊剂组分无显著变化的前提下，久置允许有少量摇之易散的沉淀。

4. 流浸膏剂、浸膏剂在生产与贮藏期间应符合下列规定。

(1) 除另有规定外，流浸膏剂用渗漉法制备，也可用浸膏剂稀释制成；浸膏剂用煎煮法、回流法或渗漉法制备，全部提取液应低温浓缩至稠膏状，加稀释剂或继续浓缩至规定的量。渗漉法的要点如下：①根据饮片的性质可选用圆柱形或圆锥形的渗漉器。②饮片须适当粉碎后，加规定的溶剂均匀润湿，密闭放置一定时间，再装入渗漉器内。

③饮片装入渗漉器时应均匀，松紧一致，加入溶剂时应尽量排出饮片间隙中的空气，溶剂应高出药面，浸渍适当时间后进行渗漉。④渗漉速度应符合各品种项下的规定。⑤收集 85% 饮片量的初漉液另器保存，续漉液经低温浓缩后与初漉液合并，调整至规定量，静置，取上清液分装。

(2) 流浸膏剂久置若产生沉淀，在乙醇和有效成分含量符合各品种项下规定的情况下，可滤过除去沉淀。

5. 煎膏剂在生产与贮藏期间应符合下列规定。

(1) 饮片按各品种项下规定的方法煎煮，滤过，滤液浓缩至规定的相对密度，即得清膏。

(2) 如需加入饮片原粉，除另有规定外，一般应加入细粉。

(3) 清膏按规定量加入炼蜜或糖（或转化糖）收膏；若需加饮片细粉，待冷却后加入，搅拌混匀。除另有规定外，加炼蜜或糖（或转化糖）的量，一般不超过清膏量的 3 倍。

(4) 煎膏剂应无焦臭、异味，无糖的结晶析出。

6. 除另有规定外，合剂与口服液、酒剂、煎膏剂应密封，置阴凉处贮存；浸膏剂与流浸膏剂应置遮光容器内密封，流浸膏剂应置阴凉处贮存；酊剂应遮光，密封，置阴凉处贮存。

知识拓展：中药饮片比量法

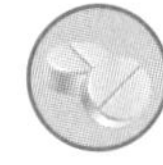

任务实施

一、pH 检查

合剂与口服液应检查 pH，照 pH 值测定法（通则 0631）测定，应符合各品种项下的规定。

二、装量检查

1. 单剂量灌装合剂　照下述方法检查，应符合规定。检查法：取供试品 5 支，将内容物分别倒入经标化的量入式量筒内，在室温下检视，每支装量与标示装量相比较，少于标示装量的不得多于 1 支，并不得少于标示装量的 95%。

2. 多剂量灌装浸出制剂　照最低装量检查法（通则 0942）检查，应符合规定。

三、相对密度检查

除另有规定外，取供试品适量，精密称定，加水约 2 倍，精密称定，混匀，作为供试品溶液。照相对密度测定法（通则 0601）测定，按式 14-1 计算，应符合各品种项下的有关规定。

$$供试品相对密度=\frac{W_1-W_1\cdot f}{W_2-W_1\cdot f} \quad (式 14-1)$$

式 14–1 中，W_1 为比重瓶内供试品溶液的重量(g)，W_2 为比重瓶内水的重量(g)，f 的计算见式 14–2。

$$f=\frac{加入供试品中的水重量}{供试品重量+加入供试品中的水重量} \quad (式 14-2)$$

凡加饮片细粉的煎膏剂，不检查相对密度。

四、不溶物检查

1. 取供试品 5 g，加热水 200 ml，搅拌使溶化，放置 3 min 后观察，不得有焦屑等异物。

2. 加饮片细粉的煎膏剂，应在未加入细粉前检查，符合规定后方可加入细粉。加入饮片细粉后不再检查不溶物。

五、总固体检查

含糖、蜂蜜的酒剂照第一法检查，不含糖、蜂蜜的酒剂照第二法检查，应符合规定。

1. 第一法　精密量取供试品上清液 50 ml，置蒸发皿中，水浴上蒸至稠膏状，除另有规定外，加无水乙醇搅拌提取 4 次，每次 10 ml，滤过，合并滤液，置已干燥至恒重的蒸发皿中，蒸至近干，精密加入硅藻土 1 g(经 105 ℃干燥 3 h，移置干燥器中冷却 30 min)，搅匀，在 105 ℃干燥 3 h，移置干燥器中，冷却 30 min，迅速精密称定重量，扣除加入的硅藻土量，遗留残渣应符合各品种项下的有关规定。

2. 第二法　精密量取供试品上清液 50 ml，置已干燥至恒重的蒸发皿中，水浴上蒸干，在 105 ℃干燥 3 h，移置干燥器中，冷却 30 min，迅速精密称定重量，遗留残渣应符合各品种项下的有关规定。

六、乙醇量、甲醇量检查

酒剂、酊剂、流浸膏剂均应进行乙醇量、甲醇量检查。照乙醇量测定法(通则 0711)测定，应符合各品种项下的规定；照甲醇量检查法(通则 0871)检查，应符合规定。

七、微生物限度检查

酒剂除需氧菌总数每 1 ml 不得过 500 cfu，霉菌和酵母菌总数每 1 ml 不得过 100 cfu 外，其他应符合规定。其他浸出制剂均应照非无菌产品微生物限度检查：微生物计数法(通则 1105)和控制菌检查法(通则 1106)及非无菌药品微生物限度标准(通则 1107)检查，应符合规定。

知识总结

1. 浸出制剂应均匀混合，色泽一致。

2. 合剂应澄清，不得有霉变、酸败、异物、变色、产生气体或其他变质现象，允许有少量摇之易散的沉淀；酒剂须澄清，贮存期间允许有少量摇之易散的沉淀；酊剂应澄清，在组分无显著变化的前提下，久置允许有少量摇之易散的沉淀；流浸膏剂久置若产生沉淀，在乙醇和有效成分含量符合各品种项下规定的情况下，可滤过除去沉淀；煎膏剂应无焦臭、异味，无糖的结晶析出。

3. 浸出制剂的微生物限度应符合要求。

4. 除另有规定外，合剂与口服液、酒剂、煎膏剂应密封，置阴凉处贮存；浸膏剂与流浸膏剂应置遮光容器内密封，流浸膏剂应置阴凉处贮存；酊剂应遮光，密封，置阴凉处贮存。

5. 除另有规定外，浸出制剂应检查 pH（合剂与口服液）、装量、相对密度、不溶物（煎膏剂）、总固体（酒剂）、乙醇量和甲醇量（酒剂、酊剂、流浸膏剂）、微生物限度，并符合《中国药典》（2020年版）规定。

在线测试

请扫描二维码完成在线测试。

在线测试：浸出制剂质量检查

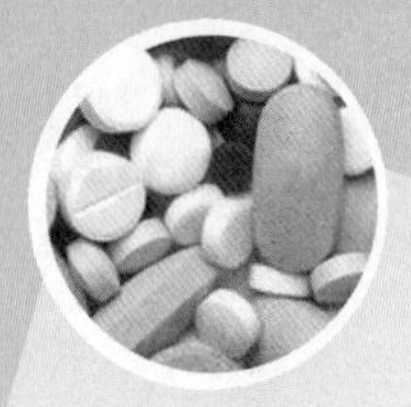

项目 15
气雾剂生产

学习目标

1. 掌握气雾剂的定义、特点、分类、组成、常用的抛射剂，喷雾剂和粉雾剂的定义、特点。
2. 熟悉气雾剂的装置、生产工艺和质量评价，喷雾剂和粉雾剂的组成和质量评价。
3. 了解药物的肺部吸收。

知识导图

请扫描二维码了解本项目主要内容。

知识导图：
气雾剂生产

任务 15.1　气雾剂制备

任务描述

气雾剂是临床常用气态剂型之一。本任务主要学习气雾剂的定义、特点、分类、处方组成和制备方法，按照气雾剂的生产工艺流程，完成气雾剂制备。

PPT：气雾剂制备

授课视频：气雾剂制备

视频：气雾剂的概述

知识拓展：气雾剂的发展简史

知识准备

一、基础知识

1. 气雾剂的定义　气雾剂系指原料药物或原料药物和附加剂与适宜的抛射剂共同装封于具有特制阀门系统的耐压容器中，使用时借助抛射剂的压力将内容物呈雾状物喷至腔道黏膜或皮肤的制剂。

2. 气雾剂的特点

(1) 气雾剂的优点：①药物密闭于容器内能保持清洁无菌，由于容器不透明，避光，不与空气中的氧或水分直接接触，提高了药物的稳定性。②有速效与定位作用，尤其是呼吸道疾病，如哮喘，吸入 2 min 即可起效。③可用定量阀门准确控制剂量，具有良好的剂量均一性。④简洁、耐用、使用方便，药物可避免胃肠道破坏和肝首过效应。⑤所有定量气雾剂的操作和吸入方法相似，便于患者掌握。

(2) 气雾剂的缺点：①气雾剂需放置于阴凉、阴暗处保存，并避免暴晒、受热、敲打、碰撞，因气雾剂具有一定压力，故遇热和受撞击后可能发生爆炸。②生产成本高，因气雾剂需要耐压容器、阀门系统和特殊的生产设备。③阀门系统对药物剂量有所限制，无法递送大剂量药物。④抛射剂有高度挥发性，因而具有致冷效应，多次使用于受伤皮肤上可引起不适与刺激，吸入气雾剂甚至可产生“凉喉效应”。⑤若患者无法正确使用，会造成肺部吸收剂量较低。

3. 气雾剂的分类　按用药途径可分为吸入气雾剂和非吸入气雾剂。按处方组成可分为二相气雾剂（气相与液相）和三相气雾剂（气相、液相、固相或液相）。按给药定量与否，可分为定量气雾剂和非定量气雾剂。

4. 气雾剂的吸收　吸入型气雾剂主要的吸收部位是肺部，药物在肺部吸收具备以下特点。

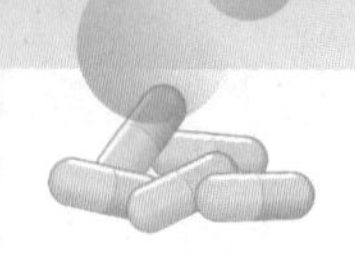

(1) 主要优点：①肺部具有较大的吸收面积，总面积可达 70~100 m^2，为体表面积的 25 倍。②肺泡表皮薄，肺泡壁或肺泡隔内有丰富的毛细血管，细胞壁或毛细血管的厚度只有 0.5~1 μm。因此，药物可通过肺泡快速吸收而直接进入血液循环，避免了肝首过效应的影响，提高了药物的生物利用度。③肺部的化学降解和酶降解反应较低，药物被破坏的程度小。④药物可直接到达靶向部位，降低给药剂量及毒副反应，这对于局部长期治疗的疾病极其重要。

(2) 微粒大小对药物能否进入肺泡囊起着至关重要的作用：较粗的微粒大部分落在上呼吸道黏膜上，肺部沉积量少；如果微粒太细，因其惯性小易被呼出，肺部沉积量很少。因此一般认为供肺部给药合适的微粒大小为 0.5~5 μm。

视频：气雾剂的组成

5. 气雾剂的组成　气雾剂由抛射剂、药物与附加剂、耐压容器和阀门系统组成。抛射剂、药物与附加剂一同装封于耐压容器中，抛射剂气化产生压力，若打开阀门，则药物、抛射剂一起喷出而形成雾滴。离开喷嘴后抛射剂和药物的雾滴进一步气化，雾滴变得更细。雾滴大小取决于抛射剂类型、用量，阀门和揿钮类型及药液黏度等。

(1) 抛射剂：抛射剂是喷射药物的动力，有时兼作药物的溶剂或稀释剂。抛射剂分为液化气体与压缩气体两大类，但压缩气体在药用气雾剂中应用较少。液化气体在常压下沸点低于大气压，阀门系统开放时，压力突然降低，抛射剂急剧气化，可将容器内的药物溶液分散成极细的微粒，通过阀门系统喷射出来。抛射剂喷射能力的大小直接受其种类和用量的影响。

理想的抛射剂应具备以下条件：①多为液化气体，常压下沸点低于室温，常温下蒸气压大于大气压。②无毒、无致敏性和刺激性。③惰性，不与药物等发生反应。④不易燃、不易爆。⑤无色、无臭、无味。⑥价格便宜，便于大规模生产。

抛射剂可分为液化气和压缩气两大类，其中液化气最多用，目前常用液化气有氢氟烷烃类和碳氢化合物，而氟氯烷烃类（氟利昂）因破坏大气臭氧层已禁用于工业生产，现仅在科研领域有少量应用（表 15–1）。

表 15–1　气雾剂常见抛射剂

名称	应用特点
氢氟烷烃类（HFA）	沸点与氟氯烷烃类似，是目前氟利昂的较理想代用品。但由于极性、溶解性和相容性的差异，传统的氟利昂制剂技术并不能简单移植给 HFA 剂型，而应根据药物与辅料在 HFA 中的溶解度，重新设计
碳氢化合物	虽然稳定、毒性不大、密度低，但易燃、易爆，不宜单独使用，常与其他抛射剂合用。主要品种有丙烷、正丁烷、异丁烷，国内不常用
氟氯烷烃类（氟利昂）	沸点低，常温下蒸气压略高于大气压，易控制，性质稳定，不易燃烧，液化后密度大，无味，基本无臭，毒性较小。不溶于水，可作为脂溶性药物的溶剂。由于氟利昂对大气中臭氧层的破坏，目前已禁用
压缩气	主要有二氧化碳、氮气和一氧化氮等，其化学性质稳定，不与药物发生反应，不燃烧。但液化后的沸点较低，常温时蒸气压过高，对容器要求较严，因而在吸入气雾剂中不常用，主要用于喷雾剂

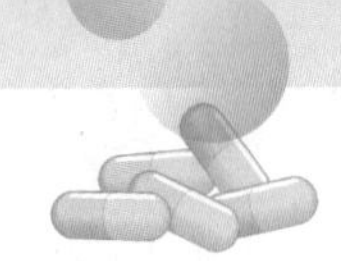

气雾剂喷射能力的强弱取决于抛射剂的用量及其蒸气压。一般来说，用量大，蒸气压高，喷射能力强，反之则弱。故应根据医疗要求选择适宜抛射剂的组分及用量。一般多用混合抛射剂，并通过调整用量和蒸气压来达到所需喷射能力。通常抛射剂的用量与气雾剂的种类、用途有关。

知识拓展：被禁用的氟利昂

(2) 药物与附加剂：根据药物的理化性质和临床治疗要求决定配制何种类型的气雾剂，进而决定潜溶剂等附加剂的使用，具体见表 15-2。

表 15-2 气雾剂常见药物与附加剂

药物	附加剂	
溶液型气雾剂	抛射剂作溶剂	气雾剂中还可加入一定量的助溶剂、抗氧剂、防腐剂、表面活性剂等附加剂
	潜溶剂：乙醇、丙二醇或聚乙二醇等	
混悬型气雾剂	润湿剂：胶态二氧化硅等	
	稳定剂：油酸、月桂醇等	
泡沫型气雾剂	药物溶于水或溶于甘油、丙二醇类溶剂中	
	抛射剂	
	乳化剂	

(3) 耐压容器：气雾剂的容器必须不与药物和抛射剂起作用，具有耐压（有一定的耐压安全系数）、耐腐蚀性，且应轻便、价廉等。耐压容器材质有塑料、玻璃和金属等。①塑料容器质地轻且耐压，抗撞击性和耐腐蚀性均较好，但因通透性较高及可能存在塑料添加剂的影响，应用尚不普遍。②玻璃容器化学性质稳定，但耐压和抗撞击性差，需在玻璃容器外面搪一层塑料防护层，以弥补这种缺点。③金属容器包括铝、不锈钢、马口铁等容器，耐压性强，但对药液不稳定，需内涂聚乙烯或环氧树脂等惰性材料。

(4) 阀门系统：气雾剂的阀门系统是控制药物和抛射剂从容器喷出的主要部件。各部件的精密度都可直接影响气雾剂产品的质量和喷出物的细度及状态。标准的阀门，一般由推动钮、阀门杆（外孔、内孔、膨胀室）、弹体封圈、弹簧、定量室和浸入管组成。阀门是控制药物和抛射剂从容器射出的主要部件，多数药用气雾剂选用能控制剂量的定量阀门，也有的使用非定量的一般阀门。定量吸入气雾剂的阀门系统与非定量吸入气雾剂的阀门系统的构造相仿，不同之处是前者有定量室。目前使用最多的定量吸入气雾剂的阀门系统见图 15-1。

部件介绍如下。①封帽：常为铝制品，将阀门固封在容器上，必要时涂环氧树脂等薄膜。②阀门杆（轴芯）：常由尼龙或不锈钢制成。顶端与推动钮相接，其上端有内孔和膨胀室，下端有一段细槽或缺口以供药液进入定量室。内孔即出药孔，是阀门沟通容器内外的极细小孔，其大小与气雾剂喷射雾滴的粗细有关。内孔位于阀门杆之侧，被弹体封圈封在定量室之外，使容器内外不连通。当揿下推动钮时，内孔进入定量室，与药液相通，药液立即通过它进入膨胀室，然后从喷嘴喷出。膨胀室在阀门杆内，位于内孔之上。药液进入此室时，部分抛射剂因气化而骤然膨胀，使药液雾化并从喷嘴喷出，进一步形成细雾滴。③弹体封圈：有弹性，通常由丁腈橡胶制成。分进液弹体封圈和出液弹

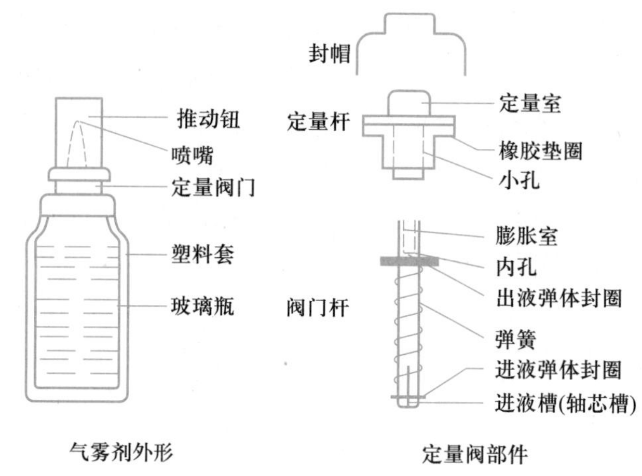

图 15-1　定量吸入气雾剂的阀门系统

体封圈两种。进液弹体封圈紧套阀门杆下端，在弹簧之下，它的作用是托住弹簧，同时随着阀门杆的上下移动使进液槽打开或是关闭，同时封着定量室的下端，使室内药液不溢出。④弹簧：由不锈钢制成，套于阀门杆外，位于定量室内，是推动钮上升的动力。⑤定量室：为塑料或金属制成，其容量一般为 0.05~0.2 ml。它决定了剂量的大小。由弹体封圈控制药液不外溢，使其喷出准确的剂量。⑥浸入管：由塑料制成，国产药用吸入气雾剂一般不用浸入管，故使用时需将容器倒置，如图 15-2 所示，使药液通过阀门杆上的进液槽进入阀门系统的定量室。喷射时按下揿钮，阀门杆在揿钮的压力下顶入，弹簧受压，内孔进入出液弹体封圈以内，定量室内的药液由内孔进入膨胀室，部分汽化后由喷嘴喷出。同时进液槽全部进入瓶内，封圈封闭了药流进入定量室的通道。揿钮压力除去后，在弹簧作用下，又使阀门杆恢复原位，药液再进入定量室，再次使用时，重复这一过程。浸入管一般由塑料制成，其作用是将容器内药液向上输送到阀门系统(图 15-3)，向上的动力是容器内的内压。⑦推动钮：常用塑料制成，装在阀门杆顶端，推动阀门杆开启和关闭气雾剂阀门，上有喷嘴，控制药液喷出方向。不同类型的气雾剂，推动钮类型不同。

6. 喷雾剂与粉雾剂　喷雾剂与粉雾剂的定义、特点及质量要求见表 15-3。

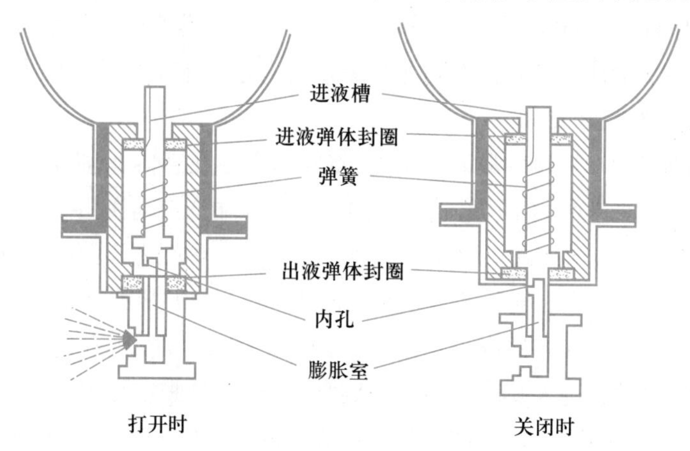

图 15-2　无浸入管阀门启闭示意图

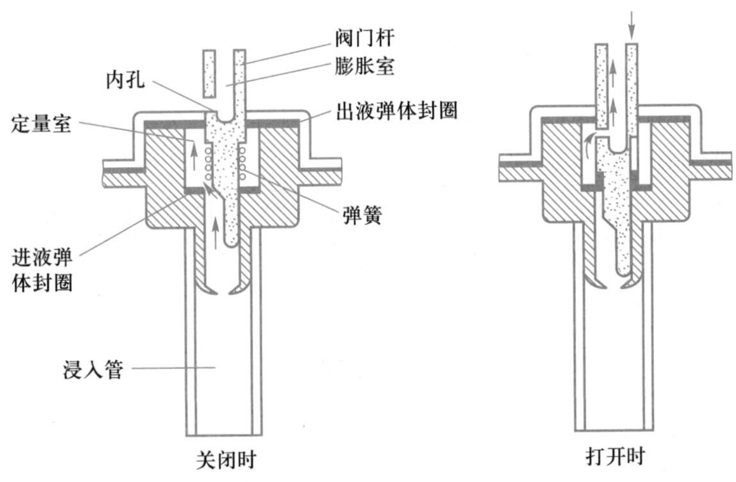

图 15-3 有浸入管的定量阀门

表 15-3 喷雾剂与粉雾剂的定义、特点及质量要求

项目	喷雾剂	粉雾剂
定义	喷雾剂系指原料药物或与适宜辅料填充于特制的装置中，使用时借助手动泵的压力、高压气体、超声振动或其他方法将内容物呈雾状物释出，直接喷至腔道黏膜或皮肤等的制剂	粉雾剂是在气雾剂的基础上，为克服气雾剂的不足，综合粉体工学的知识而发展起来的一种剂型
特点	1. 药物呈细小雾滴能直达作用部位，局部浓度高，起效迅速 2. 给药剂量准确，给药剂量比注射或口服小，因此毒副作用小 3. 使用方便	1. 无需抛射剂，可避免对大气环境的污染和对呼吸道的刺激 2. 药物以胶囊或泡囊形式给药，剂量准确，无超剂量给药危险 3. 不含防腐剂及乙醇等溶剂，对病变黏膜无刺激性 4. 稳定性好，尤其适用于多肽和蛋白类药物的给药
质量要求	1. 喷雾剂应在相关品种要求的环境下配制，如一定的洁净度、灭菌条件和低温环境等。 2. 根据需要可加入溶剂、助溶剂、抗氧剂、抑菌剂、表面活性剂等附加剂，除另有规定外，在制剂确定处方时，该处方的抑菌效力应符合抑菌效力检查法的规定，所加附加剂对皮肤或黏膜应无刺激性 3. 喷雾剂装置中各组成部件均应采用无毒、无刺激性、性质稳定、与原料药物不起作用的材料制备 4. 溶液型喷雾剂的药液应澄清；乳剂型喷雾剂的液滴在液体介质中应分散均匀；混悬型喷雾剂应将原料药物细粉和附加剂充分混匀、研细，制成稳定的混悬液 5. 吸入喷雾剂的有关规定见吸入制剂项下相关规定，除另有规定外，喷雾剂应避光密封贮存	1. 配制粉雾剂时，为改善粉末的流动性，可加入适宜的载体和润滑剂；吸入粉雾剂中所有附加剂均应为生理可接受物质，且对呼吸道黏膜和纤毛无毒、无刺激性；非吸入粉雾剂及外用粉雾剂中所有附加剂均应对皮肤或黏膜无刺激性 2. 粉雾剂给药装置使用的各组成部件均应采用无毒、无刺激性、性质稳定及与药物不起作用的材料制备 3. 吸入粉雾剂中药物粒度大小应控制在 10 μm 以下，其中大多数应≤ 5 μm 4. 粉雾剂应置凉暗处贮存，防止吸潮 5. 胶囊型、泡囊型吸入粉雾剂应标明：每粒胶囊或泡囊中药物含量；胶囊应置于装置中吸入，而非吞服；有效期；贮藏条件。多剂量贮库型吸入粉雾剂应标明：每瓶总吸次；每吸主药含量

二、工艺流程

气雾剂的制备过程包括:容器阀门系统的处理与装配→药物的配制和分装→抛射剂的填充→质量检查→气雾剂成品。其制备工艺流程见图 15-4。生产环境、用具和整个操作过程应在洁净区进行。如果抛射剂有易燃、易爆属性,其填充应在防爆区内进行。

视频:
气雾剂的制备技术

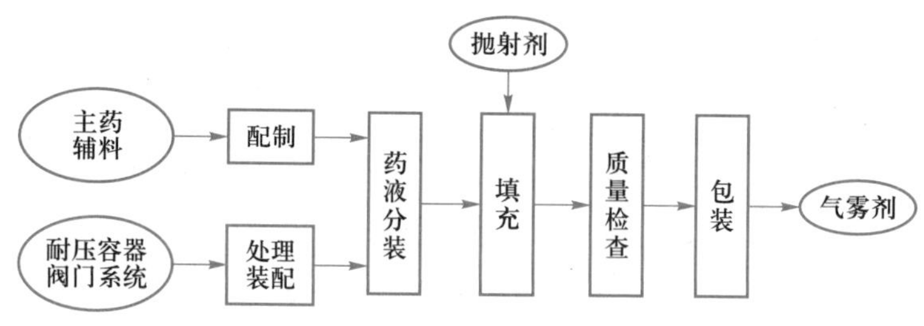

图 15-4 气雾剂的制备工艺流程

任务实施

一、物料准备

1. 容器的处理 ①铝听清洗:铝听表面的性质对药品稳定性有较大影响。因此铝听的清洁质量很重要。所有铝听在使用前用清水清洗和纯化水清洗后烘干,并应避免铝听内表面受到二次污染。②玻瓶搪塑:玻瓶搪塑是使容器自瓶颈以下黏附一层塑料液并干燥成膜的操作。对塑料涂层的要求:均匀、紧密包裹玻瓶(以防爆瓶时玻片飞溅),外表平整、美观。该步骤由包材厂家完成。

2. 阀门系统的处理与装配 ①橡胶制品可在 75% 乙醇中浸泡 24 h,以脱色并消毒。②塑料、尼龙零件洗净后浸于 95% 乙醇中备用。③不锈钢弹簧在 1%~3% 碱液中煮沸 10~30 min,用水洗涤数次,然后用蒸馏水洗 2~3 次,至无油腻,浸泡在 95% 乙醇中备用。最后将上述零部件,按阀门结构装配。该步骤由包材厂家完成,制药企业采购洁净的阀门系统,做好微生物的检测以后直接使用。

二、配液

按处方组成及气雾剂类型进行配制。溶液型气雾剂应制成澄清药液;混悬型气雾剂应将药物微粉化并保持干燥状态;乳剂型气雾剂应制成稳定的乳剂。将上述药物分散系统定量分装在容器内,安装阀门,轧紧封帽。

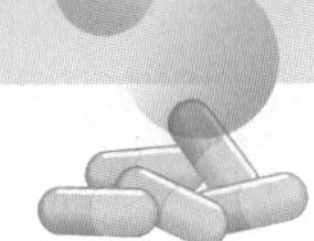

三、填充

视频：气雾剂生产工艺

抛射剂的填充有压灌法和冷灌法两种。

1. 压灌法　先将配好的药液在室温下灌入容器内，再将阀门装上并轧紧，然后通过压装机压入定量的抛射剂（最好先将容器内空气抽去）。压灌法所需设备简单，不需要低温操作，抛射剂损耗较少，目前我国多用此法生产。但生产速度较慢，且使用过程中压力的变化幅度较大。

视频：气雾剂灌封生产线

2. 冷灌法　是药液借助冷却装置冷却至 -20 ℃左右，抛射剂冷却至沸点以下至少 5 ℃。先将冷却的药液灌入容器中，随后加入已冷却的抛射剂（也可两者同时加入）。立即将阀门装上并轧紧，操作必须迅速完成，以减少抛射剂的损失。冷灌法速度快，对阀门无影响，成品压力较稳定。但需制冷设备和低温操作，抛射剂损失较多。含水制品不宜用此法。

实例分析

沙丁胺醇气雾剂（混悬型）

【处方】 沙丁胺醇 1.313 g，磷脂 0.368 g，卖泽 -52 0.263 g，HFA-134 a 998.06 g，纯化水适量，共制 1 000 g。

【制备】 将沙丁胺醇、磷脂、卖泽 -52 与适量纯化水混合，超声处理，直至平均混悬粒子大小达到 0.1~5 μm。通过冷冻干燥或喷雾干燥得到干燥粉末，将粉末分装到气雾剂罐中，封口，压盖，充入 HFA-134 a，使药物和附加剂混合物均匀分散在 HFA-134 a 中，即得。

实例分析：沙丁胺醇气雾剂（混悬型）

【讨论】 1. 处方中各成分的作用是什么？

2. 本品为何混悬粒子大小要达到 0.1~5 μm？

3. 使用本品有什么特别需要注意的地方？

知识总结

1. 气雾剂系指原料药物或原料药物和附加剂与适宜的抛射剂共同装封于具有特制阀门系统的耐压容器中，使用时借助抛射剂的压力将内容物呈雾状物喷至腔道黏膜或皮肤的制剂。

2. 气雾剂由抛射剂、药物与附加剂、耐压容器和阀门系统四部分组成。抛射剂是提供气雾剂动力的物质，有时兼作药物的溶剂或稀释剂。

3. 气雾剂的制备过程包括：容器阀门系统的处理与装配→药物的配制与分装→抛射剂的填充→质量检查→气雾剂成品。

4. 喷雾剂系指原料药物或与适宜辅料填充于特制的装置中，使用时借助手动泵的压力、高压气体、超声振动或其他方法将内容物呈雾状物释出，直接喷至腔道黏膜或皮肤等的制剂。

5. 粉雾剂是在气雾剂的基础上，为克服气雾剂的不足，综合粉体工学的知识而发展起来的一种剂型。

在线测试

请扫描二维码完成在线测试。

在线测试：气雾剂制备

任务 15.2 气雾剂质量检查

PPT：气雾剂质量检查

授课视频：气雾剂质量检查

任务描述

气雾剂在生产与贮藏期间应符合相关质量要求。本任务主要是学习气雾剂的质量要求，按照《中国药典》(2020 年版)气雾剂项下递送剂量均一性检查、每罐总揿次检查、每揿主药含量检查、多剂量吸入剂总吸次检查、微生物限度检查等要求完成气雾剂的质量检查，正确评价制剂质量。

知识准备

气雾剂在生产与贮藏期间应符合下列规定。

1. 根据需要可加入溶剂、助溶剂、抗氧剂、抑菌剂、表面活性剂等附加剂，除另有规定外，在制剂确定处方时，该处方的抑菌效力应符合抑菌效力检查法(通则 1121)的规定。气雾剂中所有附加剂均应对皮肤或黏膜无刺激性。

2. 二相气雾剂应按处方制得澄清的溶液后，按规定量分装。三相气雾剂应将微粉化(或乳化)原料药物和附加剂充分混合制得混悬液或乳浊液，如有必要，抽样检查，符合要求后分装。在制备过程中，必要时应严格控制水分，防止水分混入。吸入气雾剂的有关规定见吸入制剂(通则 0111)相关规定。

3. 气雾剂常用的抛射剂为适宜的低沸点液体。根据气雾剂所需压力，可将两种或几种抛射剂以适宜比例混合使用。

4. 气雾剂的容器，应能耐受气雾剂所需的压力，各组成部件均不得与原料药物或附加剂发生理化作用，其尺寸精度与溶胀性必须符合要求。

5. 定量气雾剂释出的主药含量应准确、均一，喷出的雾滴(粒)应均匀。

6. 制成的气雾剂应进行泄漏检查，确保使用安全。

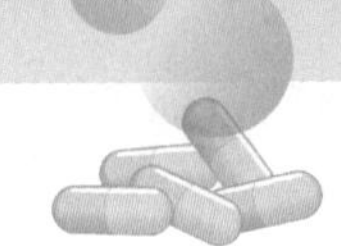

7. 气雾剂应置凉暗处贮存，并避免暴晒、受热、敲打、撞击。

8. 定量气雾剂应标明：①每罐总揿次；②每揿主药含量或递送剂量。

9. 气雾剂用于烧伤治疗如为非无菌制剂的，应在标签上标明“非无菌制剂”；产品说明书中应注明“本品为非无菌制剂”，同时在适应证下应明确“用于程度较轻的烧伤（Ⅰ°或浅Ⅱ°）”；注意事项下规定“应遵医嘱使用”。

任务实施

一、递送剂量均一性检查

除另有规定外，定量气雾剂照吸入制剂（通则 0111）相关项下方法检查，递送剂量均一性应符合规定。

二、每罐总揿次检查

定量气雾剂照吸入制剂（通则 0111）相关项下方法检查，每罐总揿次应符合规定。

三、每揿主药含量检查

定量气雾剂照下述方法检查，每揿主药含量应符合规定。

检查法：取供试品 1 罐，充分振摇，除去帽盖，按产品说明书规定，弃去若干揿次，用溶剂洗净套口，充分干燥后，倒置于已加入一定量吸收液的适宜烧杯中，将套口浸入吸收液液面下（至少 25 mm），喷射 10 次或 20 次（注意每次喷射间隔 5 s 并缓缓振摇），取出供试品，用吸收液洗净套口内外，合并吸收液，转移至适宜量瓶中并稀释至刻度后，按各品种含量测定项下的方法测定，所得结果除以取样喷射次数，即为平均每揿主药含量。每揿主药含量应为每揿主药含量标示量的 80%~120%。

凡规定测定递送剂量均一性的气雾剂，一般不再进行每揿主药含量的测定。

视频：气雾剂的质量控制

四、多剂量吸入剂总吸次检查

在设定的气流下，将吸入剂揿空，记录吸次，不得低于标示的总吸次（该检查可与递送剂量均一性测定结合）。

知识拓展：气雾剂的临床应用与使用方法

五、微生物限度检查

除另有规定外，照非无菌产品微生物限度检查：微生物计数法（通则 1105）和控制菌检查法（通则 1106）及非无菌药品微生物限度标准（通则 1107）检查，应符合规定。

知识总结

1. 气雾剂的容器，应能耐受气雾剂所需的压力，各组成部件均不得与原料药物或附加剂发生理化作用，其尺寸精度与溶胀性必须符合要求。

2. 定量气雾剂释出的主药含量应准确、均一，喷出的雾滴（粒）应均匀。

3. 制成的气雾剂应进行泄漏检查，确保使用安全。

4. 气雾剂应置凉暗处贮存，并避免暴晒、受热、敲打、撞击。

5. 定量气雾剂应标明：①每罐总揿次。②每揿主药含量或递送剂量。

6. 气雾剂用于烧伤治疗如为非无菌制剂的，应在标签上标明“非无菌制剂”；产品说明书中应注明“本品为非无菌制剂”，同时在适应证下应明确“用于程度较轻的烧伤（Ⅰ°或浅Ⅱ°）”；注意事项下规定“应遵医嘱使用”。

7. 除另有规定外，气雾剂应检查递送剂量均一性、每罐总揿次、每揿主药含量、多剂量吸入剂总吸次、微生物限度，并符合《中国药典》（2020年版）规定。

在线测试：
气雾剂质量
检查

在线测试

请扫描二维码完成在线测试。

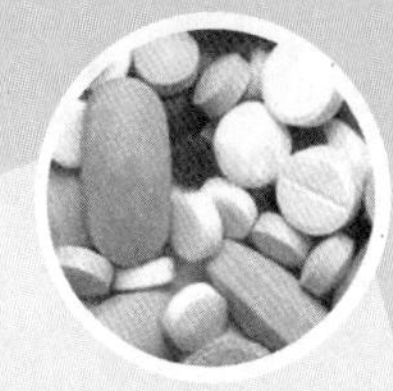

项目 16 半固体制剂生产

学习目标

1. 掌握半固体制剂的定义、特点、基质、制备方法、生产工艺及质量检查。

2. 熟悉半固体制剂的分类及质量要求。

3. 了解凝胶剂和眼膏剂的定义，半固体制剂的包装与贮存。

知识导图

请扫描二维码了解本项目主要内容。

知识导图：半固体制剂生产

任务 16.1　软膏剂和乳膏剂制备

PPT：软膏剂和乳膏剂制备

授课视频：软膏剂和乳膏剂制备

任务描述

半固体制剂是一类具备软、黏特性的制剂，对其稍施外力或在体温下即可流动和变形，经挤出、涂布后，可以适应性地紧贴、黏附或铺展于皮肤、眼睛、腔道（鼻腔、阴道或直肠）等局部用药部位。本任务主要学习半固体制剂的定义、分类、特点、基质和制备方法，按照软膏剂、乳膏剂生产工艺流程，完成软膏剂、乳膏剂制备。

知识准备

一、基础知识

1. 半固体制剂的分类和特点

(1) 半固体制剂的分类：半固体制剂根据所用赋形剂（半固体基质）和给药途径分为软膏剂、乳膏剂、凝胶剂、眼膏剂等。软膏剂系指药物与油脂性或水溶性基质混合制成的均匀半固体外用制剂。乳膏剂系指原料药物溶解或分散于乳膏型基质中形成的均匀半固体制剂。凝胶剂系指原料药物与能形成凝胶的辅料制成的具凝胶特性的稠厚液体或半固体制剂。除另有规定外，凝胶剂仅限局部用于皮肤及体腔，如鼻腔、阴道和直肠等。眼膏剂是指由原料药物与适宜基质均匀混合制成的溶液型或混悬型膏状的无菌眼用半固体制剂。

(2) 半固体制剂的特点：①具有热敏性，遇热（体温下）软化 / 熔化而流动。②具备触变性，施加外力（涂抹）时黏度降低，流动性增强，撤除外力则流动性减弱。③能在长时间内紧贴、黏附或铺展在用药部位。④具有润滑皮肤、保护创面和治疗疾病等局部作用。⑤某些药物也可通过皮肤吸收进入体循环，产生全身作用，如雌二醇软膏用于治疗围绝经期综合征，硝酸甘油软膏用于治疗心绞痛。⑥携带、运输较为方便，分散程度较小，受分散介质影响小，物理、化学稳定性较好。

2. 软膏剂、乳膏剂的质量要求　软膏剂、乳膏剂主要由药物、基质及附加剂三部分组成。基质作为软膏剂、乳膏剂的赋形剂及药物载体，其质量直接影响产品的质量及药物的释放和吸收。软膏剂、乳膏剂应达到以下质量要求。

(1) 软膏剂和乳膏剂基质应均匀、细腻，涂于皮肤或黏膜上应无刺激性。软膏剂中

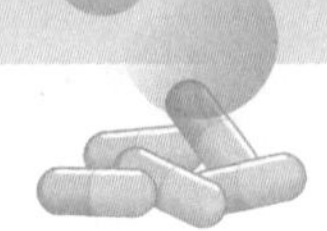

不溶性原料药物，应预先用适宜的方法制成细粉，确保粒度符合规定。

(2) 软膏剂、乳膏剂应具有适当的黏稠度，应易涂布于皮肤或黏膜上，不融化，黏稠度随季节变化应很小。

(3) 软膏剂和乳膏剂应无酸败、异臭、变色、变硬等变质现象。乳膏剂不得有油、水分离及胀气现象。

(4) 用于烧伤、创面的软膏剂、乳膏剂应无菌。

3. 基质的分类　在实际应用中，没有一种基质能完全符合上述质量要求。一般可根据所制备的软膏剂、乳膏剂的要求，将基质混合使用或添加适宜附加剂等获得理想基质。软膏剂基质包括油脂性基质和水溶性基质两类，乳膏剂基质为乳膏型基质。

视频：
软膏剂基质

(1) 油脂性基质：油脂性基质包括动、植物烃类，类脂类，油脂类和硅酮类（表 16-1）。特点是：润滑性好，无刺激性，涂于皮肤能形成封闭性的油膜，促进皮肤水合作用，对皮肤有软化和保护作用；能与较多药物配伍；不易长菌；可作为对水不稳定的药物的基质；除羊毛脂外，吸水性较差，药物的释放、穿透能力较弱，油腻性大，不易用水洗除。

表 16-1　油脂性基质

类型	概述	种类	特点
烃类	系从石油中分馏得到的多种饱和烃的混合物	凡士林	为多种不同分子量烃类组成的软膏状混合物，熔点为 38~60 ℃，有黄、白两种，后者由前者漂白而成，化学性质稳定，无刺激性，特别适合作为抗生素等不稳定药物的载体。本品可单独作软膏剂基质，亦可混合使用调节其黏稠性、涂展性和油腻性。但因本品吸水性较低(吸水约 5%)，单独使用不适用于有多量渗出液的伤患处
		固体石蜡	为各种固体饱和烃的混合物，呈白色半透明固体状，熔点为 48~58 ℃，用于调节软膏的稠度。性能优于蜂蜡，与其他基质熔和后不会单独析出
		液体石蜡	俗称白油，为各种液体烃类的混合物。能与多数脂肪油或挥发油混合，主要用于调节软膏稠度，在油脂性基质或 W/O 型基质中用以研磨药物粉末，有利于与基质混匀
类脂类	是高级脂肪酸和高级脂肪醇的化合物，物理性质与油脂类相似，但化学性质比油脂类稳定，具有一定的表面活性而有吸水性能，常与油脂类基质合用	羊毛脂	系羊毛上附着的一种蜡状物，含胆固醇及其酯，为淡黄色或棕黄色黏稠微有异臭半固体，熔点为 36~42 ℃。具有良好的吸水性，吸水可达 150%，特别适合于含有水的软膏，与 2 倍量水均匀混合后可作为 W/O 型乳膏基质。由于羊毛脂的组成与皮脂分泌物相近，故有利于药物透皮吸收。因其黏性太大，为使用方便，常吸收 30% 的水分以改善黏稠度，称为含水羊毛脂。但不宜单独使用，常与凡士林(如 1∶9)合用，用于改善凡士林的吸水性和穿透性
		蜂蜡、鲸蜡	主要成分分别为棕榈酸蜂蜡醇酯和棕榈酸鲸蜡醇酯。前者为黄色或白色块状物，熔点为 62~67 ℃；后者为白色蜡状物，熔点为 42~50 ℃。常用于增加软膏剂稠度，可作为油膏基质、乳膏剂的增稠剂和 W/O 型乳膏剂的稳定剂

续表

类型	概述	种类	特点
油脂类	源自动、植物,其组成为高级脂肪酸甘油酯及其混合物。因含不饱和双键,不如烃类基质稳定,可加抗氧剂和防腐剂改善	植物油	常用麻油、棉籽油、花生油等,常温下多为液体,常与熔点较高的蜡类调制成稠度适宜的基质。可作为乳剂基质的油相,中药油膏也常用麻油与蜂蜡熔和为基质
		动物油	常用豚脂(猪油),现已很少应用
		氢化植物油	对植物油进行氢化的产物,是饱和或近饱和的脂肪酸甘油酯,稳定性好,黏度大,不易酸败
硅酮类	系不同分子量聚二甲基硅氧烷的总称,简称硅油	硅油	为白色或淡黄色油状液体,对皮肤无刺激性,具极好的润滑性且易于涂布,不妨碍皮肤正常功能,不污染衣物,在使用温度范围内黏度变化很小,为理想的疏水性基质。可作防护性软膏剂基质,也可用于乳膏剂基质配方。本品对眼睛有刺激性,不宜用作眼膏剂基质

(2) 水溶性基质:水溶性基质由天然或合成高分子水溶性物质制成(表 16-2)。其特点是无油腻性,易洗除,能与水性液体(包括分泌物)混合,一般药物自基质中释放较快。但润滑性差,易霉变,水分易蒸发,常需加入保湿剂与防腐剂。常用的水溶性基质有聚乙二醇(PEG)类等,适用于湿润的或糜烂的创面,有利于分泌物的排出,也常用于腔道黏膜或防油保护性软膏。

表 16-2 水溶性基质

类型	特点
甘油明胶	系由明胶、甘油和水制成的透明凝胶。其中明胶占 1%~3%、甘油占 10%~30%。本品温热后易于涂布,涂后形成一层保护膜,避免使用油类、有机溶剂对皮肤造成损害。因本身有弹性,故使用时较舒适。特别适用于维生素类的营养性软膏及化妆品
聚乙二醇类	易溶于水,不易酸败和霉变,吸湿性好,可吸收分泌液,易洗除。作为软膏剂基质,常用配比有:PEG1500 与 PEG300 等量融合物,PEG4000 与 PEG400 等量融合物。该类基质对皮肤保护润滑作用差,久用引起皮肤干燥,对炎症组织略有刺激,且与聚山梨酯类、季铵盐类表面活性剂及酚类药物有配伍变化。目前 PEG 类基质已逐渐被水性凝胶基质取代
纤维素衍生物	常用的有甲基纤维素(MC)、羧甲纤维素钠(CMC-Na)、羟丙甲纤维素(HPMC)等,均为白色固体。其共同特点是水溶液中性,性质稳定,不易腐败,不用加防腐剂。CMC-Na 带负电荷,遇酸、多价金属离子及阳离子型药物可形成沉淀,应注意避免

(3) 乳膏型基质:乳膏型基质是由含固体的油相加热熔化后与水相借乳化剂的作用在一定温度下混合乳化,最后在室温下形成的半固体基质,由水相、油相与乳化剂 3 部分组成,形成基质的类型及原理与乳剂相似,有 W/O 型与 O/W 型两类。与乳剂不同的是,乳膏中的油相除了液态油以外,还有较多半固体或固体状态的油脂成分,常用硬脂酸、石蜡、蜂蜡、高级脂肪醇、凡士林等。乳膏中的水相主要为纯化水或药物水溶液。

乳膏型基质的特点:①油腻性小或无,稠度适宜,容易涂布。②能与水或油混合,容易

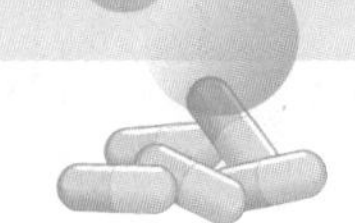

清洗。③不妨碍皮肤分泌与水分蒸发，对皮肤正常功能影响较小。④药物的释放、穿透性较好。⑤遇水不稳定的药物和分泌物较多的皮肤病（如湿疹）不宜选用。具体见表 16-3。

表 16-3　乳膏型基质

类型	概述	种类	特点
O/W 型乳膏型基质	又称雪花膏，外观形态似雪花，涂在皮肤上即似雪花融入皮肤而消失。O/W 型乳膏型基质中药物的释放和穿透作用比其他基质快，无油腻性，易洗除，且能与大量水混合。贮存过程中易发生霉变、失水等情况，常需加入防腐剂和保湿剂。O/W 型乳膏型基质润滑性较差，久用易黏于创面，能吸收一定量的渗出液，但用于多量渗出液的糜烂创面时，其所吸收的分泌物可重新进入皮肤而使炎症恶化，临床使用时应加以注意	一价皂	肥皂类阴离子型表面活性剂，具有一定的刺激性，主要用于外用乳膏。是一价金属离子和有机胺的脂肪酸盐，HLB 值为 15~18。其中用钠皂制备的乳膏较硬，钾皂的较软，有机胺皂乳膏外观细腻、有光泽
		硫酸化物	阴离子型表面活性剂，常用的有十二烷基硫酸钠（SLS），主要作外用乳膏乳化剂
		聚山梨酯（吐温）类	非离子型表面活性剂，对黏膜与皮肤的刺激性小
		聚氧乙烯醚衍生物	非离子型表面活性剂，如平平加 O，常与辅助乳化剂搭配使用
W/O 型乳膏型基质	又称冷霜，外观形态似油膏状。涂展性能好，能吸收少量水分，不能与水混合。不易清洗，常用作润肤剂，应用较少。常用乳化剂为多价皂（如镁皂、钙皂）、脂肪酸山梨坦类、高级脂肪醇及多元醇酯、蜂蜡、硬脂醇等	多价皂	肥皂类阴离子型表面活性剂，常用的有硬脂酸钙、硬脂酸镁、硬脂酸铝等，由金属离子（如 Ca^{2+}）的氢氧化物与脂肪酸（如花生油）反应生成
		高级脂肪醇及多元醇酯类	常用鲸蜡醇（十六醇）和硬脂醇（十八醇）、单硬脂酸甘油酯，均为白色块状物，为 W/O 型乳化剂，具有弱乳化能力。用于 O/W 型乳膏型基质中，增加基质的稳定性和稠度
		脱水山梨醇脂肪酸酯（司盘）类	非离子型表面活性剂，常用作 W/O 型乳膏型基质的乳化剂，或 O/W 型乳膏型基质的辅助乳化剂

实例分析

以月桂醇硫酸钠为乳化剂制成的基质

【处方】 硬脂酸 250 g，白凡士林 250 g，丙二醇 120 g，月桂醇硫酸钠 10 g，尼泊金甲酯 0.25 g，尼泊金丙酯 0.15 g，纯化水 70 g。

【制法】 取硬脂酸和白凡士林在 75 ℃左右熔化，将丙二醇、月桂醇硫酸钠、尼泊金甲酯、尼泊金丙酯溶于纯化水中，加热至 75 ℃左右，边搅拌边加入已熔化的同温油相中，继续搅拌至冷凝即得。

【注解】 处方中月桂醇硫酸钠是 O/W 型乳化剂，硬脂酸与白凡士林为油相，丙二醇作为保湿剂，尼泊金甲酯、尼泊金丙酯为防腐剂。可加入适量 W/O 型辅助乳化剂如高级醇、硬脂酸甘油酯等，以保证基质的稳定性。使用月桂醇硫酸钠为乳化剂的 pH 范围为 4~8，以 pH 在 6~7 为最佳。

实例分析　以司盘和吐温为复合乳化剂制成的基质

【处方】 单硬脂酸甘油酯 120 g，蜂蜡 50 g，石蜡 25 g，白凡士林 75 g，液体石蜡 350 g，油酸山梨坦 20 g，聚山梨酯 8 010 g，羟苯乙酯 1 g，纯化水加至 1 000 g。

知识拓展：皮肤外用制剂的吸收屏障

【制法】 将油相成分（单硬脂酸甘油酯、蜂蜡、石蜡、白凡士林、液体石蜡、油酸山梨坦）与水相成分（聚山梨酯 80、羟苯乙酯、纯化水）分别加热至 85 ℃，然后将水相加入油相中，边加边搅拌至冷凝，即得。

【注解】 处方中油酸山梨坦为主要乳化剂，因此最后形成 W/O 型乳膏型基质。处方中聚山梨酯 80 为 O/W 型乳化剂、单硬脂酸甘油酯和蜂蜡为弱的 W/O 型乳化剂，用以调节适宜的 HLB 值，起稳定作用。单硬脂酸甘油酯、蜂蜡、石蜡均为油性固体，有增稠作用。

二、工艺流程

软膏剂和乳膏剂的制备，根据药物与基质的性质、制备量及设备条件选择不同的方法。一般来说，溶液型或混悬型软膏剂多采用研和法和熔和法，乳膏剂采用乳化法。软膏剂、乳膏剂的制备工艺流程见图 16-1。

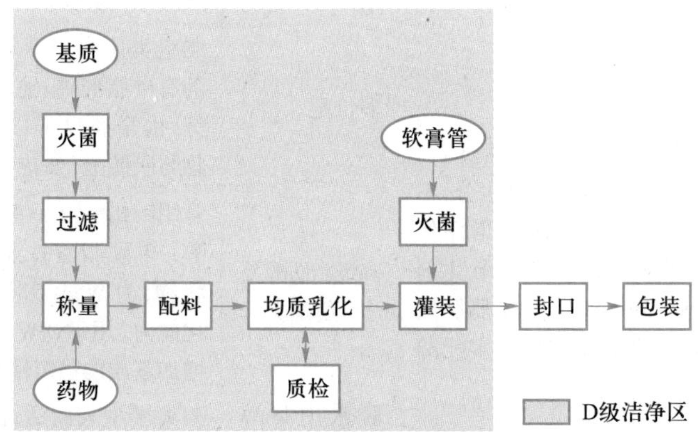

图 16-1　软膏剂、乳膏剂的制备工艺流程

1. 研和法　是将药物细粉用少量基质研匀或用适宜液体研磨成细糊状，再等量递加其余基质并研匀的制备方法。少量制备时，常用软膏刀在陶瓷或玻璃软膏板上调制，也可采用乳钵研磨。大量生产时，用机械研和法，如电动研钵、三辊研磨机（图 16-2）等。

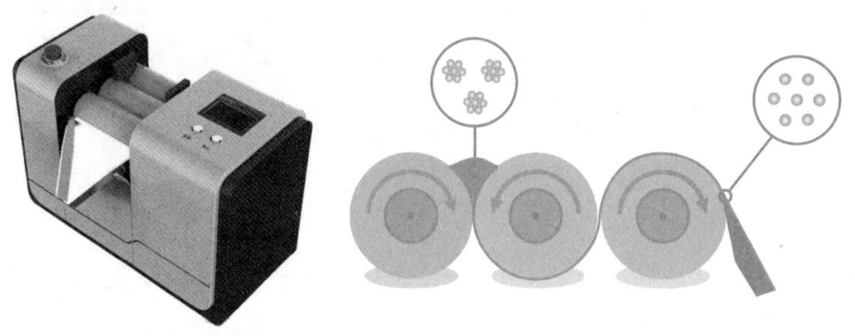

图 16-2　三辊研磨机及其运行原理示意图

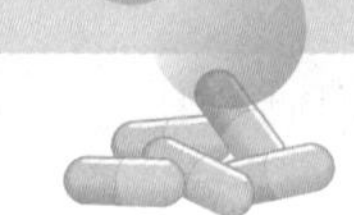

2. 熔和法　是将基质先加热熔化，再将药物分次逐渐加入，边加边搅拌，直至冷凝的制备方法。当软膏中基质的熔点不同，在常温下不能均匀混合，或主药可溶于基质，或药材需用基质加热浸取有效成分时，可采用此法。

操作时，应注意熔点较高的基质如蜂蜡、石蜡等应先加热熔化，熔点较低的凡士林、羊毛脂等应后加，必要时可趁热用纱布过滤；再将处理好的药物加入适宜温度的基质溶液中搅拌至冷凝，以防药粉下沉，凝固后停止搅拌，以免搅入空气而影响质量。目前，常用三辊研磨机达到一定细度，使其均匀，无颗粒感。

3. 乳化法　是专供制备乳膏剂的方法。将处方中的油脂性和油溶性成分加热至 80 ℃左右使其熔化，用纱布过滤；另将水溶性成分溶于水，并加热至较油相温度略高(防止油相遇冷凝固，影响混合效果及制剂外观)，油、水两相均匀混合，水、油均不溶解的组分最后加入，边加边搅拌，直至乳化完成，冷凝成膏状物。

任务实施

一、物料准备

药物细粉用少量基质研匀或用适宜液体研磨成细糊状；油脂性基质若质量合格可直接取用，若洁净度较差、混有异物等，需加热熔化后加以处理。选用两种以上基质时，熔点高的先熔化，熔点低的后加入。可采用数层纱布或 120 目铜丝筛网趁热过滤除去杂质，用蒸汽加热耐压夹层锅，加热至 150 ℃，灭菌 1 h。

二、配料

为了避免软膏对病患部位产生机械性刺激并更好地发挥药效，制剂必须均匀、细腻，因此在配料的过程中，要特别注意药物加入方法。

1. 药物不溶于基质或基质中的任何组分时，必须将药物粉碎至细粉，并全部通过六号筛。若用研磨法，配制时取药粉先与适量液体组分，如液体石蜡、植物油、甘油等研匀成糊状，再与其余基质混匀。

2. 药物能溶于基质时，可在加热时熔入；挥发性药物应于基质冷至 40 ℃左右再加入。

3. 某些在处方中含量较少的可溶性药物或防腐剂等，可先用少量适宜的溶剂溶解，再与基质混匀。如生物碱盐类，先用适量纯化水溶解，再用羊毛脂或其他吸水性基质吸收水溶液后与基质混匀。

4. 中药软膏剂所含药物通常为药材细粉，药材水煎浓缩液、浸膏、流浸膏、植物油热提液、中药提纯物等。中药煎液、流浸膏等可先浓缩再与基质混匀；半固体黏稠性药物可与基质直接混合；固体浸膏先加少量的水或稀醇使之软化并研成糊状，再与基质混匀。为了便于贮存，软膏剂中常加入适量防腐剂。

5. 处方中有薄荷脑、樟脑、冰片等挥发共熔成分时，可研磨共熔后再与冷至 45 ℃以下的基质混匀；单独使用时可用少量溶剂溶解，再加入室温的油脂性基质中混匀。

三、均质 / 乳化

少量均质、乳化采用乳钵，大量生产采用制膏机。制膏机是配制软膏剂的关键设备，一般具备搅拌、加热和乳化三项功能。性能优良的制膏机应操作方便，搅拌与控温功能出色，所制得的软膏细腻、光亮。若软膏不够细腻，还需通过胶体磨或三辊研磨机进一步研匀，使软膏细腻、均匀。均质真空制膏机 / 乳化机（图 16-3）集混合、分散、均质、乳化及吸粉等多功能于一体，带有电控系统，也可配合外围油、水相罐、真空、加热 / 冷却系统等部件，是目前生产软膏 / 乳膏的常用设备。采用均质真空制膏机 / 乳化机制得的膏体细度在 2~15 μm，且大部分粒子接近 2 μm，优于原始的制膏罐（20~30 μm），且膏体更细腻，外观光泽度更高。

图 16-3　均质真空制膏机 / 乳化机

四、灌装

配制合格的膏体后，使用膏体灌封机（图 16-4）将其灌入不同规格的金属或塑料管内，经密封制成符合药典要求的制剂。

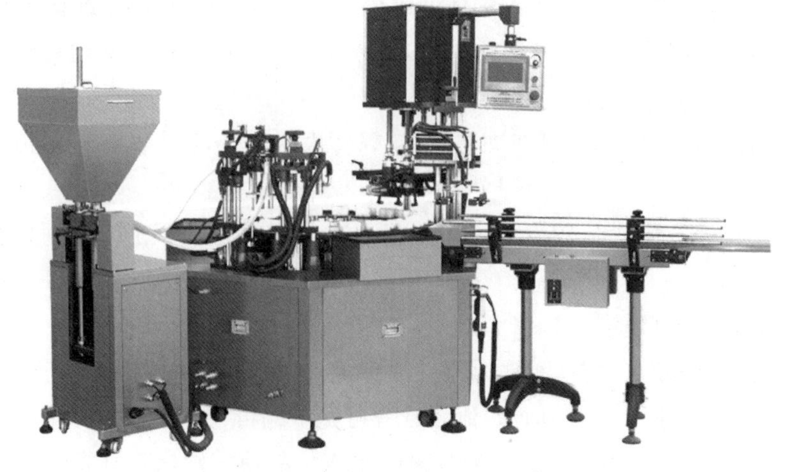

视频：软膏剂的制备

图 16-4　膏体灌封机

五、质量控制点

软膏剂和乳膏剂生产的质量控制点见表 16-4。

表 16-4 软膏剂和乳膏剂生产的质量控制点

工序	质量控制点	质量控制项目	频次
物料准备	原辅料	异物	每批
	过滤	除杂	每批
	灭菌	灭菌	每批
配料	称量	品种、数量、状态	1 次 / 班
均质 / 乳化	混合	均匀度	每批
	乳化	乳化成型	每批
灌装	灌封	装量差异、密封	随时 / 班

复方苯甲酸软膏 实例分析

【处方】 苯甲酸 120 g，水杨酸 60 g，液体石蜡 100 g，石蜡适量，羊毛脂 100 g，凡士林加至 1 000 g。

【制法】 取苯甲酸、水杨酸细粉（过 100 目筛），加液体石蜡研成糊状；另将羊毛脂、凡士林、石蜡加热熔化，经细布过滤，温度降至 50 ℃以下时加入上述药物，搅匀并至冷凝。

实例分析：复方苯甲酸软膏

【讨论】 1. 处方中各成分的作用是什么？

2. 本品制备软膏采用的是什么方法？

3. 为什么配制温度要控制在 50 ℃以下？

知识总结

1. 软膏剂系指药物与油脂性或水溶性基质混合制成的均匀半固体外用制剂。

2. 乳膏剂系指原料药物溶解或分散于乳膏型基质中形成的均匀半固体制剂。

3. 凝胶剂系指原料药物与能形成凝胶的辅料制成的具凝胶特性的稠厚液体或半固体制剂。

4. 眼膏剂是指由原料药物与适宜基质均匀混合，制成溶液型或混悬型膏状的无菌眼用半固体制剂。

5. 软膏剂的特点包括：具有热敏性，体温下软化 / 熔化而流动；具备触变性，涂抹时黏度降低；具有润滑皮肤、保护创面和治疗疾病等局部作用；有些药物也可产生全身作用；携带、运输较为方便，稳定性较好。

6. 软膏剂基质包括油脂性基质和水溶性基质；乳膏型基质分为 W/O 型和 O/W 型。

7. 软膏剂 / 乳膏剂的制备工艺流程为：物料准备（基质的处理、药物的处理）→配料→均质→乳化→灌装。

8. 软膏剂的制备方法有研和法和熔和法。

在线测试

请扫描二维码完成在线测试。

在线测试：软膏剂和乳膏剂制备

任务 16.2　软膏剂和乳膏剂质量检查

PPT：软膏剂和乳膏剂质量检查

任务描述

本任务主要学习软膏剂、乳膏剂的质量要求，按照《中国药典》（2020 年版）软膏剂、乳膏剂项下粒度、装量、无菌、微生物限度检查等检查法要求完成制剂质量检查，正确评价制剂质量。

授课视频：软膏剂和乳膏剂质量检查

知识准备

软膏剂、乳膏剂在生产与贮藏期间应符合下列规定。

1. 软膏剂、乳膏剂选用的基质应考虑各剂型特点、原料药物的性质，以及产品的疗效、稳定性及安全性。基质也可由不同类型基质混合组成。软膏剂、乳膏剂根据需要可加入保湿剂、抑菌剂、增稠剂、抗氧剂及透皮吸收促进剂等。

2. 软膏剂基质可分为油脂性基质和水溶性基质。油脂性基质常用的有凡士林、固体石蜡、液体石蜡、硅油、蜂蜡、硬脂酸、羊毛脂等；水溶性基质主要有聚乙二醇。

3. 乳膏剂常用的乳化剂可分为 O/W 型和 W/O 型。O/W 型乳化剂有钠皂、三乙醇胺皂类和聚山梨酯类等；W/O 型乳化剂有钙皂、羊毛脂、单硬脂酸甘油酯、脂肪醇等。

4. 除另有规定外，加入抑菌剂的软膏剂、乳膏剂在制剂确定处方时，该处方的抑菌效力应符合抑菌效力检查法（通则 1121）的规定。

5. 除另有规定外，软膏剂应避光密封贮存。乳膏剂应避光密封置 25 ℃以下贮存，不得冷冻。

6. 软膏剂、乳膏剂所用内包装材料，不应与原料药物或基质发生物理化学反应，无

菌产品的内包装材料应无菌。

7. 软膏剂、乳膏剂用于烧伤治疗如为非无菌制剂的，应在标签上标明“非无菌制剂”；产品说明书中应注明“本品为非无菌制剂”，同时在适应证下应明确“用于程度较轻的烧伤（Ⅰ°或浅Ⅱ°）”；注意事项下规定“应遵医嘱使用”。

任务实施

一、粒度检查

除另有规定外，混悬型软膏剂、含饮片细粉的软膏剂照下述方法检查，应符合规定。

检查法：取供试品适量，置于载玻片上涂成薄层，薄层面积相当于盖玻片面积，共涂 3 片，照粒度和粒度分布测定法（通则 0982 第一法）测定，均不得检出大于 180 μm 的粒子。

二、装量检查

照最低装量检查法（通则 0942）检查，应符合规定。

三、无菌检查

用于烧伤[除程度较轻的烧伤（Ⅰ°或浅Ⅱ°）外]、严重创伤或临床必须无菌的软膏剂与乳膏剂，照无菌检查法（通则 1101）检查，应符合规定。

知识拓展：软膏剂和乳膏剂的刺激性试验

四、微生物限度检查

除另有规定外，照非无菌产品微生物限度检查：微生物计数法（通则 1105）和控制菌检查法（通则 1106）及非无菌药品微生物限度标准（通则 1107）检查，应符合规定。

知识总结

1. 软膏剂基质可分为油脂性基质和水溶性基质。油脂性基质常用凡士林、固体石蜡、液体石蜡、硅油、蜂蜡、硬脂酸、羊毛脂等；水溶性基质主要有聚乙二醇。

2. 乳膏剂常用的乳化剂可分为 O/W 型和 W/O 型。O/W 型乳化剂有钠皂、三乙醇胺皂类和聚山梨酯类等；W/O 型乳化剂有钙皂、羊毛脂、单硬脂酸甘油酯、脂肪醇等。

3. 软膏剂和乳膏剂基质应均匀、细腻，涂布于皮肤或黏膜上应无刺激性。软膏剂中不溶性原料药物，应预先用适宜方法制成细粉，确保粒度符合规定。

4. 软膏剂、乳膏剂应具有适当的黏稠度，应易涂布于皮肤或黏膜上，不融化，黏稠

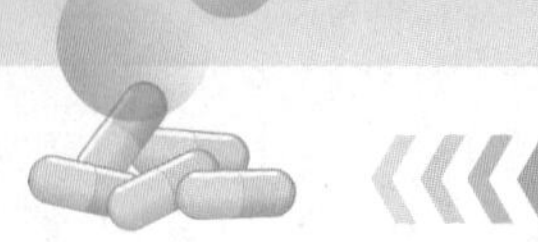

度随季节变化应很小。

5. 软膏剂和乳膏剂应无酸败、异臭、变色、变硬等变质现象。乳膏剂不得有油、水分离及胀气现象。

6. 除另有规定外，软膏剂、乳膏剂应检查粒度、装量、无菌、微生物限度，并符合《中国药典》(2020 年版)规定。

在线测试

在线测试：软膏剂和乳膏剂质量检查

请扫描二维码完成在线测试。

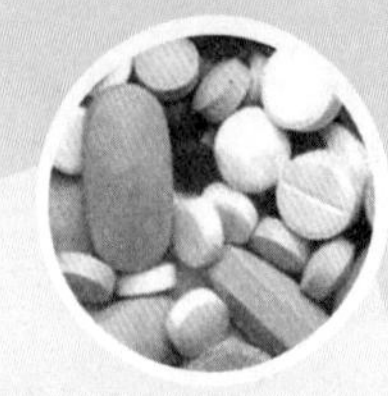

项目 17
注射剂生产

学习目标

1. 掌握注射剂的定义、特点、分类和质量要求，小容量注射剂、大容量注射剂和注射用无菌粉末的生产工艺流程。
2. 熟悉溶剂与附加剂的分类和特点，热原的定义、污染途径和去除方法，安瓿的种类和质量要求。
3. 了解等张溶液和等渗溶液的概念，等渗溶液的计算。

知识导图

请扫描二维码了解本项目主要内容。

知识导图：注射剂生产

任务 17.1　小容量注射剂生产

PPT：小容量注射剂生产

任务描述

注射剂因其药效迅速、剂量准确、作用可靠，已成为目前临床应用最广泛的剂型之一。本任务主要学习注射剂的定义、特点、分类、溶剂和附加剂、热原、安瓿，按照注射剂的生产工艺流程，完成小容量注射剂的制备和质量检查。

授课视频：小容量注射剂生产

知识准备

一、基础知识

1. 注射剂的定义　注射剂系指原料药物或与适宜的辅料制成的供注入体内的无菌液体制剂。注射剂一般由药物、溶剂、附加剂及特制的容器组成，可用于皮下注射、皮内注射、肌内注射、静脉注射、静脉滴注、鞘内注射、椎管内注射等。

2. 注射剂的特点

(1) 药效迅速、剂量准确、作用可靠：注射给药后药物不经过消化系统和肝作用而直接进入人体组织或血管，尤其是静脉注射，药物直接进入血液循环，适用于危急重症患者的抢救。

(2) 适用于不宜口服或不能口服的药物：某些药物口服易发生水解、吸收困难等，可制成注射剂，如胰岛素注射剂。当患者出现昏迷、肠梗阻、严重呕吐、不能吞咽等情况时，也可通过注射剂进行治疗或补充营养。

(3) 可产生局部作用：如牙科、麻醉科用的局麻药等。

(4) 可产生定向作用：注射用脂质体或纳米乳等微粒给药系统，能在肝、脾等器官浓集，可产生定向作用，临床上常用于癌症的治疗，如表皮生长因子受体阻断剂吉非替尼等。

注射剂也存在不足：①给药不方便，且注射时会产生疼痛感。②安全性不及口服制剂，使用不当易发生危险，如小儿肌内注射可能引起股四头肌萎缩等。③制备过程复杂，生产成本较高，价格较高。

3. 注射剂的分类　按分散系统分类，注射剂分为溶液型、乳浊液型、混悬型及注射用无菌粉末。

(1) 溶液型注射剂：用水、油及非水溶剂制备的溶液型注射剂。易溶于水且在水溶液中稳定的药物可制成水溶液型注射剂，如氯化钠注射液。不溶于水、可溶于油中的药物可制成油溶液型注射剂，如黄体酮注射液。用其他非水溶剂或复合溶剂也可制成溶液型注射剂，如氯霉素注射液。

(2) 乳浊液型注射剂：水不溶性液体药物，可制成乳浊液型注射剂，如静脉脂肪乳注射剂。乳浊液型注射剂不得用于椎管内注射。

(3) 混悬型注射剂：难溶性药物或注射后要求延长作用时间的药物，可制成水或油混悬型注射剂，如醋酸可的松注射液。混悬型注射剂一般不得用于静脉注射与椎管内注射。

(4) 注射用无菌粉末：遇水不稳定的药物可制成注射用无菌粉末，如青霉素粉针剂。

4. 注射用溶剂

(1) 注射用水：为纯化水经蒸馏制得的水，应符合细菌内毒素检查的要求。《中国药典》(2020 年版) 严格规定了注射用水的质量要求，除 pH、氨、硝酸盐与亚硝酸盐、电导率、总有机碳、不挥发物与重金属等一般检查项目外，注射用水还必须进行细菌内毒素检查和微生物限度检查。

(2) 纯化水：可作为配制普通药剂的溶剂或试验用水，但不得用于注射剂的配制。只有注射用水才可配制注射剂。灭菌注射用水不含任何添加剂，主要用作注射用无菌粉末的溶剂或注射剂的稀释剂。

(3) 注射用油：包括植物油、油酸乙酯、苯甲酸苄脂等。①植物油：常用的注射用植物油有麻油、花生油、玉米油等。注射用油的质量要求应符合《中国药典》(2020 年版) 的有关规定，应为无臭或几乎无臭的淡黄色澄明液体，酸值不大于 0.1，碘值为 126~140，皂化值为 185~195。②油酸乙酯：浅黄色油状液体，能与脂肪油混溶，仅用于肌内注射。贮藏过程中常变色，故常加入氧化剂。③苯甲酸苄脂：无色油状或结晶，能与乙醇、脂肪油混溶，仅用于肌内注射。

知识拓展：注射用油的质量指标

(4) 其他注射用非水溶剂：①乙醇能与水、甘油、挥发油等任意混溶，可供静脉或肌内注射。②丙二醇 (PG) 能与水、乙醇、甘油混溶，能溶解多种挥发油，可供静脉或肌内注射。注射用溶剂或复合溶剂常用量为 10%~60%，如苯妥英钠注射液中含 40% 丙二醇。③聚乙二醇 (PEG) 能与水、乙醇相混溶，化学性质稳定，PEG300、PEG400 均可用作注射用溶剂，因 PEG300 的降解产物可能会导致肾病变，因此 PEG400 更常用。④甘油能与水或醇任意混溶，但在挥发油和脂肪油中不溶，由于黏度和刺激性较大，不单独作注射用溶剂。常与乙醇、丙二醇、水等组成复合溶剂，如普鲁卡因注射液的溶剂为 95% 乙醇 (20%)、甘油 (20%) 和注射用水 (60%)。⑤二甲基乙酰胺 (DMA) 能与水、乙醇任意混溶，对药物的溶解范围大，为澄明中性溶液，常用浓度为 0.01%。

5. 常用附加剂　为确保注射剂的安全性、有效性与稳定性，在注射剂处方中加入除主药和溶剂以外的其他物质，这些物质统称为附加剂。常用的附加剂有 pH 调节剂、抑菌剂、抗氧剂、渗透压调节剂、助溶剂、乳化剂、助悬剂等。其主要作用是增加药物的理化稳定性，增加主药溶解度，抑制微生物生长，减轻疼痛或对组织的刺激性。注射剂常用的附加剂见表 17–1。

表 17–1 注射剂常用的附加剂

附加剂	浓度 /%	附加剂	浓度 /%
pH 调节剂		保护剂	
醋酸、醋酸钠	0.22~0.8	乳糖	2~5
枸橼酸、枸橼酸钠	0.5~4.0	蔗糖	2~5
磷酸氢二钠、磷酸二氢钠	0.71~1.7	麦芽糖	2~5
酒石酸、酒石酸钠	0.65~1.2	人血白蛋白	0.2~2
等渗调节剂		填充剂	
氯化钠	0.5~0.9	乳糖	1~8
葡萄糖	4~5	甘氨酸	1~10
甘油	2.25	甘露醇	1~2
抗氧剂		局麻剂	
亚硫酸钠	0.1~0.2	盐酸普鲁卡因	1.0
亚硫酸氢钠	0.1~0.2	苯甲醇	1.0~2.0
焦亚硫酸钠	0.1~0.2	三氯叔丁醇	0.3~0.5
螯合剂		稳定剂	
乙二胺四乙酸二钠（EDTA–2 Na）	0.01~0.05	肌酐	0.5~0.8
助悬剂		甘氨酸	1.5~2.25
明胶	2.0	烟酰胺	1.25~2.5
甲基纤维素	0.03~1.05	辛酸钠	0.4
果胶	0.2	增溶剂、润湿剂、乳化剂	
羧甲纤维素	0.05~0.75	聚乙二醇 40 蓖麻油	7.0~11.5
抑菌剂		卵磷脂	0.5~2.3
苯甲醇	1~2	聚山梨酯 20	0.01
羟丙丁酯、羟丙甲酯	0.01~0.015	聚山梨酯 40	0.05
苯酚	0.5~1.0	聚山梨酯 80	0.04~4.0
三氯叔丁醇	0.25~0.5	聚氧乙烯蓖麻油	1~65
硫柳汞	0.001~0.02	泊洛沙姆 F68	0.21

在注射剂使用过程中，其渗透压必须接近血浆的渗透压值（通常约为 749.6 kPa），以减少注射给药时的不适感，因此要对注射剂进行等渗调节。等渗溶液是指渗透压与血浆渗透压相等的溶液。注入机体内的液体一般要求等渗，如 0.9% 的氯化钠、5% 的葡萄

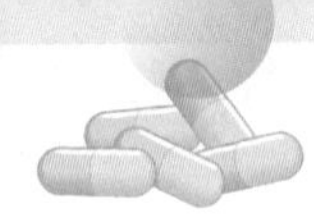

糖溶液均为等渗溶液。若大量输入低渗溶液（渗透压低于 0.45% 的氯化钠溶液），水分子迅速穿过细胞膜进入红细胞，会使红细胞体积膨胀、破裂，造成溶血现象，危及生命。若注入大量高渗溶液，红细胞内水分向外渗出而发生细胞萎缩，则有形成血栓的可能，但只要注射速度足够慢，血液可自行调节渗透压很快恢复正常，所以对于静脉注射，应调整为等渗或偏高渗，不得低渗。对椎管内注射，必须调节至等渗。

调节渗透压的方法有冰点降低数据法和氯化钠等渗当量法。

（1）冰点降低数据法：血浆的冰点为 -0.52 ℃，因此任何稀溶液，只要其冰点降低至 -0.52 ℃，即与血浆等渗。可根据式 17-1 进行渗透压调节。

$$W=(0.52-a)/b \qquad \text{（式 17-1）}$$

式中，W 为配成等渗溶液所需加入等渗调节剂的量（%，g/ml）；a 为未经调整的药物溶液的冰点下降值；b 为用以调整等渗的 1%（g/ml）等渗调节剂溶液的冰点下降值。表 17-2 中列出了一些物质 1% 水溶液的冰点降低数据，根据这些数据和上述公式可以计算该药物配成等渗溶液的浓度。

表 17-2 药物水溶液的冰点降低值与氯化钠等渗当量

名称	1%（g/ml）水溶液冰点降低值 /℃	1 g 药物氯化钠等渗当量	等渗溶液的溶血情况		
			浓度 /%	溶血 /%	pH
硼酸	0.28	0.47	1.9	100	4.6
盐酸乙基吗啡	0.19	0.15	6.18	38	4.7
硫酸阿托品	0.08	0.10	8.85	0	5.0
盐酸可卡因	0.09	0.14	6.33	47	4.4
氯霉素	0.06				
依地酸钙钠	0.12	0.21	4.5	0	6.1
盐酸麻黄碱	0.16	0.28	3.2	96	5.9
无水葡萄糖	0.10	0.18	5.05	0	6.0
葡萄糖（含水）	0.091	0.16	5.51	0	5.9
氢溴酸后马托品	0.097	0.17	5.67	92	5.0
盐酸吗啡	0.086	0.15			
碳酸氢钠	0.381	0.65	1.39	0	8.3
氯化钠	0.58		0.9	0	6.7
青霉素钾		0.16	5.48	0	6.2
硝酸毛果芸香碱	0.133	0.22			
聚山梨酯 80	0.01	0.02			
盐酸普鲁卡因	0.12	0.18	5.05	91	5.6
盐酸丁卡因	0.109	0.18			

例 1　配制 2% 盐酸普鲁卡因溶液 100 ml，加多少克氯化钠，可使其成为等渗溶液？

从表 17-2 中查得，$a=0.12\times2=0.24$（℃），$b=0.58$（℃），代入式 17-1 得：

$$W=(0.52-a)/b=(0.52-0.24)/0.58=0.48\ (g)$$

即注射剂 100 ml 中需加入氯化钠 0.48 g。

(2) 氯化钠等渗当量法：氯化钠等渗当量是指与 1 g 药物呈等渗效应的氯化钠的重量，一般用 E 表示。例如，硫酸阿托品的氯化钠等渗当量为 0.10，即 1 g 的硫酸阿托品在溶液中能产生与 0.10 g 氯化钠相同的渗透压效应。可根据式 17-2 计算：

$$W=0.009\ V-EX \qquad (式\ 17\text{-}2)$$

式中，E 为药物的氯化钠等渗当量；V 为配制药物的容积（ml）；W 为配成 V ml 等渗溶液需加入氯化钠的重量（g）；X 为 V ml 溶液内所含药物的重量（g）。

例 2　配制 2% 盐酸可卡因注射液 150 ml，加入多少克氯化钠，可使其成为等渗溶液？

查表 17-2 可知，盐酸可卡因的氯化钠等渗当量（E）为 0.14，且 2% 盐酸可卡因注射液 150 ml 含主药量为 $2\%\times150=3$（g）。则

$$W=0.009\times150-0.14\times3=0.93\ (g)$$

即配制 2% 盐酸可卡因注射液 150 ml，加入氯化钠 0.93 g 可使其成为等渗溶液。

6. 热原

(1) 热原的概念：热原是指微量即能引起恒温动物体温异常升高的物质，它是微生物的一种内毒素，存在于细菌的细胞膜和固体膜之间，是由磷脂、脂多糖和蛋白质组成的复合物，其中脂多糖是内毒素的主要成分，具有特别的致热活性。含有热原的注射液注入人体约 30 min 以后，就可使人体产生发冷、寒战、体温升高、出汗、恶心、呕吐等不良反应，严重者会出现昏迷、虚脱，甚至危及生命。如欣弗事件即是由于热原超标而导致的药害事件。

(2) 热原的性质：热原具有以下性质。①耐热性：热原的耐热性极强。一般在 60 ℃加热 1 h 不受影响，100 ℃加热也不降解，180 ℃加热 3~4 h、250 ℃加热 30~45 min 或 650 ℃加热 1 min 可使热原彻底破坏。②滤过性：热原大小在 1~5 nm，一般滤器均可通过，即使微孔滤膜也不能截留，故制剂生产中常利用活性炭进行吸附以除去热原。③水溶性：热原能溶于水。④不挥发性：热原本身不具有挥发性，但在蒸馏时往往可随水蒸气雾滴而带入蒸馏水，故应设法防止。⑤其他：热原可被强酸、强碱及强氧化剂如高锰酸钾或过氧化氢所破坏，超声波及某些表面活性剂（如去氧胆酸）也能破坏热原。

(3) 热原的污染途径：注射剂生产和使用过程中，热原的主要污染途径如下。①从注射用水带入：注射用水污染热原是注射剂中出现热原的主要原因，故应使用新鲜注射用水，最好随蒸随用。②从原辅料中带入：特别是用生物方法制备的药品，如右旋糖酐、水解蛋白或抗生素等常因热原未除尽而引发一系列的热原反应。③从容器、用具、管道和设备等带入：在生产中未按 GMP 要求对使用的容器、用具、管道及设备进行清

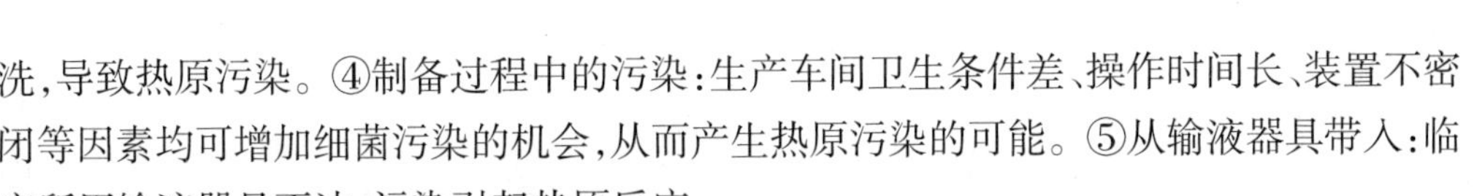

洗，导致热原污染。④制备过程中的污染：生产车间卫生条件差、操作时间长、装置不密闭等因素均可增加细菌污染的机会，从而产生热原污染的可能。⑤从输液器具带入：临床所用输液器具不洁、污染引起热原反应。

(4) 热原的除去方法：注射剂生产过程中，除去热原的方法有如下几种。①高温法：适用于能够耐受高温的器具，于 250 ℃加热 30 min 以上，可破坏热原。②酸碱法：用重铬酸钾硫酸清洁液或稀氢氧化钠处理玻璃容器、用具等，也可将热原破坏。③吸附法：活性炭具有吸附热原、助滤、脱色的作用，常用量为 0.1%~0.5%。④超滤法：用孔径规格为 3~15 nm 的超滤膜即能除去热原。⑤离子交换法：用弱碱性阴离子交换树脂与弱酸性阳离子交换树脂除去热原。⑥凝胶滤过法：用二乙氨乙基葡聚糖凝胶分子筛和交联葡聚糖 100 等除去热原。⑦反渗透法：通过三醋酸纤维膜反渗透法除去热原。

(5) 热原的检查方法：热原的检查方法主要有家兔法和鲎试剂法。①家兔法：家兔法是将一定剂量的供试品经静脉注入家兔体内，在规定时间内，观察家兔体温升高的情况，以判定供试品所含热原的限度是否符合规定。家兔法是目前各国药典规定的最权威的热原检测方法。②鲎试剂法：鲎试剂法是利用鲎试剂即鲎的变形细胞溶解物与内毒素间的凝集反应来检测或量化由革兰氏阴性菌产生的细菌内毒素，以判断供试品中细菌内毒素的限量是否符合规定的一种方法，也称为细菌内毒素检查法。鲎试剂法适用于放射性药物制剂、肿瘤抑制剂等品种，并特别适用于生产过程中的热原控制；但对革兰氏阴性菌以外的内毒素不灵敏，故尚不能完全代替家兔法。

7. 容器　注射剂常用容器有玻璃安瓿、玻璃瓶、塑料安瓿及塑料瓶（袋）等。注射剂使用的容器应符合国家有关注射用容器的标准规定，容器的密封性须用适宜的方法进行验证。

(1) 安瓿的种类：分为曲颈安瓿与粉末安瓿两种，其容积通常为 1 ml、2 ml、5 ml、10 ml 和 20 ml 几种规格。粉末安瓿的主要用途为分装注射用粉末或结晶性药物。为便于将药物装入，粉末安瓿的口颈应略粗或带喇叭口，一般安瓿的瓶身与颈同粗。在颈与身的连接处吹有沟槽，以便临用时锯开，灌入溶剂溶解后使用，但此种安瓿使用不便。近年来开发了一种可同时盛装粉末与溶剂的注射剂容器，容器分为上下两隔室，下隔室装无菌药物粉末，上隔室盛溶剂，中间用特制的隔膜分开。用时将顶上的塞子压下，使隔膜打开，溶液流入下隔室，将药物溶解后使用。此种注射剂容器特别适用于一些在溶液中不稳定的药物。

安瓿的颜色有无色透明和琥珀色两种，其中无色透明安瓿便于药液的澄明度检查，使用较多；琥珀色安瓿可滤除紫外线，适用于对光敏感的药物。但琥珀色安瓿玻璃中含有氧化铁，痕量的氧化铁有可能被浸提而进入产品中。另外，还应注意氧化铁可能与所灌装药物发生配伍变化，所以琥珀色安瓿现在应用不多。

为避免折断安瓿瓶颈时玻璃屑、微粒进入安瓿污染药液，国家药品监督管理局已强制推行曲颈易折安瓿。易折安瓿有两种，即色环易折安瓿和点刻痕易折安瓿。

小容量注射剂常用的容器见图 17-1。

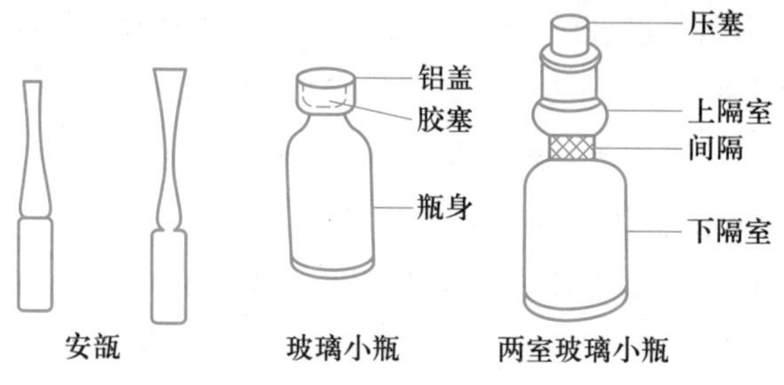

图 17-1　小容量注射剂常用的容器

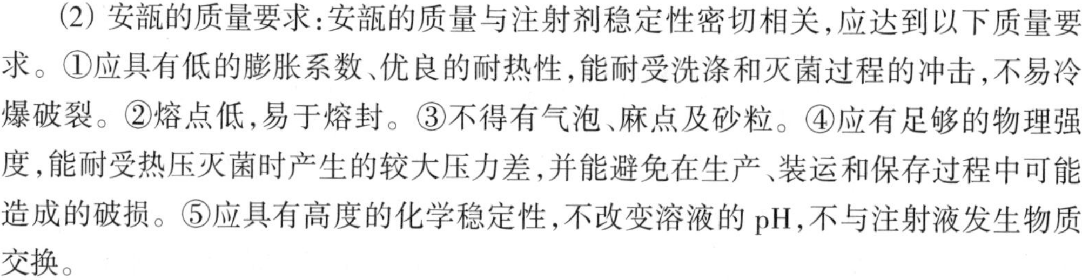

（2）安瓿的质量要求：安瓿的质量与注射剂稳定性密切相关，应达到以下质量要求。①应具有低的膨胀系数、优良的耐热性，能耐受洗涤和灭菌过程的冲击，不易冷爆破裂。②熔点低，易于熔封。③不得有气泡、麻点及砂粒。④应有足够的物理强度，能耐受热压灭菌时产生的较大压力差，并能避免在生产、装运和保存过程中可能造成的破损。⑤应具有高度的化学稳定性，不改变溶液的 pH，不与注射液发生物质交换。

知识拓展：无针注射器

8. 注射剂的质量要求

（1）无菌：注射剂为无菌制剂，成品中不应含有任何活的微生物繁殖体及芽孢。

（2）无热原或细菌内毒素：无热原是注射剂的重要质量指标，特别是供静脉及椎管用的注射剂。

（3）可见异物（澄明度）：溶液型注射剂不得有肉眼可见的浑浊或异物。

（4）不溶性微粒：《中国药典》（2020 年版）规定，在注射剂可见异物检查项符合规定后，还应对静脉用注射剂如溶液型注射剂、注射用无菌粉末、注射用浓溶液及供静脉注射用无菌原料药进行不溶性微粒的大小及数量的检测。

（5）渗透压：要求与血浆渗透压相等或接近。供静脉注射的大剂量注射剂还要求等张。

（6）pH：血液 pH 为 7.4，注射剂的 pH 一般控制在 4~9，以保证与血液相等或接近。

（7）稳定性：注射剂多系水溶液，分散度大，稳定性问题突出，故要求注射剂具有必要的物理稳定性和化学稳定性，以确保产品在贮存期内安全有效。

（8）安全性：注射剂使用后不能引起对组织的刺激性或发生毒性反应，特别是非水溶剂及一些附加剂，必须经过必要的动物试验。

（9）降压物质：有些注射剂降压物质检查必须符合规定，如复方氨基酸注射液。

二、工艺流程

注射剂为无菌药品，不仅要按生产工艺流程进行生产，还要进行严格的生产环境控制和符合 GMP 要求，保证注射剂的质量和用药安全。

小容量注射剂是指体积在 1~50 ml 的液体注射剂，其一般生产过程包括：原辅料和容器前处理、称量、配液、过滤、灌封、灭菌、检漏、质检、印字、包装等。其制备工艺流程如图 17-2 所示。

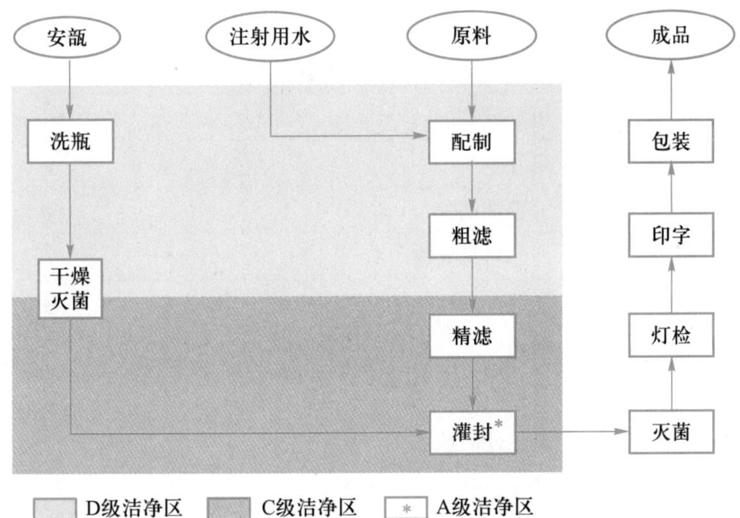

图 17-2　小容量注射剂制备工艺流程

结合小容量注射剂制备工艺流程，原辅料和容器的准备、配液、过滤、灌封、灭菌、质检、印字、包装等工序均是质量控制点，如表 17-3 所示。

表 17-3　小容量注射剂生产的质量控制点

工序	质量控制点	质量控制项目	频次
车间	洁净区、无菌区	尘埃粒子	每批
		换气数	每批
		沉降菌	每批
		浮游菌	每批
氮气	送气	含量、水分、油分	随时
压缩空气	各使用点	水分、油分	随时
配料	原辅料	按质量标准	每批
	产品溶液	可见异物（粗滤）	每批
		过滤前微生物限度	每批
		细菌内毒素	每批
		可见异物（精滤）	每批
		pH、澄明度 、含量	每批
洗瓶	安瓿	清洁度	每批
	注射用水	可见异物	每批
		菌落总数	每周
干燥灭菌	安瓿	清洁度	每批
		不溶性微粒	每批
		细菌内毒素	每批

续表

工序	质量控制点	质量控制项目	频次
工器具	无菌区工器具	可见异物	每批
	工器具淋洗水	电导率	每批
过滤	微孔过滤器	完整性试验	每批
		滤芯可见异物	随时
		压差	随时
		流速	随时
		过程时间	随时
灌封	药液	不溶性微粒	每批
	灌装后制品	装量差异	每批
		可见异物	每批
灭菌	灭菌制品	灭菌方式	每批
		灭菌柜中码放方式及数量控制、灭菌温度、达到灭菌温度的保温时间、F_0 值、可见异物、含量、pH、无菌、热原检查	每批
质检、印字	印字制品	装量、可见异物、印字内容	每批
包装	在包装品	清洁度、装量、封口、填充物	随时
	装盒	数量、说明书、标签	随时
	标签	内容、数量、使用记录	随时
	装箱	数量、装箱单、印刷内容	每箱

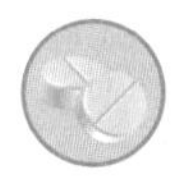

任务实施

一、洗瓶

使用纯化水灌瓶蒸煮安瓿，质量较差的安瓿需用 0.5% 的醋酸水溶液，灌满后，100 ℃蒸煮 30 min。蒸煮安瓿的目的是使瓶内的灰尘、沙砾等杂质经加热浸泡后落入水中，容易洗涤干净，同时也是一种化学处理方法，让玻璃表面的硅酸盐水解，微量的游离碱和金属盐溶解，提高安瓿的化学稳定性。常用安瓿洗涤设备有喷淋式安瓿洗涤机组、气水喷射式安瓿洗涤机组和超声波安瓿洗涤机组等。

二、干燥、灭菌

安瓿洗涤后，置于 120~140 ℃烘箱内干燥。无菌操作或低温灭菌所用安瓿需在 180 ℃干热灭菌 1.5 h。灭菌后空安瓿存放时间不应超过 24 h，且要求存放柜有层流净化空气保护。生产中多采用隧道式安瓿灭菌干燥机，隧道内平均温度可达 200 ℃左右，

有利于安瓿连续化生产，如远红外灭菌干燥机和热空气灭菌干燥机。远红外灭菌干燥机灭菌温度可达250~350 ℃，经过350 ℃ 5 min就能达到安瓿灭菌和除去热原的目的。

三、配液

1. 检查原辅料　检查供注射用的原辅料，必须符合《中国药典》(2020年版)所规定的各项杂质检查与含量限度要求，合格后才能投料使用。辅料应符合药用标准，如活性炭要使用"注射用"规格针剂用炭。

2. 选择配制用具　选择夹层锅配液，并配装有搅拌器，以便通蒸汽加热或冷水冷却。

注意事项：①配制浓的盐溶液不宜选用不锈钢容器。②需加热的药液不宜选用塑料容器。③配制用具使用前要用硫酸清洁液或其他洗涤剂清洗干净，并用新鲜注射用水荡洗或灭菌后备用。④容器用毕应立即刷洗，净后放置。

3. 配制　注射液的配制方法分为浓配法和稀配法两种。浓配法是将全部药物加至部分溶剂中配成浓溶液，加热或冷藏后过滤，再稀释至所需浓度。浓配法可滤除溶解度小的杂质和热原，适用于原料质量稍差的情形。稀配法是将全部药物加入溶剂中，一次配成所需浓度。原料质量较好、药物浓度不高或者配液量较小的可选用稀配法。

配制油性溶液时，应将注射用油经150~160 ℃干热灭菌1~2 h，冷却至适宜温度(一般在主药熔点以下20~30 ℃)，趁热配制、过滤(一般在60 ℃以下)。对于不易滤清的药液，可加入0.01%~0.05%的活性炭，或通过铺有炭层的布氏漏斗。活性炭需要进行酸处理活化后使用，因其在酸性环境中具有较强的吸附作用，在碱性溶液中有时出现"胶溶"或脱吸附作用，使溶液中杂质增加。配好的药液应进行半成品溶液质量检查(如pH、含量等)，检查合格后方可过滤。

四、过滤

过滤是注射液制备的重要步骤，也是保证注射液澄明的关键操作。注射液生产时，一般采用二级过滤，先将药液用常规滤器(如砂滤棒、钛滤器、板框压滤机)进行初滤，再用垂熔玻璃滤器和微孔滤膜精滤。微孔滤膜一般选用孔径为0.45 μm的滤膜，不耐热产品常用0.22 μm的滤膜进行过滤。常用的过滤装置有高位静压过滤装置、减压过滤装置和加压过滤装置。

五、灌封

灌封是将过滤洁净的药液，定量地灌注入经过清洗、干燥及灭菌处理的安瓿内，并加以封口的过程。灌封室是无菌制剂制备的关键区域，应为局部单向流的洁净室。一般非最终灭菌产品的无菌操作环境为B级背景下的A级，最终灭菌产品的生产操作环境为C级背景下的A级。

滤液经检查合格后开始灌装和封口。安瓿自动灌封机灌注药液的过程是安瓿传送至安瓿自动灌封机轨道，灌注针头下降，药液灌满并充气，封口，再由轨道送出产品。灌

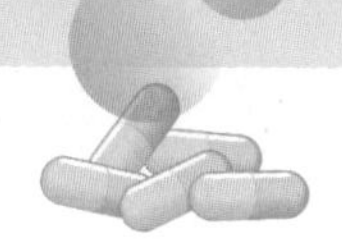

封部分装有自动止灌装置，当灌注针头降下而无安瓿时，药液不再输出，以防污染机器与浪费。国内药厂所采用的安瓿灌封设备主要是拉丝灌封机，由压瓶、加热和拉丝三个部分组成（图 17-3）。工业化生产多采用全自动灌封机，即洗灌封联动机组（图 17-4），很大程度上提高了生产效率。

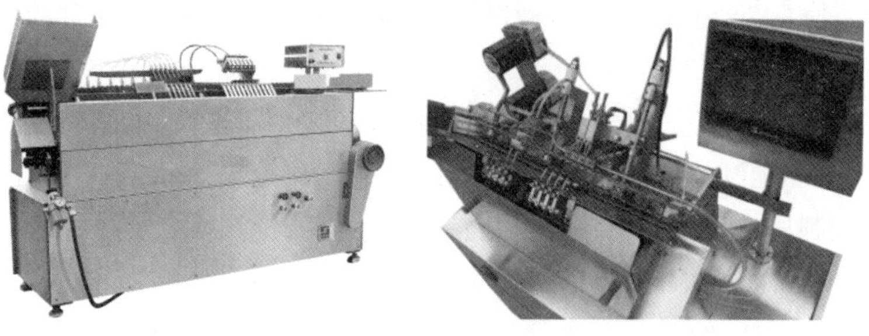

图 17-3　安瓿拉丝灌封机

图 17-4　安瓿洗灌封联动机组

注意事项：①药液灌封要做到剂量准确，药液不沾瓶，不受污染。灌封时可按《中国药典》（2020 年版）要求适当增加药液量，保证注射用量不少于标示量。②为保证灌注容量准确，在每次灌注前，必须用精确的小量筒对注射器的吸取量进行校正，然后试灌若干支安瓿，合乎规定后再行灌注。③安瓿封口要求严密不漏气，颈端圆整光滑，无尖头和小泡，不易出现毛细孔。④对于易氧化药品，要通入惰性气体以置换安瓿中的空气，常用惰性气体有氮气和二氧化碳。

灌封中可能出现剂量不准确、封口不严，出现大头（鼓泡）、瘪头、焦头等一系列问题。焦头是经常遇到的问题，产生焦头的原因有：①灌药时给药太急，药液溅起后落在安瓿壁上，熔封时炭化所致；②针头安装不正，尤其安瓿往往粗细不匀，造成给药时药液沾瓶；③往安瓿里注药后，针头不能立即缩水回药，尖端还带有液滴；④压药与针头

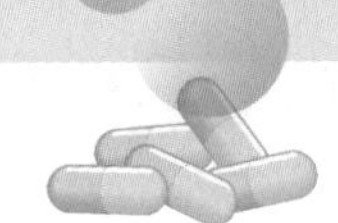

打药的行程不配合，导致针头临出瓶口时才注完药液或针头刚进瓶口就注药。

六、质量检查

注射剂的生产和贮藏都应符合《中国药典》（2020 年版）四部制剂通则注射剂项下的有关规定。除另有规定外，注射剂应按制剂通则进行相应的检查。

1. 无菌检查　注射剂灭菌后，抽取一定数量样品按《中国药典》（2020 年版）无菌检查法项下的方法检查，并应符合注射剂规定。无菌检查法分为薄膜过滤法和直接接种法两种。

2. 细菌内毒素或热原检查　除另有规定外，静脉用注射剂按各品种项下的规定，照细菌内毒素检查法（通则 1143）或热原检查法（通则 1142）检查，应符合规定。

3. 可见异物检查　取规定量供试品，照可见异物检查法（通则 0904）检查。供试品中不得检出金属屑、玻璃屑、长度超过 2 mm 的纤维、最大粒径超过 2 mm 的块状物、静置一定时间后轻轻旋转时肉眼可见的烟雾状微粒沉积物、无法计数的微粒群或摇不散的沉淀，以及在规定时间内较难计数的蛋白质絮状物等明显可见异物。既可静脉用也可非静脉用的注射液，以及脑池内、硬膜外、椎管内用的注射液应执行静脉用注射液的标准，混悬液与乳浊液仅对明显可见异物进行检查。也可采用光散射法，除另有规定外，应符合规定。

4. 其他检查　此外，注射剂还需进行装量检查、装量差异检查、鉴别试验、含量测定、pH 测定、杂质检查、溶血检查及安全试验等项目，应根据具体品种要求进行检查。

知识总结

1. 注射剂俗称针剂，是指专供注入机体内的一种剂型。

2. 注射剂是由药物、溶剂、附加剂及特制的容器组成，可用于皮下注射、皮内注射、肌内注射、静脉注射、静脉滴注等。

3. 注射剂具有药效迅速、剂量准确、作用可靠的特点，适用于不宜口服或不能口服的药物，可产生局部作用或定向作用。

4. 注射剂按分散系统可分为溶液型注射剂、乳浊液型注射剂、混悬型注射剂和注射用无菌粉末。

5. 热原是指微量即能引起恒温动物体温异常升高的物质，是微生物的一种内毒素，由磷脂、脂多糖和蛋白质组成的复合物，其中脂多糖是内毒素的主要成分，具有特别的致热活性。

6. 热原的污染途径有从注射用水带入，从原辅料中带入，从容器、用具、管道和设备等带入，制备过程中的污染和从输液器具带入等。

7. 热原的除去方法有高温法、酸碱法、吸附法、超滤法、离子交换法、凝胶滤过法和反渗透法等。

8. 小容量注射剂一般工艺流程为：原辅料和容器前处理→称量→配液→过滤→灌

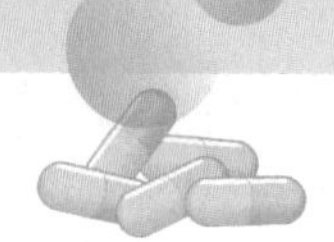

封→灭菌→检漏→质检→印字→包装。

实例分析　维生素 C 注射液

【处方】 维生素 C 104 g，碳酸氢钠 49 g，依地酸二钠 0.05 g，焦亚硫酸钠 2 g，注射用水加至 1 000 ml。

【制法】 ①在配制容器中加入配制量 80% 的注射用水，通入二氧化碳饱和，加维生素 C 溶解后，分次缓缓加入碳酸氢钠，搅拌使完全溶解。②加入预先配制好的依地酸二钠溶液和焦亚硫酸钠溶液，搅拌均匀，调节药液 pH 至 6.0~6.2。③添加二氧化碳饱和的注射用水至足量，用垂熔玻璃漏斗与滤膜器过滤，溶液中通入二氧化碳，并在二氧化碳或氮气流下灌封。④用 100 ℃ 流通蒸汽灭菌 15 min。

实例分析：维生素 C 注射液

【讨论】 1. 处方中各成分的作用是什么？

2. 本品生产过程中需要注意什么？

在线测试：小容量注射剂生产

在线测试

请扫描二维码完成在线测试。

任务 17.2　大容量注射剂生产

PPT：大容量注射剂生产

任务描述

大容量注射剂为最终灭菌的无菌制剂，在临床治疗中，特别是危重患者的抢救中具有不可替代的作用。本任务主要学习大容量注射剂的定义、特点、分类、质量要求，按照大容量注射剂的生产工艺流程，完成大容量注射剂的制备和质量检查。

授课视频：大容量注射剂生产

知识准备

一、基础知识

1. 大容量注射剂的定义和特点　大容量注射剂是指由静脉滴注输入人体血液中

的大容量注射液，也称静脉输液。大容量注射剂不含任何防腐剂，包装形式有玻璃瓶、塑料瓶和软袋，使用时通过输液器调整滴速，持续而稳定地滴入静脉，以补充体液、电解质或营养物质。因用量大且直接进入血液，故对其质量要求高，其生产工艺与小容量注射剂有一定的差异。

2. 大容量注射剂的分类

（1）电解质输液：用于补充体内水分、电解质，纠正酸碱平衡等，如乳酸钠注射液、氯化钠注射液、复方氯化钠注射液等。

（2）营养输液：营养输液有糖类输液、氨基酸输液、脂肪乳输液等，适用于不能口服吸收营养或急需补充营养的患者。糖类输液中最常用的是葡萄糖注射液。

（3）胶体输液：用于调节体内渗透压，如右旋糖酐、羟乙基淀粉、变性明胶注射液等。

（4）含药输液：含有治疗药物的输液，如乳酸左氧氟沙星、替硝唑、苦参碱等注射液。

3. 大容量注射剂的质量要求　静脉输液由于给药方式和给药剂量与普通小容量注射剂不同，故其质量要求更为严格。输液剂的基本质量要求为无菌、无热原、无可见异物；pH 应尽量与血浆相同；渗透压要求为等渗或偏高渗；输液剂内不得添加任何防腐剂或抑菌剂，并保证在贮存过程中质量稳定；含量、色泽均应符合要求；输入人体后不能引起血象的任何异常变化及过敏反应，不损害肝肾。

知识拓展：输液中微粒的危害

乳浊液型输液剂除应符合上述质量要求外，其分散相液滴粒度绝大多数应在 1 μm 以下，并不得有大于 5 μm 的液滴，应能耐受热压灭菌，贮藏期间稳定。

二、工艺流程

1. 塑料瓶大容量注射剂的生产　生产过程分为两个阶段：一是制作成型包材，采用聚丙烯（PP）材料颗粒注塑成瓶坯，将瓶坯吹塑成型；二是制剂过程，包括配药、灌装、洗塞、焊盖、灭菌、灯检、包装等工序。具体生产工艺流程见图 17–5。

结合塑料瓶大容量注射剂的生产工艺流程，制水、空调、配料、洗灌封、灭菌、检漏、灯检、包装等工序均是质量控制点，如表 17–4 所示。

表 17–4　塑料瓶大容量注射剂生产的质量控制点

工序	质量控制点	质量控制项目	频次
制水	纯化水	电导率、氨、酸碱度、氯化物，应有记录	每 2 h 或在线
	注射用水	电导率、氨、pH、氯化物，应有记录	每 2 h 或在线
空调	温度、湿度	温度 18~26 ℃；湿度 45%~65%	每班或在线
	净化系统	空气洁净度（尘埃粒子、菌落数）	定期或在线
配料	浓配	每次收料前应检查原辅料外观，核对品名、批号、生产厂家、数量与批生产指令是否一致。脱外包装后，内包装上应贴标签，标明品名、批号和数量	每班

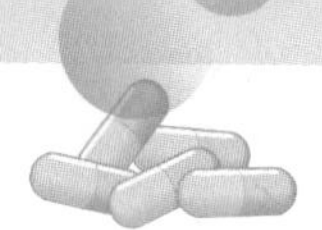

续表

工序	质量控制点	质量控制项目	频次
配料	投料管理	按工艺卡和SOP进行操作，投料前复核数量，如有偏差，应在规定范围内，如不符合偏差规定，应及时通知QA、工艺员，分析原因，进行偏差处理	每班
	稀配	①按工艺卡及SOP进行操作。②进行中间产品质量检测，合格后通知下道工序	每班
	配液罐、管道清洗	换批、换品种或恢复生产时，根据清洁SOP进行清洁	每班
洗灌封	上瓶	瓶子干净、无变形、无异物、无气泡、无杂质、瓶口、瓶身、胶口完整	逐个
	上吊环	①检查吊环，看是否完整，无毛边、无翘起现象。②保证每个瓶上都能上好吊环。③发现瓶子有不合格的要剔除	逐个
	焊吊环	①检查接头的温度。②检查吊环焊接效果	每小时
	灌装前确认	每班灌装前40瓶重点检查澄明度，调节装量，合格才能灌装	每班灌装前
	组合盖	每桶组合盖使用前检查组合盖标志是否完整，盖是否干净无杂质	每桶
	气洗效果确认	吹针完整，能放电，吹气、吸气现象明显；气洗管路不漏气	每2 h
	封口	①观察加热片温度。②观察加热片、瓶口、吸盖头三者的位置和距离。③不定时检查两组产品，用人工挤压的方法检查封口情况、歪头情况	随时
	澄明度、装量	每小时抽查一次，每次30瓶，检查澄明度、装量	每小时
	管道清洁	换品种清洗管道后，取洗净水检查理化项目，停产后再生产需取洗净水做全检	每天
灭菌	上瓶	①检查从灌装室输送过来的产品是否有歪头、气泡、杂质，装量有无明显差异。②摆放数量和形式符合工艺验证要求	随时
	灭菌温度、时间、压力	①每次灭菌前检查柜内各点的温度探头是否完好。②按工艺规定灭菌参数进行操作。③产品出柜后必须有标志，品名、批号要完整	每柜
	下瓶	核对产品品名、规格、批号	每柜
检漏	检测泄漏率	所设参数与实际是否相符	每批
灯检	光源	照度2 000~3 000 lx	每月
	视力	0.9以上(不包含矫正后的视力)	每半年
	方法	按直、横、倒三步法，每次拿1瓶，保持人眼与产品的距离为25 cm，每瓶检测10 s；或采用自动灯检设备	每瓶
	判断	外观：瓶身完整、清洁，无砂眼、大气泡等	每瓶
		药液澄明度：澄明、无异物	每瓶
	不合格品	不合格品必须将拉环拉掉	每瓶

续表

工序	质量控制点	质量控制项目	频次
包装	物料	班长收料时应核对数量、品名、规格，每批包装前应按生产指令计数领取标签、说明书、合格证、纸箱	每班
	核对	每批纸箱、标签、合格证的批号、生产日期、有效期打样后交班长复核，确认无误后开始包装。样签附于生产记录中。合格证上有对应的装箱人员签名	每班
		每层或每箱装完后应逐瓶点数，封箱前检查合格证、装箱单、说明书是否齐全	每班

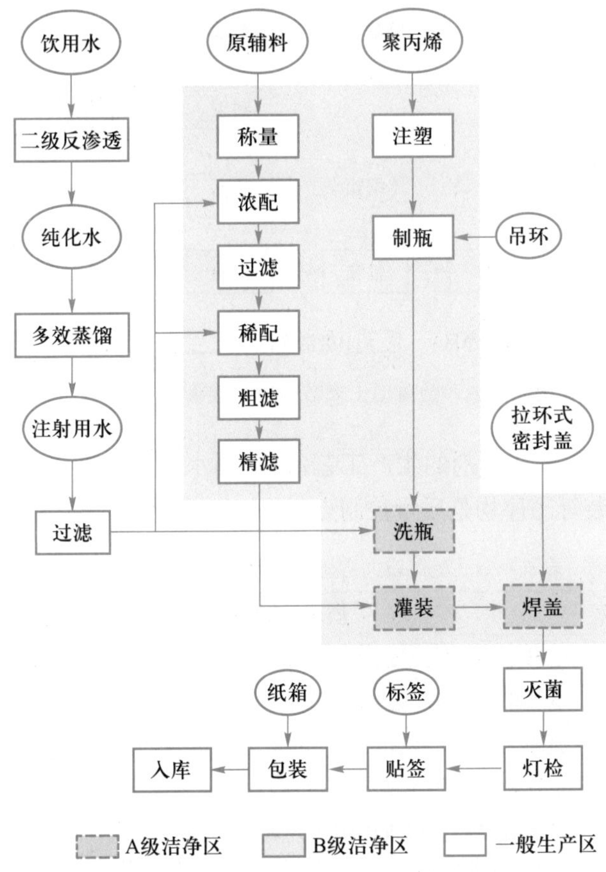

图 17-5 塑料瓶大容量注射剂的生产工艺流程

2. 塑料袋大容量注射剂的生产 塑料袋大容量注射剂生产有两种方式：一种是采购输液袋进行生产，另一种是现场制袋（生产企业应具备药包材生产资格）生产，通常采用的是第二种生产方式。输液袋有塑料袋和非聚氯乙烯（PVC）输液袋两种。非PVC 输液袋（软袋）是采用多层交联挤出方式将药物相容度好、透水率低、生物惰性好、透氧的材料制成筒式薄膜并在 A 级环境下热合而成。塑料袋大容量注射剂的生产工艺流程如图 17-6 所示。

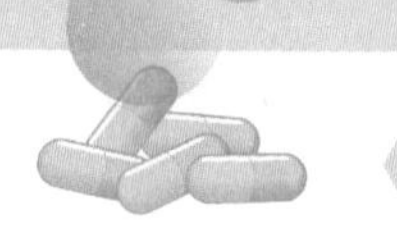

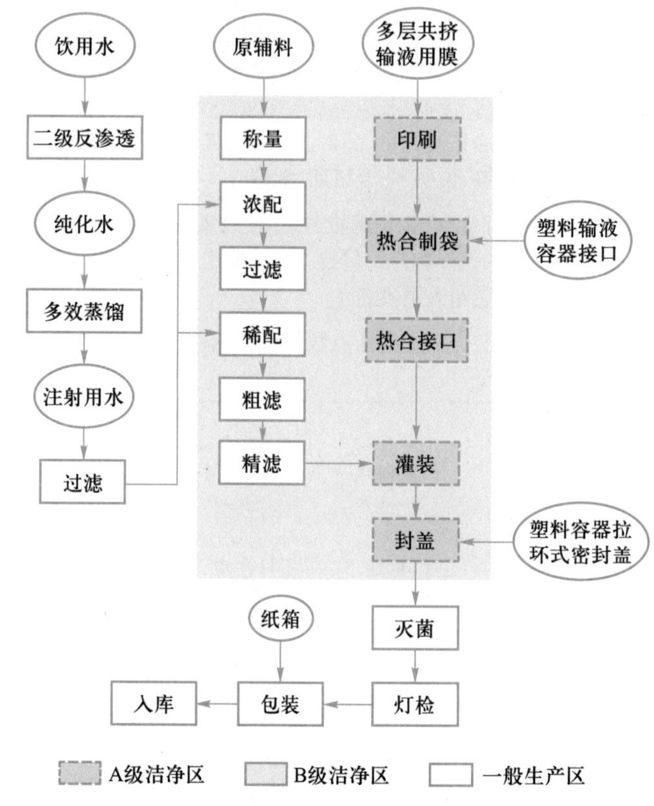

图 17-6 塑料袋大容量注射剂的生产工艺流程

结合塑料袋大容量注射剂的生产工艺流程，制水、空调、配料、制袋灌封、灭菌、烘干、检漏、灯检、包装等工序均是质量控制点，如表 17-5 所示。

表 17-5 塑料袋大容量注射剂生产的质量控制点

工序	质量控制点	质量控制项目	频次
制水	纯化水	电导率、氨、酸碱度、氯化物，应有记录	每 2 h 或在线
	注射用水	电导率、氨、pH、氯化物，应有记录	每 2 h 或在线
空调	温度、湿度	温度 18~26 ℃；湿度 45%~65%	每班或在线
	净化系统	空气洁净度（尘埃粒子、菌落数）	定期或在线
配料	浓配	每次收料前应检查原辅料外观质量，核对品名、批号、生产厂家、数量与批生产指令是否一致。脱外包装后，内包装上应贴标签，标明品名、批号和数量	每班
	投料管理	按工艺卡和 SOP 进行操作，投料前复核数量，如有偏差，应在规定的范围内，如不符合偏差规定，应及时通知 QA、工艺员，分析原因，进行偏差处理	每班
	稀配	①按工艺卡及 SOP 进行操作。②进行中间产品质量检测，合格后通知下道工序	每班
	配液罐、管道清洗	换批、换品种或恢复生产时，根据清洁 SOP 进行清洁	每班

续表

工序	质量控制点	质量控制项目	频次
制袋灌封	膜、口管	检查洁净度，是否脱外包装	逐件
	印字	确定品名、规格、批号、生产日期、有效期	每班生产前
	组合盖	每桶组合盖使用前检查组合盖标志是否完整，盖是否干净无杂质	每桶
	灌装前确认	每班灌装前 6 组重点检查澄明度，调节装量，合格才能灌装	每班灌装前
	口管焊接	检查焊接头温度、焊接效果	每小时
	气洗效果确认	吹针完整，能放电，吹气、吸气现象明显；气洗管路不漏气	每 2 h
	焊接封口	①观察加热片温度。②观察加热片、组合盖、接头三者的位置和距离。③不定时检查两组产品，用人工挤压的方法检查封口情况、歪头情况	随时
	可见异物、装量	每小时抽查一次，每次 20 瓶，检查可见异物，用电子秤检查装量	每小时
	洗净水	换品种清洗管道后，取洗净水检查理化项目，停产后再生产需取洗净水做全检	每天
灭菌	上袋	①检查从灌装室输送过来的产品是否有歪头、气泡、杂质，装量是否有明显差异。②摆放数量和形式符合工艺验证要求	每柜
	灭菌温度、时间、压力	①每次灭菌前检查柜内各点的温度探头是否完好，是否按规定放置冷点。②按工艺规定灭菌参数进行操作。③产品出柜后必须有标志，品名、批号要完整	每柜
	下袋	核对产品品名、规格、批号	每柜
烘干	温度	检查设定温度（60~70 ℃）	每班
检漏	剔除漏液	所设参数与实际是否相符	每批
灯检	光源	照度 2 000~3 000 lx	每月
	视力	0.9 以上（不包含矫正后的视力）	每半年
	方法	按直、横、倒三步法，每次拿 1 袋，保持人眼与产品的距离为 25 cm，每瓶检测 10 s；或采用自动灯检设备	每袋
	判断	外观：袋身完整、清洁，无砂眼，焊缝完整，印字清晰，袋身干燥，无明显水珠等	每袋
		可见异物检查：药液澄明、无异物	每袋
	不合格品	不合格品必须将拉环拉掉，用剪刀剪破，倒出药液	每袋
包装	物料	班长收料时应核对数量、品名、规格，每批包装前班长应按生产指令计数领取膜、说明书、加药标签、合格证、纸箱	每班
	核对	每批纸箱、合格证的批号、生产日期、有效期打样后交班长复核，确认无误后开始包装。样签附于批生产记录中。合格证上有对应的装箱人员签名	每班
		装箱时每层或每箱逐袋点数，封箱前检查合格证、装箱单、说明书、加药标签是否齐全	每班

任务实施

一、制袋

将已经脱去外包装的膜用小推车推至A级层流罩下上膜处，脱去内包装袋后将膜装到膜架上，根据膜印字的位置调节色带的位置，使印字处于膜的中央。将制袋成型的预热机预热膜具加热至规定温度，进行软袋外缘热合、口管点焊、软袋外缘切割等操作，检查袋成型、颈热合、切边外观质量是否符合要求。

二、配液

配液是保证输液质量的首要环节。配液多用浓配法，即先配成较高浓度的溶液，必要时加入0.01%~0.5%的针用活性炭煮沸以吸附热原、杂质和色素；冷却至45~50 ℃，经过滤脱炭处理后再加新鲜注射用水稀释至所需浓度。原料质量好的，也可采用稀配法。配制称量时必须严格核对原辅料的名称、规格、重量，配好后要检查半成品质量。

三、过滤

大容量注射剂的过滤方法、过滤装置与小容量注射剂基本相同。过滤时多采用加压过滤法，黏度较高的可采用保温过滤。大容量注射剂的过滤也是先预滤再精滤。用陶瓷滤棒进行预滤。在预滤时，滤棒上先吸附一层活性炭，并反复回滤到滤液澄明合格为止。过滤过程中不要随便中断，以免冲动滤层，影响过滤的质量。精滤多采用微孔滤膜滤过器，常用滤膜孔径为0.65 μm或0.85 μm，也可用双层微孔滤膜滤过，上层为3 μm微孔膜，下层为0.8 μm微孔膜，这些装置可大大提高产品质量。精滤后需进行半成品质量检查，合格后方可开始灌装。

四、灌封

采用灌装系统灌装药液，通过按钮调节装量，使装量达到规定的值，将盖焊合的加热部分加热至规定温度。灌装时按制袋灌封机标准操作规程进行操作。在制袋过程中随时检查传输、热合制袋、印刷、灌装、封盖工位的运行情况，定期检查灌装量。目前大容量注射剂多采用软袋输液剂制袋洗灌封生产线(图17-7)，该联动线能自动完成开膜、印字、打印批号、制袋、灌装、自动上盖、焊接封口、排列出袋等工序，再配上软袋传送、灭菌、检漏、灯检等辅助设备，能完成整个软袋大容量注射剂的生产。

五、质量检查

1. 可见异物检查　大容量注射剂按照可见异物检查法(通则0904)，采用灯检法，取供试品在黑色背景、20 W照明荧光灯光源下，用目检视，按直、横、倒三步法旋转检

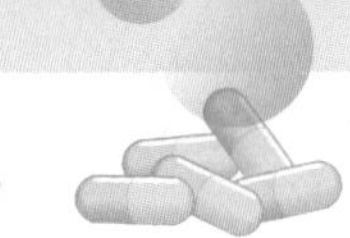

图 17-7　软袋输液剂制袋洗灌封生产线

视。供试品中不得检出金属屑、玻璃屑、长度超过 2 mm 的纤维、最大粒径超过 2 mm 的块状物、静置一定时间后轻轻旋转时肉眼可见的烟雾状微粒沉积物、无法计数的微粒群或摇不散的沉淀，以及在规定时间内较难计数的蛋白质絮状物等明显可见异物。

2. 不溶性微粒检查　取大容量注射剂供试品 4 瓶，按照不溶性微粒检查法（通则 0903）检查，除另有规定外，均应符合规定。

3. 热原或细菌内毒素检查　大容量注射剂按照热原检查法（通则 1142）或细菌内毒素检查法（通则 1143）检查，除另有规定外，应符合规定。

4. 无菌检查　大容量注射剂参照无菌检查法（通则 1101）检查，应符合注射剂规定。

5. 渗透压摩尔浓度检查　除另有规定外，静脉输液及用于椎管内注射的注射液应参照渗透压摩尔浓度测定法（通则 0632）进行测定，应符合规定。

6. 其他　装量、pH 及含量测定等项目，均应符合《中国药典》（2020 年版）的规定。

葡萄糖注射液　　实例分析

【处方】 注射用葡萄糖 50 g，注射用水加至 1 000 ml。

【制法】 ①取注射用水适量，加热煮沸，加入注射用葡萄糖搅拌溶解，使成 50%~70% 的浓溶液。②用 1% 盐酸调节 pH 为 3.8~4.0，加浓溶液量 0.1%~0.2%（g/ml）的活性炭，混匀，煮沸 20~30 min，于 40~45 ℃过滤脱炭。③滤液中加入热注射用水稀释至全量，测 pH、含量，合格后，精滤至澄明，灌装、封口，115.5 ℃ 30 min 热压灭菌。

【讨论】 1. 葡萄糖注射液在生产过程中为什么采用浓配法？加 1 % 盐酸和活性炭的目的是什么？

2. 生产过程中影响葡萄糖注射液稳定性的因素是什么？如何控制？

实例分析：葡萄糖注射液

知识总结

1. 大容量注射剂是指由静脉滴注输入人体血液中的大容量(除另有规定外,一般不小于 100 ml,生物制品一般不小于 50 ml)注射液,也称静脉输液。

2. 大容量注射剂可分为电解质输液、营养输液、胶体输液和含药输液等。

3. 大容量注射剂的制备过程包括容器的准备、配制、过滤、灌封、灭菌、包装。

4. 塑料瓶大容量注射剂生产过程包括制作成型包材和制剂过程(配药、灌装、洗塞、焊盖、灭菌、灯检、包装)。

5. 塑料袋大容量注射剂生产过程包括制袋和制剂过程(配药、灌装、封盖、灭菌、灯检、包装)。

6. 大容量注射剂的质量检查项目包括可见异物检查、不溶性微粒检查、热原或细菌内毒素检查、无菌检查、渗透压摩尔浓度检查等。

在线测试

在线测试:大容量注射剂生产

请扫描二维码完成在线测试。

任务 17.3 注射用无菌粉末生产

PPT:注射用无菌粉末生产

任务描述

注射用无菌粉末是医学临床应用中重要的药品剂型,广泛应用于静脉注射、肌内注射。本任务主要学习注射用无菌粉末的定义、特点、分类、质量要求和生产工艺流程,完成注射用无菌粉末的制备和质量检查。

授课视频:注射用无菌粉末生产

知识准备

一、基础知识

1. 注射用无菌粉末的定义和特点　注射用无菌粉末系指原料药物或与适宜的辅料制成的供临用前用无菌溶液配制成注射液的无菌粉末或无菌块状物,俗称粉针剂。

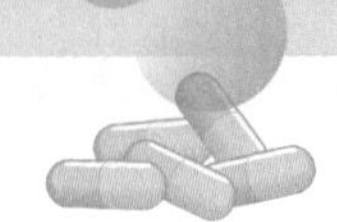

粉针剂适用于在水溶液中不稳定的药物，此类药物不能制成水溶性注射剂，更不能耐受加热灭菌，如某些抗生素、一些医用酶制剂及血浆等生物制剂，均需制成注射用无菌粉末。

2. 注射用无菌粉末的分类　根据药物的性质与生产工艺条件不同，粉针剂可分为两种：一种是无菌分装粉针剂，凡在水溶液中不稳定的药物，如某些抗生素（青霉素 G、头孢氨苄等）、苯妥英钠、硫喷妥钠等多采用无菌分装技术制成粉针剂；另一种是冷冻干燥粉针剂，一些虽在水中稳定但加热即分解失效的药物，如酶制剂及血浆、蛋白质等生物制品常制成冷冻干燥粉针剂。

3. 注射用无菌粉末的质量要求　注射用无菌粉末的质量要求与注射剂基本一致，其质量检查除符合《中国药典》（2020 年版）关于注射用药物的各项规定外，还应符合：①粉末无异物，配成溶液或混悬液后可见异物检查合格。②粉末细度或洁净度适宜，便于分装。③无菌、无热原。

二、工艺流程

1. 无菌分装粉针剂的生产　无菌分装粉针剂系将精制的无菌粉末，在无菌条件下直接进行分装。目前多采用直接分装法，具体生产工艺流程如图 17-8 所示。

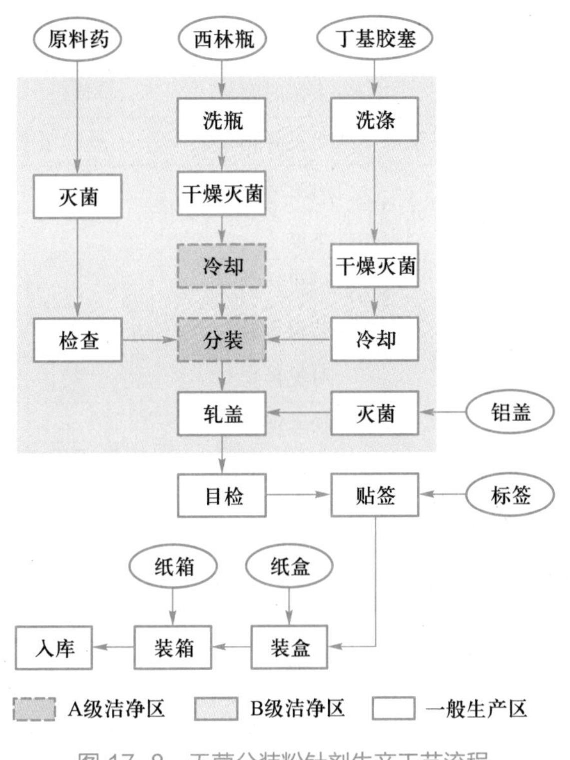

图 17-8　无菌分装粉针剂生产工艺流程

无菌分装粉针剂生产过程需要进行严格的质量控制，洗瓶、西林瓶灭菌、胶塞洗涤灭菌、铝盖洗涤灭菌、分装、轧盖、目检、容器具和洁具清洗、贴签、包装等工序均是质量

控制点，具体要求见表 17–6。

表 17–6　无菌分装粉针剂生产的质量控制点

工序	质量控制点	质量控制项目	频次
洗瓶	纯化水	压力、电导率、pH、可见异物	每 2 h（使用前 1 次）
	注射用水	压力、pH、可见异物	每 2 h（使用前 1 次）
	压缩空气	压力	每 2 h（使用前 1 次）
	洗后空瓶	可见异物	每 2 h（使用前 1 次）
西林瓶灭菌	灭菌条件	灭菌温度	每 30 min
		网带转速	每班 2 次
胶塞洗涤灭菌	注射用水	pH、压力	每批
		可见异物	每 2 h（使用前 1 次）
	灭菌条件	灭菌温度、灭菌时间	每批
	胶塞清洗水	可见异物	每批
	灭菌后胶塞	水分	每批
		可见异物	使用前 1 次
铝盖洗涤灭菌	注射用水	pH、压力、可见异物	使用前 1 次
	灭菌条件	灭菌温度	每 30 min
		灭菌时间	每批
	灭菌后铝盖	可见异物	使用前 1 次
分装	无菌空瓶	可见异物	每 2 h
		水分	每批
	原料药	可见异物	每 2 h
	中间产品	装量差异	每 30 min
		可见异物	每 2 h
轧盖、目检	轧盖质量	松紧度	每 30 min
		气密性	每班
		外观	随时
容器具和洁具清洁	注射用水	可见异物	每次使用前
贴签	贴签后半成品	标签内容、贴签外观	随时
包装	外包质量	装盒、装箱、纸箱、打包	随时

2. 冷冻干燥粉针剂的生产　冷冻干燥粉针剂过滤、灌装、冻结、升华、干燥、封口等操作过程均应在 A 级生产环境中完成，其具体生产工艺流程见图 17–9。

药液配制后进行无菌过滤与无菌分装（分装时溶液厚度应尽可能薄，以利蒸发），送入冻干机的干燥箱中，进行预冻、升华、干燥，最后取出封口即可。对于新产品，必须通

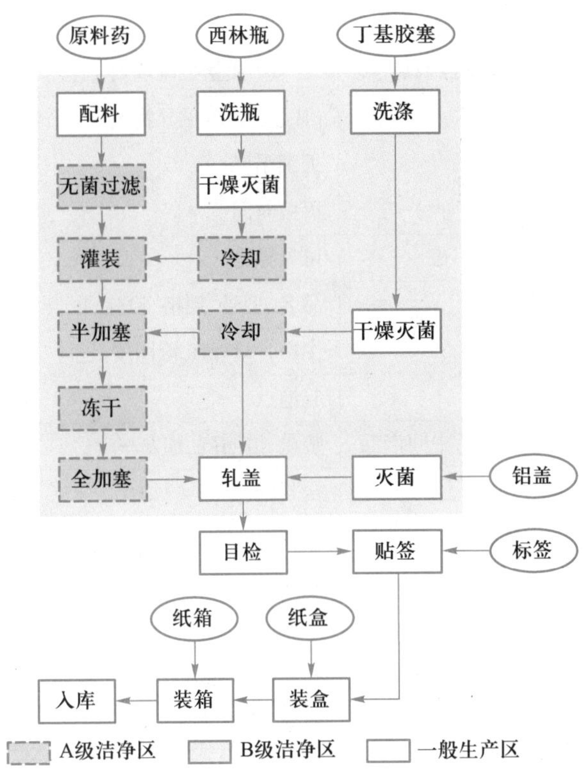

图 17-9　冷冻干燥粉针剂生产工艺流程

过试验来确定冻干的工艺条件，这对保证产品的质量至关重要。冷冻干燥粉针剂生产的质量控制点见表 17-7。

表 17-7　冷冻干燥粉针剂生产的质量控制点

工序	质量控制点	质量控制项目	频次
洗瓶	纯化水	压力、电导率、pH、可见异物	每 2 h（使用前 1 次）
	注射用水	压力、pH、可见异物	每 2 h（使用前 1 次）
	压缩空气	压力	每 2 h（使用前 1 次）
	洗后空瓶	可见异物	每 2 h（使用前 1 次）
西林瓶灭菌	灭菌条件	灭菌温度	每 30 min
		网带转速	每班 2 次
胶塞洗涤灭菌	注射用水	pH、压力	每批
		可见异物	每 2 h（使用前 1 次）
	灭菌条件	灭菌温度、灭菌时间	每批
	胶塞清洗水	可见异物	每批
	灭菌后胶塞	水分	每批
		可见异物	每次使用前

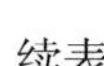

续表

工序	质量控制点	质量控制项目	频次
铝盖洗涤灭菌	注射用水	pH、压力、可见异物	每次使用前
	灭菌条件	灭菌温度	每 30 min
		灭菌时间	每批
	灭菌后铝盖	可见异物	每次使用前
药液配制、过滤	称量	品名、型号、规格、检验、报告	每批
	药液	主药含量、pH、澄明度、色泽	每批
	滤膜	起泡点	每批
灌封	半加塞后中间产品	装量、澄明度、加塞率	随时
轧盖、目检	压盖质量	松紧度	每 30 min
		气密性	每班
		外观	随时
容器具和洁具清洁	注射用水	可见异物	每次使用前
贴签	贴签后半成品	标签内容、贴签外观	随时
包装	外包质量	装盒、装箱、纸箱、打包	随时

任务实施

一、配液

将主药和辅料溶解在适当的溶剂中，通常为含有部分有机溶剂的水性溶液。

二、过滤

用不同孔径的滤器对药液分级过滤，最后通过孔径 0.22 μm 的微孔滤膜进行除菌过滤。

三、灌装

将已经除菌的药液灌注到容器中，并用无菌胶塞半压塞。

四、冻干

在无菌环境中将半压塞容器转移至冻干箱内。首先运行冻干机，降低搁板温度使溶液冻结，然后冻干箱抽真空，对搁板加热，使药品在固体状态下，通过升华干燥除去大部分水分，最后用加热方式解吸附，除去残余水分。常用的冷冻干燥机见图 17–10。

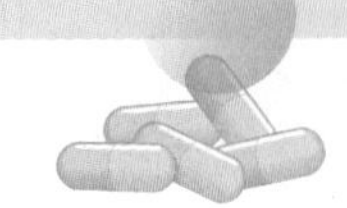

图 17-10 冷冻干燥机

知识拓展：冻干机原理及冻干工艺原理

五、轧盖

通过安装在冻干箱内的液压或螺杆升降装置全压塞。将已全压塞的制品容器移出冻干箱，用铝盖轧口密封（图 17-11）。

图 17-11 轧盖设备

知识拓展：冷冻干燥制品存在的问题及解决办法

六、质量检查

注射用无菌粉末应符合《中国药典》（2020 年版）四部通则 0102 注射剂中有关规定。

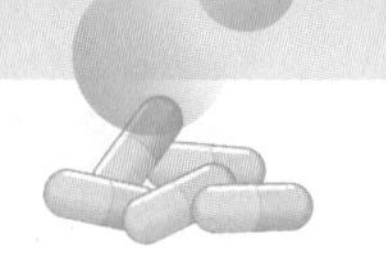

除另有规定外，注射用无菌粉末应按通则 0102 进行相应检查。

1. 无菌检查　注射用无菌粉末参照无菌检查法（通则 1101），采用薄膜过滤法和直接接种法两种方法检查，应符合规定。

2. 可见异物检查　取注射用无菌粉末 5 支，用适宜的溶剂和适当的方法使药粉完全溶解后，按上述方法检查。配带有专用溶剂的注射用无菌制剂，应先将专用溶剂按注射液要求检查并符合注射液的规定后，再用其溶解注射用无菌制剂。如经真空处理的供试品，必要时应用适当的方法破其真空，以便于药物溶解。低温冷藏的品种，应先将其放至室温，再进行溶解和检查。按照可见异物检查法（通则 0904）检查，采用灯检法或光散射法，除另有规定外，应符合规定。

动画：灯检岗位

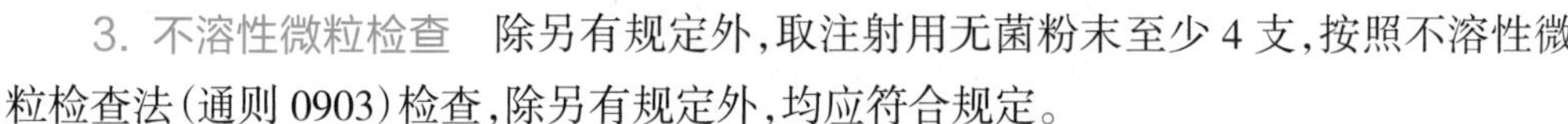

3. 不溶性微粒检查　除另有规定外，取注射用无菌粉末至少 4 支，按照不溶性微粒检查法（通则 0903）检查，除另有规定外，均应符合规定。

4. 热原或细菌内毒素检查　注射用无菌粉末按照细菌内毒素检查法（通则 1143）或热原检查法（通则 1142）检查，除另有规定外，应符合规定。

5. 装量差异检查　取注射用无菌粉末 5 支，按注射剂项下相关规定进行检查，除另有规定外，应符合规定。按规定检查含量均匀度的注射用无菌粉末，一般不再进行装量差异检查。

实例分析　注射用辅酶 A

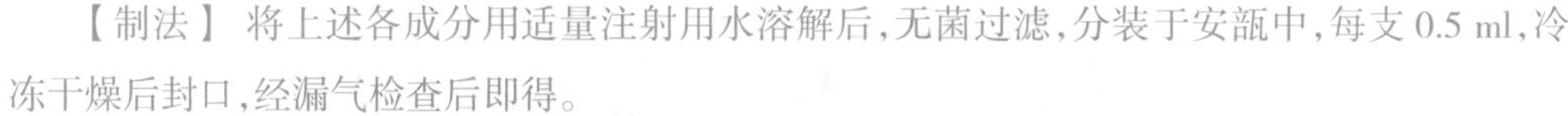

【处方】 辅酶 A 56.1 单位，水解明胶 5 mg，甘露醇 10 mg，葡萄糖酸钙 1 mg，半胱氨酸 0.5 mg，注射用水适量。

【制法】 将上述各成分用适量注射用水溶解后，无菌过滤，分装于安瓿中，每支 0.5 ml，冷冻干燥后封口，经漏气检查后即得。

【讨论】 1. 本品的临床用途是什么？

2. 处方中各成分的作用是什么？

实例分析：注射用辅酶 A

知识总结

1. 注射用无菌粉末是指原料药物或与适宜的辅料制成的供临用前用适宜无菌溶液配制成注射液的无菌粉末或无菌块状物，俗称粉针剂。

2. 根据药物的性质与生产工艺条件不同，粉针剂可分为无菌分装粉针剂和冷冻干燥粉针剂。

3. 注射用无菌粉末的质量要求：①粉末无异物，配成溶液或混悬液后可见异物检查合格。②粉末细度或洁净度适宜，便于分装。③无菌、无热原。

4. 无菌分装粉针剂生产工艺流程为：原辅料准备→无菌分装→压塞→轧铝塑盖→

质量检查→贴签→成品。

5. 冷冻干燥粉针剂生产工艺流程为：过滤→灌装→冻结→升华→干燥→封口。

6. 冷冻干燥粉针剂质量检查项目包括无菌检查、可见异物检查、不溶性微粒检查、热原或细菌内毒素检查、装量差异检查等。

在线测试

请扫描二维码完成在线测试。

在线测试：注射用无菌粉末生产

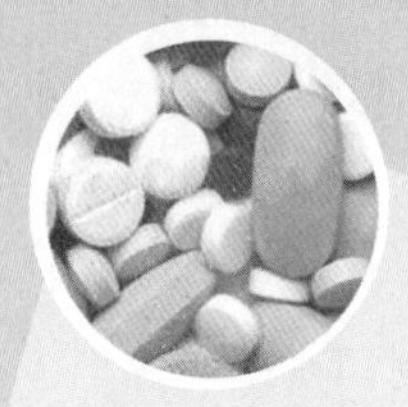

项目 18
缓控释制剂生产

学习目标

1. 掌握缓控释制剂的定义、特点和分类。
2. 熟悉缓控释制剂的释药原理和设计原则。
3. 了解缓控释制剂的常用辅料。

知识导图

请扫描二维码了解本项目主要内容。

知识导图：缓控释制剂生产

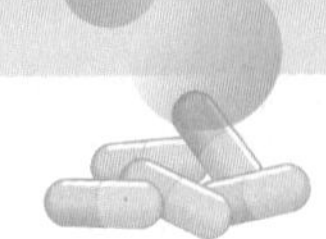

任务　缓控释制剂认知

任务描述

缓控释制剂是临床使用的新剂型之一，具有释药速度缓慢持久、毒副作用较少等优点。本任务主要学习缓控释制剂的定义、特点、分类和作用原理，对缓控释制剂的制备工艺有所认知。

PPT：缓控释制剂认知

授课视频：缓控释制剂认知

知识准备

一、缓控释制剂的定义与特点

缓释制剂系指在规定的释放介质中，按要求缓慢地非恒速释放药物，与相应的普通制剂比较，给药频率比普通制剂减少一半或给药频率比普通制剂有所减少，且能显著增加患者顺应性的制剂。

控释制剂系指在规定的释放介质中，按要求缓慢地恒速释放药物，与相应的普通制剂比较，给药频率比普通制剂减少一半或给药频率比普通制剂有所减少，血药浓度比缓释制剂更加平稳，且能显著增加患者顺应性的制剂。

缓控释制剂既有口服普通制剂，也有眼用、耳道、阴道、直肠、口腔或牙用、透皮制剂或皮下、肌内注射及皮下植入剂。

缓控释制剂给药的优点：①对于半衰期短、需频繁给药的药物，可以减少服药次数。如普通制剂可从每天用药3~4次减少至1~2次，这样可以大大提高患者服药的依从性。特别适用于需长期服药的慢性疾病患者，如心绞痛、高血压、哮喘患者等。②使血药浓度平稳，避免或减弱峰谷效应，有利于降低药物的毒副作用，特别是对治疗指数较窄的药物，利于保证其安全性和有效性。③可减少用药的总剂量，因此可以最小剂量达到最大治疗效果。

缓控释制剂给药的缺点：①在临床应用中对剂量调节的灵活性低，如遇特殊情况(如出现较大副作用)往往不能立即停止治疗。②缓控释制剂往往是基于健康人群的平均动力学参数而设计的，当药物在疾病状态的体内动力学特性有所改变时，不能灵活调节给药方案。③制备费用较普通制剂高。

知识拓展：迟释制剂

二、缓控释制剂的种类

缓控释制剂根据其释药原理和制备技术不同可分为骨架型、渗透泵型、膜控型和植入型四类。

1. 骨架型缓控释制剂　是指药物和一种或多种惰性固体骨架材料通过压制或融合技术制成的片状、小粒或其他形式的制剂，可通过控制释药速度，起缓释或控释作用。多数骨架材料不溶于水，有的可缓慢吸水膨胀。按骨架材料性质可分为溶蚀性骨架制剂、亲水凝胶骨架片、不溶性骨架片三个类型。

(1) 溶蚀性骨架制剂：亦称生物溶蚀骨架片，是由药物与蜡、脂肪酸及酯类等物质混合制成。药物通过骨架中的孔道扩散或借骨架材料的逐渐溶蚀而释放出来。常用溶蚀性骨架材料包括硬脂酸（SA）、单硬脂酸甘油酯、蜂蜡、聚乳酸（PLA）、聚乳酸－羟基乙酸共聚物（PLGA）等。

(2) 亲水凝胶骨架片：亲水凝胶骨架片以亲水性高分子聚合物为骨架材料，加入稀释剂（如乳糖）制颗粒、压片，是口服缓控释制剂的主要类型。其释药过程是骨架溶蚀和药物扩散的结合，但水溶性药物的释放速度主要取决于药物通过凝胶层的扩散速度，而水不溶性药物释放速度主要由凝胶层的溶蚀速度所决定。常见骨架材料包括海藻酸钠、明胶、MC、CMC-Na、HPMC、壳多糖、PVA、聚维酮（PVP）等。

(3) 不溶性骨架片：不溶性骨架片是指药物与不溶于水或水溶性极小的高分子聚合物、无毒塑料等骨架材料混合压制成的片剂，适于水溶性药物。当药片进入胃肠道，消化液会渗入骨架孔隙中，将药物溶解并通过骨架中错综复杂的孔道缓慢扩散和释放出来。此类骨架片有时释放不完全，不适于大剂量药物。常用骨架材料包括乙基纤维素（EC）及其水分散体、丙烯酸树脂类、聚乙烯和聚氯乙烯、硅橡胶类等。

2. 渗透泵型控释制剂　渗透泵型控释制剂系利用渗透压作为释药动力的一种释药系统。渗透泵型控释制剂由半透膜、药物、渗透压活性物质和推动剂（助渗剂）等组成。渗透泵型控释制剂以其独特的释药方式和稳定的释药速度成为目前口服控释制剂中最理想的一类制剂。

3. 膜控型缓控释制剂　膜控型缓控释制剂系指用一种或多种包衣材料对药物颗粒、小丸和片剂的表面进行包衣，使药物以恒定或接近恒定的速度通过包衣膜释放出来，达到缓释或控制目的。根据衣料的性质和用途，其包衣材料可分为以下几类。

(1) 蜡质包衣材料：常用鲸蜡、硬脂酸、氢化植物油和巴西棕榈蜡等。主要用于各种含药颗粒或小丸，包以不同厚度的衣层，以获得不同释药速度。可再将这些颗粒或小丸压成片剂。

(2) 微孔包衣材料：常用 EC、醋酸纤维素（CA）等不溶性材料，膜材中加入可溶性物质如微粉化糖粉，或可溶性高分子材料如 PEG 作为膜致孔剂，用以调节释药速度。

(3) 胃溶性包衣材料：常用羟丙纤维素（HPC）、HPMC 等。例如，HPMC 遇水能迅速水化形成高黏性的凝胶层，阻滞药物的释放。

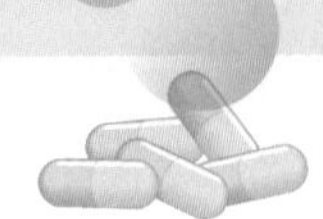

(4) 肠溶性包衣材料：不溶于胃液而溶于肠液的薄膜包衣材料，可制成肠溶性膜包衣缓控释制剂。常用醋酸纤维素酞酸酯（CAP）、交联羟丙甲纤维素（HPMCP）、醋酸羟丙甲纤维素琥珀酸酯（HPMCAS）等材料。

4. 植入型缓控释制剂　植入型缓控释制剂（即植入剂）系将不溶性药物熔融后倒入模型中成型，或将药物密封于高分子材料（如硅橡胶）中制成固体灭菌制剂。通过外科手术埋植于皮下，或经针头导入皮下，给药剂量小、释药速率慢且均匀，药效可长达几个月甚至几年。释放的药物经皮下吸收直接进入血液循环发挥全身作用，避免了肝首过效应，生物利用度高。

三、缓控释制剂的释药原理

1. 溶出原理　通过减少药物的溶解度、增加药物粒子直径等减慢药物的溶出速度，实现缓慢释放药物。主要方法有：①制成溶解度小的盐或酯，或以油注射液供肌内注射，药物由油相扩散至水相，然后水解为母体药物而产生治疗作用，药效延长2~3倍。②与高分子化合物生成难溶性盐。③控制粒子大小。

2. 扩散原理　药物首先溶解成溶液后再从制剂中扩散出来进入体液，其释药受扩散速度的控制。主要方法有：①利用水不溶性材料或水难溶性包衣膜材料与水溶性聚合物混合组成膜材，制成包衣小丸、片剂或制成微囊。②制成不溶性骨架片。③增加黏度以减慢扩散速度。④制成植入剂或制成乳剂。

3. 溶蚀或扩散与溶出相结合原理　某些骨架型制剂，不仅药物可从骨架中扩散出来，而且骨架本身也处于溶蚀的过程，从而使药物扩散的路径及长度发生改变，加速扩散进程。

4. 渗透泵原理　利用渗透泵原理制成的控释制剂，释药动力为渗透压，其释药速度不受胃肠道蠕动、pH和胃排空时间等的影响，能均匀恒速地释放药物。口服渗透泵片的片芯由水溶性药物、水溶性聚合物及其他辅料制成，外面用水不溶性的聚合物等包衣，成为半透膜，在包衣膜上开一个或数个细孔。水通过半透膜进入片芯后，溶解药物形成饱和溶液，膜内形成高渗透压，药物溶液由细孔以恒速流出，直至渗透压平衡。水分不断渗透，药物不断溶解，达到一定渗透压后，药物又释放，直到片芯内的药物完全溶解为止。

5. 离子交换原理　由水不溶性交联聚合物组成的树脂，其聚合物链的重复单元上含有成盐基团，带电荷的药物可结合于树脂上形成药树脂。在胃肠液中，药树脂中的药物再被胃肠道中的离子置换出来，因此有缓释作用。

任务实施

缓控释制剂制备工艺认知

1. 药物的选择　一般半衰期短（$t_{1/2}$ 为2~8 h）的药物适于制成缓控释制剂，如硝酸

异山梨酯（$t_{1/2}$ 为 5 h）等抗心绞痛药、普萘洛尔（$t_{1/2}$ 为 3.1~4.5 h）等抗心律失常药、硝苯地平等降压药。此外，抗组胺药、支气管扩张药、抗哮喘药、解热镇痛药、抗精神失常药、抗溃疡药等药物均适于制成缓控释制剂。

不宜制成缓控释制剂的药物：①半衰期小于 1 h 或大于 12 h 的药物。②一次剂量很大（如大于 0.5 g）的药物。③药效剧烈的药物。④溶解吸收很差的药物。⑤吸收不规则或受生理因素影响大、剂量需精密调节的药物。⑥抗生素类药物，由于其抗菌效果依赖于峰浓度，故也一般不宜制成缓控释制剂。

2. 设计要求

(1) 生物利用度：缓控释制剂的相对生物利用度一般应为普通制剂的 80%~120%。若药物吸收部位主要在胃与小肠，宜设计成每 12 h 给药一次；若药物在结肠也有一定的吸收，则可考虑设计成每 24 h 给药一次。

(2) 峰浓度与谷浓度之比：缓控释制剂稳态时峰浓度与谷浓度之比应小于普通制剂，也可用波动百分数表示。根据此项要求，一般半衰期短、治疗指数窄的药物，可设计成每 12 h 给药一次；而半衰期长或治疗指数宽的药物，则可设计成每 24 h 给药一次；若设计恒速释药剂型，如渗透泵型制剂，其峰谷浓度比应显著低于普通制剂，此类制剂血药浓度平稳。

(3) 剂量计算：缓控释制剂的剂量设计通常有两种方法。一种是经验法，即根据普通制剂的用法和剂量，确定缓控释制剂的剂量，如某药制成普通制剂时，每天 2 次，每次 20 mg，若制成缓控释制剂，可以每天 1 次，每次 40 mg。另一种是采用药物动力学方法进行计算，利用药物动力学参数，根据需要的血药浓度和给药间隔设计缓控释制剂的剂量。

3. 缓控释制剂的选择　制备缓控释制剂需要采用适宜的材料，使制剂中药物的释放速度和释放量达到设计要求，确保药物以一定速度输送到作用部位并在组织中或体液中维持一定浓度，获得预期疗效，减少药物的毒副作用。缓控释制剂中主要起缓控释作用的辅料多为高分子聚合物，有骨架材料、包衣材料和致孔剂等。对于液体制剂的缓控释材料可使用增稠剂。增稠剂是一类水溶性高分子材料，溶于水后，其溶液黏度随浓度增大而增大，根据药物被动扩散吸收规律，增加黏度可以减慢扩散速度，延缓药物吸收。

控释制剂和缓释制剂，就材料而言，有许多相同之处，但它们与药物的结合或混合的方式或制备工艺不同，可表现出不同的释药特性。应根据不同给药途径、不同释药要求，选择适宜的材料和适应的处方与工艺。

实例分析　盐酸二甲双胍缓释片（亲水凝胶骨架片）

【处方】　盐酸二甲双胍 500 g，羧甲纤维素钠 51 g，HPMC（K100 M）344 g，HPMC（E5 M）9.5 g，微晶纤维素 100 g，硬脂酸镁 10 g，95% 乙醇适量，共制 1 000 片。

【制法】 将盐酸二甲双胍与羧甲纤维素钠混合均匀，加 95% 乙醇适量制成软材，制粒，干燥；再加入 HPMC（K100M）、HPMC（E5M）和微晶纤维素混合均匀、整粒，加硬脂酸镁混匀，压片即得。

实例分析：盐酸二甲双胍缓释片（亲水凝胶骨架片）

【用途】 本品适用于单纯饮食控制不满意的 2 型糖尿病患者，也用于肥胖症患者控制体重。

【讨论】 1. 处方中各成分的作用是什么？

2. 此制剂释放药物的原理是什么？

知识总结

1. 缓释制剂系指在规定的释放介质中，按要求缓慢地非恒速释放药物。

2. 控释制剂系指在规定的释放介质中，按要求缓慢地恒速释放药物。

3. 缓控释制剂具有服药次数少，血药浓度平稳，可降低药物的毒副作用，并可减少用药的总剂量等特点。

4. 缓控释制剂可分为骨架型、渗透泵型、膜控型和植入型 4 类。

5. 缓控释制剂释药原理包括溶出原理、扩散原理、溶蚀或扩散与溶出相结合原理、渗透泵原理和离子交换原理。

在线测试

请扫描二维码完成在线测试。

在线测试：缓控释制剂认知

设备篇

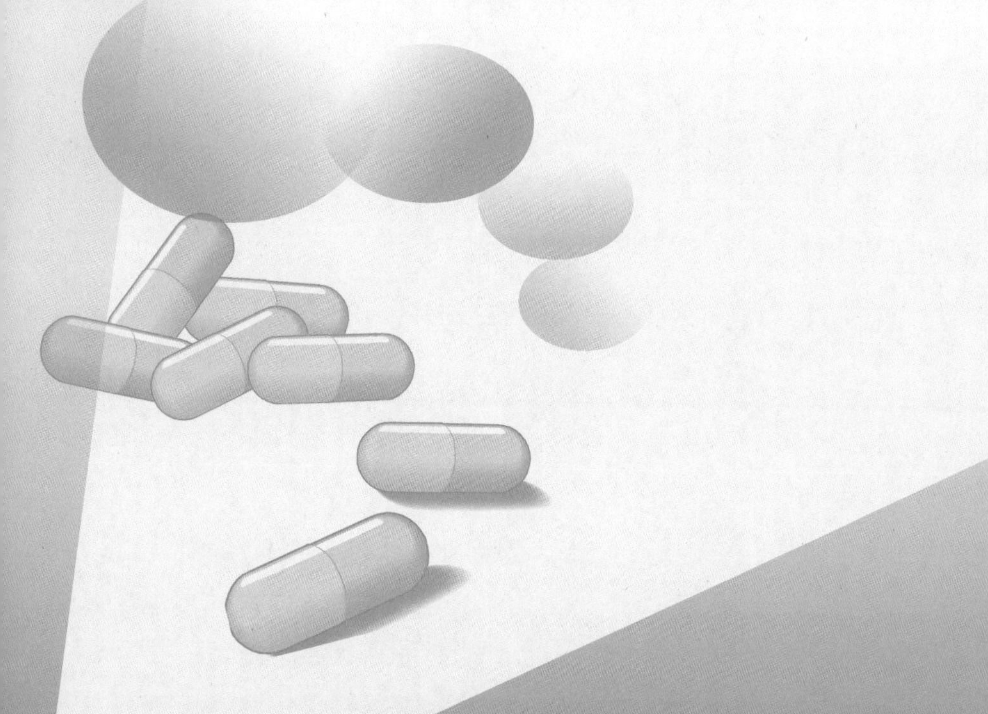

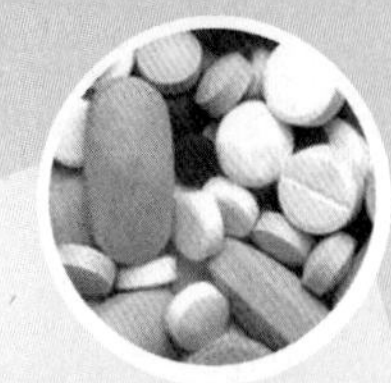

项目 19
制水设备操作

学习目标

1. 掌握纯化水和注射用水生产工艺流程和生产工序质量控制点。
2. 熟悉常见的纯化水和注射用水生产设备的主要结构、基本原理、正确操作和使用。
3. 了解纯化水和注射用水生产过程的相关 SOP。

知识导图

请扫描二维码了解本项目主要内容。

知识导图：制水设备操作

任务 19.1　纯化水制备

任务描述

PPT：
纯化水制备

授课视频：
纯化水制备

纯化水作为药品生产中用量最大的一种辅料，其质量直接影响药品的质量。本任务主要学习纯化水生产设备的分类、主要结构和工作原理，遵循纯化水生产的SOP，能完成纯化水生产的正常操作，领会操作注意事项。

知识准备

一、基础知识

1. 纯化水的定义和特点　制药用水通常是指制药工艺过程中用到的各种质量标准的水，包括饮用水、纯化水和注射用水。纯化水为饮用水采用蒸馏法、离子交换法、反渗透法或其他适宜的方法制得的制药用水，不含任何附加剂。纯化水可作为配制普通药物制剂用的溶剂或试验用水；可作为中药注射剂、滴眼剂等灭菌制剂所用饮片的提取溶剂；口服、外用制剂配制用溶剂或稀释剂；非灭菌制剂用器具的精洗用水；也用作非灭菌制剂所用饮片的提取溶剂。纯化水不得用于注射剂的配制与稀释。

2. 纯化水的制备工艺　纯化水制备有以下四种流程。

(1) 原水→预处理→阳离子交换→阴离子交换→混床→纯化水：常用于含盐量 <500 mg/L，符合饮用水标准的原水，为全离子交换法。

(2) 原水→预处理→电渗析→阳离子交换→阴离子交换→混床→纯化水：常用于含盐量 >500 mg/L 的原水，为减少离子交换树脂频繁再生，增加电渗析，能除去 75%~85% 的离子，减轻离子交换负担，使树脂制水周期延长，减少再生时酸、碱用量和减少排污污染。

(3) 原水→预处理→弱酸床→反渗透→阳离子交换→阴离子交换→混床→纯化水：反渗透脱盐率高于电渗析，能除去 85%~90% 的盐类。此外，反渗透还具有除菌、去热原、降低化学需氧量（COD）的作用。但是，反渗透设备投资和运行费用较高。

(4) 原水→预处理→弱酸床→反渗透→脱气→混床→纯化水：以反渗透直接作为混床的前处理，同时为了减轻混床再生时碱液用量，在混床前设置脱气塔，以脱去水中的二氧化碳。

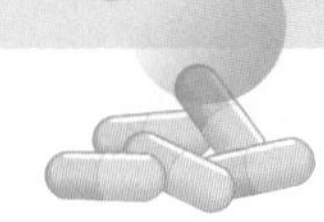

3. 生产工序质量控制点　纯化水在生产过程中需要严格控制质量，纯化水生产工序质量控制点如表 19–1 所示。

表 19–1　纯化水生产工序质量控制点

工序	质量控制点	质量控制项目	频次
纯化水制备	机械过滤器	压差（ΔP）	每 2 h
		污染指数	每周
	活性炭过滤器	压差（ΔP）、余氯	每 2 h
		SDI	每周
	反渗透膜	压差（ΔP）、电导率、流量	每 2 h
	紫外线灯管	计时器	2 次 / 天
	纯化水	电导率、酸碱度、氨、氯化物	每 2 h
		《中国药典》(2020 年版）规定全项	每周

二、主要设备

根据纯化水制备工艺，制水设备主要包括预处理设备、去离子（脱盐）设备、除菌设备三大部分。预处理设备可以除去原水中悬浮物、不溶性颗粒、余氯等杂质；去离子设备可除去原水中呈离子形式杂质，即脱去原水中盐分得到纯化水；除菌设备可以进一步杀灭水中微生物，得到净化的纯化水。

1. 预处理设备

(1) 多介质过滤器：由带支撑板的筒体、布水器和滤料、内装多介质(粗石英砂垫层、细石英砂、锰砂)、进水阀和排水阀等组成，主要用于除去水中的泥沙、悬浮物、胶体等杂质和藻类等生物，降低对反渗透膜元件的机械损伤及污染。多介质过滤器按深度过滤，床的顶层由最轻和最粗品级的材料组成，而最重和最细品级的材料放在床的底部，水中较大的颗粒在顶层被除去，较小的颗粒在过滤器介质的较深处被除去，从而使水质达到粗过滤后的标准。

(2) 活性炭吸附器：由带支撑的筒体、内装石英砂垫层和活性炭、进水阀、排水阀等组成。活性炭可吸附原水中的部分有机物、余氯和胶体等物质，进一步降低水体的浊度。活性炭吸附饱和后，需及时更换。

(3) 软水器：为钠离子交换器，由盛装树脂的容器、树脂、阀或调解器及控制系统组成。软化过程中，通过树脂上的钠离子与水中的钙、镁离子进行置换，从而吸附水中多余的钙、镁离子，达到除去水垢（碳酸钙或碳酸镁）的目的，防止其在后续水管和设备上结垢。

(4) 精密过滤器：又称保安过滤器，由不锈钢外壳和不同精度的管状滤芯组成。它是原水进入反渗透膜的最后一道过滤装置，可以截留粒径大于 5 μm 的前处理过程中的一切滤料，如活性炭粉末等，从而满足反渗透进水的要求，防止损害反渗透膜。

2. 去离子设备

(1) 反渗透制水设备:反渗透制水设备主要由反渗透膜组件、高压泵、反渗透膜壳、电导仪等构成。其核心部件是反渗透膜组件,其结构因膜的形式而异,一般有板框式、管式、螺旋卷式及中空纤维式四种类型。制药用水生产中常用螺旋卷式和中空纤维式两种组件。螺旋卷式膜组件是由中间为多孔支撑材料,两边是膜的"双层结构"装配组成的。其中三个边沿被密封而黏结成膜袋状,另一个开放的边沿与一根多孔中心管连接,在膜袋外部的原水侧再垫一层网眼型间隔材料(料液隔网),也就是把膜—多孔支撑体—膜—原水侧隔网依次叠合,绕中心管紧密地卷在一起,形成一个膜元件,再装进圆柱形压力容器中,构成一个螺旋卷式膜组件(图 19–1)。中空纤维式膜组件由许多中空纤维组成,装在一个管状容器中,端部用树脂固接封头。制备纯化水时,原水从一段管内通入,透过纤维外壁渗出,在壳内汇集并引出纯化水,浓缩水由纤维另一端引出(图 19–2)。

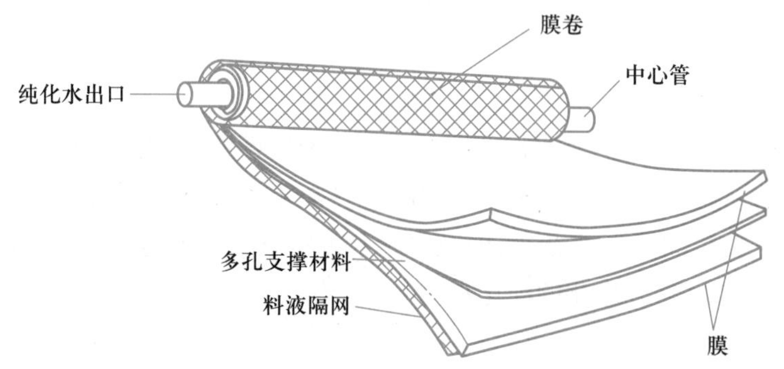

图 19–1　螺旋卷式膜组件示意图

动画:
螺旋卷式
膜组件

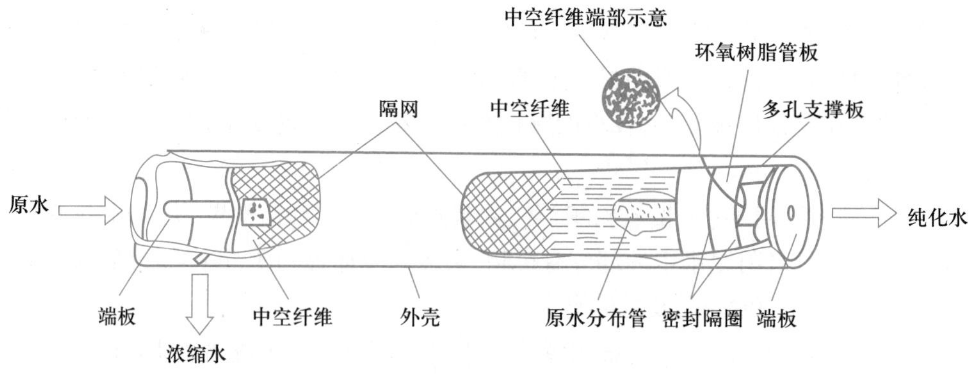

图 19–2　中空纤维式膜组件示意图

反渗透的工作原理如图 19–3 所示,反渗透膜是高分子材料经过特殊工艺加工制成的半透膜,具有选择透过性,只允许水分子通过而不允许溶质通过。当把相同体积的稀溶液和浓溶液分别置于一容器的两侧,中间用半透膜阻隔时,稀溶液中的溶剂将自然地穿过半透膜,向浓溶液侧流动,浓溶液侧的液面会比稀溶液侧的液面高出一定高

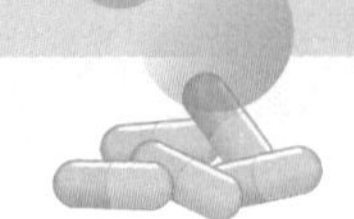

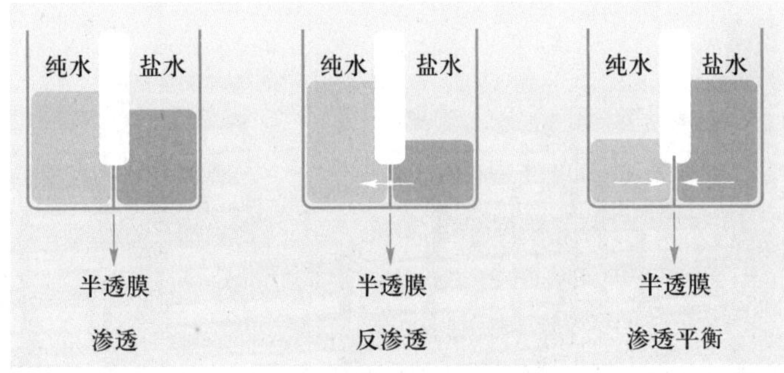

图 19-3　反渗透工作原理示意图

度，形成一个压力差，达到渗透平衡状态，此种压力差即为渗透压。若在浓溶液侧施加一个大于渗透压的压力，浓溶液侧的溶剂会向稀溶液侧流动，此种溶剂的流动方向与原来渗透的方向相反，这一过程称为反渗透。反渗透过程属于压力推动的过程，即借助一定的推力迫使原水中的水分子通过反渗透膜，而杂质被截留、除去。

动画：
反渗透原理

一级反渗透设备能除去 90%~95% 的一价离子、98%~99% 的二价离子，但除去氯离子的能力不能达到《中国药典》(2020 年版)的要求，只有二级反渗透设备可以彻底除去氯离子。因此，目前制药企业普遍采用二级反渗透设备机组制备纯化水。二级反渗透设备机组制备纯化水工艺流程如图 19-4 所示，二级反渗透主体设备如图 19-5 所示。二级反渗透设备机组主要由原水箱、原水增压泵、机械过滤器(砂滤)、活性炭过滤器、软化器、精密过滤器、一级高压泵、一级反渗透、中间水箱、二级高压泵、二级反渗透、纯水箱等组成。

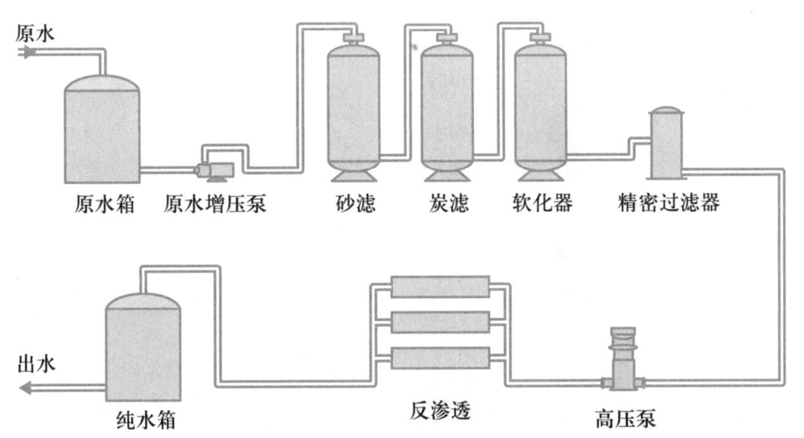

图 19-4　二级反渗透设备机组制备纯化水工艺流程

反渗透设备脱盐、除热原效率高。通过二级反渗透可以有效除去水中的无机离子、有机物、细菌、热原、病毒等。制水过程为常温操作，没有相变，不会腐蚀设备，不会结垢。反渗透设备体积小，操作简单，单位体积产水量高，操作过程连续，能耗低，对环境无污染，广泛用于制药企业的纯化水制备。

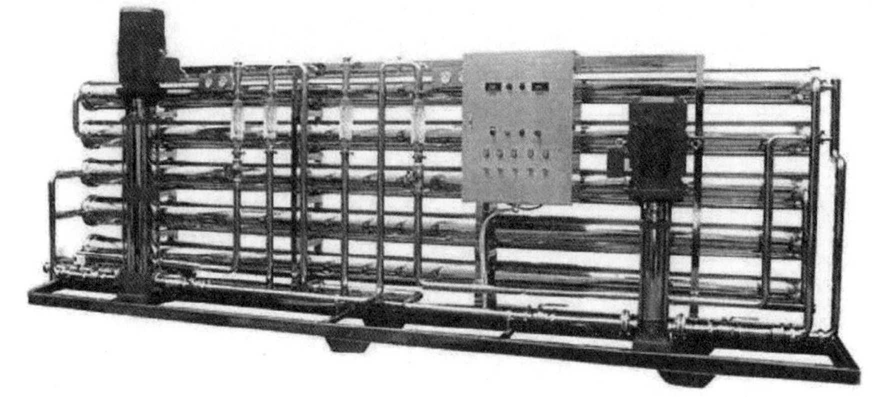

图 19-5　二级反渗透主体设备

（2）离子交换制水设备：离子交换制水设备的基本结构是离子交换柱（图 19-6），在离子交换柱顶部和底部分别设有进水口、上排污口、上布水板、树脂装入口、下出水口、下排污口、下布水板和树脂排出口等。上排污口在工作期间排出空气，再生和反洗时用以排污。下排污口在使用前通入压缩空气使树脂松动，正洗时用以排污。离子交换柱的运行过程包括制水、反洗、再生、正洗。离子交换柱常用有机玻璃或内衬橡胶的钢制圆筒制成。产水量 5 m^3 以下常用有机玻璃制造，其柱高与柱径之比为 5~10；产水量较大时，材质多为钢衬胶或符合玻璃钢的有机玻璃，其柱高与柱径之比为 2~5。树脂层高度占圆筒高度的 60%，给树脂留出足够的膨胀空间。

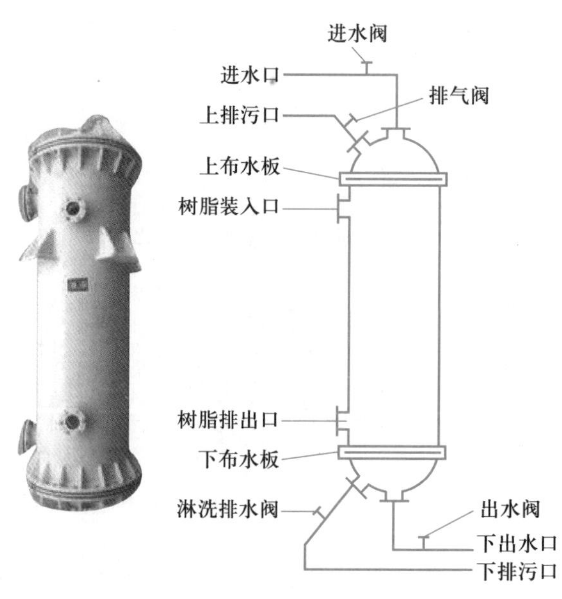

图 19-6　离子交换柱及其结构示意图

离子交换树脂是一类具有离子交换功能的高分子材料。纯化水制备时常用的树脂有阳离子交换树脂和阴离子交换树脂。饮用水进入阳离子交换柱，与阳离子交换树脂充分接触，将水中的阳离子和树脂上的 H^+ 进行交换，并结合成无机酸，交换后的水呈酸性。当水进入阴离子交换柱时，利用树脂除去水中的阴离子。以氯化钠代表水中的无机盐类，离子交换法脱盐的基本原理可用下列化学反应方程式表达。

水中阳离子与阳离子交换树脂上的氢离子交换：

$$HR+NaCl \longrightarrow NaR+HCl$$

水中阴离子与阴离子交换树脂上的氢氧根离子交换：

$$ROH+HCl \longrightarrow RCl+H_2O$$

如此，水中 NaCl 已分别被阳离子交换树脂上的氢离子、阴离子交换树脂上的氢氧根离子所取代，而生成物只有 H_2O，得到去离子的水。

当树脂交换平衡时，就失去了置换能力，需要进行树脂活化再生。树脂的活化再生是指树脂表面上的 NaR 和 RCl 恢复成原来的 HR 和 ROH。阳离子交换树脂可用稀盐酸、稀硫酸淋洗，阴离子交换树脂可用氢氧化钠等溶液处理再生。

离子交换法制备纯化水脱盐率高，化学纯度高，设备简单，节约能量，成本低。缺点是除热原效果不如重蒸馏水法可靠，新树脂需要进行预处理，老化后的树脂需要再生处理，会消耗大量的酸碱，造成严重的环境污染。

(3) 电渗析制水设备：电渗析器是由阴、阳离子交换膜，直流电极，隔板等部件组成的多层隔室。离子交换膜是电渗析器的核心部件，是一种膜状的离子交换树脂。离子交换膜可分为均相膜、半均相膜、导向膜三种。纯化水用膜都用导向膜，它是将离子交换树脂粉末与尼龙网在一起热压，将其固定在聚乙烯膜上，膜厚一般为 0.5 mm。电渗析器使用的离子交换膜，实际上不是利用离子的交换作用，而是利用离子的选择性作用。阳离子交换膜（简称阳膜）是聚乙烯苯乙烯磺酸型，阴离子交换膜（简称阴膜）是聚乙烯苯乙烯季铵型，阳膜只允许通过阳离子，阴膜只允许通过阴离子。隔板构成的隔室为液体流经的通道，淡水经过的隔室为脱盐室，浓水经过的隔室为浓缩室。整套电渗析装置可包括水泵、整流器、进水的预处理设施。

电渗析器是在外加直流电场的作用下，当含有盐分的水流经阴膜、阳膜和隔板组成的隔室时，水中的阴、阳离子开始定向运动，阴离子向阳极方向移动，阳离子向阴极方向移动。由于离子交换膜具有选择透过性，阳膜的固定交换基团带负电荷，因此只允许水中阳离子通过而阻挡阴离子通过；阴膜的固定交换基团带正电荷，因此只允许水中的阴离子通过而阻挡阳离子通过，致使淡水隔室中的离子迁移到浓水隔室中去。这样阴膜、阳膜隔室内水中的离子逐渐减少从而达到脱盐的目的。电渗析制水设备工作原理如图 19-7 所示。

知识拓展：电去离子技术

电渗析法能量消耗少，操作方便，对环境无污染，稳定性强，使用寿命长。但制得的水电阻较低，水纯度不高，常与离子交换法联合使用。

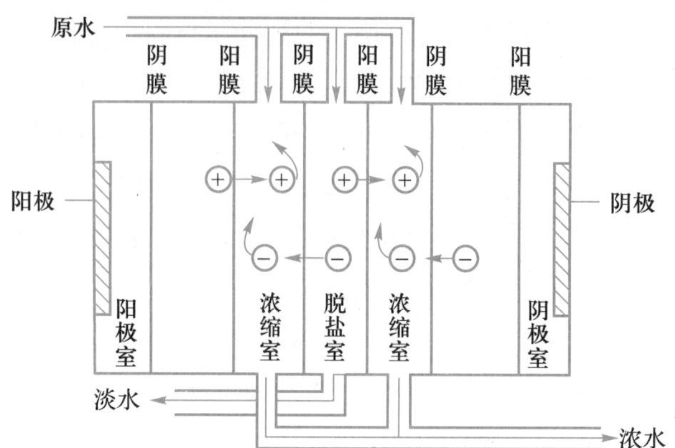

图 19-7　电渗析制水设备工作原理示意图

3. 除菌设备

(1) 过流式紫外线杀菌器：杀菌原理是利用紫外线光子的能量破坏水体中各种病毒、细菌及其他致病体的 DNA 结构。主要是使 DNA 中的各种结构键断裂或发生光化学聚合反应，从而使各种病毒、细菌及其他致病体丧失复制繁殖能力，达到灭菌效果。过流式（管道式）紫外线杀菌器主要由不锈钢机体、石英玻璃套管、紫外线灯管、镇流器电源、时间累计显示仪、紫外线强度监测仪和控制箱等组成(图 19-8)，采用不锈钢材质，主体内外部均采用抛光处理以加强紫外线辐照度，确保被消毒物在消毒灭菌过程中消毒灭菌完全。

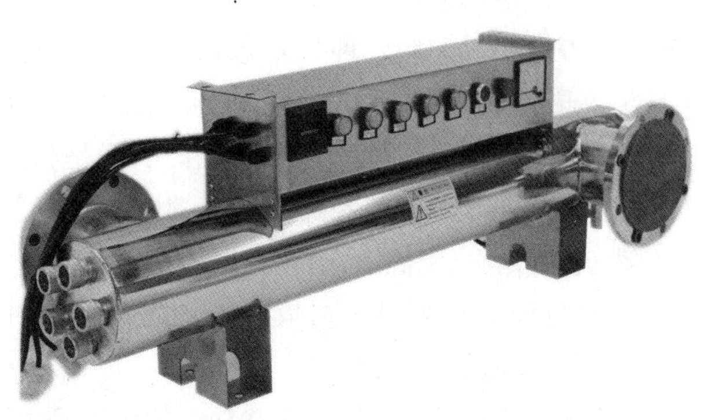

图 19-8　过流式紫外线杀菌器

(2) 臭氧发生器：是用于制备臭氧的设备，用于纯化水系统水罐和管道的灭菌（图 19-9）。臭氧是一种强氧化剂，在一定浓度下可以瞬间杀灭细菌，没有任何有毒物质残留，不会形成二次污染，被誉为最清洁的"氧化剂和消毒剂"。臭氧发生器将所产生的臭氧通过水射器打到贮罐混溶于水，经过高压泵对纯化水贮罐和管路进行连续灭菌。臭氧发生器主要有高压放电式、紫外线照射式和电解式三种。高压放电式发生器是纯化水系统中较为常用的类型，该设备是由氧气瓶通过工频发生器（50~60 Hz）的电流制造高压电晕电场，使电场内的氧分子发生电化学反应，从而制造臭氧。由于氧气瓶内氧气纯度高，制出的臭氧产量高、工作稳定、使用寿命长等特点，该设备被广泛应用。

图 19-9 臭氧发生器

(3) 终端过滤器：即过滤精度较高的精密过滤器，由其进一步处理紫外线杀菌器除菌后的纯化水。

任务实施

▶▶▶ 纯化水制水设备操作

以下内容以 1 000 L/H 型二级反渗透纯化水机组操作为例。

1. 开机前准备

(1) 检查并确认生产环境、生产设备和生产工具清洁并在有效期内。

(2) 检查并确认各部件、阀门仪表位置均处于正确状态。

(3) 检查并确认加碱箱、加酸箱、加阻垢剂箱及加还原剂箱有超过 10 L 的药液，不足则重新配制补满。

(4) 检查并确定原水箱清洁并有充足的水源，原水供压正常。

(5) 检查并确认机器电源连接完好，各电源线紧固无脱落。

(6) 检查并确认各压力表、流量计及在线仪表在有效期内。

2. 开机操作

(1) 自动开机操作：①将面板上各控制开关打至自动位。②打开启动键自动运行，指示灯亮，启动膜冲洗阀、砂滤阀、活性炭过滤器，启动原水泵，启动一级高压泵。一级高压泵启动 30 s 后关闭膜冲洗阀，再启动二级高压泵、加碱泵，二级电导合格关闭循环阀进入正常产水状态，电导不合格关闭产水阀，系统进入循环状态。自动运行状态指示灯常亮。③一级高压泵启动 1 min（自动冲洗过后）后调节浓水阀，使一级反渗

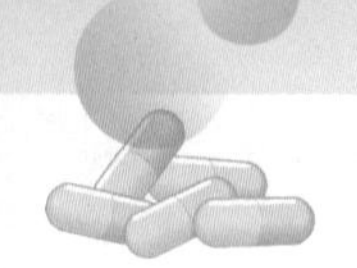

透产水流量为 2 m^3/h，一级浓水流量为 1.5 m^3/h，操作压力为 0.8~1.2 MPa，最高不超过 1.3 MPa。④当一级产水正常低压开关检测到压力时，二级高压泵自动启动，调节二级高压泵出口阀及浓水阀使二级反渗透产水流量为 1 m^3/h，二级浓水流量为 0.5 m^3/h，操作压力为 0.8~1.2 MPa，最高不超过 1.3 MPa。

(2) 手动开机操作：①开启电源开关，将反渗透“手动 / 自动”旋钮打到“手动”状态。②启动膜冲洗阀，打开原水箱进水电磁阀，启动原水泵。③开启多介质过滤器进水阀，开启活性炭过滤器进水阀，开启活性炭出水阀。④开启一级反渗透浓水高压排出阀，开启一级纯水流量控制阀。⑤启动原水泵，待一级反渗透运行 60 s 后，关闭一级反渗透浓水高压排出阀，调节一级浓水流量控制阀，使一级浓水流量控制在 60 L/min，一级纯水流量控制在 145 L/min。⑥待中间水罐液位达到要求后，打开二级纯水流量控制阀，启动二级高压泵并调节二级浓水流量控制阀，使二级浓水流量控制在 68 L/min，二级纯水流量控制在 20 L/min。⑦启动纯化水泵。

3. 停机操作

(1) 自动状态关机：按下停止按钮，退出自动运行状态。首先自动关闭二级反渗透系统，开膜冲洗阀门，进行关机高速清洗，然后停止一级反渗透，10 s 后系统全部停止。

(2) 手动状态关机：按下触摸屏幕手动图标，关闭二级高压泵，停止反渗透运行，停止加碱泵。打开膜冲洗阀，冲洗 2~3 min 后停止一级高压泵，关停原水泵、活性炭过滤器、砂滤器。最后关闭总电源，系统全部停止。

4. 操作注意事项

(1) 清洁机体前，确定电源开关已关闭。

(2) 为避免触电的危险，机器开动时，请勿打开电控箱。

(3) 切勿将任何液体或水流入系统的电控部件，如电机、电控箱等。

(4) 开机前必须保证水路畅通，否则会造成管路爆裂、电机烧坏等故障。

(5) 使用手动操作时，必须保证各个水箱不是处于低水位。

(6) 前处理工作压力不得超过 0.6 MPa，防止罐体与管道破裂；反渗透最高工作压力不得大于 1.3 MPa，否则反渗透膜将损坏。

(7) 定期反冲洗前处理滤料，定期更换滤芯与补充药液。

(8) 认真填写运行记录并妥善保管。

(9) 做好日常水质监测和设备运行参数的记录工作，每 2 h 记录一次。记录要真实、及时。

知识总结

1. 纯化水制备是以饮用水（原水）为水源采用蒸馏法、离子交换法、反渗透法或其他适宜的方法制得供药用的水，纯化水不含有任何附加剂。

2. 根据纯化水制水工艺，制水设备主要包括预处理设备、去离子（脱盐）设备、除菌

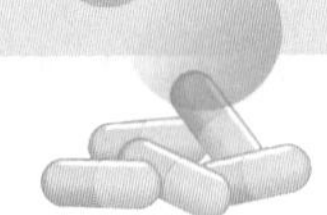

设备三大部分。

3. 软水器为钠离子交换器，由盛装树脂的容器、树脂、阀或调解器及控制系统组成。

4. 反渗透制水设备主要由反渗透膜组件、高压泵、反渗透膜壳、电导仪等构成，其核心部件是反渗透膜组件。

5. 纯化水制备时常用的树脂有阳离子交换树脂和阴离子交换树脂。离子交换法制备纯化水脱盐率高，化学纯度高。

6. 电渗析器是由阴，阳离子交换膜，直流电极，隔板等部件组成的多层隔室，核心部件是离子交换膜。电渗析法常与离子交换法联合使用。

在线测试

在线测试：纯化水制备

请扫描二维码完成在线测试。

任务 19.2　注射用水制备

任务描述

PPT：注射用水制备

授课视频：注射用水制备

蒸馏法是制备注射用水最经典的方法。本任务主要学习注射用水生产设备的分类、主要结构和工作原理，遵循注射用水生产的 SOP，能完成注射用水生产的正常操作，领会操作注意事项。

知识准备

一、基础知识

1. 注射用水的定义和特点　《中国药典》(2020 年版)规定注射用水为纯化水经蒸馏所得的水，应符合细菌内毒素试验要求。注射用水的应用范围：直接接触无菌药品的包装材料的最后一次精洗用水、无菌原料药精制工艺用水；直接接触无菌原料药的包装材料的最后洗涤用水；无菌制剂的配料用水；配制注射剂、滴眼剂等的溶剂或稀释剂及用于容器的精洗。

灭菌注射用水为注射用水按照注射剂生产工艺制备所得，不含任何添加剂。灭菌

注射用水主要用作注射用无菌粉末的溶剂或注射剂的稀释剂。

2. 注射用水的制备工艺 制备注射用水的设备是蒸馏水机或反渗透设备，其工艺流程分别如下。

(1) 纯化水→蒸馏水→微孔滤膜→注射用水。该流程是纯化水经蒸馏制备注射用水的流程，为各国药典收载，也是国外最常用的注射用水制备方法。采用蒸馏法制备注射用水可有效除去水中的细菌、热原和其他绝大部分有机物。

(2) 饮用水→预处理→弱酸床→反渗透→脱气→混床→紫外线杀菌→超滤→微孔滤膜→注射用水。该流程是反渗透结合离子交换制备高纯水，利用紫外线杀菌和超滤装置除去热原，最终经微孔滤膜滤除微粒而制得注射用水。《美国药典》已收载反渗透制备注射用水的方法。

3. 生产工序质量控制点 在各种制药用水中，注射用水最为重要，因此对注射用水的生产、贮存和分配各个环节都有非常严格的要求。注射用水贮罐和输送管道所用的材料应无毒、耐腐蚀，其管道不应有不循环的静止角落，并至少每周清洗灭菌一次。贮罐的通气口应安装不脱落纤维的疏水性除菌滤器。注射用水应密闭贮存，可采用 80 ℃以上保温、70 ℃以上保温循环或 4 ℃以下存放。贮存时间不超过 12 h。注射用水生产工序质量控制点如表 19-2 所示。

表 19-2 注射用水生产工序质量控制点

工序	质量控制点	质量控制项目	频次
注射用水制备	注射用水	电导率、酸碱度、氨、氯化物	每 2 h
		《中国药典》(2020 年版) 规定全项	每周
	注射用水温度	贮存温度、回水温度	每 2 h

二、主要设备

注射用水制水设备蒸馏水机主要由蒸馏塔、除沫装置、预热器、冷凝器与相关管路构成。蒸馏水机分为气压式蒸馏水机和多效蒸馏水机两大类，其中多效蒸馏水机又分为列管式和盘管式。

1. 气压式蒸馏水机 又称为热压式蒸馏水器，是利用动力对二次蒸汽进行压缩、循环蒸发而制备注射用水的装备，由蒸发冷凝器和压缩机，以及除雾器、冷凝器、换热器、泵附属设备等组成(图 19-10)。

气压式蒸馏水机的工作原理：符合饮用水标准的原水自进水口经预加热器预热后，由离心泵打入蒸发冷凝器的管内，受热蒸发。位于蒸发冷凝器下部的蒸汽加热蛇管和电加热器可以对其进行辅助加热。冷凝器管内水位的变化由液位控制器进行调节。原水经过加热沸腾汽化，产生的蒸汽自蒸发室上升，经除雾器除去雾沫、液体和杂质后进入压缩机。蒸汽被压缩成 120 ℃过热蒸汽，在蒸发冷凝器的管间与进水进行热交换，纯蒸汽被冷凝为蒸馏水，冷凝时释放的热量使进水受热沸腾蒸发，产生二次蒸汽，再进

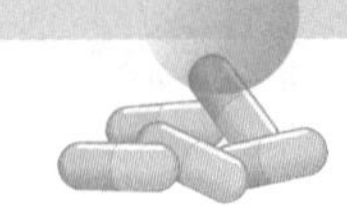

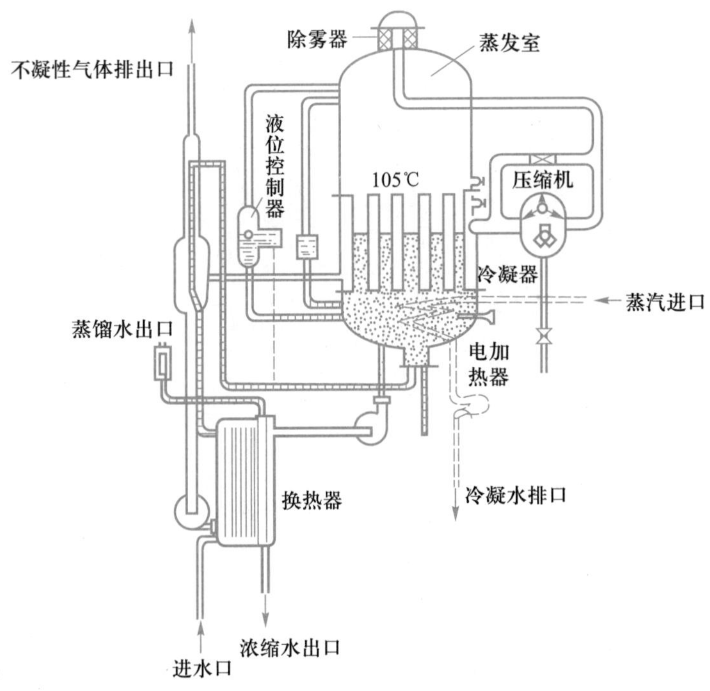

图19-10 气压式蒸馏水机结构示意图

入蒸发室，经过除雾器进入压缩机压缩……如此循环。蒸馏水经泵打入蒸馏水换热器，对新进水进行预热，成品水经蒸馏水出口引出。

气压式蒸馏水机的特点：热交换器具有能量回收的作用，整个系统不需要冷却水，且过热蒸汽的加热可以保证所制得的蒸馏水无菌、无热原；产水量大，能满足各种剂型的制药生产需要；自动化程度高，机器运行正常后，可实现自动控制。但本机的不足是离心泵对蒸汽进行加压，电能消耗大；有传动和易磨损的部件，维修量大；调节系统复杂，启动较慢，有噪声，占地面积大。

2. 列管式多效蒸馏水机　多效蒸馏水机可利用多效蒸发原理制备蒸馏水。多效蒸馏水机的效数多为三至五效，五效以上蒸汽含量降低不明显。列管式多效蒸馏水机主要由蒸发器、预热器、冷凝器、汽水分离装置（除沫器）、机架组成。预热器多外置，呈独立状态，蒸发器水平串联成列管式排列，冷凝器横向排列在上方。图19-11是由蒸馏水器串联而成的五效蒸馏水机结构示意图。

五效蒸馏水机的工作原理：原料水由多级泵经流量计输送入冷凝器管程，作为冷却剂本身被预热，依次进入预热器五、四、三、二、一的管程，再由预热器一进入一效蒸发器。外来的工业蒸汽首先进入一效蒸发器的列管间，对进入一效蒸发器内的被预热的原料水进行加热蒸馏，使原料水一部分蒸发变成二次纯蒸汽，然后进入二效蒸发器的列管间作为热源。剩下的已经被加热，但未汽化的原料水，进入二效蒸发器的列管间，继续被二次纯蒸汽加热蒸发。以此类推，在二至五效蒸发器产生的二次纯蒸汽依次被冷凝。各效蒸发器与预热器产生的冷凝水合并，一起进入冷凝器，作为加热热源对新

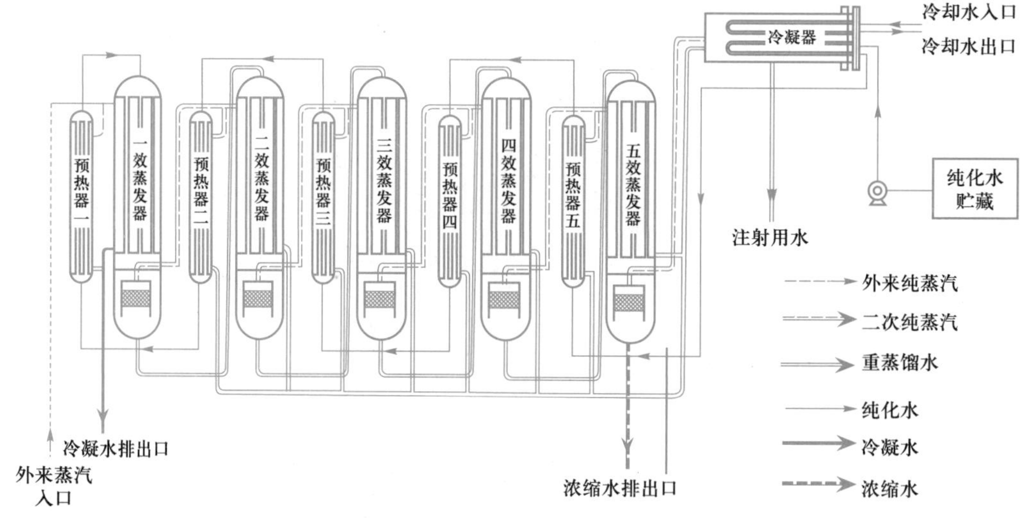

图 19-11 五效蒸馏水机结构示意图

的进料水进行加热，并在冷凝器继续冷凝，最终作为注射用水排出。来自外部的工业蒸汽在进入一效蒸发器列管间放出潜热后被冷凝，冷凝水由一效蒸发器的底部排出。五效蒸发器底部排放的含有较多的热原、粒子的浓缩水作为废水弃去。

多效蒸馏水机是目前使用最广泛的注射用水生产设备，采用高温高压操作，确保生产的注射用水无菌、无热原，可满足各国药典对注射用水质量的要求。多效蒸馏水机均为机电一体化结构，无须拆分，节省了占地面积；设备采用 316 L 和 304 L 不锈钢制成，设备内外表面均经过保护和钝化处理；不锈钢管线和阀门也都经过机械和电抛光镜面处理；设备内部使用的垫圈采用无毒、无析出物、无微生物的卫生级材料制造。多效蒸馏水机有冷却水用量少、运行稳定、操作简单、产水量大、热利用率高等特点。

3. 盘管式多效蒸馏水机 盘管式多效蒸馏水机（又称塔式多效蒸馏水机）系采用盘管多效蒸发来制取蒸馏水的设备，属于垂直串联式多效蒸发器。图 19-12 为垂直串联式三效蒸馏水机结构示意图，蒸发传热面是蛇管结构，蛇管上方设有进料水分布器，将进料水均匀地分布到蛇管的外表，经加热后部分蒸发。二次蒸汽经丝网除沫，将外来进料水预热后出蒸发器，作为下一效的加热蒸汽。未蒸发的水由底部节流孔流入下一效的分布器，继续蒸发。具体流程为：原料水进泵升压后进入冷凝器，经热交换后，顺次进入三、二、一效预热器，经进料水分布器，喷淋到蛇管的外表面；由锅炉来的一次蒸汽进入一效蛇管内使原料水沸腾汽化。一效产生二次蒸汽进入二效蛇管作为加热蒸汽，使二效的原料水沸腾汽化。以此类推，二效产生二次蒸汽作为三效的加热蒸汽，使三效原料水沸腾汽化。由三效至一效的二次蒸汽冷凝水汇集到冷凝冷却器进行冷却降温得到注射用水。盘管式多效蒸馏水机具有传热系数大、安装不需要支架、操作稳定等优点。

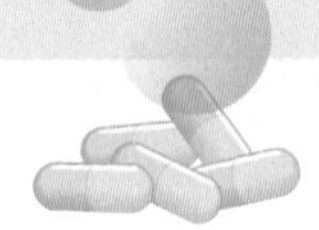

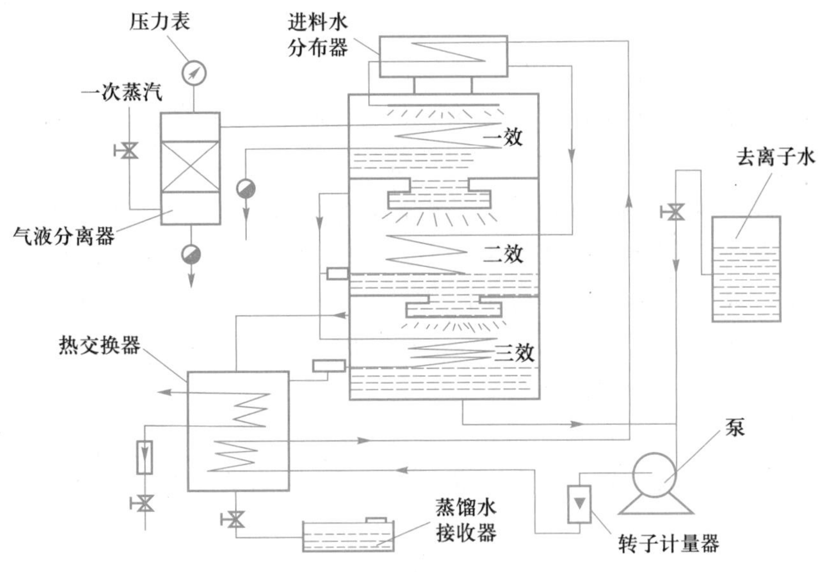

图 19-12　垂直串联式三效蒸馏水机结构示意图

知识拓展：灭菌注射用水和生理盐水的区别

任务实施

注射用水制水设备操作

以下内容以 NLD300-5 型五效蒸馏水机操作为例。

1. 开机前准备

(1) 检查并确认设备连接处管路密封和紧固。

(2) 检查并确认蒸汽管路余水排净。

(3) 检查并确认压缩空气供给充足并且压力在 0.4~0.6 MPa。

(4) 检查并确认生蒸汽供给充足并且压力大于 0.3 MPa。

(5) 检查并确认原料水供给充足并且电导率小于 2 μs/cm。

(6) 检查并确认冷却水供给充足并且压力大于 0.1 MPa。

(7) 打开生蒸汽管道总阀门，开启纯水泵及管道阀门，开启冷却水管道阀门，开启空气压缩机并且压力升至 0.6 MPa。

(8) 拨上控制箱内断路器开关接通电源后，电源红色指示灯亮，各仪表通电工作。

2. 开机操作

(1) 自动开机：①启动控制面板上的启动按钮，设备各仪表、泵、阀自动匹配运行。②灭菌时可开启或关闭纯蒸汽阀。③设备按程序启动后，观察生蒸汽压力表读数，缓慢升至 0.2~0.5 MPa。④自动运行默认状态为生蒸汽与原料水自动匹配调节，观察原料水流量计读数，应符合流量规定。⑤设备正常运行后温度探头自动测量蒸馏水出口温度，蒸馏水出口温度自动控制在 90~99 ℃。⑥蒸馏水电导仪自动调节，实现合格蒸馏水与不合格蒸馏水的自动切换排放。⑦纯蒸汽消毒自动控制。

(2) 半自动开机:①手动调节生蒸汽手阀并观察生蒸汽压力表读数,缓慢升至0.2~0.5 MPa,预热设备 1 min。②启动蒸馏水机控制面板上的启动按钮,设备半自动运行。③开启原料水泵,观察原料水流量计读数,应符合流量规定。④当蒸馏水出口温度升高至 90 ℃以上时,冷却水手阀应适当开启,以稳定蒸馏水温度在 90~99 ℃。⑤灭菌时可开启或关闭纯蒸汽阀。⑥在正常运行过程中,监测仪表上显示蒸馏水电导率值、蒸馏水温度值。⑦蒸馏水电导仪自动调节,测量蒸馏水电导率,实现合格蒸馏水与不合格蒸馏水的自动切换排放。⑧纯蒸汽消毒分为手动和自动控制两种。⑨运行中需随时观察并调整生蒸汽压力在 0.2~0.5 MPa。

3. 关机操作

(1) 自动控制关机:①关闭蒸馏水机控制面板上的启动按钮,设备按程序关机,原料水泵、原料水气动阀、生蒸汽气动阀同时关闭。冷却水手阀延时 2 min 后关闭。不合格蒸馏水阀自动强制排放(排尽冷凝器内的高温蒸汽与蒸馏水)。②待设备完全停机后,拉下控制箱内断路器手柄切断电源,控制面板电源红色指示灯灭,整机断电。③关闭纯水管道阀门。④关闭冷却水管道阀门。⑤关闭生蒸汽管道总阀门。⑥关闭压缩空气管道总阀门。

(2) 半自动控制关机:①关闭蒸馏水机控制面板上的启动按钮,设备关机,原料水泵关闭。不合格蒸馏水阀自动切换强制排放(排尽冷凝器内的高温蒸汽与蒸馏水)。手动关闭生蒸汽手阀,冷却水手阀延时 2 min 后手动关闭。②待设备完全停机后,拉下控制箱内断路器手柄切断电源,控制面板电源红色指示灯灭,整机断电。③关闭纯水管道阀门。④关闭冷却水管道阀门。⑤关闭生蒸汽管道总阀门。⑥关闭压缩空气管道总阀门。

4. 操作注意事项

(1) 蒸馏水机在运行过程中,严禁生蒸汽压力超压强制运行,应在正常使用压力(0.2~0.5 MPa)范围内运行。安全阀的整定压力应调节到 0.5 MPa 以下,起到超压保护作用。

(2) 微机安置环境应防潮、防热。湿手不得触摸键盘或电源开关。

(3) 蒸馏水机在接通电源开机前,应确认接地是否良好,以免漏电造成人员伤害。

(4) 蒸馏水机在运行过程中,操作者应随时观察生蒸汽、原料水、冷却水、压缩空气及电源等供给是否正常,如出现漏汽、漏水、漏电等异常现象应立即停机,进行检修,防止造成设备损坏和运行异常。

(5) 蒸馏水机开机运行过程中,凡属未保温的管道(如生蒸汽、纯蒸汽、效间原料水、冷凝水、浓缩水、蒸馏水管道),严禁用手直接触摸,以免烫伤。

(6) 蒸馏水机上所安装的安全阀、压力表应定期进行校验,以免失灵导致事故发生。

(7) 蒸馏水机的冷凝器所用的冷却水,应采用软化水或纯化水,以免造成冷凝器的

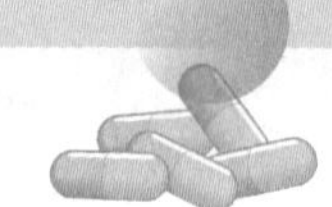

列管结垢、堵塞以及其他水质因素对列管的损伤。

知识总结

1. 注射用水为纯化水蒸馏所得的水，主要用于配制注射剂，灭菌注射用水主要用于溶解无菌粉末或稀释注射剂。

2. 注射用水生产流程为：①纯化水→蒸馏水→微孔滤膜→注射用水；②饮用水→预处理→弱酸床→反渗透→脱气→混床→紫外线杀菌→超滤→微孔滤膜→注射用水。

3. 气压式蒸馏水机是利用动力对二次蒸汽进行压缩、循环蒸发而制备注射用水的装备，由蒸发冷凝器和压缩机，以及除雾器、冷凝器、换热器、泵附属设备等组成。

4. 列管式多效蒸馏水机是利用多效蒸发原理制备注射用水，主要由蒸发器、预热器、冷凝器、汽水分离装置(除沫器)、机架组成。

5. 盘管式多效蒸馏水机又称为塔式多效蒸馏水机，系采用盘管多效蒸发来制取蒸馏水的设备，属于垂直串联式多效蒸发器。

在线测试

请扫描二维码完成在线测试。

在线测试：注射用水制备

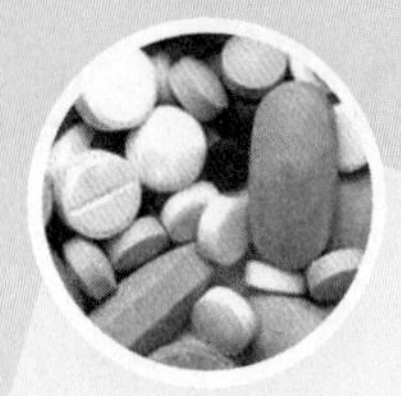

项目 20
粉碎、筛分与混合设备操作

学习目标

1. 掌握粉碎、筛分与混合设备的基本原理和主要结构。
2. 熟悉常见粉碎、筛分与混合设备的正确操作与使用。
3. 了解主要粉碎、筛分与混合设备的操作注意事项。

知识导图

请扫描二维码了解本项目主要内容。

知识导图：粉碎、筛分与混合设备操作

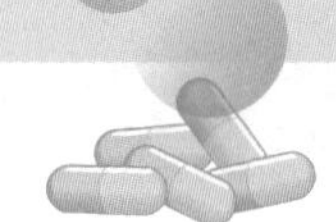

任务 20.1　粉碎设备操作

粉碎是制剂生产常用操作，几乎涉及所有制剂生产。本任务主要学习粉碎设备的分类、工作原理，能遵照粉碎设备 SOP 完成粉碎机正常操作，领会操作注意事项，熟悉设备常规维护、简易故障等。

PPT：粉碎设备操作

授课视频：粉碎设备操作

知识准备

一、基础知识

粉碎是利用机械力将大块固体物料分裂制成适宜粒度的碎块或细粉的操作过程。依据粉碎方式的不同，粉碎设备可分为四大类：气流式粉碎设备、机械式粉碎设备、研磨粉碎设备和低温粉碎设备。

1. 气流式粉碎设备　利用压缩空气（或其他介质）经过粉碎室内的喷嘴后形成高速气流束，使物料与粉碎室壁之间或物料与物料间产生强烈的冲击、摩擦作用而将物料粉碎。气流式粉碎设备包括轮形气流式粉碎机和圆盘形气流式粉碎机等。

2. 机械式粉碎设备　是以机械方式为主对物料进行粉碎的设备，根据主要粉碎部件结构的不同可分为齿式粉碎机、锤击式粉碎机、刀式粉碎机、涡轮式粉碎机、压磨式粉碎机和铣削式粉碎机等。

3. 研磨粉碎设备　是主要通过研磨体、头、球等介质的运动对物料进行研磨，使物料达到超细度粉碎的设备。研磨粉碎设备包括球磨机、乳钵研磨机和胶体磨等。

4. 低温粉碎设备　是将物料冷却到脆化点以下，再对物料进行粉碎的设备。低温粉碎的特点是：①在物料粉碎过程中，液氮可循环，能源得到充分利用，可降低能耗。②粉碎细度为 10~700 目，甚至可达微米级。③冷源温度最低可降至 −196 ℃，因此可根据物料的脆化点温度，选择最佳粉碎温度。④使用液氮作为研磨介质，可以防止物料氧化分解，避免物料有效成分受热挥发以及具有防尘防爆等效果。

二、主要设备

1. 锤击式粉碎机　也称榔头机，由 T 形锤、筛板、圆盘、加料装置等组成（图 20–1），利

视频：20B 型粉碎机

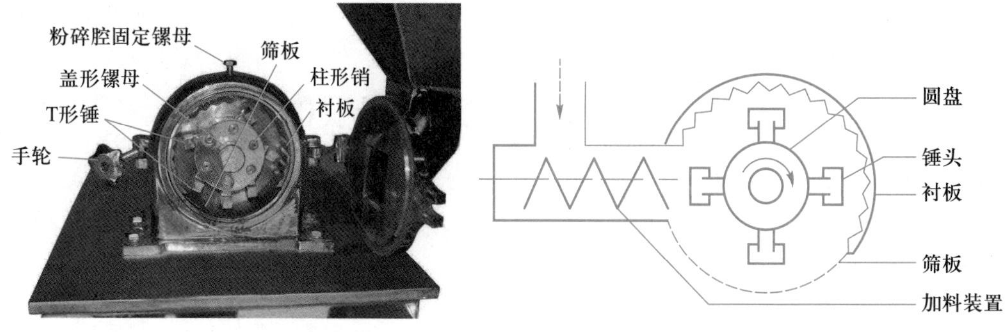

图 20-1　锤击式粉碎机及其结构示意图

用高速旋转的钢锤的撞击及锤击作用而达到粉碎目的。

2. 万能粉碎机　适用于粉碎含黏性、油脂、纤维性及质地坚硬的各类物料，油性过多的物料不适用。万能粉碎机如图 20–2 所示，加入的物料通过齿盘间隙时，在冲击、劈裂、撕裂与研磨等作用下达到粉碎的目的。万能粉碎机粉碎能力强，是药品生产企业普遍应用的粉碎机。

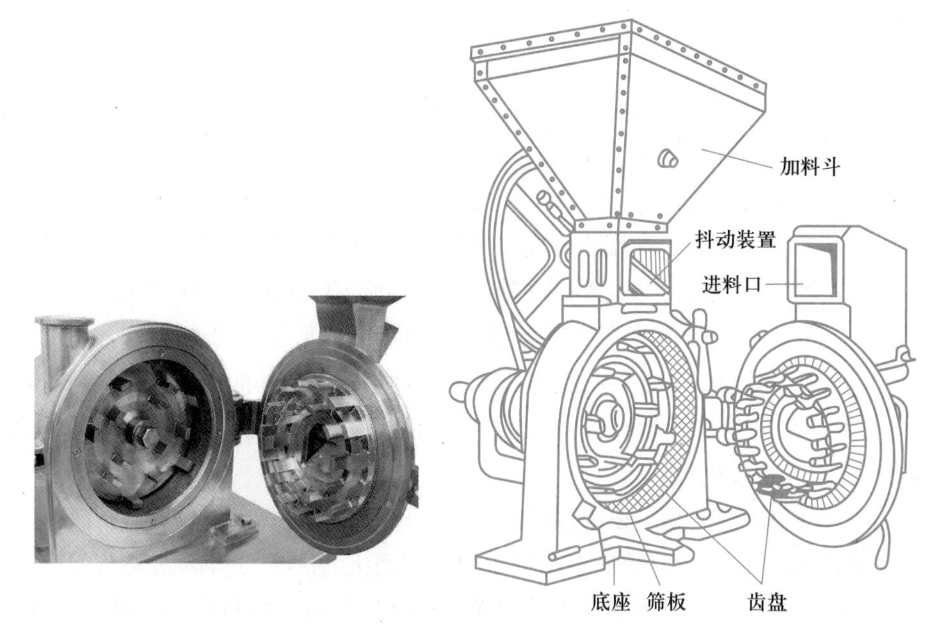

动画：万能粉碎机

图 20–2　万能粉碎机及其结构示意图

3. 球磨机　构造简单，主要包括圆筒和内装圆球，凭借内装圆球不断上下运动产生的撞击力和筒壁与圆球之间的研磨力粉碎物料（图 20–3）。球磨机可进行密闭操作，适用范围广。以下物料均适于采用球磨机粉碎：结晶性、硬而脆的物料；毒性、刺激性物料（可避免粉尘飞扬）；挥发性或贵重物料（可减少损失）；易氧化、易爆炸的物料（可通入惰性气体粉碎）；有无菌要求的物料；需湿法粉碎的物料。

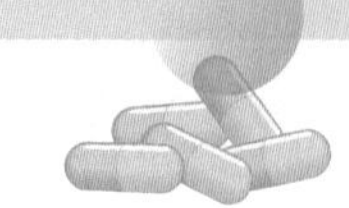

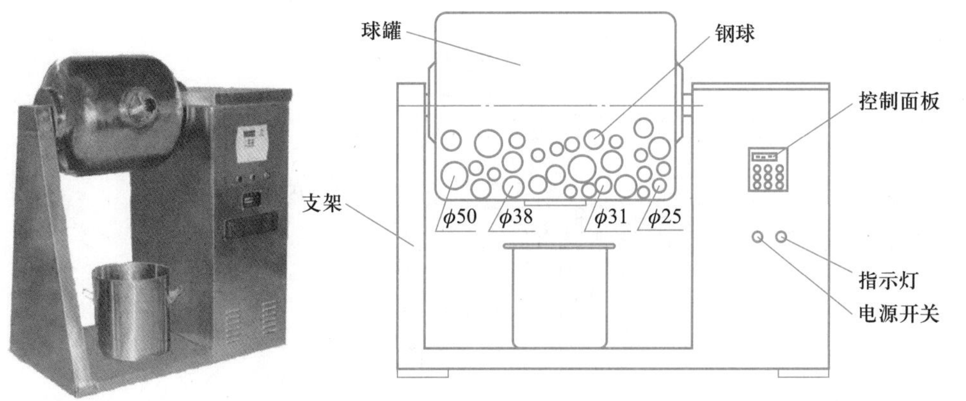

动画：
球磨机

图 20-3　球磨机及其结构示意图

4. 流能磨　又称气流粉碎机，利用高压气流使物料颗粒与室壁及颗粒相互之间的碰撞，产生强烈的粉碎作用（图 20-4）。在粉碎过程中，被压缩的气流膨胀产生的冷却效应与粉碎产生的热效应相互抵消，故粉碎后物料温度基本不升高，特别适用于粉碎对热敏感的物料及熔点低的物料等。

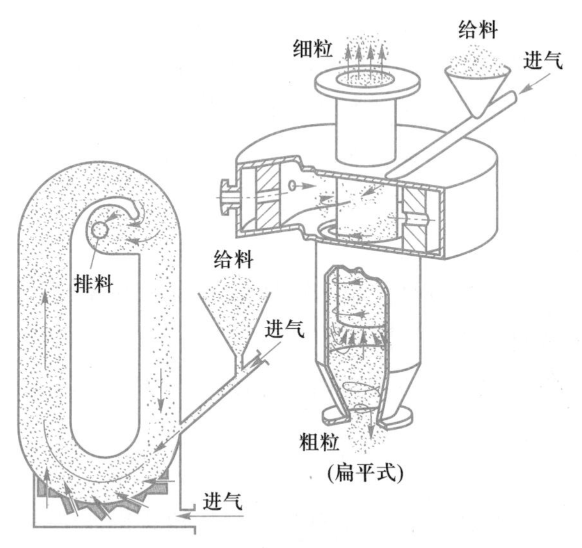

动画：
流能磨

图 20-4　流能磨结构示意图

5. 高压均质机　主要适用于溶解性不好的药物。其关键部件是高压泵和高压均质腔（图 20-5），尤其是第二代高压均质机的“Y”形结构，解决了第一代机器的金属微粒残留问题。在高压作用下，液体类物料快速通过均质腔，在高速剪切作用、高频振荡作用、空穴现象和对流撞击等综合效应下，物料大分子超微细化，最终达到均质效果。但设备内部有“Y”形结构，浓度和黏度较大的液料易发生堵塞。

视频：
高压均质机的结构组成及标准操作规程

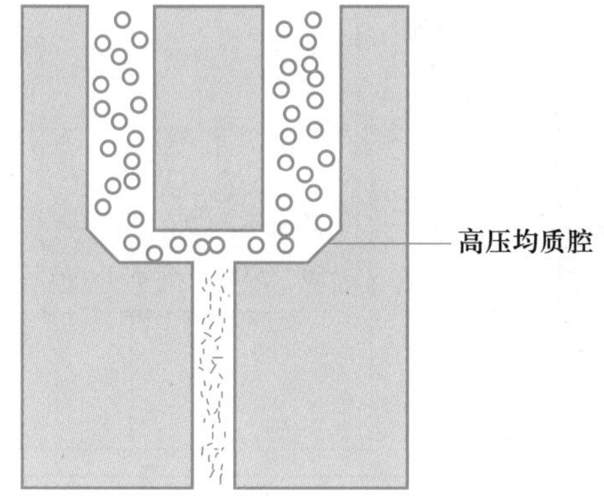

图 20-5　高压均质机结构示意图

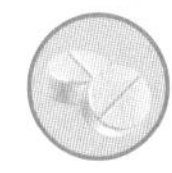

任务实施

万能粉碎机操作

以下内容以 CW-130 型万能粉碎机操作为例。

1. 开机前准备

(1) 检查设备的清洁是否符合生产要求，是否有清场合格证。

(2) 打开封盖检查转子及粉碎室内有无金属材质异物。

(3) 安装筛网并确认无松动或破碎，检查完毕后，关闭封盖并拧紧封盖螺丝。

(4) 机器开动前检查传动皮带是否完好，若发现有破损应及时更换。当皮带或皮带轮上有油污时，应及时清洁。

(5) 检查各种润滑部位是否有油并达到要求，保证机器各运动部件润滑良好。

(6) 检查所有紧固件是否完全紧固。

(7) 检查电器部件是否安全，有无漏电现象。

(8) 系紧捕集袋。

2. 开机操作

(1) 接通电源，电源指示灯亮，点击绿色运行按钮让机器空转，注意观察设备是否有异响。

(2) 待空机运转正常后均匀上料，可通过调整进料闸板控制进料速度。

(3) 粉碎过程中要经常检查料斗中下料的情况和封盖螺丝固定的牢固度。

(4) 停机前，应先停止加料，待粉碎室内物料完全排出后，机器继续运转 1~2 min，点击红色停止按钮。

(5) 停机并切断电源后，打开封盖检查筛网有无破损，按清洁操作规程清洁。

3. 操作注意事项

(1) 使用前应进行一次空转试车，确保无异响，无部件松动方可使用。

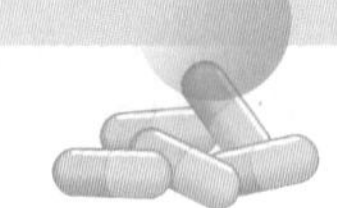

(2) 空转试车后可进行物料的负荷试验,由少到多逐渐增加物料。

(3) 粉碎过程中若发现机器震动异常或发出不正常响声,应立即停车检查。

(4) 粉碎过程中若发现物料粉末中有粗粒,应停机检查筛网,若因筛网损坏,应立即更换。

视频:粉碎操作丢掉手指安全事故实例

4. 常见故障　万能粉碎机常见故障表现有:主轴转向相反;操作中有焦臭味;粉碎室内有剧烈金属撞击声;粉碎时声音沉闷、卡死;机身喷粉等。如有异常,必要时停机请专业维修人员检查维修。

知识总结

1. 粉碎是利用机械力将大块固体物料制成适宜粒度的碎块或细粉的操作过程。

2. 粉碎设备分为四大类:气流式粉碎设备、机械式粉碎设备、研磨粉碎设备和低温粉碎设备。

3. 万能粉碎机广泛应用于脆性干燥物料的粉碎,但不适用于粉碎热敏性、黏性及含有大量易挥发组分的物料。

4. 球磨机适用范围:结晶性和质硬而脆的物料;毒性、刺激性、挥发性或贵重物料;易氧化、易爆炸的物料;有无菌要求和需湿法粉碎的物料等。

5. 流能磨特别适宜于粉碎对热敏感的物料及熔点低的物料。

6. 万能粉碎机使用前应进行一次空转试车,确保无异响,无部件松动方可使用。

在线测试

请扫描二维码完成在线测试。

在线测试:粉碎设备操作

任务 20.2　筛分设备操作

PPT:筛分设备操作

任务描述

筛分是按照物料粒子粒径大小进行过筛、分级的常用方法,在散剂等制剂生产中经常用到。本任务主要学习筛分设备的分类、工作原理,遵照筛分设备 SOP 完成筛分操作,领会操作关键注意事项,熟悉设备常见故障,熟悉并遵守生产工艺规程。

授课视频:筛分设备操作

知识准备

一、基础知识

筛分是借助筛网孔径大小，通过振动及旋转等机械力，将物料进行过筛并分级的操作过程，本质上是对物料粒子进行整理的一种方法。筛分设备类型多样，可根据对物料的细度要求、物料性质和用量选用。制药企业生产中根据物料在设备中的运动方式将常用筛分设备分为振动筛、旋转筛和摇动筛。其中，振动筛又包括旋涡式振动筛和直线式振动筛。

二、主要设备

1. 旋涡式振动筛　又称旋振筛，筛选效率高、精度高，可得到 20~400 目的粉粒。体积小、重量轻、无粉尘飞扬、处理能力大、安装维修方便，在制药工业中应用广泛。设备主要结构包括加料口、上框、大束环、小束环、防尘盖、粗料出口、细料出口、上部重锤、下部重锤、电机等（图 20-6）。

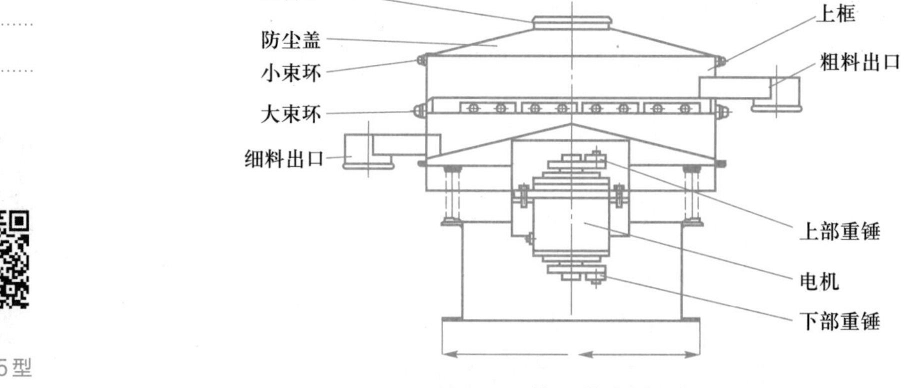

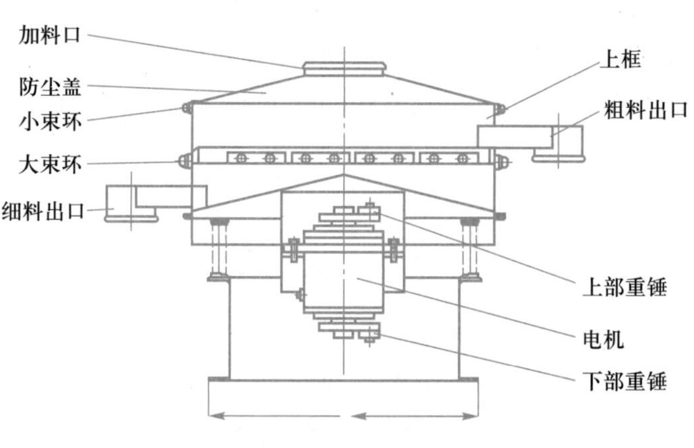

图 20-6　旋振筛结构示意图

视频：KZ-315 型振动筛

旋振筛利用在旋转轴上配置不平衡偏心块或配置有棱角形状的凸轮使筛产生振动。用直立式电机作激振源，在电机的上、下两端安装有偏心重锤，当电机转动时受偏心重锤的作用，旋转运动转变为水平、垂直、倾斜的三次元运动，再把这个运动传递给筛面。通过调节上、下两端的相位角，可以改变物料在筛面上的运动轨迹。物料从筛顶中间孔（加料口）投入，筛网的振荡使物料强度改变并在筛内形成轨道旋涡，物料出口在各层筛框侧面，安装时应错开一定角度，以便于放置料桶收集物料，粗料由上部排出口（粗料出口）排出，筛分的细料由下部排出口（细料出口）排出。

2. 直线式振动筛　是利用弹簧对筛面所产生的上下振动而筛选粉末的装置。设备的主要结构包括筛网、弹簧、加料口、振动电机、产品出口等（图 20-7）。操作时物料

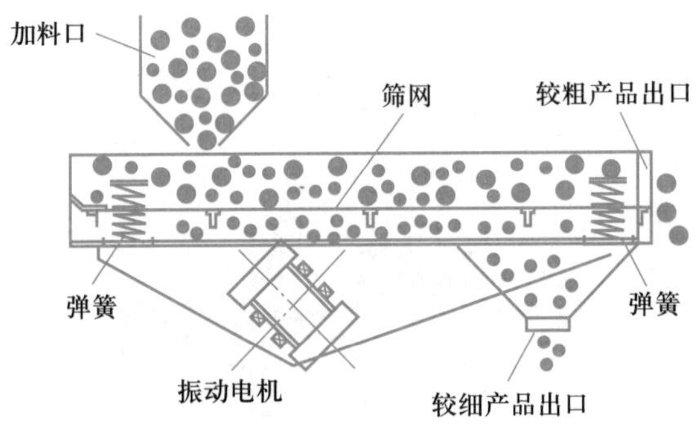

图 20-7　直线式振动筛结构示意图

由加料口加入，分布在筛面上，借电机带动弹簧使筛面发生振动，对物料进行筛选。

由于振动方式较单一，物料在筛面的运动轨迹简单，故适用于无黏性的药材粉末或化学药物的筛分。

3. 旋转筛　由机座、机壳、进出料推进装置、电机等组成(图 20-8)。加料斗中的物料在螺旋推进器作用下进入筛箱，受到分流叶片的不断翻动，物料在筛箱内可不断地更新推进，细料在筛网中落下，粗料则继续前进在粗料口中被推出。

图 20-8　旋转筛

旋转筛特别适于纤维多、黏度大、湿度高、有静电和易结块等物料的过筛。设备操作方便，筛网容易更换，对中药材细粉筛分效果较好，适用范围广泛。

4. 摇动筛　主要由药筛、摇动台、固定装置、电机等组成(图 20-9)。利用偏心轮及连杆使药筛沿一定方向做往复运动，通常药筛的运动方向垂直于摇杆。

使用时将目数最小的药筛放在粉末接收器上，其他药筛按目数大小依次向上排列，最粗号放在顶上，然后把物料放入最顶部的筛网中，盖上盖子，固定在摇动台上，启动电机摇动和振荡数分钟，即可完成对物料的分等。可根据需要确定摇动的时间。

由于摇动筛的处理量小，筛分效率低，故大生产中一般不用。该设备多用于实验室

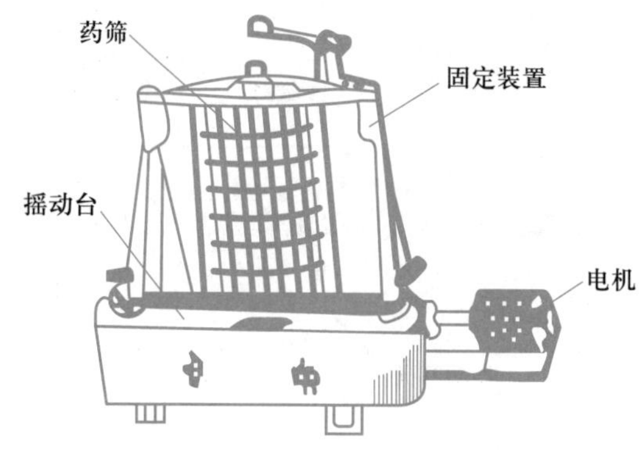

图 20-9　摇动筛结构示意图

小量生产，适用于筛毒性、刺激性或质轻药粉的筛分，可避免粉尘飞扬。另外，常用于实验中药物粉末粒度分布的测定。

任务实施

旋振筛操作

以下内容以 ZS-515 型旋振筛操作为例。

1. 开机前准备

(1) 检查设备的清洁是否符合生产要求，是否有清场合格证；是否有完好标志，确认各部位润滑良好，符合生产要求。

(2) 检查盛装物料的容器是否符合生产要求，是否有清洁合格标志。

(3) 检查筛箱内部是否有异物，选用合适的筛网并仔细检查筛面有无破损。

(4) 对直接接触药粉的筛网、设备表面及所用容器进行消毒，安装好筛网，锁紧卡子(抱箍)，防止松动。

(5) 将洁净的盛料袋捆扎于出料口，防止操作过程中药粉飞扬或逸出。

(6) 依次装好橡皮垫圈、钢套圈、筛网、筛盖，将筛盖压紧，禁止用钝器敲打。

(7) 根据物料的性质及生产要求，反复调节重锤的角度，设置最佳生产效率的理想振幅及频率，角度和振幅对照如下：0°，6 mm；45°，4 mm；60°，3 mm；70°，2 mm；80°，1.5 mm；90°，1 mm。

2. 开机操作

(1) 接通电源，先点动空转两次，再开机空转，观察设备运行状况，应无碰擦和异常杂音。

(2) 确认设备运行正常，缓缓加入物料。

(3) 随时观察出料情况，如发现有异物应立即停机。

(4) 应控制加入物料流量，保持筛网上物料数量适中，不可过多，并随时观察设备

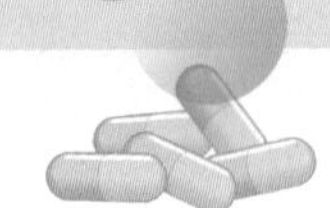

外露螺栓和螺母是否松动。

(5) 结束生产时先按停止键,然后断开主电源。

(6) 完成筛分后应按上下顺序清理残留在筛中的粗颗粒和细粉。

(7) 生产结束,按设备清洁规程做好清洁卫生。

3. 操作注意事项

(1) 筛子应在无负荷的情况下启动,待运行平稳后,才能开始加料,停机前应先停止加料,待筛面上的物料全部排净后再停机。

(2) 禁止在未装筛网或卡子松动的情况下开机,以免发生误操作引起严重后果或引起安全事故。

(3) 禁止在超负荷情况下开机,应均匀加料,防止机器超负荷运转。

(4) 禁止在机器运行时将手伸入转动部位进行任何调整。

4. 常见故障

(1) 筛网未安好,有缝隙,导致粒度不均匀。

(2) 筛孔堵塞、筛面的物料过多过厚、给料太快、筛网未绷紧等导致筛分效果不好。

(3) 缺润滑油、轴承堵塞、轴承磨损导致轴承发热。

(4) 传动皮带松导致运行时旋振筛传动慢。

(5) 筛网未安装好、飞轮上的配重脱落、偏心距大小不同导致振动剧烈或筛框横向振动。

(6) 多槽密封套被卡住导致突然停机。

(7) 轴承磨损、筛网未绷紧、轴承固定螺钉松动、弹簧损坏等导致运行中发出异响。

知识总结

1. 筛分是借助筛网孔径大小对物料进行过筛分离的操作过程。

2. 常用的筛分设备有振动筛、旋转筛和摇动筛。

3. 设备操作前要确认对直接接触药粉的筛网、设备表面及所用容器进行消毒,安装好筛网,锁紧卡子(抱箍),防止松动。

在线测试

请扫描二维码完成在线测试。

在线测试：筛分设备操作

任务 20.3 混合设备操作

PPT：混合设备操作

任务描述

混合是指用机械或流体力学方法使两种或两种以上的粉体相互分散而达到均匀状态的操作过程。本任务主要学习混合设备的分类、工作原理，遵照混合设备 SOP 完成混合正常操作，领会操作关键注意事项，熟悉设备常见故障。

授课视频：混合设备操作

知识准备

一、基础知识

混合的目的是使制剂中各药物组分分布均匀，保证药物剂量准确，用药安全。混合关系到药品质量的均一性，是散剂、片剂、胶囊剂等剂型的一个重要操作单元。

混合根据混合原理可分为对流混合、剪切混合和扩散混合；根据混合方式可分为搅拌混合、混合筒混合、研磨混合及过筛混合；根据操作方式可分为间歇式混合和连续式混合。混合机根据运动状态可分为固定型混合机和旋转型混合机。

1. 固定型混合机　其特征是容器内安装有螺旋桨、叶片等机械搅拌装置，利用搅拌装置对物料所产生的剪切力可使物料混合均匀。常见设备有槽形混合机、双螺旋锥形混合机、圆盘形混合机等。

2. 旋转型混合机　其特征是有一个可以转动的混合筒，混合筒安装于水平轴上，形状可以是圆筒形、双圆锥形或 V 形等。常见设备有 V 形混合机、双锥形混合机、二维运动混合机、三维运动混合机等。

二、主要设备

1. 槽形混合机　搅拌混合的代表机型是槽形混合机，主要由搅拌桨、混合槽、固定轴等部件组成，是一种单桨混合设备，搅拌桨通常为 S 形（图 20–10）。

工作中主要以对流混合为主，搅拌桨在主电机驱动的减速器带动下旋转，物料在混合槽内不断上下翻滚，但由于搅拌桨是 S 形，在混合槽的左右两侧会产生一定角度的推挤力，使混合槽内两端的物料混合较好，而中部的物料运动不均匀，所以需要的混合时间较长。卸料时，混合槽可绕水平轴转动，使混合槽倾斜 105°，便于物料倾倒。

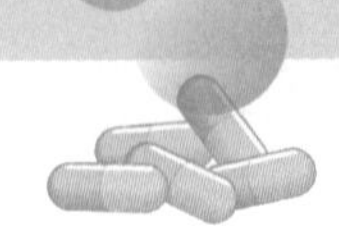

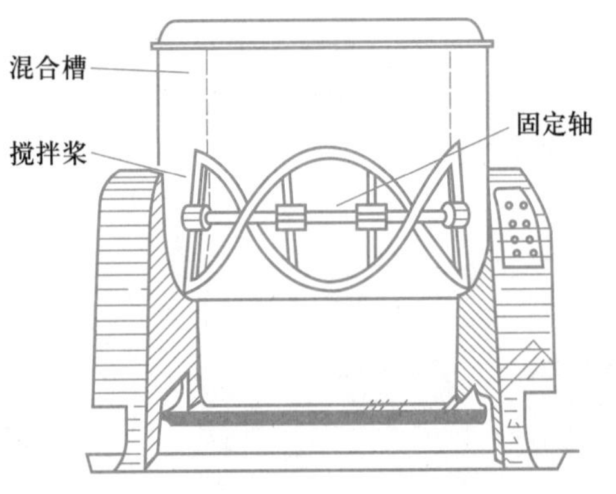

图 20-10　槽形混合机及其结构示意图

动画：
槽形混合机
工作原理

由于混合时间较长且不易混匀，在生产中主要用于制备软材，或不同比例的干性、湿性粉状物料的混合，以及半固体物料的混合。

2. 双螺旋锥形混合机　以搅拌混合为主，但由于混合筒内有两个螺旋杆，在工作时除了有搅拌作用以外，还可以将物料从混合筒的底部往上部提升，使物料可以在混合筒有一个循环的过程。设备主要由锥形容器、螺旋推进器（螺旋杆）、转臂传动系统、摆线针轮减速器（传动系统）等组成（图 20-11）。

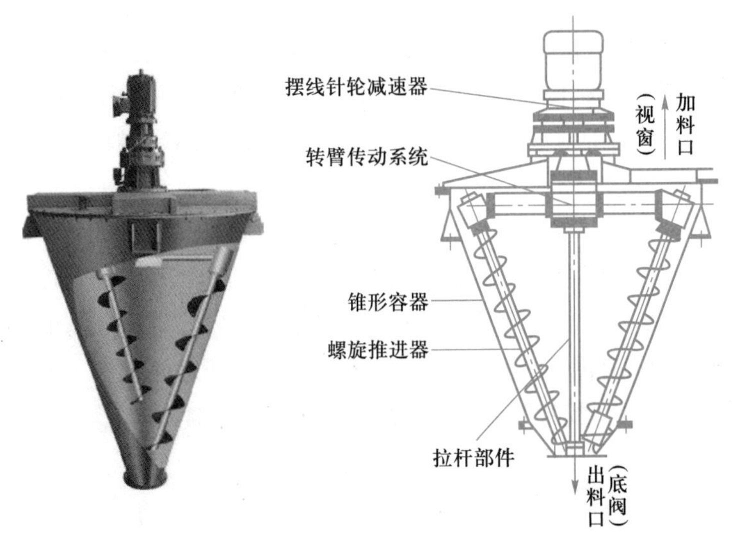

图 20-11　双螺旋锥形混合机及其结构示意图

动画：
双螺旋锥形
混合机工作
原理

工作时整个锥形混合筒呈慢速公转运动，而两个非对称螺旋杆则自转将物料由锥形混合筒底部向上提升，物料被提升到顶部时空间变开阔，两股物料会向中心凹陷处汇合，形成一股向下的物料流，补充了底部的空缺。如此循环往复，使得物料不断地更新扩散，形成对流循环的三重混合效果。

双螺旋锥形混合机混合过程温和，不会将物料颗粒压碎，特别适用于比重差异悬殊、粉体颗粒较大的物料。另外，也适用于热敏性物料的混合。

3. V形混合机　其名字主要源于外观，看起来像一个“V”字(图 20–12)，主要由水平旋转轴、电机、料筒、加料口、出料口、皮带、蜗轮蜗杆等组成。V 形混合机的“V”字交叉角为 80°或 81°。

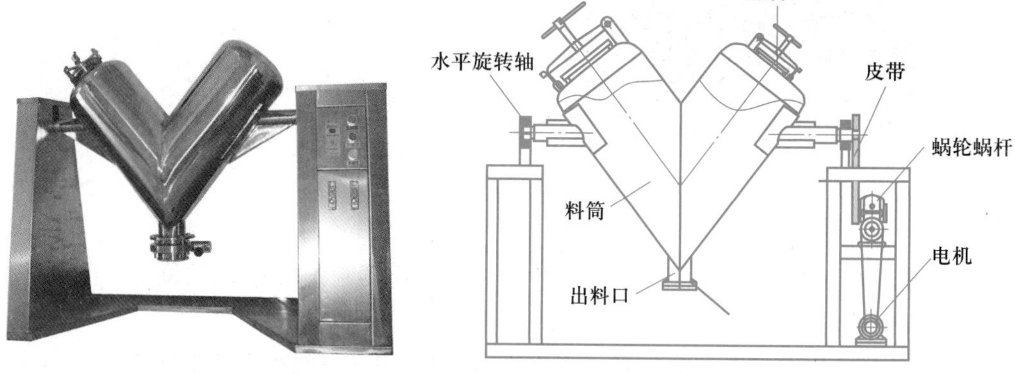

动画：
V 形混合机
工作原理

图 20–12　V 形混合机及其结构示意图

工作时 V 形料筒在电机驱动的蜗轮蜗杆的作用下绕水平旋转轴转动，物料在 V 形料筒内的运动状态主要是两种，当“V”字尖头朝下时，物料聚合在“V”字的下端，而当“V”字的尖头朝上时，物料会被分开。因此，随着 V 形料筒的持续旋转，物料会反复聚合和分开，形成对流循环混合的效果，在较短的时间内物料能迅速混合均匀。

由于 V 形混合机的结构独特、V 形料筒内部无死角，故混合速度快且均匀，混合效率高。V 形混合机主要适于流动性较好的干性粉状或颗粒状物料的均匀混合，在生产中广泛应用。

4. 二维运动混合机　是指混合筒在绕对称轴做旋转运动的同时，绕与其对称正交的水平轴做一定程度的摇摆运动的混合设备。基本组成包括混合筒、摆动架、机架三大部分(图 20–13)。混合筒由四个滚轮支撑安装在摆动架上，另外由两个挡轮对其进行轴向定位。四个支撑滚轮中有两个是传动轮，混合筒在传动轮拖动下产生转动。装在机架上的曲柄摆杆机构驱动摆动架，使混合筒在转动的同时摆动。

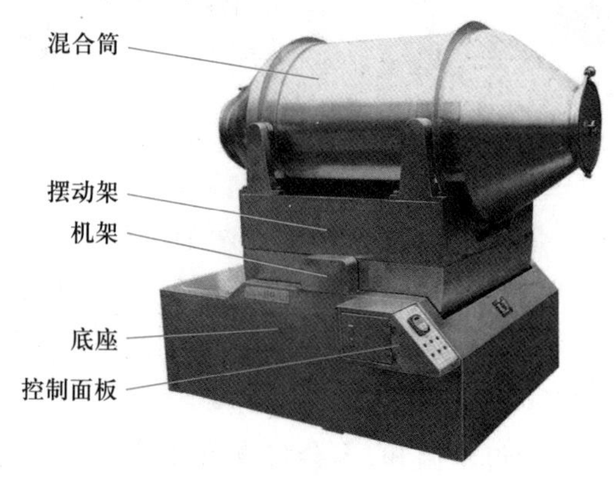

动画：
二维运动
混合机工
作原理

图 20–13　二维运动混合机

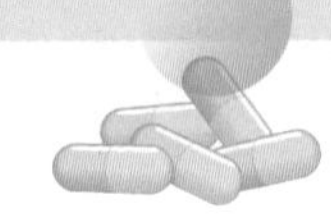

工作时物料随混合筒转动、翻转，混合的同时又随混合筒的摆动而发生左右来回的掺混运动，在两种运动的共同作用下，短时间内物料得到充分混合，大大提高了混合的效率和精度。

二维运动混合机装有正反转开关，通过正向和反向转动，可使物料混合更加均匀。由于出料口不在混合筒部分的中轴线上，所以混合迅速、混合量大、出料便捷，广泛应用于制药、化工、食品等行业，特别适用于各种大吨位固体物料的混合。

5. 三维运动混合机　是指混合筒在主动轴的带动下做独特的平移、转动、摇滚等运动，使物料在混合筒内做环向、径向和轴向的三向复合运动，并处于“旋转流动—平移—颠倒坠落”等复杂的运动状态的混合设备。三维运动混合机混合效率高，能非常均匀地混合流动性较好的粉末或颗粒状物料。设备主要由主动轴（驱动系统）、从动轴、万向节（三维运动机构）、混合筒及电气控制系统部分组成（图 20-14）。混合筒内壁精密抛光，凡与物料直接接触的部分均采用优质不锈钢材料制造。

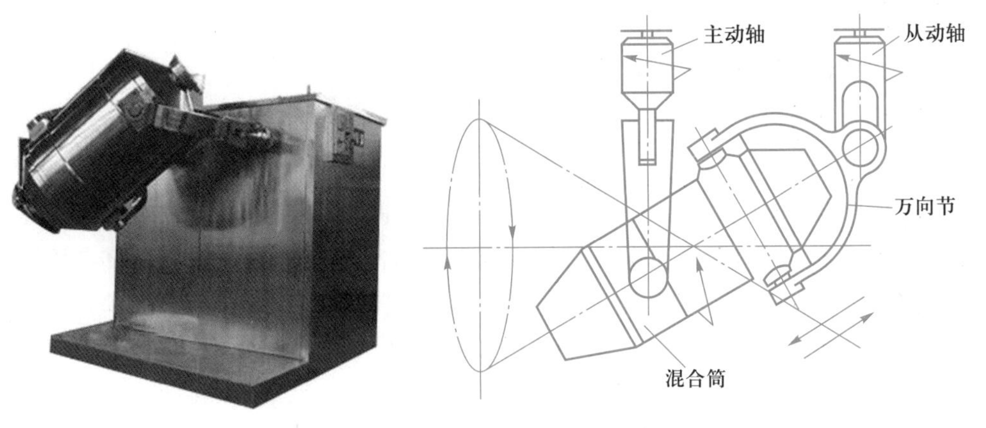

图 20-14　三维运动混合机及其结构示意图

视频：SYH-5 三维混合机的标准操作规程

由于混合筒有多方向的运动，所以混合效果显著，混合均匀度高；内壁被抛光，无死角，具有不污染物料，易出料、易清洗等特点。此外，物料在密闭状态下混合，不会对工作环境产生污染，有利于操作人员的劳动保护。整机在安装时高度低、回转空间小，占地面积少，因此，使用广泛，适合于制药、化工及食品等行业。

任务实施

三维运动混合机操作

以下内容以 SYH-5 三维运动混合机操作为例。

1. 开机前准备

(1) 检查设备的清洁是否符合生产要求，是否有清场合格证。

(2) 检查机座是否平整,拧紧地脚螺丝,以免振动。

(3) 打开电源开关,电源指示灯亮,检查调速器旋钮是否在最小位置,点动试车3~5转。

(4) 按下启动按钮,使三相异步电机处于工作状态,然后调整旋钮使转速从低到高空转试机。

(5) 注意检查设备工作状态是否正常,有无卡滞、碰撞和异响现象。

(6) 检查盛装物料的容器是否符合生产要求,有无清洁合格标志。

2. 开机操作

(1) 试运行后停机,并使装卸料口朝上,松开装卸料口抱箍及封堵片,装入物料,然后依次用抱箍、封堵片将装卸料口关闭锁牢。

(2) 再次启动电源,混合筒将带动物料自动运动并混合,可通过手动设置调整混合速度。

(3) 混合完毕后,停机并使装卸料口垂直朝下,将盛装物料的容器置于装卸料口下,然后按顺序拆开抱箍、封堵片,放出物料。

(4) 若出料不顺畅,可按"点动"按钮下料。

(5) 生产结束后关闭电源,按设备清洁规程做好清洁卫生。

3. 操作注意事项

(1) 操作设备时应由一人独立完成,避免多人不同步操作造成安全事故。

(2) 由于混合筒和摇臂部分在三维空间内运动,故应在混合筒有效运转范围内加安全保护栏。设备一旦开始运行,人员必须远离设备的回转范围,停留在安全区域。

(3) 在装卸料时,设备的点动必须停机,以防电机失灵造成不必要的事故。

(4) 设备在运转过程中,如发现异常情况,应立即停机检查,待排除事故隐患后方可开机。

4. 常见故障　三维运动混合机常见故障及原因如下,发现此类现象需要请专人维修。

(1) 瞬间负荷过大导致突然停机。

(2) 气缸问题或电路问题导致出料不畅。

(3) 密封垫圈损坏导致投料口密封不严。

(4) 齿轮啮合不好、减速机机械故障、轴承损坏等导致振动较大,有异响。

(5) 离合器失灵、控制器失灵或未调好制动力导致制动不灵。

知识总结

1. 混合是指用机械或流体力学方法将两种或两种以上的粉体相互分散而达到均匀状态的操作过程。

2. 制药工业常用混合设备有槽形混合机、V形混合机、二维运动混合机、三维运动

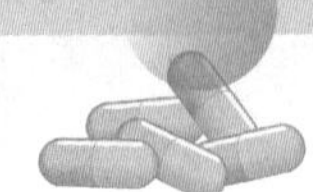

混合机、双螺旋锥形混合机等。

3. 混合设备中物料的运动方式以对流、剪切和扩散等形式为主。

4. 混合可以促进主药均匀分散，以确保每剂药物的有效性。

在线测试

请扫描二维码完成在线测试。

在线测试：混合设备操作

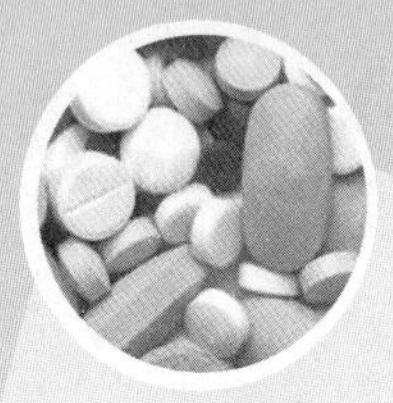

项目 21
制粒、干燥与整粒设备操作

学习目标

1. 掌握制粒、干燥与整粒岗位各设备的标准操作规程。
2. 熟悉制粒、干燥与整粒岗位各设备的分类、工作原理及主要结构。
3. 了解制粒、干燥与整粒岗位各设备维护与保养、常见故障及排除方法。

知识导图

请扫描二维码了解本项目主要内容。

知识导图：制粒、干燥与整粒设备操作

任务 21.1 制粒设备操作

任务描述

制粒是药物制剂生产过程中极其重要的技术之一，几乎涉及所有固体制剂生产。本任务主要学习制粒设备的分类、工作原理及主要结构，遵循制粒设备 SOP 完成高速搅拌制粒机、流化床制粒机正常操作，领会操作注意事项，学会设备维护与保养、常见故障及排除方法。

PPT：制粒设备操作

授课视频：制粒设备操作

知识准备

一、基础知识

制粒是将粉状物料加工成颗粒并加以干燥的操作过程，是颗粒剂生产的关键操作，也常作为压片和胶囊填充前的物料处理步骤。根据制粒时采用的润湿剂或黏合剂的不同，将制粒制备方法分为湿法制粒和干法制粒两种。

1. 湿法制粒　湿法制粒是指加入润湿剂或液态黏合剂进行制粒的方法，是固体制剂应用最广泛的方法。根据制粒时使用的设备不同，可分为挤压制粒、高速搅拌制粒、流化床制粒、喷雾干燥制粒等。

(1) 挤压制粒：在制剂工程中，挤压制粒的设备可分为摇摆式制粒机、螺旋式制粒机和滚压式制粒机三大类。摇摆式、螺旋式制粒机用于湿法制粒，滚压式制粒设备用于干法制粒。

(2) 高速搅拌制粒：又称高速混合制粒。国内生产的制粒机有立式和卧式两种。高速混合制粒的特点是在一个容器内完成混合、捏合、制粒的过程。

(3) 流化床制粒：又称沸腾制粒。其特点是在同一台设备内完成混合、制粒、干燥，甚至将包衣等工艺结合在一起，故还可称为“一步制粒”。常用设备是流化床制粒机。

(4) 喷雾干燥制粒：喷雾干燥制粒机集混合、喷雾干燥、制粒、包衣多功能于一体，是一种新型中成药、化学药制粒的设备。在喷雾干燥制粒中，原料液喷雾成微小液滴是靠雾化器完成的，因此雾化器是喷雾干燥制粒机的关键构件。常用雾化器有压力式、气流式和离心式等。

2. 干法制粒　干法制粒可分为滚压法和重压法两种，以滚压法多用。目前国内已有滚压、碾碎、整粒的整体设备，常用制粒设备为滚压式制粒机。而重压法由于压片机需用巨大压力，冲模等机械损耗率较大，细粉量多，目前很少应用。

二、主要设备

1. 挤压制粒设备

(1) 摇摆式制粒机：由传动部分和制粒部分组成。传动部分主要由机座、电机、带轮、蜗轮蜗杆、齿条等组成；制粒部分主要由滚筒、筛网、筛网夹管、刮粉轴等组成。该设备为挤压式过筛装置，是将软材置于滚筒中，借助滚筒的正、反旋转使刮粉轴对物料产生挤压与剪切作用，软材通过筛网而制成颗粒的设备（图 21-1），可用于制颗粒和整粒。筛网通常采用尼龙筛和不锈钢筛。

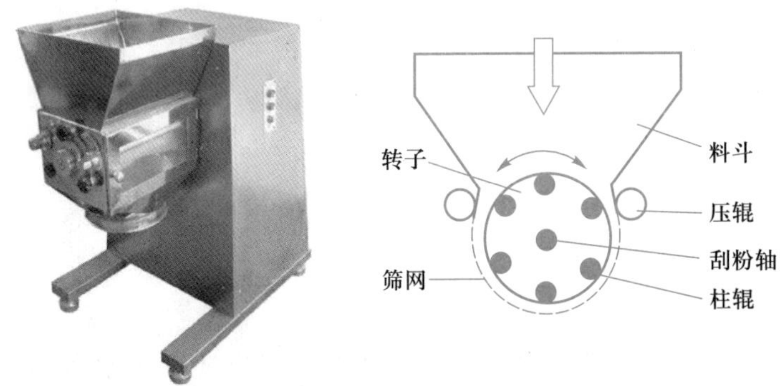

动画：摇摆式制粒机工作原理

图 21-1　摇摆式制粒机及其剖面示意图

（本图由南京药育智能科技有限公司提供）

摇摆式制粒机制粒的优点是各道工序相对独立、装拆简易、操作简单、成本低；缺点是生产效率低、槽内死区多、易交叉污染、筛网易破损等，不太适用于大批量和连续生产，比较适用于中药制粒。此外，摇摆式制粒机还难以满足制药新技术发展的需要，如缓控释颗粒剂的处方中常加入大量的高分子缓控释材料作为黏合剂，软材硬度和黏度比普通制剂要大得多，如采用摇摆式制粒机过筛制粒时，颗粒硬度、粒径分布等参数难以准确控制，常导致缓控释颗粒剂达不到释药要求。目前，该制粒方法已逐渐被高速搅拌制粒、流化床制粒等所取代。

(2) 螺旋式制粒机：由送料螺杆、挤压轮、制粒板等主要部件组成。制粒时将软材加入料斗中，在送料螺杆输送、挤压作用下，从制粒板挤出，得到湿颗粒。使用螺旋式制粒机时，颗粒的粒度均由筛网的孔径大小来调节。该设备常采用间歇式操作，操作时必须监控并确认制备过程的各项技术参数，以保证批与批之间的重现性。制备过程参数主要包括：输送速度和温度、挤出颗粒温度、冷却系统的进口和出口温度、挤压筛网的温度及挤压室中的压力等。目前，螺旋式制粒机由于挤压力较稳定，可任意调节，已广泛应用于制剂工业生产。

(3) 滚压式制粒机：由送料螺杆、挤压轮、粉碎机等主要部件组成。该设备实现了滚压、碾碎、整粒一体化操作，可直接干挤压成颗粒，既简化了工艺流程，又提高了颗粒的质量。操作时，将混合均匀的物料加入送料斗中，先通过送料螺杆输送到两挤压轮上部进行压缩，再经过粗粉碎机解碎成块状物，然后再经过滚碎机滚碎成颗粒，最后经过整粒机筛分成粒度适宜的颗粒。滚压式制粒机工作原理如图 21-2 所示。滚压式制粒机制粒时，物料是经机械压缩成型，不破坏物料的化学性能，不降低产品的有效含量，因此该设备适用于一些热敏性药物的制粒。

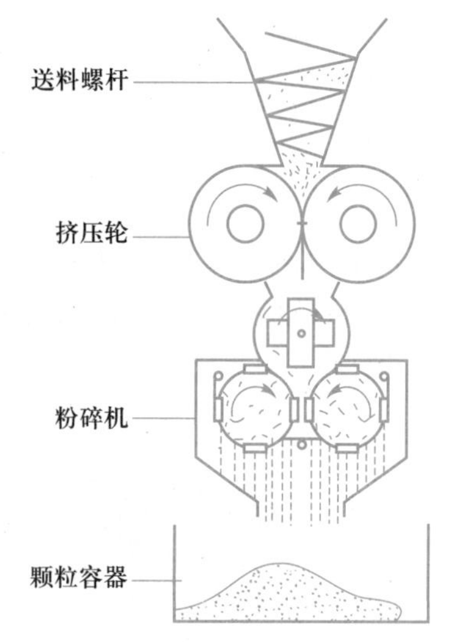

图 21-2　滚压式制粒机工作原理示意图

2. 高速搅拌制粒机　高速搅拌制粒机主要由机座、电机、搅拌桨、切割刀、气动出料阀和控制系统组成，结构见图 21-3。搅拌桨的作用是把物料混合均匀、捏合制成软材，切割刀的作用是破碎大块软材而获得颗粒。其工作原理是由气动系统关闭出料阀，将物料加入容器中，桶盖闭合后，启动搅拌桨，利用搅拌桨的旋转、推进和抛散作用，使容器内的物料迅速翻转而达到均匀混合，黏合剂或润湿剂直接由加料斗流入或喷枪喷入，在搅拌桨的作用下使物料混合、翻动制成软材，然后在切割刀的作用下将大块软材切割成均匀的颗粒。制成的颗粒由出料口排出，此设备为间歇操作。

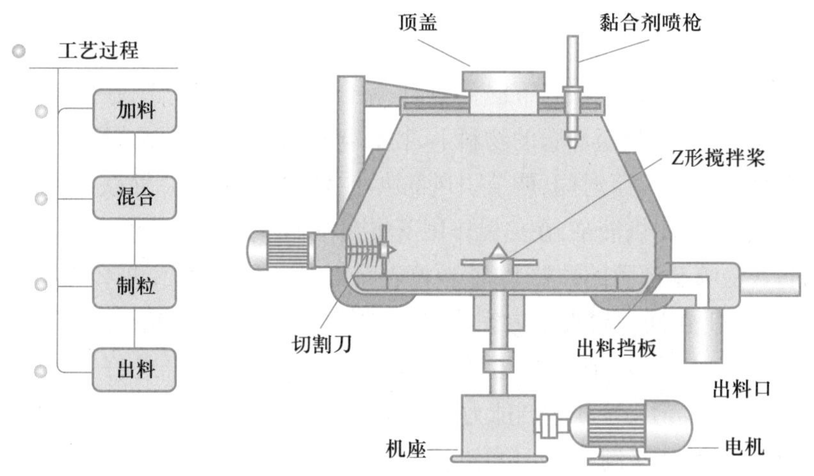

图 21-3　高速搅拌制粒机结构示意图
（本图由南京药育智能科技有限公司提供）

其特点是：①在一个容器内完成混合、捏合、制粒的过程。②与挤压制粒相比，具有省工序、操作简便、效率高的优点。③可制成不同松紧度的颗粒。④不易于控制颗粒成

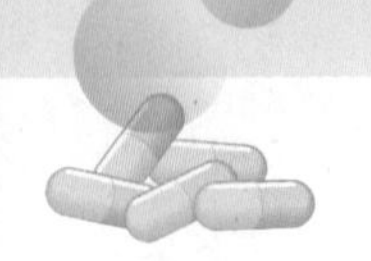

动画：高速搅拌制粒机工作原理

长过程，中药制粒易粘连等。

带有干燥功能的高速搅拌制粒机在完成制粒后，可通热风进行干燥，不仅能节省人力、物力，而且减少人与物料的接触机会，符合 GMP 规定。

3. 流化床制粒（沸腾制粒）机

(1) 流化床制粒机结构：流化床制粒机主要由主机（机座、容器、袋滤器、进风口、出风口）、辅机（进风过滤系统、加热系统、排风机、连接管道）、雾化系统（喷枪、黏合剂供液泵、料桶）和控制系统（成套电气、控制柜、气动元件）等组成（图 21-4）。

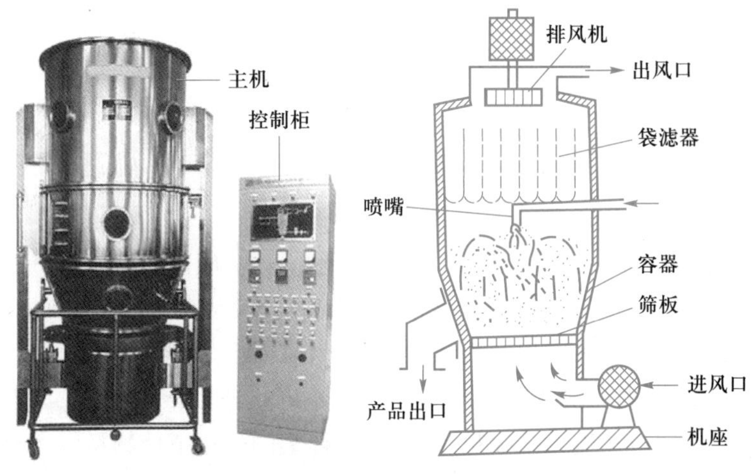

图 21-4　流化床制粒机及其工作原理示意图

(2) 设备工作原理：物料置于流化室下面的容器中，排风机使流化室内部形成负压，外界空气通过进风口，经过滤和加热，由流化床底部孔板进入塔体，将物料向上吹起呈沸腾状，使物料在流化状态下混合均匀；黏合剂由供液泵输送，在压缩空气作用下雾化成液滴，通过喷枪喷至沸腾的物料上，物料与黏合剂接触聚结成颗粒。制粒时，可以通过控制喷浆量和喷浆时间，调节引风的大小、温度等参数，从而获得大小均匀的颗粒。制粒完成后，关闭供液泵，在热风作用下将颗粒干燥，得到干颗粒。若需包衣，可通过喷枪将包衣液喷至沸腾的颗粒上，使颗粒表面均匀涂上包衣液，再干燥即可。

视频：FL-5 型一步制粒机

其特点是：①在同一台设备内完成混合、制粒、干燥，甚至包衣等操作，简化工艺、节约时间。②颗粒松散，密度小，粒度分布均匀，流动性与可压性好。③设备清洗困难、控制不当易产生污染。④生产能力有 60 kg/ 批、120 kg/ 批等规格，每批操作时间 40~60 min。⑤该设备除用于制粒外，还可进行湿颗粒干燥、颗粒包衣等，此设备为间歇操作。

4. 喷雾干燥制粒机　喷雾干燥制粒机是一种将喷雾干燥技术与流化床制粒技术相结合的新型制粒设备。该设备集混合、喷雾干燥、制粒等功能于一体。操作时，原料液由料液槽进入喷雾干燥制粒机的雾化器，利用雾化器将药液喷射成雾状，在一定流速的压缩空气中进行热交换，物料被迅速干燥，获得粉状或颗粒状的干燥制品（图 21-5）。此法物料受热表面积大，传热速度快，数秒内完成水分蒸发，属于瞬间干燥，特别适用

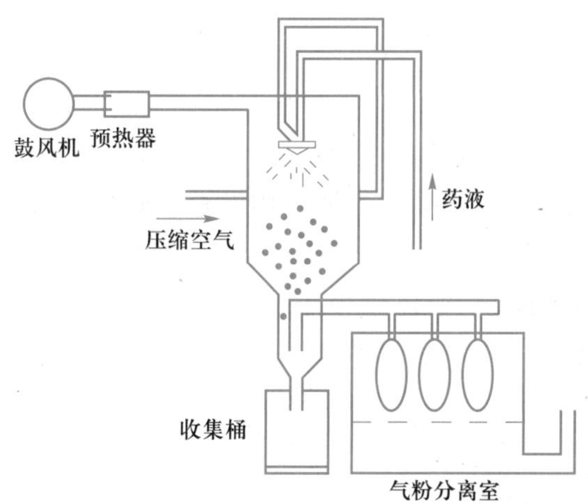

图 21-5　喷雾干燥制粒机工作原理示意图

于热敏感物料。

任务实施

一、摇摆式制粒机操作

以下内容以 YK-160 摇摆式制粒机操作为例。

1. 开机前准备

(1) 检查设备的清洁是否符合生产要求，是否有清场合格证。

(2) 根据品种要求，按生产工艺流程选用所需目数的筛网，并检查筛网是否完整无损。

(3) 将已清洁干燥的刮粉轴装入设备上，装上刮粉轴前端固定压盖，拧紧螺母。

(4) 安装卷网轴，筛网的两端插入卷网轴的长槽内。

(5) 转动卷网轴的手轮，将筛网包在刮粉轴的外圆上，并调松紧至适当程度。

2. 开机运行

(1) 接通电源，打开控制开关，观察机器的运转情况，无异常声音，刮粉轴转动平稳则可投入正常使用，注意不要把手接近刮粉轴以防伤手。

(2) 将物料均匀倒入料斗中，根据物料性质控制加料的速度，物料在料斗中应保持一定的高度，加入的软材量要适当，太少不利于成型，太多影响设备寿命，也易结团，影响下料。

(3) 料斗中软材形成拱桥时，可用竹片铲或停车去翻动，使软材能顺利制粒，但注意铲子不得与刮粉轴平行，以防铲子插入刮粉轴内而损坏设备。

3. 操作结束

(1) 制颗粒完成后，清理制粒机和筛网上的余料，并注意余料中有无异物，经适当

处理后加入颗粒中。

(2) 停机并切断电源后，按清洁操作规程进行清洁。

4. 操作注意事项

(1) 设备运转时应观察刮粉轴的转动情况，如发现转速过低或堵塞，应立即停机检查。

(2) 设备运转时或电源没有断开时，严禁用手或金属锐器清理料斗内部。

5. 清场

(1) 收集生产所剩物料，标明状态，交中间站，并填写记录。

(2) 按清洁操作规程，对设备、场地、用具、容器进行清洁消毒，经 QA 检查合格后，发清场合格证。

6. 设备维护与保养

(1) 定期维护检查蜗轮蜗杆、轴承等活动部分是否灵活，有无磨损，发现缺陷应及时修复，不得勉强使用。

(2) 设备应放在清洁干燥的室内，不得在含有酸类及其他对机件有腐蚀性气体流动的场所使用。

(3) 使用完毕后，应取出旋转滚筒进行清洁。

(4) 定期向中、后轴承座内添加润滑油。

(5) 如长期不用，将设备清洁干净，盖好防尘罩。

7. 常见故障及排除方法

见表 21-1。

表 21-1 摇摆式制粒机常见故障及排除方法

常见故障	原因	排除方法
主电机发出异常声音	主电机轴承损坏或润滑不良	检修主电机，必要时更换轴承
主电机不能启动	开机顺序有错；主电机线路有问题	按正确开机顺序重新开机，检查熔断丝是否被烧坏；检查摇摆式制粒机主电机电路，检查与主电机相关的连锁装置的状态
出料不畅或堵塞	加料速度快、转速过低	减慢加料速度，必要时与工艺员协商

二、高速搅拌制粒机操作

以下内容以 GHL-10 高效湿法制粒机操作为例。

1. 开机前准备

(1) 检查设备的清洁是否符合生产要求，是否有清场合格证。

(2) 检查设备是否处于完好待用状态，接通气源、电源，气压调至 0.5 Mpa。

2. 开机运行

(1) 打开控制面板，启动出料、关料，检查出料塞的进退是否灵活，如不理想，可调节气缸下面的接头式单向节流阀。

(2) 启动搅拌桨和制粒刀，运转无异常后，关闭物料缸和出料盖。

(3) 旋转气压阀，使气压≥0.5 Mpa，确认“就绪”指示灯亮。

(4) 按制粒工艺要求设置混合时间及切割时间。

(5) 打开物料缸盖，将物料投入缸内，关闭缸盖。

(6) 启动搅拌、切割开关，先以低速开机，再按工艺规程调节转速，进行干混。

(7) 设定时间到达时，依次关闭搅拌、切割电机。

(8) 通过加料口往缸内倒入黏合剂。

(9) 按要求设定制粒时间，启动搅拌、切割开关，进行制粒。

(10) 待设定时间到达时，自动停机，打开出料口活塞，启动搅拌开关继续转动至物料排尽为止。

3. 操作结束

(1) 制粒完毕后，关闭电源、气源。

(2) 按要求进行设备清洁，填写设备使用记录。

4. 操作注意事项

(1) 设备运转时应关闭物料缸盖，缸内如有物料黏壁，停机后用竹片铲。

(2) 清除出料口时，一定要在设备完全停止后，方可清除。

(3) 安装或更换部件时，关闭总电源。

5. 清场

(1) 收集生产所剩物料，标明状态，交中间站，并填写记录。

(2) 按清洁操作规程，对设备、场地、用具、容器进行清洁消毒，经 OA 检查合格后，发清场合格证。

6. 设备维护与保养

(1) 设备应放在清洁干燥的室内，不得在含有酸类及其他对机件有腐蚀性气体流动的场所使用。

(2) 定期更换润滑油，定期填充锂基润滑脂。

(3) 若长期不用，应将设备清洁干净，盖好防尘罩。

7. 常见故障及排除方法 见表 21–2。

表 21–2 高效湿法制粒机常见故障及排除方法

常见故障	原因	排除方法
产生震动和异常声音	主电机轴承损坏或润滑不良	检修主电机，必要时更换轴承，注入润滑剂
出料不畅或堵塞	物料太干或太湿	严格按要求调节时间和温度，必要时与工艺员协商
主机不能启动	空气压缩机未开或者压力太低	开启空气压缩机或把压力升高
	缸盖没关	关好缸盖
	电动线路故障	检查线路

三、流化床制粒机操作

以下内容以 FLP-3 多功能流化床制粒包衣机操作为例。

1. 开机前准备

(1) 检查设备的清洁是否符合生产要求,是否有清场合格证。

(2) 检查设备是否处于完好待用状态。

(3) 将滤袋套在过滤架上,安装在捕集室内。

(4) 将喷枪安装到位拧紧锁帽。

(5) 接通电源,送压缩空气到主机,待压缩空气压力升到 0.2~0.4 Mpa 时,打开控制柜电源开关。

2. 开机运行

(1) 按首页的“进入系统”,选择所需项进行操作。按“引风开”,风机启动,正常后再按“加热开”,调节温度参数,加热至主机内壁烘干。

(2) 根据工艺处方要求备料,待主机烘干后将物料、黏合剂(需过滤)分别盛入原料容器和供液容器内。

(3) 喷枪调试:调整喷枪调压阀,使压力为 0.1 Mpa 左右,调节蠕动泵转速。

(4) 装料完毕,将喷雾室与物料容器对好,按“顶升”使设备连成一体密封。设定进风温度,待温度升到设定值时方可喷液,调整喷枪调压阀、蠕动泵转速,开始喷液制粒。在制粒过程中,控制好各参数,使之在规定的范围内。

(5) 黏合剂喷完后,停止喷液,在设定的进、出风温度下保持沸腾,干燥至规定的时间。

(6) 干燥结束后,关闭加热开关,继续风干和冷却物料。

(7) 待物料冷却至规定时间,关闭风机,放下顶缸,关闭控制电源。

(8) 用挡料袋将上层细粉隔开收集,拉出料斗,将颗粒移至容器中。

3. 操作结束

(1) 制粒完毕后,关闭电源、气源。

(2) 按要求进行设备清洁,填写设备使用记录。

4. 操作注意事项

(1) 为确保容器内物料的良好流化状态,每次应清洗滤袋,如有破损应及时修补或更换。

(2) 检查操作面板中的电压、电源、进风温度、物料温度、风机转速及风机的运转状况,确认其运行值在额定范围内。

(3) 检查压力表,确认压缩空气压力≥0.4 Mpa。

(4) 出料前,应关闭加热器电源,引风机继续引风,当物料接近常温时,方可关闭引风机。

5. 清场

(1) 收集生产所剩物料,标明状态,交中间站,并填写记录。

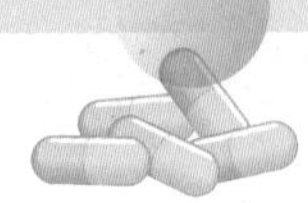

(2) 按清洁操作规程，对设备、场地、用具、容器进行清洁消毒，经 QA 检查合格后，发清场合格证。

6. 设备维护与保养

(1) 定期更换空气压缩机专用油。

(2) 定期维护雾化系统，水分过滤器若采用手动式，应定期排水。

(3) 定期清理、更换空气过滤器，确保气流的洁净度和物料的负压流化效果。

(4) 设备各转动部位应定期注机械油或优质润滑油脂。

7. 常见故障及排除方法　见表 21-3。

表 21-3　流化床制粒机常见故障及排除方法

常见故障	原因	排除方法
沸腾状态不佳	压力过低或风速过低、清灰不及时	开启空气压缩机或把压力升高；检查滤袋及调节清灰开关
出料不畅或堵塞	物料太干或太湿	严格按要求调节时间和温度，必要时与工艺员协商
主机不能启动	空气压缩机未开或者压力太低	开启空气压缩机或把压力升高
	缸盖没关	关好缸盖
	电动线路故障	检查线路

知识拓展：流化床制粒时出现粉末黏壁的因素有哪些？

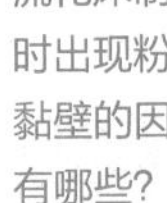

知识总结

1. 制粒是将粉状物料加工成颗粒并加以干燥的操作过程，常作为压片和胶囊填充前的物料处理步骤。

2. 根据制粒时采用的润湿剂或黏合剂的不同，将制粒制备方法分为湿法制粒和干法制粒两种。湿法制粒设备分为：挤压制粒设备、高速搅拌制粒设备、流化床制粒（沸腾制粒）设备、喷雾干燥制粒设备等；干法制粒设备分为：滚压式制粒机和重压式制粒机两种。

3. 流化床制粒（沸腾制粒）设备的工作原理是将物料置于流化室下面的物料容器中，引风机使流化室内部形成负压，外界空气通过进风口，经过滤和加热，由流化床底部孔板进入塔体，将物料向上吹起呈沸腾状，使物料在流化状态下混合均匀；黏合剂由供液泵输送，在压缩空气作用下雾化成液滴，通过喷枪喷至沸腾的物料上，物料与黏合剂接触聚结成颗粒。

4. 喷雾干燥制粒机是一种将喷雾干燥技术与流化床制粒技术结合为一体的新型中成药、化学药制粒设备。

5. 挤压制粒是将处方中的药物混合均匀后加入黏合剂制软材，再将软材放入设备中用挤压的方式通过具有一定大小的筛孔而制粒。在制剂工程中，挤压制粒的设备可分为摇摆式制粒机、螺旋式制粒机和滚压式制粒机三大类。

在线测试

请扫描二维码完成在线测试。

在线测试：制粒设备操作

任务 21.2 干燥设备操作

PPT：干燥设备操作

授课视频：干燥设备操作

任务描述

在制药生产过程中，用湿法制粒制得的湿颗粒必须立即用适宜方法加以干燥，除去水分，以免结块或者受压变形。因此，药物干燥是制剂生产中不可缺少的重要环节。本任务主要学习干燥设备的分类、工作原理及主要结构，遵循干燥设备标准操作规程，完成箱式干燥机、沸腾干燥机正常操作，领会操作注意事项，学会设备维护与保养、常见故障及排除方法。

知识准备

一、基础知识

干燥是利用热能使湿物料中湿分（水分或其他溶剂）气化，并利用气流或真空带走气化了的湿分，从而获得干燥固体物料的操作。干燥温度可根据药物性质确定，以50~80 ℃为宜，对热稳定的药物可适当调整到80~100 ℃，主要设备有厢式干燥设备、流化床干燥设备、振动式远红外干燥设备、微波干燥设备、真空干燥设备。

二、主要设备

1. 厢式干燥设备　厢式干燥设备多用于药材提取物及丸剂、散剂、颗粒剂的干燥，亦常用于中药材的干燥。热风循环烘箱是常用的厢式干燥设备（图 21-6），基本结构是外壁为绝热材料，箱内支架可放多层干燥料盘，待干燥物置于盘中。按其加热方法分为电加热和蒸汽加热两种。操作时，将湿颗粒堆铺于烘盘上，厚度以不超过 2 cm 为宜，再将烘盘置于搁架上，集中送入干燥箱内，开启加热器和排风机，空气经加热后在干燥室内流动，带走各层水分，最后自出口处将湿热空气排出。

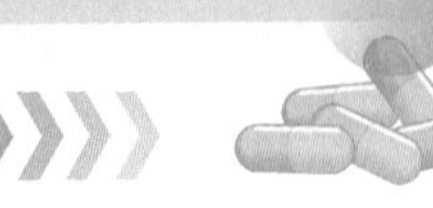

图 21-6 热风循环烘箱

该设备操作简单，容易装卸，物料损失较小，易清洁。同一设备可用于干燥多种物料，适于批量小、品种多的生产。其主要缺点：①干燥颗粒处于静态，受热面小，干燥时间长，效率低，能耗高。②颗粒受热不匀，容易因受热时间长或过热而引起成分的破坏。

2. 流化床干燥（沸腾干燥）设备 主要由净化过滤系统、加热系统、进风系统、沸腾室、干燥室、捕集袋、分离器和风机等组成，其结构与流化床制粒机（图 21-4）相似。其工作原理是将制备好的湿颗粒置于沸腾室内，沸腾室与干燥室连接好密闭后，空气经净化加热后从干燥室下方进入，通过分布器进入干燥室，使物料“沸腾”起来并进行干燥。

流化床干燥设备主要用于颗粒性物料的干燥，其干燥效率高，干燥速度快，产量大，干燥均匀，干燥温度低，操作方便，适用于同品种的连续大量生产。流化床干燥设备制得的干颗粒，细颗粒比例高，但细粉比例不高，有时干颗粒不够坚实完整。此法干燥室内不易清洗，尤其是有色制剂颗粒干燥时给清洁工作带来困难。

3. 振动式远红外干燥设备 主要利用远红外辐射源所发出的远红外线被湿物料所吸收，产生分子激烈共振和转动，转化为热能使物体发热升温，达到干燥目的。

振动式远红外干燥设备具有快速、优质和能耗低的特点。由于加热时间短，药物成分不易破坏，也可对颗粒进行灭菌，颗粒外观色泽鲜艳均匀、香味好，成品含水量达到 2% 以上。该设备适用于热敏物料的干燥，尤其适用于多孔性薄层物料的干燥；生产中可用于湿颗粒干燥，也可用于中药丸剂的干燥。

动画：红外干燥器

4. 微波干燥设备 一般由直流电源、微波发生器、波导、微波干燥室及冷却系统组成。直流电源供给微波发生器高压直流电，微波发生器将直流电源提供的高压转换为微波能。波导是用来传输微波的金属导管，冷却系统对微波发生器具有冷却作用，冷却方式可选用风冷或冰冷。

动画：微波干燥器

操作时，依靠微波深入物料内部，并在其内部转化为热能而带走湿分，达到干燥的目的。微波干燥设备加热快、时间短、穿透性强、干燥均匀、控制灵敏、操作方便；但费用高、耗电大、产量小、质量欠稳定，容易出现微波泄漏现象。

5. 真空干燥设备 是将被干燥物料放置在密闭干燥室内，抽真空，同时物料被加热，湿分挥发成气体而被除去，从而达到干燥的目的(图 21-7)。由于真空状态下湿分沸点较低，干燥温度不高，故特别适合于对热敏性、易分解、易氧化物质和复杂成分药物进行快速高效的干燥。常使用的设备是真空干燥箱、冷冻干燥箱等。

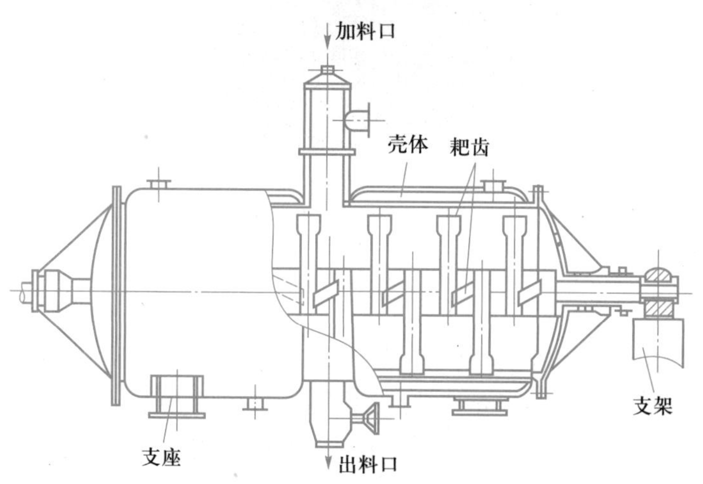

图 21-7 耙式真空干燥机结构示意图

任务实施

一、厢式干燥设备操作

以下内容以热风循环烘箱操作为例。

1. 开机前准备

(1) 检查设备的清洁是否符合生产要求，是否有清场合格证。

(2) 检查设备是否处于完好待用状态。

(3) 将湿颗粒堆铺于烘盘上，厚度以不超过 2 cm 为宜，并将烘盘按从上至下的顺序放入推车推入烘箱，关闭箱门。

2. 开机运行

(1) 打开电源开关，电源指示灯亮，进入正常测控状态，上排温控器所检测的环境温度(PV)窗口显示测量值，下排设定环境所需要的温度(SV)窗口显示设定值。

(2) 设定干燥温度，注意观察烘箱内温度，按生产工艺规定检查干燥情况，并按要求翻动。

(3) 干燥结束后，按从下至上顺序出料。

3. 操作结束

(1) 干燥完毕后，关闭电源。

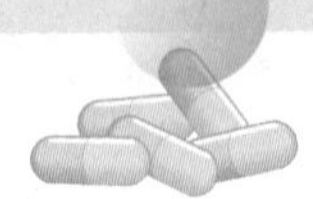

(2) 按要求进行设备清洁,填写设备使用记录。

4. 操作注意事项

(1) 需严格按要求安全操作,避免烫伤。

(2) 若长期停用,必须对箱体进行内、外清洁,拔掉电源插头,盖好防尘罩。

5. 清场

(1) 收集生产所剩物料,标明状态,交中间站,并填写记录。

(2) 按清洁操作规程,对设备、场地、用具、容器进行清洁消毒,经 QA 检查合格后,发清场合格证。

6. 设备维护与保养

(1) 设备应放在清洁干燥的室内,不得在含有酸类及其他对部件有腐蚀性气体流动的场所使用。

(2) 若停用时间较长,必须将设备清洁干净,机件光面涂防锈油,盖好防尘罩。

7. 常见故障及排除方法 见表 21–4。

表 21–4 热风循环烘箱常见故障及排除方法

常见故障	原因	排除方法
噪声异常或噪声大	风机轴承损坏,缺润滑油	检修风机,必要时更换轴承,注入润滑剂
温度不升温	控温表损坏,加热管接线脱落或短路	更换控温表,修复或更换加热管
主机不能启动	电源插座无电或接触不良,电源开关损坏,保险丝断裂	修复电源插座,更换开关,更换保险丝

二、流化床干燥(沸腾干燥)设备操作

以下内容以 GFG40 A 沸腾干燥机操作为例。

1. 开机前准备

(1) 检查设备的清洁是否符合生产要求,是否有清场合格证。

(2) 检查设备是否处于完好待用状态。

(3) 将捕集袋套在过滤架上,安装在捕集室内。

(4) 将物料加入沸腾器内,加料量一般设定为沸腾器容积的 2/3 左右,检查密封圈内空气是否排空。

(5) 接通电源,送压缩空气到主机,待压缩空气压力升到规定值时,打开控制柜电源开关。

2. 开机运行

(1) 按首页的“进入系统”,选择所需项进行操作。按“气密封”开关,等指示灯亮后观察密封圈的膨胀密封情况,密封后方可进行下一步操作。

(2) 风机启动,根据物料的沸腾情况,调节进风量大小,以物料似开水冒泡的沸腾

情况为宜。

(3) 正常后再按“加热开”,调节温度参数,开动“搅拌”,在物料接近干燥时,应关闭“搅拌”,否则会破坏物料颗粒。

(4) 检查物料的干燥程度,可在产品出口处取样确定,以物料放在手上搓捏后仍可流动,不黏手为宜。

(5) 干燥结束后,关闭加热开关,继续风干和冷却物料。

(6) 待物料冷却至规定时间,关闭风机,关闭“气密封”,待密封圈完全恢复后,拉出物料车。

3. 操作结束

(1) 干燥完毕后,关闭电源、气源。

(2) 按要求进行设备清洁,填写设备使用记录。

4. 操作注意事项

(1) 为确保容器内物料的良好流化状态,每次应清洗袋滤器,如有破损应及时修补或更换。

(2) 电机操作顺序如下。启动:风机开关→加热开关→搅拌开关;停止:加热开关→搅拌开关→风机开关。

(3) 关闭“气密封”后,须等密封圈完全恢复后(圈内空气排尽),方可拉出沸腾器,否则易损坏密封圈。

5. 清场

(1) 收集生产所剩物料,标明状态,交中间站,并填写记录。

(2) 按清洁操作规程,对设备、场地、用具、容器进行清洁消毒,经 QA 检查合格后,发清场合格证。

6. 设备维护与保养

(1) 定期更换空气压缩机专用油。

(2) 定期清理、更换空气过滤器,确保气流的洁净度和物料的负压流化效果。

(3) 设备各转动部位应定期注机械油或者优质润滑油脂。

知识总结

1. 干燥是利用热能使湿物料中湿分(水分或其他溶剂)气化,并利用气流或真空带走气化了的湿分,从而获得干燥固体物料的操作。

2. 干燥设备分为:厢式干燥设备、流化床干燥(沸腾干燥)设备、振动式远红外干燥设备、微波干燥设备、真空干燥设备。

3. 厢式干燥设备是常用的气流干燥设备,以水蒸气或电能为热源,将湿颗粒堆放于烘盘上,厚度以不超过 2 cm 为宜,烘盘置于搁架上,集中送入干燥箱内,通过热风带走湿分而达到干燥的目的。

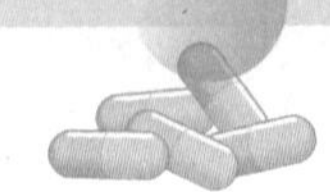

4. 流化床干燥(沸腾干燥)设备其原理是利用干热空气流使湿颗粒悬浮,呈流态,如"沸腾状",通过物料的反复浮动,热空气在湿颗粒间接触面积大,在动态下进行热交换,带走水蒸气,使颗粒快速达到干燥的目的。

5. 流化床干燥(沸腾干燥)设备严格按以下操作顺序:

启动:风机开关→加热开关→搅拌开关。

停止:加热开关→搅拌开关→风机开关。

在线测试

在线测试:干燥设备操作

请扫描二维码完成在线测试。

任务 21.3　整粒设备操作

任务描述

PPT:整粒设备操作

整粒是制颗粒之后的一道工序,为了获得均匀颗粒,提高颗粒的流动性和可压性,整粒几乎涉及所有固体制剂生产。本任务主要学习整粒设备的分类、工作原理及主要结构,遵循整粒设备标准操作规程,完成摇摆式制粒机的正常操作,领会操作注意事项,学会设备维护与保养、常见故障及排除方法。

授课视频:整粒设备操作

知识准备

一、基础知识

在干燥过程中,某些颗粒可能发生粘连甚至结块,所以必须通过整粒制成一定粒度的均匀颗粒。一般采用过筛的方法整粒和分级。根据不同剂型对颗粒粒度要求不同,整粒设备有摇动筛、摇摆式制粒机、旋振筛、整粒机等。

二、主要设备

1. 摇动筛　一般应按粒度规格的上限,过一号筛,把不能通过筛孔的较大颗粒进行碎解,然后按粒度规格的下限,过五号筛,除去粉末部分。其结构是由不锈钢丝、尼龙丝等编织的筛网,固定在竹圈或金属圈上。按照孔径大小自上而下排列,最上部为筛

盖，最下端为接收器。将物料放入最上层的筛，盖上筛盖，以手摇过筛。利用来回运动，带动粗细药筛来回晃动达到粗细颗粒分离的目的。此法制备的颗粒粒度均匀，设备工艺简单，使用安全可靠，省时省力。但只适用小批量或贵重药物生产和测定粒度分布，以及毒剧药、刺激性物料或质轻药粉的筛分。

2. 摇摆式制粒机　摇摆式制粒机（图 21-1）既可以用于制颗粒，也可以用于整粒。该设备是将干颗粒置于滚筒中，借助旋转滚筒正、反旋转时刮粉轴对物料的挤压与剪切作用，使干颗粒通过筛网。

3. 整粒机　是将制粒后的颗粒经高速刀片组合切割后，经网板排出，得到形状及规格基本一致的颗粒。

任务实施

摇摆式制粒机操作

以下内容以 YK-160 摇摆式制粒机为例。

1. 开机前准备

(1) 检查设备的清洁是否符合生产要求，是否有清场合格证。

(2) 筛网检查：根据品种要求，按生产工艺流程选用所需目数的筛网，并检查筛网是否完整无损。

(3) 将已清洁干燥的刮粉轴装入设备上，装上刮粉轴前端固定压盖，拧紧螺母。

(4) 将卷网轴装在设备上，筛网的两端插入卷网轴的长槽内。

(5) 转动卷网轴的手轮，将筛网包在刮粉轴的外圆上，并调松紧至适当程度。

2. 开机运行

(1) 接通电源，打开控制开关，观察机器的运转情况，无异常声音，刮粉轴转动平稳则可投入正常使用，注意不要把手接近刮粉轴以防伤手。

(2) 将干燥后的物料均匀倒入料斗中，根据物料性质控制加料的速度，物料在料斗中应保持一定的高度。

3. 操作结束

(1) 整粒完成后，便可停机，清理筛网上的余料。

(2) 停机并切断电源后，按清洁操作规程进行清洁。

知识总结

1. 根据不同剂型对颗粒粒度要求不同，整粒设备有摇动筛、摇摆式制粒机、旋振筛、整粒机等。

2. 整粒机是将制粒后的颗粒经高速刀片组合切割后，经网板排出，得到形状及规

格基本一致的颗粒。

在线测试

请扫描二维码完成在线测试。

在线测试：整粒设备操作

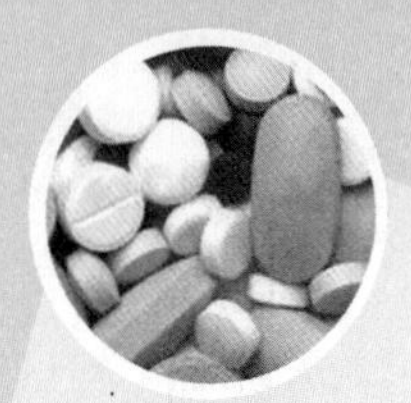

项目 22 包装设备操作

学习目标

1. 掌握制袋包装、泡罩包装和药用瓶包装联动线设备的基本原理和主要结构。
2. 熟悉常见制袋包装、泡罩包装和药用瓶包装联动线等包装设备的正确操作与使用。
3. 了解制袋包装、泡罩包装和药用瓶包装联动线等包装设备的操作注意事项。

知识导图

请扫描二维码了解本项目主要内容。

知识导图：包装设备操作

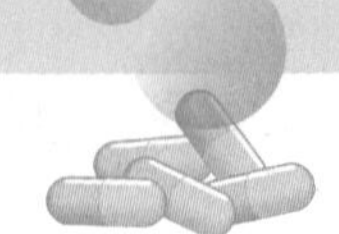

任务 22.1　制 袋 包 装

任务描述

制袋包装是药物制剂生产中常见的一种包装形式，颗粒剂、散剂、片剂、丸剂等多种剂型均可应用。根据包装剂量的不同，可分单剂量包装和多剂量包装。本任务主要学习制袋包装设备的分类、工作原理，能遵循制袋包装设备 SOP 完成制袋包装机正常操作，领会操作注意事项，熟悉设备常规维护、简易故障等。

PPT：制袋包装

授课视频：制袋包装

知识准备

一、基础知识

散剂、颗粒剂包装主要采用袋装，选用复合材料卷材作为包装材料。成品袋常见的封口方式有三边封口和四边封口，其中三边封口应用最为广泛，四边封口常用于小剂量液体制剂，主要有扁平袋、枕形袋和直方袋。常用的全自动颗粒包装机（图 22-1）可自动完成制袋、计量、填充、封合、切断、打印批号、计数、光电追踪等全过程，适用于流动性较好的颗粒类、粉末类不同物料的小袋包装，在制药、食品、日用化工、农药等行业应用广泛。

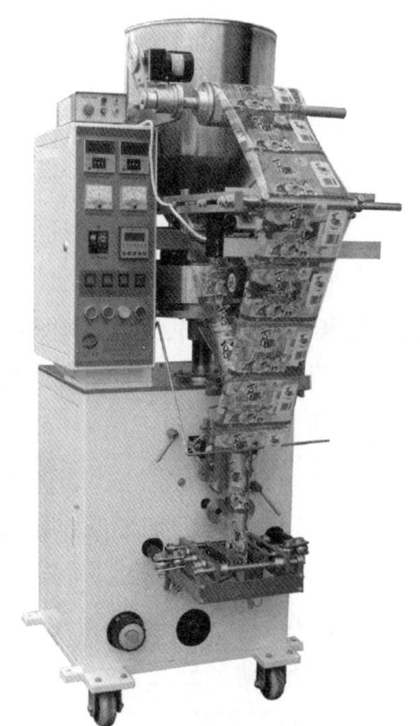

图 22-1　全自动颗粒包装机

二、主要设备

常用的全自动颗粒包装机是一种三边封口设备，利用可热封的复合薄膜材料进行自动制袋、定量填充、封口和切断。除了用于颗粒包装外，也可用于散剂、片剂、胶囊剂、丸剂及液体制剂的包装。

全自动颗粒包装机主要特点：①用智能填充控制器设定控制螺杆圈数及速度，计量更准确。②采用智能拉袋控制器设定控制制袋长度，制袋精度相对较高，操作简便。③智能型温控仪双路控制横、纵封体温度。④在额定范围内包装可以无级调整速度。⑤智能光电定位，明动、暗动任意转换，抗干扰性强，首袋可定位追标。⑥对于密度均匀的被包装物料，采用容积法计量，符合国家计量标准要求。

1. 主要结构　全自动颗粒包装机（图 22-2）主要由动力传动分配机构、拉袋机构、热封切机构、供纸成型机构、计量填充机构、电控执行机构、光电定位跟踪机构等组成。

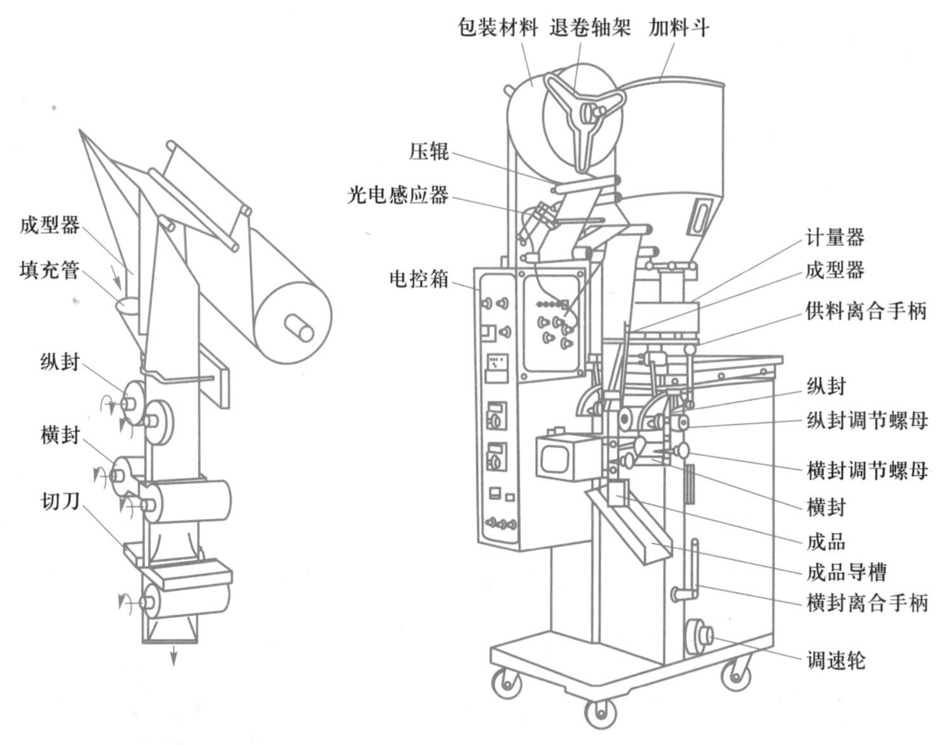

图 22-2　全自动颗粒包装机结构示意图

视频：
制袋包装
设备

（1）动力传动分配机构：动力传动分配机构由主电机、调速轮、减速机、分配轴、横封凸轮、纵封凸轮、动力传动齿轮、发讯凸轮等组成（图 22-3）。主电机提供动力源，经过调速轮、三角带传送给减速机横轴，减速机立轴通过连轴套与分配轴连接。通过横封凸轮、纵封凸轮把动力传送给热封切机构；通过动力传动齿轮把动力传送给计量填充机构；通过发讯凸轮把信号传送给拉袋步进电机驱动、填充电机驱动、热打码机等。

（2）拉袋机构：拉袋机构由拉袋步进电机、主动滚轮轴（拉纸轮）、被动滚轮轴等组成（图 22-4）。分配轴上发讯凸轮及拉袋无触点接近开关相互配合，当封体刚张开时给智能拉袋控制器发一触发信号，智能拉袋控制器按设定袋长输出一串脉冲给拉袋驱动器，驱动拉袋步进电机按设定袋长转动。拉袋步进电机带动主动滚轮，靠摩擦力使被动滚轮一起转动。分配轴每转一周就发讯一次，拉袋步进电机就拉完一个设定袋长。

（3）热封切机构：热封切机构由纵封转臂（纵封体）、横封转臂（横封体）、导板、导向轴等组成（图 22-4、图 22-5）。

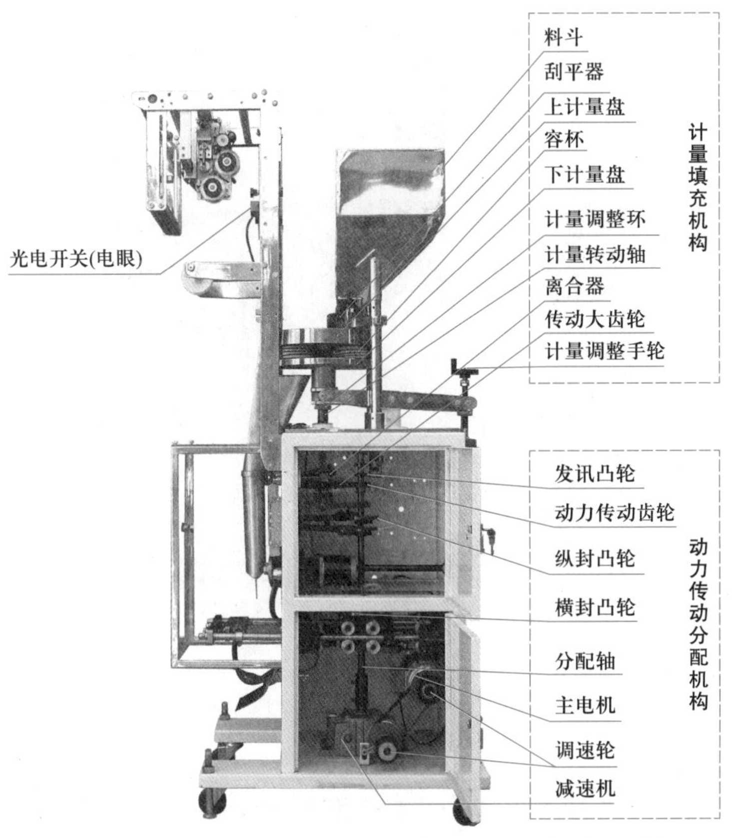

图 22-3 全自动颗粒包装机动力传动分配和计量填充机构结构图

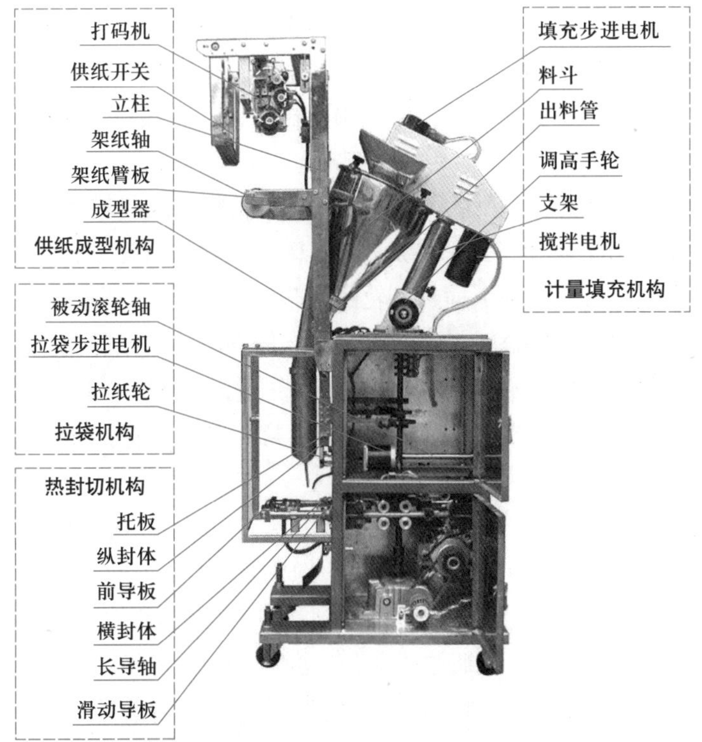

图 22-4 全自动颗粒包装机供纸成型机构、拉袋机构热封切机构和计量填充机构结构图

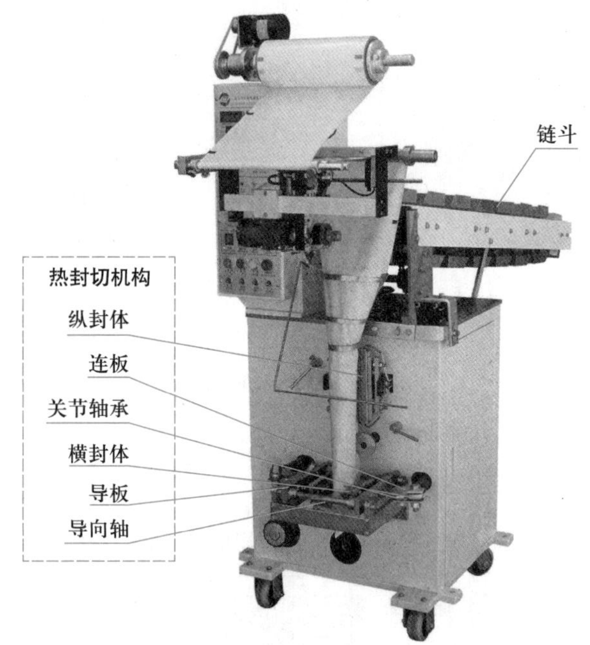

图 22-5　全自动颗粒包装机热封切机构结构图

横纵封分体机热封切工作原理：由分配轴上的纵封凸轮驱动纵封转臂，以上轴为中心摆动，固定在纵封转臂上的托板及左、右纵热封器体随纵封转臂摆动，对成型后的包装袋进行热压纵向封合。由分配轴上横封凸轮的上、下凸轮分别驱动横封转臂，通过连板、关节轴承、导板传递给左、右横热封器体，使左、右热封器体同时向中间移动，实现横向封合切断功能。随后在弹簧力的作用下复位，左、右热封器体打开，完成一个工作循环。

背封机热封切工作原理：由分配轴上的纵封凸轮驱动纵封转臂，以上轴为中心摆动，固定在纵封转臂上的托板及左、右纵热封器体随纵封转臂摆动，对成型后的包装袋进行热压纵向封合。由分配轴上横封凸轮的下凸轮驱动托架，通过卸荷器传递给滑动导板，安装在滑动导板上的后横封体随之向前移动，同时横封凸轮的上凸轮驱动拉架，连同与之紧固的两根长导轴及安装在长导轴前端的前横封体一同向后移动，当横封凸轮接近最大升程时，前后封体完全啮合，实现横向封合切断功能。随后在弹簧力的作用下复位，前后封体打开，完成一个工作循环。

(4) 供纸成型机构：供纸成型机构由供纸电机、供纸无触点接近开关、成型器、立柱、支臂、架纸臂板、导纸轴、过纸轴、控制杆等组成（图 22-4）。

包装纸装在架纸轴上，纸经过导纸轴，套过控制杆，经过纸轴至成型器。在滚轮向下拉动包装袋的时候，由于包装纸的移动，带动控制杆向上移动，使控制杆离开供纸无触电接近开关。由供纸无触电接近开关向控制电路发出信号，使供纸电机运转输送包装纸，由此控制杆因自重下落，使控制杆靠近供纸无触电接近开关，供纸电机停

止运转。如此循环，自动完成供纸过程。纸经成型器外部被折叠成型，封切后成为成品袋。

（5）计量填充机构：颗粒机计量填充机构由计量调整手轮、传动大齿轮、离合器、计量转动轴、计量调整环、上下计量盘、容杯、刮平器、料斗等组成（图 22-3、图 22-4）。

分配轴上的动力传动齿轮将动力传递给计量填充机构的传动大齿轮，经由离合器控制将动力传递给计量转动轴并带动上计量盘转动。分配轴每转一周，料盘就走过一个工位，下计量盘落料孔正对成型后斗，上计量盘容杯中的物料经下计量盘落料孔后落下进入成型后斗中，从而实现对被包装物料的填充和计量。计量调整是通过计量调整环来改变容杯容积大小完成的。

粉剂机计量填充机构由填充步进电机、搅拌电机、充料螺旋、出料管、料斗、传动齿轮、支架、小箱体等组成（图 22-4）。分配轴上的发讯填充凸轮与填充无触点接近开关相互配合，当封体刚张开时给控制电路发一触发信号，智能填充控制器按设定量（螺杆转的圈数）输出一串脉冲信号给填充电机驱动器驱动填充步进电机按设定圈数转动。分配轴每转一周就发讯一次，填充电机便完成一次设定填充。因出料管正对成型后斗，从而完成被包装物料的填充和计量。

空袋运行调整完毕后，在往料斗中添加物料前，应先对计量填充机构进行检查或调整。在正确的落料时机，使两热封器体处于刚刚闭合状态，将分配轴上动力传动齿轮的紧固螺钉松开，向下移动动力传动齿轮，使其与传动大齿轮脱离。转动传动大齿轮，使上离合器与下离合器完全啮合，使计量盘容杯外径转到落料孔约 1/3 处（图 22-6），此时将动力传动齿轮向上移动与传动大齿轮啮合，并拧紧固定螺钉。改变包装速度后，落料时机有可能受到影响，为了避免横封夹料，需重新调整落料时机，以满足使用要求。

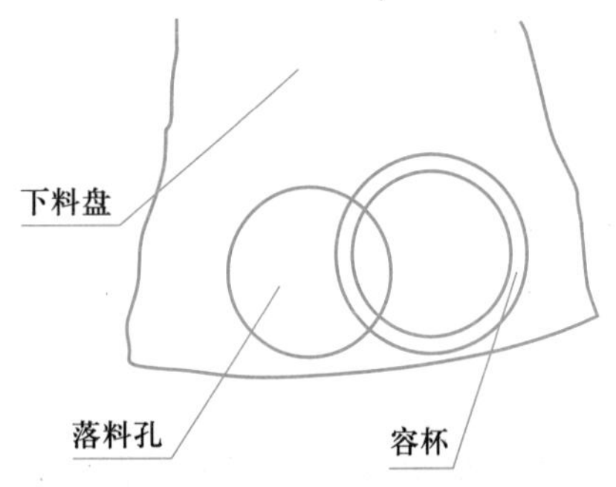

图 22-6　落料时机调整示意图

（6）电控执行机构：由智能控制器、电源板、温控仪、变压器、电热管、执行元件（电机）等组成。电气控制集中在电控箱的控制面板上。接通电源开关，封体加热管按温控仪设定的温度加热；变压器得电，控制电路工作。动作信号一路由面板按键发出，另一路由分配轴上发讯凸轮结合无触点接近开关产生。各种信号经智能控制器处理后，控制执行元件执行，从而完成启动、停止、输纸、点动、拉袋等各种功能动作。

（7）光电定位跟踪机构：由光电开关（电眼）及光电安装架、导纸板等组成。印有色标的包装材料过导纸板经电眼照射后被识别跟踪定位。由电眼给智能控制器发信号，经处理后控制执行元件执行，从而完成光标定位跟踪切断，保证图案完整性。

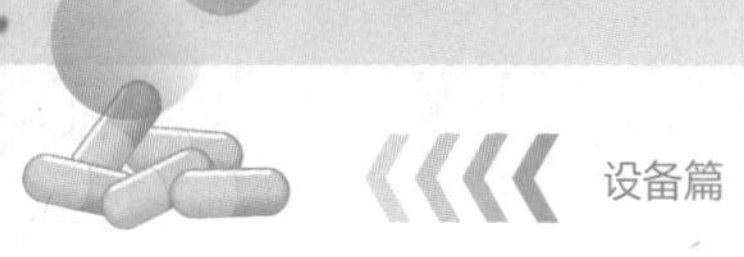

2. 工作原理

(1) 制袋及制袋调整:引入包装材料,利用制袋成型器将包装材料折叠成所需袋形,再通过横封密封袋底,纵封密封侧边,完成制袋。制袋成型的关键部件是有多种设计形式的制袋成型器,如图 22-7 所示。制袋过程中,包装材料的引入依靠纵封轮,纵封轮内装加热元件,两轮缝隙可调,在相对旋转时,可对侧边封口,同时将包装材料牵引引入制袋器。其引入的长度可通过定长和跟标两种方式确定。定长是指设定长度,纵封轮每次按设定长度引入包装材料;跟标是指包装材料在每个袋子边缘均印有色标,设备的光电感应器每感应到一个色标就意味着引入了一袋。在大批量生产时,跟标的方式比定长更能准确引入包装材料。

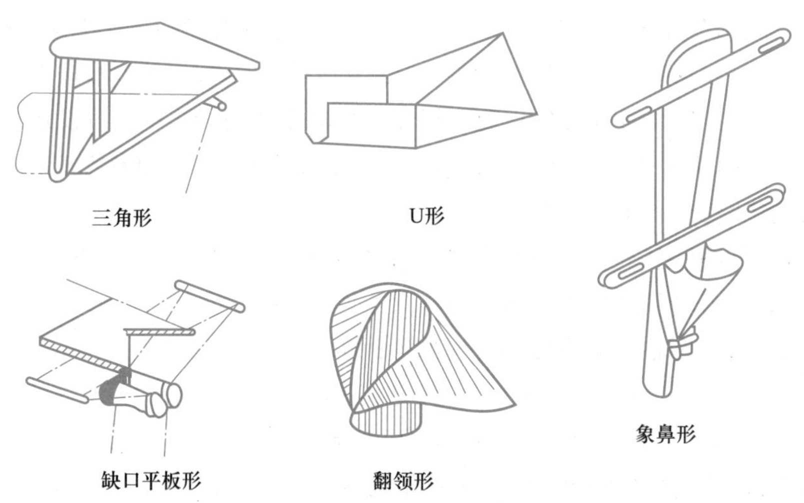

图 22-7 常见制袋成型器类型

制袋调整方法:①拉袋时机调整,首先调整拉袋发讯凸轮与拉袋无触点接近开关的相对位置,使热封器体分开且切刀趋于最大张开位置时,拉袋步进电机开始拉袋,此时为正确拉袋时机。②包装袋封道是否平整直接关系到包装成品的外观质量,其影响因素除封合温度、封合压力外,还有成型器的位置。如图 22-8 所示,成型器的前后位置应使成型后的包装袋在滚轮侧两边对齐,且纵封封道的边缘比滚轮的边缘多出 1 mm 左右。如果包装袋在封合后出现错边,应横向移动成型器,使其往错边多的一侧移动,调整到两边对齐为止。如果包装袋在封合后横封处有褶皱,应把成型器向起褶皱的一侧下压或上提,使其消除褶皱。这一步调整需耐心细致,以达到包装成品平整美观的效果。

设定制袋长度:由智能拉袋控制器直接设定拉袋速度及长度。按“SET”键 2 s 以上,使指示灯 HL1 亮,进入频率(拉袋速度)设置状态,按“>”键,选择频率(Hz)的百位、十位、个位,相应的位闪烁显示,按“▲”或“▼”键调整数值。无光标袋长设定:再按“SET”键,使指示灯 HL2 亮,进入拉袋长度设置状态,按“>”键,选择设定袋长(mm)百位、十位、

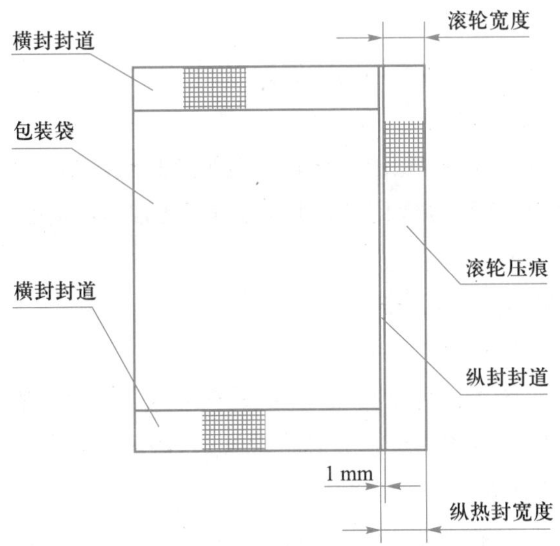

图 22-8　制袋调整示意图

个位，相应的位闪烁显示，按“▲”或“▼”键调整数值。有光标袋长设定：按“>”键，使指示灯 HL2 亮，此时数码管显示为袋长设定值，按“▲”键，数码管显示“L000”。其中，“L”表示为测量值。找到光标时，蜂鸣器响一声，且数码管第一位小数点亮，此数据即为光标间距（如：L100）；如蜂鸣器不响且小数点不亮，则有可能是自由袋或没有找到光标袋的光标，无法按光标切袋，请检查光电头是否工作正常或设置袋长是否正确，袋长设定值应比袋长测量值大 3~10 mm（用本机测量可使误差降到最低）。当拉袋速度、拉袋长度与包装速度不匹配时，指示灯 HL3 闪烁显示，蜂鸣器报警并停止拉袋。此时应加快拉袋速度（频率）或减慢包装速度。

（2）计量与填充：常见的计量方式有体积计量和称重计量两种。体积计量是利用物料的流动性，自动流入并填满定量槽，完成定量，方法简单易行，是常见的一种定量方式；称重计量是利用多头电脑组合秤计量，计量准确。定好量的物料通过未密封的袋口装入包装袋。

（3）封口：横封轮内装加热元件，轮上有 1~2 个封头，旋转一周封头接近 1~2 次，完成 1~2 次封口。封头上可安装字模，用于印字。

（4）切断：指将已封口的袋切成单个包装袋，切断和封口亦可同时进行。切断器沿横封区中线剪切，切割部位是前一个袋的顶部，后一个袋的底部。

任务实施

全自动颗粒包装机操作

以下内容以 DXDK-80 型全自动颗粒包装机操作为例。

1. 开机前准备

(1) 检查设备是否挂有合格待用的状态标志。

(2) 检查设备是否清洗干净。

(3) 确认计量槽、成型器规格、包装材料与包装产品规格相符。

(4) 检查上一班次设备运行记录,有故障是否已经及时处理,严禁设备带故障运行。

(5) 填写并悬挂设备运行状态标志。

2. 开机操作

(1) 将已清洁的加料斗、计量块、成型器、贮料斗及其螺丝、螺母依次安装到位,同时检查安装是否紧固。接通电源,旋开总电源开关,旋转本机总控开关于 I 位,总控指示灯亮,控制回路电源接通。

(2) 将包材固定在卷架轴上,沿放卷机构通过手轮左、右方向调整位置,使包材中心与分卷机构中心对正。再经过分卷机构将包材从中间分切成两条,通过分卷板变向。经过导辊时,可通过调整导辊的前后位置,使两侧包材从分卷板到封合辊所走的距离一致,达到色标对正。

(3) 通过控制面板,触摸纵封离合,使纵封辊压合。

(4) 按启动按钮,通过控制面板上的画面,分别调整打字、横断裂线及横切位置,调整无误后停机。

(5) 分别设定四个封合辊的封合温度,封合温度根据设备运转速度而设置。一般设置在 120~130 ℃,触摸控制面板,加热器开始加热 25~30 min。

(6) 待温度达到设定温度后,按启动按钮。按输送机按钮,主机、输送机工作,并通过辊组将自动分切后多余的废料卷起和张紧。检查封合、横切、断裂线、打字位置,如有不适合的地方,通过控制面板,进入手动调整画面,进行相应调整、修正。

(7) 充料运行,通过锁紧螺母和手柄微量调整计量块,调到所需装量。根据情况调整横切频率,包装正常后,触摸控制面板上的计数器按钮,计数开始。

(8) 工作结束后,依次按停止按钮、输送机按钮、空压机电源按钮,清理加料斗内的颗粒,并拆下加料斗、计量块、成型器,并将横、纵封辊上的包材清理后,再将本机总电源开关旋转到零位,切断总电源。

3. 操作注意事项

(1) 本机应由熟悉操作的专门人员认真调整,各部分动作要协调以确保机器工作可靠。

(2) 停机时要使纵封和横封处于张开位置,可以延长硅胶使用寿命。

(3) 纵封和横封压力调得过高会造成磨损严重,损坏零件。

(4) 被包装物料中不得混有大颗粒或异状硬物。

(5) 工作时不得将手伸入各运动部位,以免发生事故。

(6) 设备运行时,严禁操作人员离开现场,如有异响等异常情况应立即停机检查。

4. 常见故障　定量槽规格不统一或下料门无法完全关闭导致装量不准；纵封或横封温度过低或压力不够等导致封口不严；纵封或横封压力过大导致设备无法启动；纵封轮未清洁或压力不够导致包装材料在纵封处打滑；线路连接不良等导致控制面板失控；切刀过松导致包装袋未切断；光电感应器失灵或灵敏度不合适等导致制袋长度不固定。

知识总结

1. 制袋包装是颗粒剂、散剂、片剂、丸剂等剂型中常见的一种包装形式。

2. 全自动颗粒包装机主要由动力传动分配机构、拉袋机构、热封切机构、供纸成型机构、计量填充机构、电控执行机构、光电定位跟踪机构等组成。

3. 全自动颗粒包装机常见的计量方式有体积计量和称重计量两种。

4. 提高包装速度时，应适当提高封合温度。

5. 设备运行前要进行检查，确认计量槽、成型器规格、包装材料与包装产品规格相符，确认故障是否已经及时处理，严禁设备带故障运行。

在线测试

请扫描二维码完成在线测试。

在线测试：制袋包装

任务 22.2　泡 罩 包 装

任务描述

泡罩包装又称水泡眼（PTP）包装，是片剂、胶囊剂等固体制剂常见的一种包装形式。本任务主要学习泡罩包装设备的分类、工作原理和基本操作，能遵循泡罩包装设备 SOP 完成泡罩包装机正常操作，领会操作注意事项，熟悉设备简易故障等。

PPT：泡罩包装

授课视频：泡罩包装

知识准备

一、基础知识

目前，片剂、硬胶囊剂的包装主要有瓶装和泡罩包装两种包装形式。瓶装主要由数

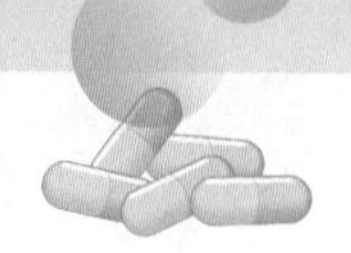

粒瓶装机完成。泡罩包装即把被包装药物填充在由模具成型的泡罩状或盘、盒状的空穴之中，上面由铝箔与树脂薄膜进行热封合，经冲切成一定形状的包装。由于空穴的形状是由 PVC 薄膜起泡而成的泡罩状，故取名泡罩包装，完成泡罩包装形态的包装机械称为泡罩包装机。

PTP 铝塑泡罩包装成泡基材多为药用聚氯乙烯塑料硬片（简称 PVC 硬片）。PVC 硬片是铝塑泡罩包装最主要的材料之一。它具有较好的热塑性和热封性；PTP 包装的覆盖材料是铝箔（称为药品泡罩包装用铝箔，亦称 PTP 铝箔）。

二、主要设备

泡罩包装机按结构形式可分为辊筒式、平板式和辊板式三大类（表 22-1），但它们的组成部件基本相同。

表 22-1 辊筒式、平板式和辊板式泡罩包装机特点

项目	辊筒式	平板式	辊板式
成型方式	辊式模具，吸塑（负压）成型	板式模具，吹塑（正压）成型	板式模具，吹塑（正压）成型
成型压力	小于 1 MPa	大于 4 MPa	可大于 4 MPa
成型面积	成型面积小，成型深度在 10 mm 左右	成型面积较大，可成型多排泡罩。采用冲头辅助成型，可成型尺寸大、形状复杂的泡罩。成型深度达 36 mm	成型面积较大，可成型多排泡罩
热封	辊式热封，线接触，封合总压力较小	板式热封，面接触，封合总压力较大	辊式热封，线接触，封合总压力较小
薄膜输送方式	连续—间歇	间歇	间歇—连续—间歇
生产能力	生产能力一般，冲裁频率 45 次 /min	生产能力一般，冲裁频率 40 次 /min	生产能力高，冲裁频率 120 次 /min
结构	结构简单，同步调整容易，操作维修方便	结构较复杂	结构复杂

1. 主要结构　由于 PVC 硬片具有热塑性，可加热使其变软，在成型模具上利用真空或正压，将其吸（吹）塑成与待装药物外形相近的形状和尺寸的凹泡，再将药物（单粒或双粒）放置于凹泡中，以铝箔覆盖后，用压辊（板）将无药处（即无凹泡处）的塑料膜与贴合面涂有热熔胶的铝箔挤压黏结成一体。然后，根据药物的常用剂量，按若干粒药物的设计组合单元切割成一个板块（多为长方形），并列裁切若干板块后，完成铝塑包装过程。铝塑泡罩包装机有多种形式，但其组成与部件功能基本相同，主要由放卷部（PVC 卷筒、铝箔卷筒）、PVC 加热器、成型部、填充部、热封部、打印装置、冲裁部、传动系统及控制系统等组成（图 22-9）。

（1）放卷部：在设备上固定塑膜和铝箔卷材，带有压紧、制动和轴向位置调节装置，有的还安装了光标跟踪装置。

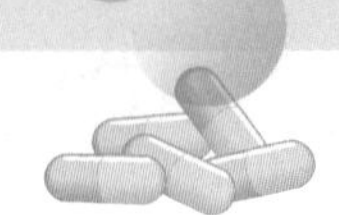

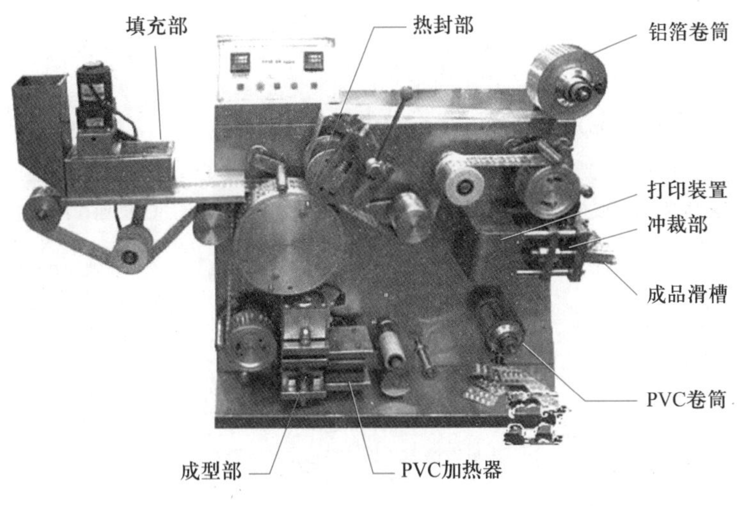

图 22-9 铝塑泡罩包装机

(2) 加热器:将成型膜加热到能够进行热成型加工的温度,这个温度是根据选用的包装材料确定的。一般硬质 PVC 较易成型的温度范围为 110~130 ℃。温度的高低对热成型加工效果和包装材料的延展性有影响,因此对加热温度的控制要准确。常用铝塑泡罩包装机的加热方式有辐射加热和传导加热。大多数热塑性包装材料吸收 3.0~3.5 μm 波长红外线发射的能量。

(3) 成型部:由成型辊(板)、连接阀板、真空(压缩空气)系统、冷却水系统等组成,受热成塑性的塑膜片材通过成型器被吸(吹)成规定形状的光滑泡罩。泡罩成型是泡罩包装过程的重要工序,方法有四种。①吸塑成型(负压成型):利用抽真空将加热软化了的薄膜吸入成型模的泡窝内成一定几何形状,从而完成泡罩成型,如图 22-10 A 所示。吸塑成型一般采用辊式模具,成型泡罩尺寸较小,形状简单,泡罩拉伸不均匀,泡窝顶和圆角处较薄,泡易瘪陷。②吹塑成型(正压成型):利用压缩空气形成 0.3~0.6 MPa 的压力,将加热软化了的薄膜吹入成型模的泡窝内,形成需要的几何形状的泡罩,如图 22-10 B 所示。模具的凹槽底设有排气孔,当塑料膜变形时,膜模之间的空气经排气孔迅速排出。为使压缩空气的压力有效地加到塑料膜上,加气板应设置在对应模具的位置上,并且使加气板上的吹气孔对准模具的凹槽。吹塑成型一般采用板式模具制成平板形,成型的泡罩壁厚比较均匀,尺寸规格可以根据生产能力的要求确定。③冲头辅助吹塑成型:借助冲头将加热软化的薄膜压入凹模腔槽内,当冲头完全压入时,通入压缩空气,使薄膜紧贴模腔内壁,完成成型加工工艺,如图 22-10 D 所示。冲头尺寸为成型模腔的 60%~90%。合理地设计冲头形状尺寸、推压速度和距离,可以获得壁厚均匀、棱角挺实、尺寸较大、形状复杂的泡罩。冲头辅助吹塑成型多用于平板式泡罩包装机。④凸凹模冷冲压成型:包装材料的刚性较大(如复合铝)时,采用凸凹模冷冲压成型方法,即凸凹模合拢,对膜片进行成型加工,如图 22-10 C 所示。凸凹模之间的空气由成型凹模的排气孔排出。

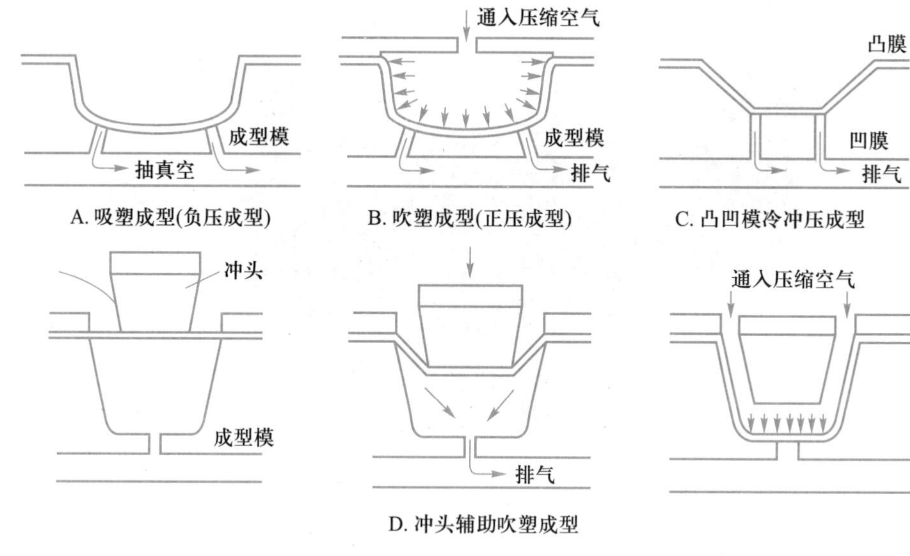

图 22-10　泡罩成型方式

(4) 填充部：加料器将片剂、胶囊等填充入已成型的泡罩中，向成型后的泡罩窝中填充药物的加料器有行星轮软刷推扫器（图 22-11）。

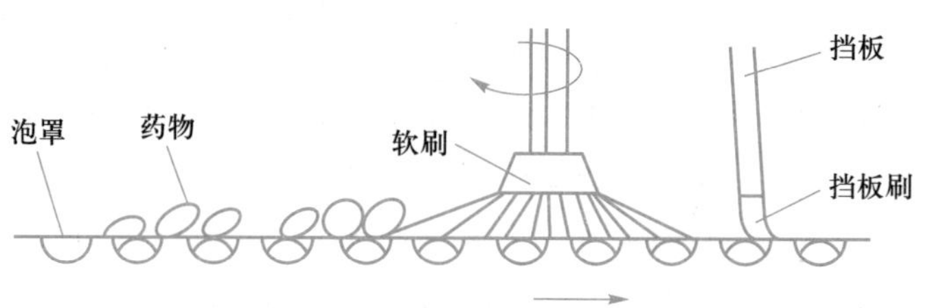

图22-11　行星轮软刷推扫器示意图

行星轮软刷推扫器是利用调频电机带动简单行星轮系的中心轮，再由中心轮驱动三个下部安装有等长软毛刷的等径行星轮做既有自转又有随行星架公转的回转运动。行星运动的软毛刷将落料器落下的药片或胶囊推扫到泡罩片凹窝带中，完成布料动作。如图 22-12 所示，落料器出口有一水平轴顺时针转动的回扫毛刷轮和挡板，回扫毛刷轮紧贴塑料泡窝片，凹窝中多余的药物被回扫到未填充的凹窝方向，以保证已填充的每个凹窝中只允许容纳一粒药物，防止推扫药物时散落到泡罩带宽以外。这种结构能适应药片或胶囊填充，得到广泛应用。

(5) 热封部：由电加热系统、气压控制和机械张力装置等组成，使铝箔与泡罩塑膜封合。将加热到一定温度的盖材铝箔膜覆盖于成型泡窝内填充好药物的泡罩片上，通过加压使其紧密接触，在很短时间内完成封合。封合面上以菱形密点或线状网纹确保压合表面的密封性。

热封有双辊热压式和双板热压式两种。①双辊热压式（图 22-13）：将准备封合的

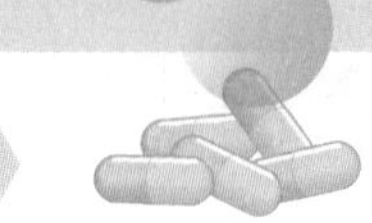

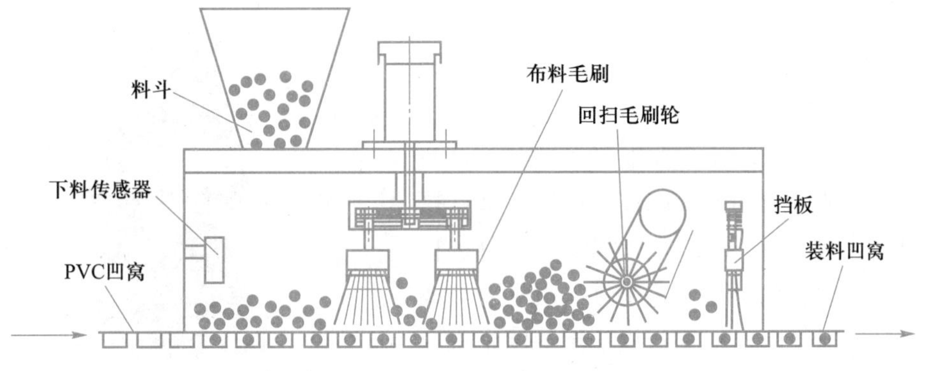

图 22-12 行星轮通用上料机结构示意图

材料通过转动的两辊之间,使之连续封合。热封辊的圆周表面有网纹,在压力封合时还需伴随加热过程,热封辊(无动力驱转,可随气动或液压缸控制支持架有一定摆角的接触或脱开,有保持恒温的循环冷却,须预热)与主动辊(有动力,有载药窝孔,无网纹,无冷却)靠摩擦力做纯滚动,两辊间接触面积很小,盖材和底材进入两辊间,边压合,边牵引,故热压封合所需要的正压力较低,封合动作为连续式。②双板热压式(图 22-14):当准备封合的材料到达封合工位时,通过固定不动带有电加热的上热封板和做上、下运动的下热封板,将 PVC 与铝箔热封合在一起。板式模具热封包装的成品比辊式模具热封包装的成品平整,但由于封合面积较辊式热封面积大得多,故封合所需的压力往往很大。为了封合牢固和板块外观美观,在上热封板上制有网纹。封合动作为间歇式。

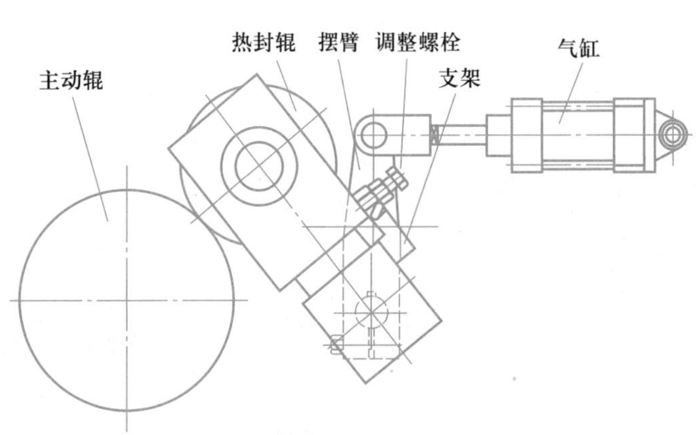

图 22-13 双辊热压式

(6) 夹送装置:完成包装材料的往前送进工作。

(7) 打印装置:在包装好的板块上打印出批号及压出撕裂线等。行业标准中明确规定药品泡罩包装机必须有打印批号装置。包装机打印一般采用凸模模压法印出生产日期和批号。打印批号可在单独工位进行,也可以与热封同工位进行。一个铝塑包装的药物可能适于多次服用,为了服用时分割方便,可在一片单元板上冲压出易折

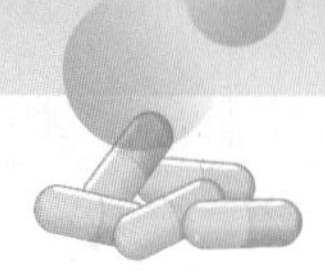

裂的断痕，以方便撕断成若干小块，每小块可供一次的服用剂量。压痕也可采用凹凸模冲压法实现。

(8) 冲裁部：由主体、曲轴、连杆、导柱、凹凸模、退(压)料板及变频调速系统组成，是将热合密封后的铝塑泡罩薄膜冲切成规定尺寸的板块，完成包装机的最后一道工序。由于变频调速系统的作用，可以根据行程长短等因素来设定冲裁次数。

(9) 机体：用于支持和固定各种零部件、各系统，它是由壳体、安装面板及焊接底座组合而成。

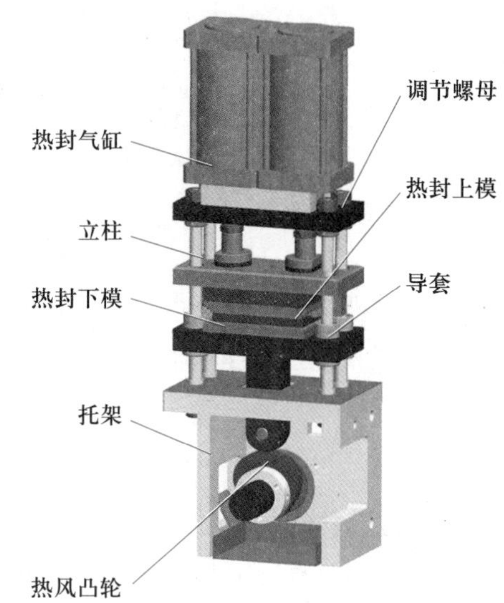

图 22-14　双板热压式

2. 工作原理　如图 22-15 所示，泡罩包装机通过加热装置加热 PVC 至设定温度，正压泡罩成型装置将加热软化的 PVC 吹成光滑的泡罩，然后通过给料装置填充药物，由入窝压辊将已成型的 PVC 泡带同步平直地压入热封铝筒相应的窝眼内，再由滚筒辊热封装置将铝箔与 PVC 热封。最后由打印冲裁装置，在产品上打印批号并冲裁成型。

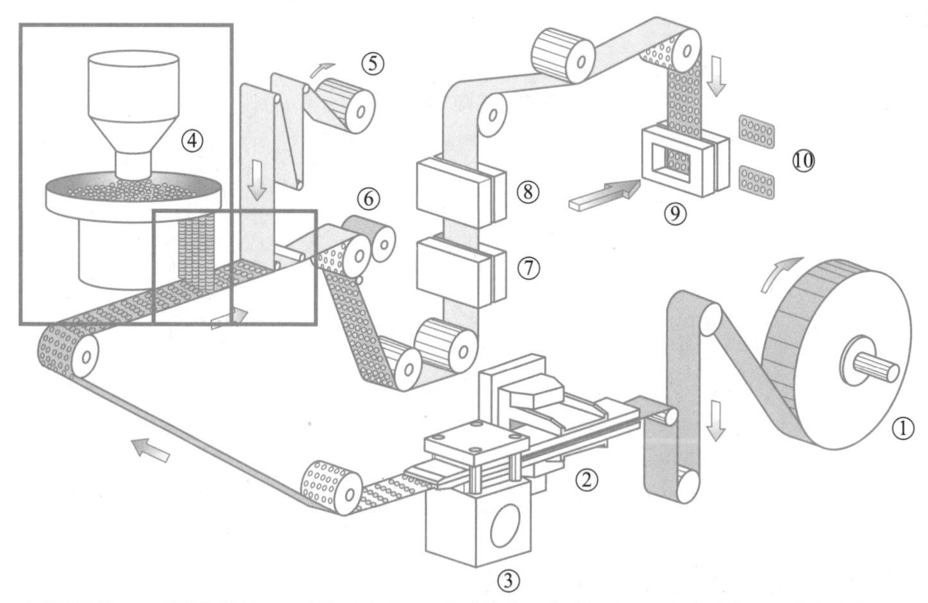

①薄膜卷筒→②薄膜加热板→③水泡眼成型→④自动填充系统(选项)→⑤铝箔卷筒→⑥热封合装置→⑦打码装置→⑧分割→⑨冲切→⑩成品。

图 22-15　铝塑泡罩包装机工艺流程

任务实施

铝塑泡罩包装机操作

以下内容以 DDP-250 D 型铝塑泡罩包装机操作为例。

1. 开机前准备　检查机器各部件是否有松动或错位现象；换上与生产产品相适应的成型模具，热封、冲裁下模具，导向板；将换好字钉的热封上模装上，使上下模边大致相等；将 PVC 塑片和 PTP 铝箔分别安装在各自的支撑架上；接通气源、水源并检查有无渗漏现象。接通电源，给机器预热。

2. 开机操作

(1) 打开主电源开关，接通压缩空气，接通冷却水。

(2) 打开“加热”开关，主机开始加热。待加热温度达到设定值(吸塑加热温度范围为 145~155 ℃，热封加热温度范围为 190~200 ℃，打印加热温度为 100 ℃左右)后，按“点动”按钮，使成型下模打开。

(3) 抬起上加热板，打开“步进夹持”按钮，将 PVC 穿过成型模具与夹持气缸，并将 PVC 穿到机体外。

(4) 放下上加热板，按“启动”按钮，调整“主机调速”旋钮，使主机低速运行，待成型后 PVC 走出 3 m 左右，按“准停”按钮使主机停机。

(5) 用剪刀剪齐 PVC 端头，翻转 180°后将 PVC 穿入平台，并包住主动辊，用压辊压紧 PVC。按“启动”按钮，使主机运行，再使 PVC 走出 1.5 m，按“准停”按钮使主机停机。

(6) 将 PVC 穿过打印装置，抬起冲裁前步进上压板，将 PVC 穿入冲裁装置，注意冲裁前步进压板应放在两泡罩板块中间。放下冲裁前步进上压板，按“启动”按钮，观察打印和冲裁位置。

(7) 将铝箔穿过热压辊，打开“热封”按钮，按“启动”按钮，观察封合效果。按“准停”按钮使主机停机，将物料加入主料斗，打开“上料”旋钮，使上料机工作。

(8) 按“启动”按钮，开始进行正常生产，在生产过程中可缓慢提速，注意随时观察成型、封合、上料质量。速度提升幅度较大时应适当升高加热温度及加大成型、封合压力。

(9) 停止生产时，按“准停”按钮使主机停机。

(10) 操作完毕后，关闭电源，按清洁操作规程对设备进行清洁。

3. 操作注意事项

(1) 成型、热封、压痕等部位压力不宜过大，否则影响使用。

(2) 机器运转时，工作台面上不得有任何用具。

(3) 如按动急停开关，必须向右旋转归位后，方能启动主机。

(4) 为了安全生产,应按接地标牌指定位置接入地线。

4. 常见故障

(1) 成型温度太高,PVC 质量不好,本身有小孔导致塑料泡罩底膜穿孔。

(2) 上模与下模中心未对正,成型深度太深导致成型后铝塑泡罩泡眼破裂。

(3) 成型深度太低,上下模块间压力不足等导致成型后铝塑泡罩表面起皱。

(4) 行程未调对,成型至热封之间距离不对,导致塑片泡罩与热封模孔走过或未到位。

(5) 温度太低,铝箔表面的胶未到熔点导致热封黏度不牢固。

(6) 热封温度太高、热风压力太大或网纹板上有污物导致热封铝箔被压透。

(7) 铝箔与塑料片黏合时未拉开导致铝塑自然起皱。

(8) 行程未调对导致冲裁直向偏位。

(9) 冲裁模安装不正、牵引模安装不正导致冲裁横向偏位。

(10) 热封模或热封位置未调好,刀片磨损严重等导致加料不良。

知识总结

1. 泡罩包装又称水泡眼(PTP)包装,是片剂、胶囊剂等制剂常见的一种包装形式。

2. PTP 铝塑泡罩包装成泡基材多为 PVC 硬片,具有较好的热塑性和热封性;PTP 包装的覆盖材料是铝箔,亦称 PTP 铝箔。

3. 泡罩包装机按结构形式可分为辊筒式、平板式和辊板式三大类。

4. 泡罩包装机主要由放卷部、加热器、成型部、填充部、热封部、夹送装置、打印装置、冲裁部、传动系统、机体和气压、冷却、电气控制、变频调速等系统组成。

5. 热封合面上以菱形密点或线状网纹确保压合表面的密封性。热封有两种形式:双辊热压式和双板热压式。

6. 设备运行前确认机器各部件是否有松动或错位现象;确认换上与生产中间产品相适应的成型模具,热封、冲裁下模具,导向板;将换好字钉的热封上模装上,使上下模边大致相等;将 PVC 塑片和 PTP 铝箔分别安装在各自的支撑架上;接通气源、水源并检查有无渗漏现象。

在线测试

在线测试:泡罩包装

请扫描二维码完成在线测试。

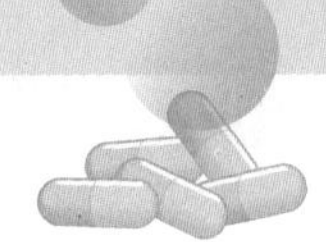

任务 22.3　药用瓶包装

任务描述

药用瓶包装是片剂、丸剂、胶囊剂等固体制剂常见的一种包装形式。本任务主要学习药用瓶包装设备的分类、工作原理和基本操作，能遵循药用瓶包装联动线设备 SOP 完成设备正常操作，领会操作注意事项，熟悉设备常规维护、简易故障等。

PPT：药用瓶包装

授课视频：药用瓶包装

知识准备

一、基础知识

药用瓶包装联动线是将药物以粒计数并由装瓶机械完成内包装过程的成套设备，一般由理瓶机、计数填充机、塞入机（塞纸机 / 塞棉机 / 塞干燥剂机）、旋盖机、铝箔封口机、不干胶贴标签机等组成（图 22-16），能自动整理空瓶，对胶囊、片剂（包括素片）及三角形、菱形、圆形等异形片，按照设定规格自动计数装瓶、旋盖、封口、打码贴签。组成生产线的每台设备均有独立的操作控制系统，可单机使用，也可组成完整的包装生产线使用，智能联控功能保证各道工序动作协调，生产线计数准确，连续运行稳定，能够满足所有品种的生产，且生产出来的药瓶包装符合 GMP 标准。

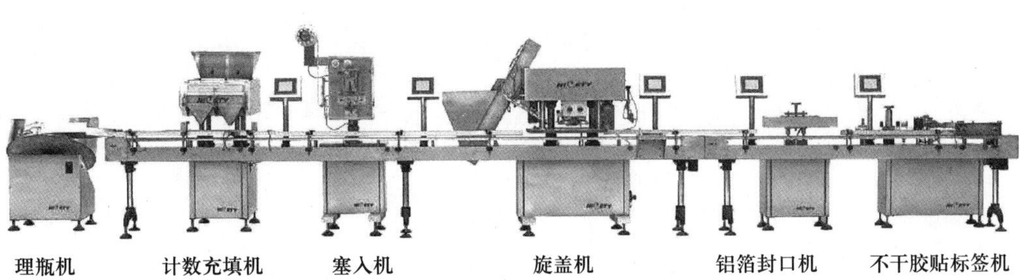

图 22-16　药用瓶包装联动线

二、主要设备

1．理瓶机　理瓶机是能整理和排列瓶子，并调节输瓶速度的机械，主要包括槽盘、

料斗、振动电机、拨瓶电机、翻瓶板等(图 22-17)。理瓶机可将药瓶整理成瓶口方向一致，整齐有序输出。设备操作方便、维修简单、运行可靠。

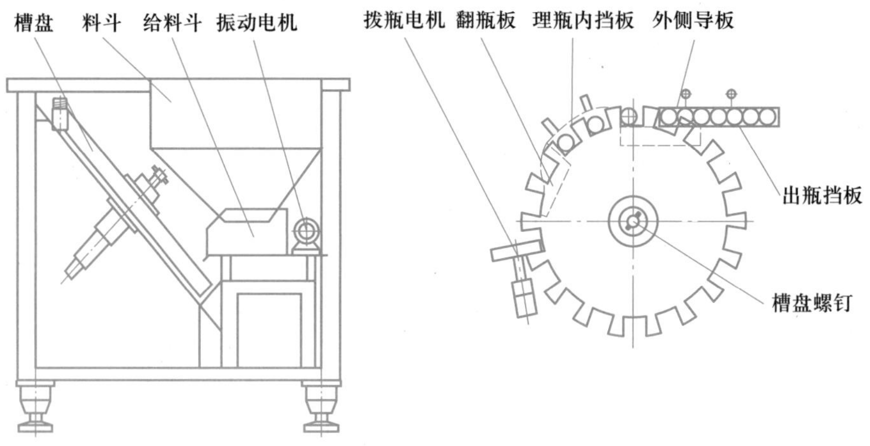

图 22-17 理瓶机结构示意图

理瓶机工作原理：空瓶装入贮料仓，并通过提升机构导入料桶，根据产品规格转盘以一定的速度旋转，将空瓶沿桶壁导入分瓶机构，再经理瓶输送带送入理瓶机构理顺瓶口方向，再经理瓶输送带和扶正带将空瓶翻转调整至正确方向，导出进入下道工序(图 22-18)。

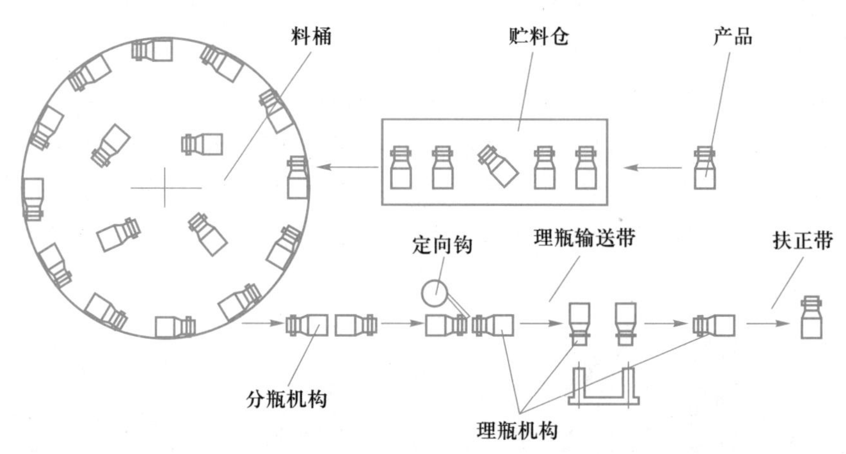

图 22-18 理瓶机工作原理示意图

动画：
理瓶机

2. 计数填充机　计数填充机主要分转盘计数填充机和电子计数填充机(电子数粒机)两类。①转盘计数填充机：是利用转盘上的计数孔板对片、丸、胶囊等制剂进行计数和填充的机械。其核心结构是一个与水平面成 30°倾角的不锈钢固定圆盘，中间安装有一个旋转的计数孔板，孔板上均布 3~4 组小孔，每组的孔数由每瓶的装量数决定，圆盘上开有扇形缺口，仅可容纳一组小孔。缺口下方连接着落片斗，落片斗下口直抵装药瓶口(图 22-19)。工作时，圆盘内存积一定数量的药片或胶囊，药粒一边随孔板转动，

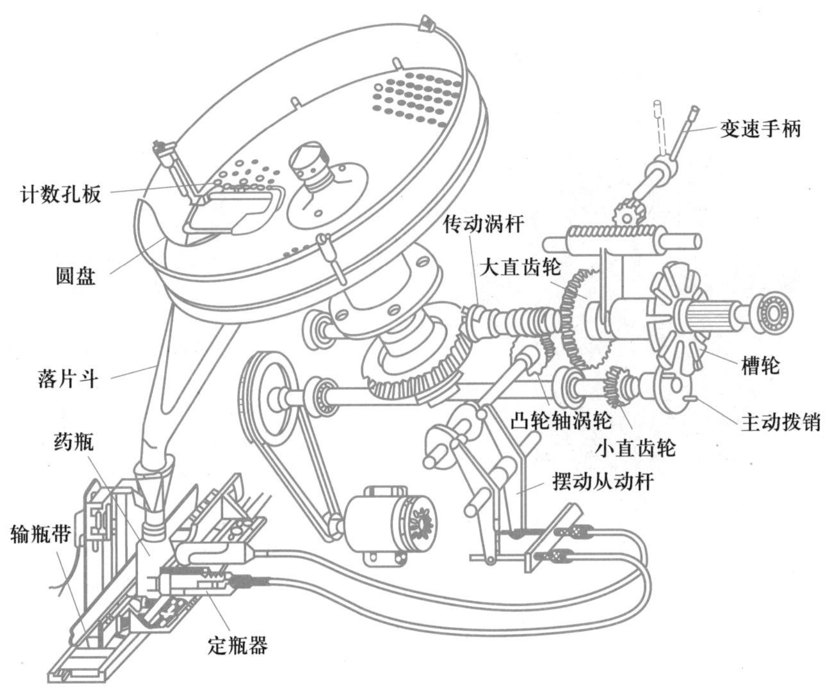

图 22-19　转盘计数填充机结构示意图

动画：数粒机

一边靠自身的重量沿斜面滚到孔板的最低处落入小孔中，填满小孔的药片随孔板旋转到圆盘缺口处，通过落片斗落入药瓶。注意孔板速度不能过高（一般为 0.5~2 r/min），因为必须要与输瓶带上的药瓶移动频率匹配，并且速度太快将产生离心力，药粒不能在孔板上靠自身重量滚动。当改变装瓶粒数时，只需要更换孔板即可。②电子计数填充机（电子数粒机）：电子计数填充机是利用光电传感器，对片、丸、胶囊等制剂进行计数和填充的机械（图 22-20）。本机采用振动式多通道下料，动态扫描计数、系统自检、故障指示报警、自动停机等先进技术，是集光电机一体化的高科技药品计数灌装设备，可广泛应用于多种不同形状和大小的片剂、胶囊（含透明软胶囊）、丸剂等药品的快速计数装瓶。电子计数填充机包括机座、供料斗、振动输送装置、下料装置。其中，下料装置包括下料斗、第一和第二闸门，第一和第二闸门互相间隔地设在下料斗内，将下料斗依次分隔为计数段、缓冲段和下落段；用于对计数段进行计数的检测装置和控制器分别与振动输送装置、第一和第二闸门以及检测装置相连（图 22-21）。在进行灌装的同时仍可以继续计数，提高设备产量，减少操作时间，提高生产效率，更好地体现工业自动化的优势。工作时，药粒装入料仓，通过适当调整三级振动送料器的振动频率，使药粒沿着振动槽板的多条轨道变成连续不断的条状直线下滑至落料口，逐粒落入多条光学检测通道内。当药粒下落时，通过光电传感器（电眼）产生的脉冲信号输入高速 PLC 编程控制器，再通过电路和程序的配合实现计数功能，并收集在通道下阀门上，达到设定装瓶量时，关闭通道上阀门，同时打开下阀门，使下料斗内的药粒通过料嘴落入药瓶内。然后，关闭下阀门，打开上阀门、驱动气缸，使药瓶下移一个瓶位，如此循环往复，完成药粒的计数装瓶过程（图 22-21）。

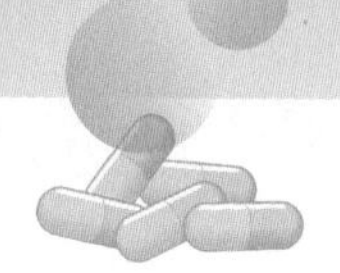

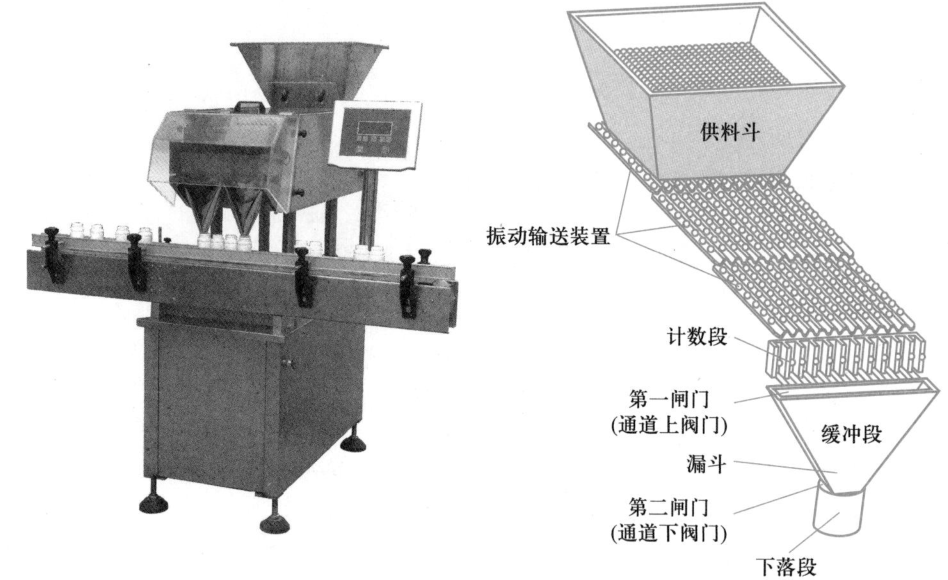

图 22-20　电子计数填充机及其结构示意图

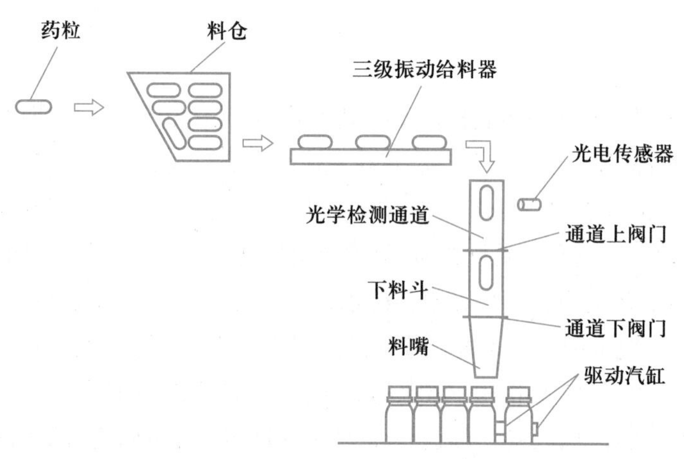

图 22-21　PP-16 电子计数填充机工作流程

3. 塞入机　塞入机是对已填充药品的瓶装容器塞入相应填充物的机械(图 22-22)。瓶装药物的实际体积小于瓶子的容积,为防止贮运过程中药物之间相互碰撞,造成破碎、掉末等现象,保证药物的完好及延长保质期,常在药瓶中塞入相应的填充物,如洁净的碎纸条或纸团、脱脂棉等,对于易吸湿的药物可在瓶内加入干燥剂。在瓶装线上可根据装瓶工艺要求配置塞入机(塞纸机 / 塞棉机 / 塞干燥剂机)。

常见的塞纸机有两类:一类是利用真空吸头,从已裁好的纸堆中吸起一张纸,然后转移到瓶口外,由塞纸冲头将纸折塞入瓶;另一类是利用钢钎扎起一张纸后塞入瓶内。塞干燥剂机是将整条带式卷状的干燥剂,剪切成单体包状,自动塞入瓶体中的设备。

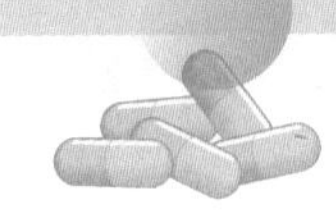

图 22-22　塞入机

4. 旋盖机　旋盖机是将螺旋盖旋合在瓶装容器口径上的机械。旋盖机主要由输送轨道、送盖装置、旋盖装置、压盖装置等组成(图 22-23)。工作时,将需旋盖的瓶子放在设备进口处链板上(或从其他流水线直接送到链板上),由调距装置将瓶子分割成等距排列进入落盖区域。在瓶子被两边夹瓶装置夹紧向前移动时自动将瓶盖套上,压盖

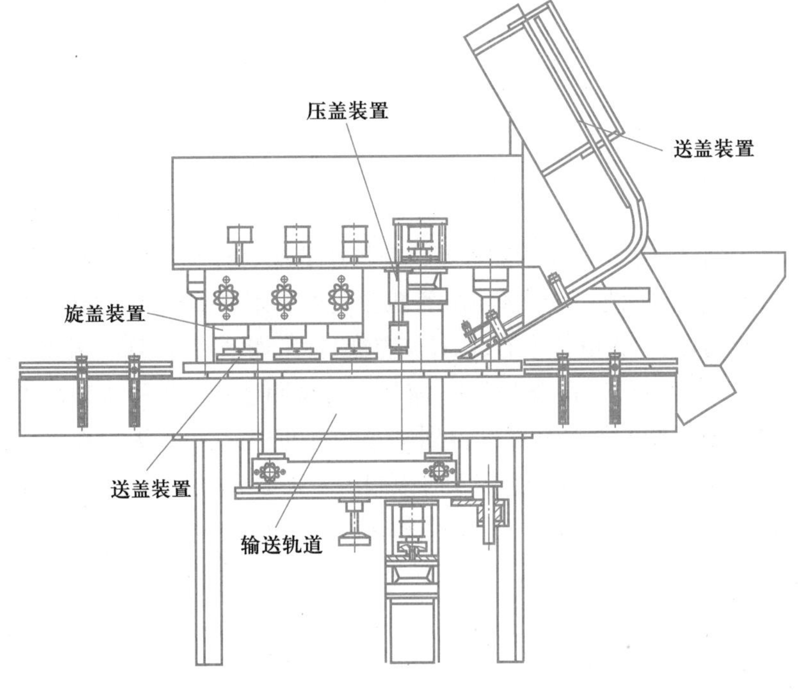

图 22-23　高速旋盖机结构示意图

动画:
旋盖机

装置在旋盖前先将瓶盖压至预紧状态，在三对高速旋转的耐磨橡胶轮的作用下，瓶盖紧紧地旋在瓶身上。在旋盖过程中，接触瓶身和瓶盖的均为非金属零部件，最大限度地减少了对瓶身和瓶盖的磨损，整个旋盖过程噪声小、速度快。

5. 铝箔封口机　铝箔封口机是利用电磁感应原理，将瓶口上的铝箔片加热密封瓶口的机械（图 22-24）。该机具有封口速度快、密封性好、可防伪防盗等优点。本机主要由电磁感应发生器、冷却水循环系统、封口电感线圈、升降调节器、输送带五部分组成。工作时，瓶体在输送带上不停移动，经过电磁感应发生器时，通过非接触感应加热方式，激发电磁场透过瓶盖在铝箔表面产生高温，使密封箔黏附于瓶口，达到密封效果。

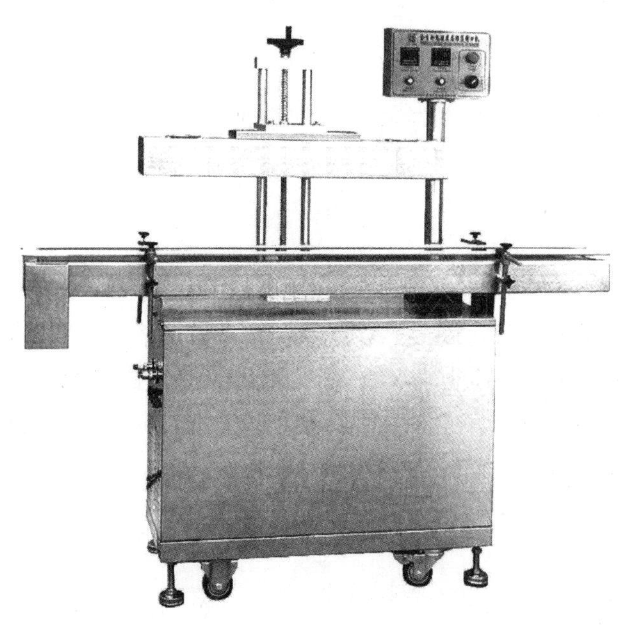

图 22-24　电磁感应铝箔封口机

视频：
铝箔封口机

6. 不干胶贴标签机　不干胶贴标签机是将标纸带上的单个不干胶标签剥离下来，粘贴在药用瓶身上的机械。不干胶贴标签机主要由瓶距调整轮、缓冲导轮架、标纸盘、导轮、热打码机打印头、光电传感器、瓶径调整架、标纸卷动轮等组成（图 22-25）。工作时，由上道流水线将瓶子送到输送带上，瓶子经过调距装置成等距排列进入光电传感区域，由步进电机控制的卷筒贴标纸得到讯号后自动送标，正确无误地将自动剥离的标纸贴到瓶身上。另一组光电传感器及时限制后一张标纸的送出。在连续不断的进瓶过程中标纸逐张正确地贴到瓶身上，经过滚轮压平后，自动输出，完成整个贴标签工艺过程。

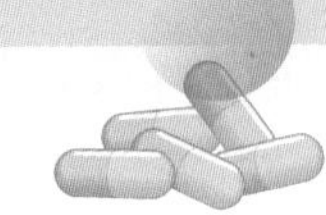

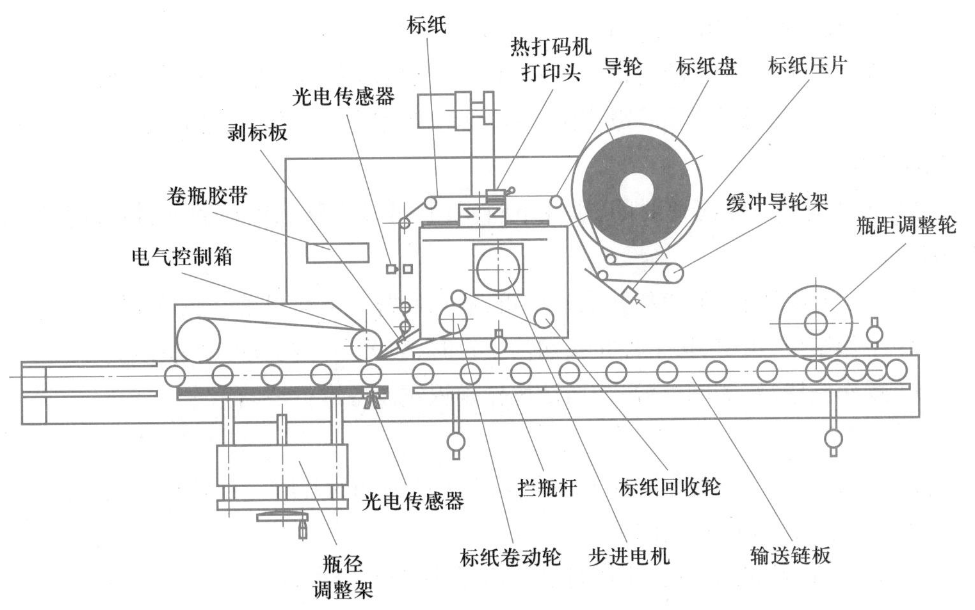

图 22-25 不干胶贴标签机结构示意图

视频：
贴标签机

任务实施

电子数粒机操作

以下内容以 PP-16 电子数粒机操作为例。

1. 开机前准备

(1) 操作人员按要求穿戴好工作服装。

(2) 检查设备是否挂有清场合格证，换上运行状态标志牌。

(3) 检查工作室内设备、物料及辅助工具是否已定位摆放。

(4) 检查设备工作台面及周围空间。

(5) 检查电器线路是否安全可靠。

(6) 检查设备螺丝各零部件是否松动。

(7) 调整机械结构：①根据药瓶的高度和直径调整输送带护栏。②调整振动台倾角至符合要求。③检测瓶传感器。④调整瓶口位置至符合要求。⑤调整料仓门的开口高度，调至药片直立时可以通过即可。

(8) 操作前，应进行空载试转 10 min，确认正常后可正式操作。

2. 开机操作

(1) 药片放入料仓，调整料仓门，使仓门开口高度正好能使药片直立通过。

(2) 启动输送带电源，使瓶子顺序排列，最前面的瓶子口与漏斗口对准。

(3) 在触摸屏上显示主画面，触摸“设备运行”按钮，触摸“装瓶粒数”输入域，即可

设定每瓶的装填数量;如果已有该值,直接启动即可。

(4) 在运行中可以通过调整二级高速和三级高速来调整整台的下料速度。另外,可以通过调整二级低速差和三级低速差来设定低速时的速度(低速的实际速度为高速减去速度差)。

(5) 通过调整一级高速时间,以及下料闸门,可以调整出料口的下料量,即最后的装瓶速度。

(6) 若所有参数正确,直接按启动即可,启动后每个下料口第一瓶被剔除。

(7) 工作结束,关机,按下停止按钮。下班时,应关闭主机下方的总电源。

(8) 操作完毕后,关闭电源,按清洁操作规程对设备进行清洁。

3. 操作注意事项

(1) 一级料道的送料速度,应保证进入二级料道的药片顺序排列不重叠,而且在三级料道上药片之间应有一定间隙。

(2) 直线料道的振动源在出厂时已经调好,用户不得私自调整。

(3) 每天作业前用压缩空气清洁圆形计数管道内部和光电管表面,保证光电计数通道的畅通。

(4) 在对设备进行机械操作前,必须先停机,必要时关闭电源和气源。

(5) 设备运转时,防护门、窗、罩等均不得打开。

4. 常见故障

(1) 主机后侧电源没接通、电气控制箱内电源没有合上导致机器不启动。

(2) 如果触摸屏上提示“缺瓶”“堵瓶”“通道堵粒”会导致按“运行”按钮机器不工作。

(3) 光电计数探头前有杂物、通道板固定不紧,在振台或者是生产后有和光学检测电眼的相对运动,造成了人为的药粒信号会导致探头自己计数。

(4) 开机前通道内光电计数探头内有物体存在会导致光电探头不计数。

(5) 气源压力不够,漏斗口没对准瓶口,换瓶不及时,漏斗堵塞,直线送料器振幅太大或药片受振出现上跳,一级料道送料太快使药片在三级料道上重叠,同时进入计数管道等会导致药片计数不准确,少粒或多粒。

(6) 计数阀门没有关闭,下一瓶的药片落入前一瓶中导致药片计数不准确,相邻两瓶中出现一多一少现象。

知识总结

1. 药用瓶包装联动线是片剂、丸剂、胶囊剂等固体制剂常见的包装形式。

2. 药用瓶包装联动线一般由理瓶机、计数填充机、塞入机(塞纸机 / 塞棉机 / 塞干燥剂机)、旋盖机、铝箔封口机、不干胶贴标签机等组成,是能自动整理空瓶,对胶囊、片剂(包括素片)及三角形、菱形、圆形等异形片,按照设定规格自动计数装瓶、旋盖、封口、

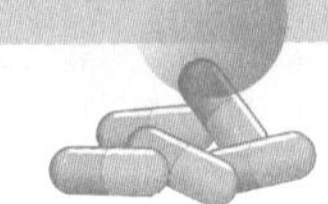

打码贴签的生产线。

3. 计数填充机主要分为转盘和电子计数填充机(电子数粒机)两类。

4. 旋盖机是将螺旋盖旋合在瓶装容器口径上的机械,主要由输送轨道、送盖装置、旋盖装置、压盖装置等组成。

5. 铝箔封口机通过非接触感应加热方式,激发电磁场透过瓶盖在铝箔表面产生高温,使密封箔黏附于瓶口,达到密封效果。

在线测试

请扫描二维码完成在线测试。

在线测试:药用瓶包装

参考文献

[1] 丁立,郭幼红. 药物制剂技术[M]. 北京:高等教育出版社,2020.

[2] 国家药典委员会. 中华人民共和国药典:2020年版[M]. 北京:中国医药科技出版社,2020.

[3] 杨宗发,庞心宇,蒋猛. 常用制药设备使用与维护[M]. 北京:高等教育出版社,2021.

[4] 魏增余. 中药制药设备[M]. 北京:人民卫生出版社,2018.

[5] 丁立. 药剂学[M]. 北京:中国医药科技出版社,2018.

[6] 王健明,李宗伟. 药物制剂技术实训教程[M].2版. 北京:化学工业出版社,2020.

[7] 国家中医药管理局职业技能鉴定指导中心. 药物制剂工:基础知识+初中高级工[M]. 北京:中国医药科技出版社,2021.

[8] 丁立,邹玉繁. 药物制剂技术[M]. 2版. 北京:化学工业出版社,2021.

[9] 丁立,王峰,廖锦红. 药物制剂技术[M]. 北京:中国医药科技出版社,2021.

[10] 何思煌. 新版GMP实务教程[M].2版. 北京:中国医药科技出版社,2017.

[11] 马爱霞,明广奇,黄家利. 药品GMP车间实训教程:下册[M].2版. 北京:中国医药科技出版社,2020.

[12] 张洪滨. 药物制剂工程技术与设备[M]. 北京:化学工业出版社,2019.

[13] 林凤云,李芳,祁秀玲. 药剂学[M]. 北京:高等教育出版社,2020.

[14] 李洪. 药品生产质量管理[M]. 北京:人民卫生出版社,2020.

[15] 国家食品药品监督管理总局药品认证管理中心. 药品GMP指南[M]. 北京:中国医药科技出版社,2011.

[16] 徐月红,丁立. 制药专业知识与制药专业实践能力[M]. 北京:人民卫生出版社,2013.

[17] 赵静,段立华. 医药职业道德[M]. 北京:化学工业出版社,2020.

[18] 姜力源. 医药职业道德[M]. 北京:中国医药科技出版社,2020.

[19] 于广平,毛小明. 药物制剂技术[M]. 北京:化学工业出版社,2019.

[20] 周毕军,李红芳. 外科学[M]. 北京:科学技术文献出版社,2016.

责任编辑：吴静

高等教育出版社 高等职业教育出版事业部 综合分社

地　　址：北京朝阳区惠新东街4号富盛大厦1座19号

邮　　编：100029

联系电话：010–58556233

E-mail：wujing@hep.com.cn

QQ：147236495

（申请配套教学课件请联系责任编辑）